JN431608

CM 가이드북 Guidebook

Construction Management Guidebook

일본컨스트럭션매니지먼트협회 편
(주)건원엔지니어링 역

기 문 당

Japanese title: CM Guide Book
by Construction Management Association of Japan
Copyright©2004 Construction Management Association of Japan
Original Japanese edition published by Construction Management Association of Japan, Tokyo, Japan

이 책의 한국어판 번역저작권은 도서출판 기문당에 있으므로 무단전재와 복제를 금합니다.

발간에 즈음하여

일본 컨스트럭션 매니지먼트 협회(이하, 「일본 CM협회」라고 한다)는 건설분야에 회원 상호간의 협력에 의해 컨스트럭션 매니지먼트(이하, 「CM」이라 한다)의 발전과 보급을 목표로, 컨스트럭션 매니저(이하, 「CMr」이라 한다)의 「자질과 기술력을 향상시키고 공공복지의 증진에 기여하는 것을 목적」으로 2001년 4월에 설립되었습니다. 또한 각 CMr의 집합체인 컨스트럭션 매니저 조직에 대해서도 이와 마찬가지로 기대하고 있습니다.

일본 CM협회 설립 후 당면한 중점 과제로서 다음 3가지를 중심으로 활동해 왔습니다.

첫째, 일본 CM협회로서 엄격한 윤리규정의 제정. 둘째, CMr의 자격요건을 정비하여 직업으로서 CM자격을 일본 CM협회에서 부여하는 제도의 정비. 셋째, 프로젝트 관계자 사이에서 발생하는 다양한 분쟁을 일본 CM협회에서 처리하는 방법의 구축입니다. 윤리규정은 일본 변호사회의 「변호사 윤리」를 참고하여 작성하였고, 2002년 6월의 총회에서 의결되었습니다. 분쟁을 처리하는 방법에 관해서는 분쟁의 해결절차를 2003년 1월에 분쟁처리규정으로 이사회에서 결정하였고, 2004년 3월에 정식으로 분쟁처리위원회를 발족하였습니다.

현재 당면한 중점과제로 남아있는 것은 CM자격요건의 정비 및 자격의 부여입니다. 우선 그 준비로서 2003년 일본 CM협회에서 소정의 시험을 실시하여 CM잠정자격자를 확정하였습니다. 그리고 잠정자격자의 협력 아래, 2005년 3월에 본시험을 실시하기 위하여 자격제도, CM 가이드북, 시험제도를 정비하고 있는 중입니다.

이와 같이 CMr의 활동에 있어 필요한 기본적인 제도, 기능의 충실에 중점을 두어, 발주자에게 신뢰받는 CMr의 육성에 노력해왔습니다. 2002년 2월에는 국토교통성에서 CM방식 활용 가이드라인을 공표함과 동시에, CM방식 활용 가이드라인에서 밝혔던 과제의 해결 및 공공공사를 포함한 건축공사에 CM방식 도입 촉진방책의 검토를 (재)건설업진흥기금에 위탁하게 되었습니다. 그리고 그에 대한 조사 · 검토는 일본 CM협회에 위탁되었습니다. 그 성과가 「CM방식 도입 촉진방책 조사보고서」 및 「지방공공단체의 CM방식 활용 매뉴얼 시안」입니다.

실질적으로 일본 CM협회 회원을 중심으로 한 조사 · 연구 · 집필에 의한 것입니다. 협회 설립 후 불과 1년이 채 안되었지만, 이것은 (재)건설업진흥기금, 더 나아가 국토교통성으로부터의 기대와 신뢰의 결과입니다. 이것이 계기가 되어, 지방공공단체에 대해 CM방식이 도입 · 활용되게 되었습니다.

그럼에도 불구하고 발주자로부터 CM업무의 본질을 이해하기 어렵다는 의견이 많았으며, CMr 자신도 CM업무에 있어 교과서적인 내용을 갖고 싶다는 요구가 많았습니다. 이러한 의견을 수용하여 CM가이드북을 발간하기로 하였습니다.

여기에서 발간된 「CM가이드북」은 「CM방식을 실시하는 경우에 사용하기 쉬운 매뉴얼」을 목표로 정리하였습니다. 이 때문에 단순히 CM업무의 설명으로 끝나는 것이 아니라, 몇 가지의 CM 적용사례에 의한 「가상적 프로젝트에 대해 CM업무의 추가 체험」을 통해 알기 쉽고 실용적인 가이드북이 되도록 노력하였습니다. 구성은「CM 개요」, 「CM 업무체계」, 「CM 이론 · 기술 · 수법」, 「CM 사례」의 4장으로, CM업무 전체의 이해를 도울 수 있는 업무수행을 위한 지침이 되도록 고안되어 있습니다. 지금부터 CM에 대한 공부를 시작하고자 하는 분, CM업무를 실천하고 있는 분, CM 교육 · 연구에 종사하고 있는 분 등 어떤 분이 이용하여도 충분히 기대에 부합할 수 있으리라 믿습니다. 물론, 일본 CM협회가 실시하는 CMr 자격시험의 참고서로서도 활용할 수 있습니다.

그러나 아직 기술이 불충분한 부분도 적지 않습니다. 독자 여러분의 기탄없는 의견을 받아 보다 충실한 가이드북으로 발전시키고자 하는 바램입니다.

발주자가 CM방식을 채용하는 동기는 여러 가지로 상정(想定)되며, 발주자마다 다르다고 해도 과언이 아닙니다. 예를 들어, 기술자가 적은 발주자는 그 부족을 보충하기 위한 기술 지원적 CM에 관심이 있고, 기술자가 풍부한 발주자는 오히려 CM방식을 도입하는 것에 소극적일 수 있어 현저한 비용절감 효과가 있다면 도입을 고려해 보겠다는 입장도 있습니다. 또한 전통적인 관행에서부터 벗어나 프로세스의 투명성, 코스트의 투명성을 확보하고 싶다는 발주자도 있습니다. 드한 건설 프로젝트에 깊이 관여하여 다양한 의사결정이 제삼자의 지원 하에 실시되기를 희망하는 발주자도 있습니다. 결국 이러한 요구들은 지극히 개별적인 사정에 의한 것이 크게 작용합니다. 다양한 발주자들에게 CMr이 올바르게 CM업무를 설명하여 CM업무의 내용을 정확하게 이해할 수 있도록 본서가 도움이 되기를 바랍니다. 물론 그 외의 프로젝트 관계자인 설계자, 종합건설회사, 전문공사업자 등에게도 CMr 업무의 담당 범위를 이해시킴으로써 개별 프로젝트에 대한 모순과 빠짐이 없는 역할분담을 납득시킨 후 활용하기를 바랍니다. 특정한 사람만 이익을 향유하거나 또는 불이익을 당하는 일 없이 프로젝트 관계자가 부담과 이익에 대한 합당한 투명성을 확보함으로써 달성할 수 있는 것, 그것이 바로 프로젝트 운영의 중요한 키워드라고 인식하고 있습니다. 그렇게 되면 매우 기쁠 것입니다.

집필해 주신 회원 여러분, 내용 검토를 기꺼이 맡아주신 행정, 대학, 기업 관련단체 여러분들께 감사드립니다. 하루 빨리 본서에 근거하여 발주자 요구에 부응하는 CM업무(CM 서비스, 용역)를 제공하여 다양한 건설 프로젝트에 CM방식이 활용되기를 기대합니다.

2004년 9월
일본컨스트럭션매니지먼트협회
회장 후루사카 슈조 (古阪秀三)

역자서문

우리나라에서 CM은 1997년 건설산업기본법에 제도화된 이후 벌써 10년이 훨씬 넘었습니다. 그동안 CM방식으로 수행된 공공 건설사업은 급속도로 증가되었으며, 민간부문에서도 많은 건설사업이 CM방식으로 수행되고 있습니다. 이와 더불어 정부정책이나 건설사업의 효율적 수행을 위해 향후에는 CM방식에 의한 건설사업이 더욱 증가할 것으로 예상됩니다.

이에 따라 학부 및 대학원에서 CM을 공부하는 학생들이나 CM회사, 설계회사 등 업계의 실무자들, 그리고 발주기관의 실무 담당자 등 건설업계 종사자들의 CM에 대한 관심이 높아지고 있으며, 관련된 CM기술을 습득하고자 많은 노력을 기울이고 있는 실정입니다.

그러나 아쉽게도 CM기술을 습득하고 업무를 수행하는 과정에서 부딪히게 되는 현실적인 문제점 중의 하나는 CM의 기본적인 지식체계를 명확히 파악, 전달해 줄 수 있는 실무지침서가 아직 국내에서는 찾아보기 어렵다는 점입니다. 다시 말해, 발주자를 비롯한 CM관련 종사자들이 쉽게 CM에 대한 개념을 정립할 수 있고, CM지식체계를 구성하는 CM요소기술을 이해할 수 있는 전문서적을 발간하는 것이 현재 국내 CM학계 및 업계에서 시급히 해결해야 할 과제중의 하나라고 할 수 있습니다. 물론 그 동안 많은 CM관련 서적이 발간되어 왔지만, CM을 구성하는 다양한 분야의 요소기술을 사업수행단계에 따라 쉽게 설명한 참고서적은 찾아보기 어려운 것이 사실입니다.

이러한 관점에서 당사에서는 사용하기 쉬운 매뉴얼을 목표로 하여 일본 컨스트럭션매니지먼트협회에서 발간한 CM가이드북을 채택하여 번역, 발간하게 되었습니다. 본 CM가이드북은 단순히 CM의 개념 및 업무를 설명하는 것이 아니라 다양한 사례를 참고하여 설명하고 있기 때문에, 대학 및 대학원에서의 교육교재로 활용할 수 있음은 물론, 발주자, CM회사, 설계자 등 건설업계 실무자들이 참고서적 또는 업무수행의 지침서로 활용할 수 있을 것입니다.

본 번역서는 일본에서 적용되는 제도, 법규 등 일본의 실정을 반영하여 사업추진 단계별로 수행업무를 설명하고 있지만, 국내의 상황 또한 일본과 크게 다르지 않기 때문에 실무자들에게도 훌륭한 참고서적이 될 수 있을 것으로 봅니다. 또한 CM사업을 성공적으로 수행하기 위해서는 공공 및 민간 발주자 역시 CM업무를 정확히 이해하여 상황에 따라 적정한 업무를 발주하여야만 합니다. 이러한 측면에서 본 CM가이드북은 각 단계별 업무를 주체별 수행업무로 구분하여 설명하고 있어, CM업무내용을 정확히 이해하는데 도움이 될 것입니다. 이와 더불어 본 CM가이드북을 활용함으로써 CM에 참여하는 각 주체별 담당자들이 CM업무 체계를 정확히 이해함으로써 각자의 역할분담이나 사업수행과정의 합리성, 투명성을 확보하는데 큰 도움이 될 것으로 전망합니다. 그리고 CM을 공부하는 학생 및 실무자에게는 CM이론, 기술, 기법과 더불어 사업단계별 업무를 쉽게 이해할 수 있도록 기술되어 있어, CM의 본질을 이해할 수 있는 훌륭한 참고서가 될 수 있을 것으로 확신합니다.

건원엔지니어링은 국내에서 최초의 CM사업이라 할 수 있는 상암동 월드컵주경기장 건설사업을 비롯하여, 인천국제공항 2단계건설사업, 용산미군기지이전사업, 세운4구역 주거환경정비사업, 아산배방복합단지개발사업, 서울국제금융센터(SIFC) 건설사업 등 대형사업에 CM으로 참여하여 업무를 수행하고 있지만, 아직까지 국내에서는 CM에 대한 실무지침서로 삼을 수 있는 기본서드 없을 뿐만 아니라 CM전문 분야에 대한 실무지침서도 부족하여, 발주자를 비롯한 각 참여자들이 업무수행에 곤란한 점이 없지 않았습니다.

이러한 관점에서 건원엔지니어링은 앞으로 지속적으로 CM 전문서적을 발간하여 국내 CM이 한 걸음 앞으로 나아갈 수 있는 토대를 마련하고, 실무자 및 학생들이 관련 기술을 이해하고 습득할 수 있는 기회의 장을 만들어 갈 예정입니다. 본 번역서는 이러한 노력의 일환이 최초의 결실을 맺은 것으로, CM분야의 모든 구성원이 CM의 본질을 이해하고 업무수행에 큰 도움이 되기를 기대합니다.

본 CM가이드북은 일본 컨스트럭션매니지먼트 협회에서 발간한 것을 번역한 것으로, 원서의 의미를 완벽하게 전달하지 못한 부분이나 세련되지 못한 표현이 있을 수 있습니다만, 너그러이 이해해 주시기 바랍니다. 향후에 미진한 사항을 지속적으로 보완해 나갈 것임을 약속드리며, 건원엔지니어링이 CM에 대한 학문적, 실무적 발전을 위해 지속적인 노력을 기울이는 모습을 관심있게 지켜봐 주시기 바랍니다.

끝으로 본 번역서를 만들기 위해 고생한 건원엔지니어링 기술연구소 소장을 비롯한 직원 여러분과 본 번역서를 감수해 주신 동의대학교 이상범 교수님께 감사드리며, 본 CM가이드북의 한국어 출판을 허락하여 주신 일본 컨스트럭션매니지먼트 협회에 깊이 감사드립니다.

2009년 2월

건원엔지니어링 사장 유 군 하

목 차

제 1 장

Construction Management 개 요

1 컨스트럭션 매니지먼트(CM)란

(1) 매니지먼트란 무엇인가

「매니지먼트」란 무엇인가? 어떻게 번역하면 좋은가?

「매니지먼트」는 일반적으로 「관리」, 「경영」, 「경영관리」라고 번역된다. 그러나 「Industrial Engineering」은 「관리공학」, 「경영공학」으로, 「Scientific Management」는 「과학적 관리법」이라고 번역된다. 또한 「경영」은 「Administrative Management」, 「관리」는 「Operative Management」라고 번역하기도 한다. 요컨대 「매니지먼트」에는 다양한 기능과 활동이 포함되어 있으며, 그 배경에는 일본과 구미의 문화, 법제도, 관습의 차이가 있어 일대일 대응관계가 있다고 보기 어렵다. 대략적으로 말하자면 「매니지먼트」는 경영과 관리를 종합한 것으로 「전체를 잘 조정하여 소기의 목적을 달성하도록 원활히 일을 수행하는 것」을 의미한다.

(2) 건설생산에 있어서의 매니지먼트

건설생산의 여러 가지 업무는 단순화, 전문화에 의해 분업화되어 왔다. 그러나 일반 제조업과 비교하여 보다 특징적인 것은 설계와 시공이 보통 서로 다른 조직에 의해 행해지며, 양자 사이의 조정이 외부적으로 필요하다는 점이다. 따라서 건설생산에서의 매니지먼트는 「경영과 관리의 종합」과 「조정」이 중요한 요소가 된다.

특히 건설생산은 설계와 시공이 분업화되어 있을 뿐만 아니라, 각각의 내부는 더욱 분업화가 진행되어 있다. 건축공사에서 프로젝트 실시방식의 전형적인 형태인 설계시공분리방식(설계와 시공이 분리되어 시공은 일식도급방식으로 건설업자가 수행하는 방식)을 자세하게 기술하면 다음과 같다.

발주자는 본래 기획을 스스로 해야 한다. 그 이유는 프로젝트 목적, 발주자 요구와 설계조건의 제시 등은 발주자만이 가능하기 때문이다. 물론 발주자는 보통 아마추어이기 때문에 제3자가 기획을 수립하는 일도 있다. 설계자에게 기획업무를 위임하기도 하고, 또한 영업 기획으로서 발주자에게 판매하는 일도 있다. 최근에는 기획을 외주하는 발주자가 상당수 존재한다. 발주자의 기획을 토대로 설계자는 설계를 시작한다. 설계에는 기본설계와 실시설계가 있다. 기본설계는 어디까지나 기획내용의 구체화에 주목적이 있으며, 발주자 측면의 성격이 강하다. 실시설계는 기본설계를 실제 공사가 가능하도록 구체화하는 프로세스로서 시공자측면의 성격이 강하다. 어쨌든 기본설계와 실시설계는 설계자가 실시해야 할 업무이며, 완성된 설계도서를 기초로 시공자를 선정한다.

이러한 설계 프로세스에서 개략적인 공정계획, 공사비, 시공방법, 사용자재의 조달 등이 검토된다. 이것들을 생산설계라고 한다. 실제로는 구체적인 생산설계가 행해지지 않고 있기 때문에 여러 문제를 내포하고 있다. 이러한 설계업무는 한 명의 설계자 혹은 단독의 설계사무소에서 처리하는 것이 힘들기 때문에 보통 몇 개의 기능으로 나누어 외주를 준다. 건축설계사무소가 발주자로부터 설계를 위탁받았을 경우에는 구조설계, 설비설계, 견적 등을 외주하여 분업체제를 갖춘다. 물론 이러한 기능을 모두 회사내부에서 실시하는 대규모 건축설계사무소도 존재한다. 최근에는 더 많은 컨설턴트에게 설계의 일부 업무를 외주하는 경향이 있다.

설계가 완성되면 입찰, 견적비교[1], 특명 등의 방법을 통해 시공자를 선정한다. 해당 공사를 수주한 시공자는 공사도급계약을 체결하고 시공계획에 착수한다. 시공계획이후의 시공프로세스는 설계자의 의도를 충실히 실현하기 위한 프로세스로 시공자가 담당하는 업무이다. 시공자는 해당 공사 전체의 시공계획 · 관리를 도급받은 시공자(종합공사업자)와 거푸집공사, 철골공사, 전기 · 공기조화공사등 부분 공사를 전문적으로 하도급받은 시공자(전문공사업자)가 있다. 이러한 시공측의 조직에는 종합공사업자 아래에 협력회(등록된 협력업체)라는 계속적인 거래관계에 있는 전문공사업자 집단이 존재한다. 전통적으로는 협력회 조직내의 각 전문공사부분을 담당하는 업체를 선정하고 있지만, 최근에는 협력회 조직에 집착하지 않고, 공모의 형태로 외부의 전문공사업자를 프로젝트에 참가시키는 일도 많이 있다. 또한 종합공사업자의 현장기술자(현장감독, 관계자)를 프로젝트마다 또는 기간을 정해 외부에서 조달하는 종합공사업자도 있다. 게다가 전문공사업자는 종합공사업자로부터 하도급 받은 공사를 자사에서 시공하는 것 외에, 그 공사의 일부를 재하도급하는 일도 많다. 이러한 하도급 · 재하도급의 연쇄가 반복되어 중층의 도급구조가 구성된다.

이상에서 본 것처럼 건설생산시스템은 발주자, 설계자, 시공자를 포함하며, 자신이 담당하는 업무의 일부 또는 전부를 아웃소싱(outsourcing)하고 있다. 또한 이러한 분업관계는 더욱더 다양하게 되는 경향이 있다. 이러한 분업화의 진행은 각각 분업화하고자 하는 업무, 주체의 조정과 프로젝트 전체를 통합하는 이념, 업무모델이 필요하다. 단적으로 말하면 프로젝트 전체를 조정하여 매니지먼트할 수 있는 주체가 요구된다.

전통적으로 설계는 건축설계사무소가, 시공은 일식도급방식의 경우에 종합공사업자가 그

---

1) 견적비교
수의계약의 가격결정 프로세스의 일종임. 공공공사의 경쟁입찰에서 낙찰자가 예정가격을 초과할 경우, 최저가격 입찰자와 수의계약을 실시할 목적으로 예정가격 이하의 가격이 되도록 하는 프로세스를 견적 비교라 한다. 결과적으로 입찰가격이 예정가격 이하로 되는 시점에서 낙찰이 된다.

범위를 매니지먼트하고 있지만, 발주자와 설계자, 발주자와 시공자, 설계자와 시공자 사이의 횡단적인 영역과 관계된 명시적인 매니지먼트라는 주체는 존재하지 않았다.

일본에서는 일본식 시스템의 특징으로 지적되는 「상호신뢰」, 「장기 지속적 거래관계」등에 의존하여 「애매한 관계의 매니지먼트」를 해 왔다.

오늘날 요구되는 것은 발주자의 입장에서 명시적인 매니지먼트 즉, 프로젝트를 일관되게 매니지먼트하는 주체이다. 이 주체로서 컨스트럭션매니지먼트(이하에서 "CM"이라고 한다) 서비스를 제공하는 주체가 출현한 것이다. 물론 이 주체는 기존의 설계사무소, 종합공사업자가 담당하는 것도 가능하고, 그 능력을 갖춘 곳도 있으며, 현재 CM서비스를 제공하고 있는 곳도 있다. 한편 새로운 비지니스 영역으로서 독립적인 컨설턴트의 신규 참여도 증가하고 있다.

일본에서는 오랜 세월에 걸쳐 「설계시공일괄발주방식」 및 「설계시공분리발주방식」이 건설프로젝트의 조달방식으로 사용되어 왔으며, 이에 대응할 수 있도록 건설산업 전체가 노력해 왔다. 이에 대한 능력은 세계에 자랑할 만하다. 그러나 한편으로 투명성, 공평성, 경쟁성 등이 발주자, 국민으로부터 요청되고 있는 것도 사실이다. 그러한 가운데 다양한 프로젝트의 조달방식이 준비될 필요가 있다는 것은 부정할 수 없는 사실이다. 컨스트럭션매니지먼트방식도 그 선택사항의 하나로 고려되고 있다.

(3) CM이란 무엇인가

CM을 번역하면 공사관리라고 할 수 있으며 품질, 공정, 코스트 등을 얼마나 소기의 목표대로 달성할 수 있는가에 대한 관리이며, 기술이다. 그러나 프로젝트를 실시하는 방식의 의미로 사용하는 경우, 그 내용은 달라진다. CM방식은 미국에서 확립된 프로젝트 실시방식이다. 1960년대 미국에서 프로젝트가 대규모화, 복잡화됨에 따라 공기지연, 예산초과가 발생하여, 이를 방지하기 위해 매니지먼트를 전문으로 실시하는 주체가 출현하게 되었다. 이 주체를 컨스트럭션매니저라고 하며, CM방식은 이 CMr과 발주자, 설계자가 일체가 되어 프로젝트 전반을 운영 · 관리하는 방식이다. 프로젝트에 따라 설계자, 종합공사업자, 전문 컨설턴트가 CMr로 임명된다. 원칙적으로 CMr을 선정하는 것은 발주자이다.[2)]

2002년 2월에 일본 국토교통성에서 발간한 「CM방식 활용 가이드라인」에서 CM방식(CM for fee)을 다음과 같이 설명하고 있다. 「CM (Construction Management)방식이란 미국에

2) CMR와 CMr의 표기
「CM방식 활용 가이드 라인」에서는 팀으로서 발주자의 보조자 · 대행자의 기능을 수행하는 것을「CMR」이라고 표기하고, CMR의 리더인 개인을「CMr」이라고 표기하고 있지만, 본서에서는 개인, 기업을 불문하고 모두 CMr로 표기하고 있다. 특히 회사조직을 나타내는 경우는「CM회사」로 표기한다.

서 많이 이용되고 있는 건설생산 · 관리 시스템의 하나이며, 컨스트럭션매니저(CMr)가 기술적인 중립성을 유지하면서, 발주자 관점에서 설계 · 발주 · 시공의 각 단계에서 설계검토나 공사발주방식 검토, 공정관리, 품질관리, 코스트관리 등 각종 매니지먼트 업무의 전부 또는 일부를 실시하는 것이다.」

CM방식의 기본적인 특징은 두 가지이다.

하나는 〈그림 1-1〉에 나타낸 바와 같은 발주자, 설계자, 시공자 사이의 계약관계이다. 즉, 종래의 종합공사업자에 의한 일식도급방식에서는 발주자와 전문공사업자가 간접적인 계약관계인데 비해 CM방식은 발주자와 전문공사업자가 직접 계약을 체결한다. 이것을 분리발주라고 한다. 발주자에게는 코스트의 투명성이 높아지고 나아가서는 경제적인 공사 가능성을 높일 수 있다고 여겨진다.

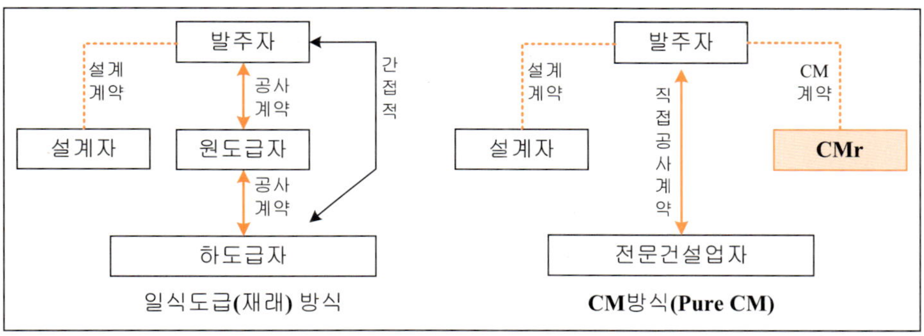

그림 1-1 재래방식과 CM방식의 계약관계

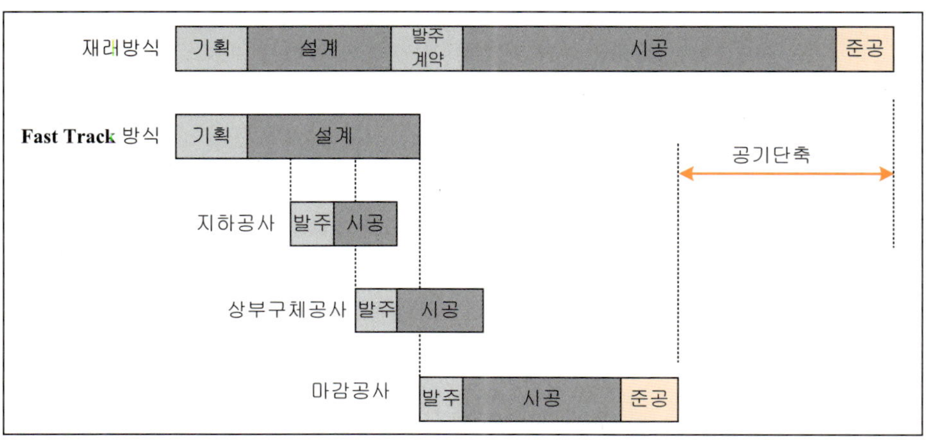

그림 1-2 Fast Track에 의한 공사기간단축

두 번째는 〈그림 1-2〉에 나타낸 설계시공병행방식(Phased Construction, Fast Track[3])의 적용으로, 주요한 공사의 부분설계가 완료된 시점에서 순차적으로 발주 · 시공을 실시하여 시간적, 경제적 손실을 최소화하는 방식이다. 〈그림 1-2〉를 예로 들면, 재래 방식인 경우 설계도서가 모두 완성되는 것을 기다려 입찰공고 후, 시공자를 결정하고 공사를 착수한다. 설계시공병행방식의 경우에는 지하공사 설계가 완료된 시점에 전문공사업자 부분의 입찰을 별도로 실시하여 시공자를 결정하고 공사를 착수한다.

다음으로는 구조체 부분의 설계가 완료되면, 같은 순서로 시공자를 결정하여 공사로 옮긴다. 이와 같이 함으로써 전체적으로 공사기간을 단축하도록 하는 것이다. 설계시공병행방식을 사용하기 위해서는 부분공사마다 착공허가를 받을 수 있어야 한다. 이것을 취합하면 최종적으로 건물전체의 공사허가로 간주되는 것이 필요하기 때문에 일본의 허가신청(확인신청) 제도와 일치하지 않는 부분이 있다. 일본에서는 허가신청제도에 저촉되지 않는 범위내에서 기자재의 선행 발주, 공종간 조정 등으로 한정되어 있다. CM방식의 원형은 〈그림 1-2〉와 같지만 CMr의 업무내용으로 판단해 본다면 추가적인 변화도 존재한다. 우선 〈그림 1-1〉오른쪽의 CM방식은 CMr가 순수하게 매니지먼트 업무만을 실시하는 것으로, 이 방식은「Pure CM」(「Professional CM」, 「Agency CM」)이라고 한다. 설계자, 엔지니어, 컨설턴트가 CMr이 되는 경우가 많다.

다음 방식은 공통가설 등의 일부 공사도 실시하는 경우(그림 1-3)로 주로 종합공사업자가 CMr이 되는 경우이다. 이 경우에는 최고 한도액을 보증하는 조항(GMP: Guaranteed Maximum Price)을 CM계약에 포함시키기도 한다. 이 방식을 「CM at risk」라고 한다. 「CM방식 활용 가이드라인」에서 CM방식(pure CM)은 시공에 수반하는 최종적인 리스크(시공을 분리하는 등에 따르는 전체 공사의 완성에 관한 리스크)를 발주자가 부담하기 때문에 발주자가 지출하는 공

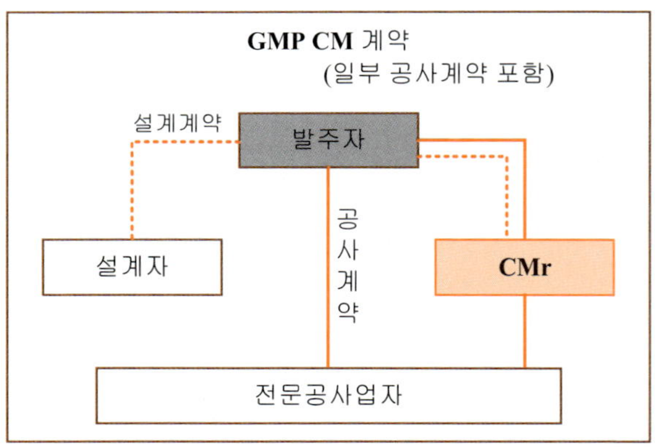

그림 1-3 공사를 수행하는 CM방식

3) Fast Track
기술적인 순서에 따라 실시하는 일반적인 작업에 비해, 일부 작업들의 순서를 변경하여 전체 스케줄을 단축시키는 기법

사비가 그 만큼 증가할 가능성이 있다. 미국에서는 발주자가 지출하는 공사비를 절감하기 위해 CMr의 매니지먼트 업무에 추가하여, 시공에 관한 리스크를 부담하게 하는 경우도 있다. 〈그림 1-3〉은 공사를 수행하는 CM방식으로 CM at risk라고 부른다.

실제의 CM방식에서는 이러한 변화에 머무르지 않고, 프로젝트마다 다른 여러 가지 변형된 형태가 출현하고 있다. 일본에서는 CM방식에서 공사를 분리 발주하지 않고 우수한 기술력을 가진 종합공사업자를 그대로 채용하는 일도 있다. CMr이 실시하는 주된 매니지먼트 업무는 다음 장에서 자세하게 다루고자 한다.

[참고 문헌]

(1) 古阪秀三 : 「컨스트럭션 (프로젝트) 매니지먼트」, 교토대학 공학연구과가 선택한 첨단기술의 키워드 114선, 일간공업신문사, 2003.2.28

(2) 古阪秀三 : 「건축 생산에 있어서 최적화 문제를 생각한다」, 오퍼레이션 리서치, 일본 오퍼레이션 리서치 학회, Vol.46. No.7, pp.335-342, 2001.7

(3) 田中秀和 : 「매니지먼트 사상의 발전에 관한 기초적 연구 - 건축 프로젝트를 대상으로」, 교토 대학 석사 논문, 2004.2.27

2 컨스트럭션 매니저(CMr)의 업무

CM은 지금까지 발주자와 설계자, 시공자가 수행해 온 역할을 제3자인 CMr이 수행하는 것으로, 종래의 건설프로세스에 포함되어 있던 관리업무에 대해 근본적으로 발주자의 시각에서 서비스를 실시하는 것이 그 특징이다. 이에 따라 CMr은 건설생산 프로세스의 새로운 직무자로서 그 위치설정의 문제가 발생한다.

전통적으로 건설프로젝트에서는 직능에 의해 구분되어 있는 각 전문가 집단을 통합하는 기능을 「설계자」나 「시공자」라는 프로젝트 참여자의 일부가 수행해왔다. 게다가 각 전문가 집단에서도 다른 직능 분야와의 조정을 적극적으로 꾀해, 생산프로세스에서의 조정을 개별적으로 실시하여 건축물을 구축하는 업무를 완수하였다.

그러나 현재는 직능분화나 기능분산이 진행되어 각각의 조정을 진행시키는 것보다 프로젝트 전체를 통합적으로 매니지먼트하는 것이 요구되고 있다. 또한 Compliance(법령을 준수하는 것 또는 그 관리체제를 구축하는 것)나 정보공개 등에 대한 인식이 사회적으로 높아짐에 따라, 건설 프로젝트에서도 투명성에 대한 발주자, 사용자요구가 높아지고 있다. 그 때문에 「설계자」나 「시공자」라는 종래의 이해관계자가 프로젝트 전체를 매니지먼트하는 것이 아니라 새로운 직능으로서 제3자가 요구된다.

따라서 지금까지의 업무로부터 CMr이 완수해야 할 기능을 추출하고, 발주자, 설계자 및 시공자와의 관계를 재정리할 필요가 있다. 대략 30년 전부터 CM이 발달한 구미의 계약관계 및 관습과 일본과의 차이를 이해할 필요가 있다. 또한 일본에서도 건설프로젝트를 둘러싼 환경이 버블 붕괴 이후 계속 변화하고 있다는 점을 이해할 필요가 있다.

CMr은 발주자의 이익을 위해서

- ■ 프로젝트 기간중에 고객의 의사결정을 지원한다.
- ■ 프로젝트를 소기의 목표대로 완성시킨다.

라는 두 개의 큰 역할을 수행한다.

상기의 역할을 완수하기 위한 CMr의 주된 업무는

- 설계도서가 발주자의 요구(품질 · 코스트 · 공기)와 일치하고 있는가를 확인하고 적절히 조언한다.
- 시공이 설계도서대로 행해지고 있는가를 검증하고 적절히 조언한다.
- 적용되는 기술이 발주자의 요구와 일치하고 있는가를 확인하고 적절히 조언한다.
- 공사편성이나 발주방식의 선정을 포함하여, 합리적이고, 효율적인 프로젝트 추진방법을 계획하고, 실시와 관련된 관계자에게 확실히 정보를 전달한다.
- 프로젝트의 진척상황을 파악하고 계획과 차이가 있는 경우, 필요한 대책을 조언한다.

CMr은 스스로 협의의 설계 · 시공업무를 수행하지 않지만, 발주자를 대신하여 프로젝트 매니지먼트 업무를 실시한다.

3 CMr에 대한 기대

책임이라는 말은 「그 역할이나 기대에 부응하여 행해야 할 임무나 의무」이다. 사회적 책임은 그러한 임무나 의무를 완수하는 것을 사회가 기대하고 있다는 것이다. 이러한 관점에서 CMr에 대한 기대란 그 사회에서 CMr에게 기대하고 있는 임무, 의무 등 사회적 책임에 대응하는 것이다. CMr에 대한 기대를 설명하면 다음과 같다.

(1) CMr에 대한 사회의 기대

CMr의 책임과 사회환경의 변화를 고려하면서 CMr, 나아가서는 CM방식에 대해 사회에서 무엇을 기대하고 있는가를 정확하게 파악하는 것이 중요하다. 예를 들면, CMr에 대한 사회의 기대는 현재로서는 다음과 같은 것을 들 수 있다.

- 다양한 건설생산 · 관리시스템의 구축에 의한 발주자 선택사항의 다양화
- 코스트 구성의 투명화 및 그에 따른 적정가격의 파악
- 발주 프로세스의 투명성 확보, 주주 및 납세자 등에 대한 설명책임[4)]
- 설계, 발주, 시공의 각 단계에서의 민간 매니지먼트 기술의 활용
- 철저한 품질관리
- 발주체제 강화(발주자 내부 기술자의 양적, 질적 보완)
- 품질 · 기술이 우수한 시공자 육성(특히 전문공사업자)

물론 CMr에 기대되는 것이 상기 항목에 한정되는 것은 아니다.

또한 이러한 기대는 환경에 따라 여러 형태로 변해간다. CMr이 이러한 기대에 부응하기 위해서는 사회환경 변화에 대응하여 자기의 역할을 잘 이해하고 업무를 수행해야 한다.

(2) CMr의 발주자에 대한 설명 책임

(재)건설경제연구소에서 실시한 「민간기업에 대한 앙케이트 조사」에 의하면 CM방식 채용의 동기는 「비용의 투명화」다음으로 「비용절감」이었다. 그러나 단지 비용의 투명화라면, 예를 들어 종합공사업체에게 일괄 발주하고 공사비용 관련서류의 정비가 진행됨에 따라 하도급비용을 명시하면 공사비의 투명성은 높아진다. 그러나 이것만으로는 발주자의 기대에 부응할 수 없다. 오늘날 발주자가 요구하는 코스트의 투명화란 단지 가격의 내역뿐만이 아니라 발주 프로세스의 투명화도 포함한다.

발주자도 공공공사를 포함하여 최근의 건설 프로젝트에서는 「국민, 투자자, 주주에 대한 설명 책임」이나 「발주 담당자로서 최적 발주라는 설명책임」을 가지고 있다. 따라서 제3자인 CMr을 채용하는 것은, 설명책임을 확보하는 수단의 하나가 될 수 있다고 기대하기 때문이다.

---

4) 설명책임(Accountability)
Account는 원래 수를 센다고 하는 의미로서 회계에서는 타인의 재산이나 자금의 관리를 맡은 사람이 스스로 완수한 것을 회계 보고로서 증명하는 것을 Accountability라고 한다. 이 개념이 회계분야에 사용되게 되었다. 즉, 어떤 부탁 관계로부터 생기는 설명 책임이 어카운터빌리티이다.

CMr은 발주자의 상황을 이해하고 CMr로서의 책임을 다 하는 것이 요구된다.

또한 발주자의 요구를 정확하게 파악하고 그것을 실현하기 위해 적시에 제안, 조언을 하여 프로젝트의 진척상황이나 업무보고를 실시하고, 때로는 발주자의 요구에 따라 한층 더 보완된 설명이 요구되기도 한다. 매일 반복되는 조언이나 보고 설명을 통해 발주자와 CMr의 상호이해가 깊어지고 CMr은 발주자에게 보다 투명성있는 설명 책임을 다 하게 된다.

(3) 오늘의 일본 사회와 CMr

CMr은 발주자의 보조자 · 대행자로서 발주자의 입장에서 설계내용, 공사발주방식의 검토나 공정관리, 비용관리 등의 건설관리업무를 실시한다. 또 설계자와 시공자의 관리업무를 단순히 발주자의 보조자 · 대행자인 CMr에 위탁한다고 하는 것은 발주자의 건설생산 · 관리시스템의 다양화, 비용구성의 투명화 요구에도 유효하다. 이러한 점으로 인해 CM방식은 오늘날의 사회환경에 적합하다고 할 수 있다.

이와 같이 CM방식은 기본적인 성격이나 내용과는 별도로, 종래의 일본 건설산업 · 건설생산시스템이 다양한 의미의 제도적인 문제를 발생시키고 있어, 이를 개선하기 위해 종전의 공사일식도급방식이나 설계시공일괄발주방식등과는 발상이 다른 새로운 방식으로서 기대되어 등장하였다. 그리고 그것은 동시에 도덕성의 저하, 장기불황이라고 하는 오늘날의 일본 사회상황과도 밀접하게 관련되어 있다.

따라서 CMr는 이러한 기대와 현재 일본 사회의 요구를 잘 이해하고 정확하게 대응해 가는 것이 그 임무라고 생각된다. 업무의 내용은 물론이고 그 업무에 대한 해박한 지식과 자세, 그리고 철학이 중요하다.

4 CMr의 법적 책임

(1) 공법적 책임(公法的 責任)과 사법적 책임(私法的 責任)

법률적 책임 혹은 법적 책임이라고 할 때, 책임이라는 말은「법률상의 불이익이나 제재를 가하는 것」을 의미한다. 또한 불이익이나 제재를 가하는 것의 전제로서 「일정한 의무를 부담하고 있는 것」을 가리킬 때도 있다. 이것은 불이익이나 제재는 의무에 위반한 것이라는 현실적인 문제와 관련되어 있기 때문이다. 이러한 의미로서 CMr의 법률적 책임 혹은 법률상의 의무는 어떠한 것일까?

법률상의 의무에는 공법적인 부분과 사법적인 부분이 있다. 간단하게 말하면, 공법적인 부분은 자격제한이나 공적기관의 감독 등 이른바 행정상의 규제로부터 유래하는 것이며, 사법적인 부분은 주로 계약상의 약속으로부터 유래하는 것이다.

현재 CMr에 대해 직접적인 공법적 규제는 없다. 그러나 공법적 규제가 없어도 발주자는 자신의 책임으로 CMr의 선임 및 감독을 하기 때문에 어떠한 계약을 체결할 것인가가 중요하다. 따라서 CMr의 법률적인 의무나 책임은 계약에 근거한다고 생각한다.

다만, 계약상의 책임 이외에도 불법행위 책임[5]을 부담해야 하는 경우도 있지만, 여기에서는 계약상의 책임에 대해서 다루고자 한다.

(2) 계약상의 책임

법률적인 책임의 특색은 법률상의 불이익이나 제재를 가하는 것이다. 계약에 근거한 책임의 내용은 일반적으로 계약에 규정되어 있다. 이러한 점에서 CMr의 법률적인 의무는 「수탁한 CM업무를 위탁계약에 규정된 대로 실시하는 것」이다. CMr이 소정의 CM업무를 실시할 수 없다면, 그에 대한 손해배상 의무 등이 발생한다. 따라서 법률적 책임을 고려한다면 CMr이 계약상 어떠한 의무를 이행해야 하는가를 분명히 하는 것이 중요하다.

CM방식에서 공사완성에 관한 리스크는 발주자와 발주자로부터 직접 각 공사를 도급받은 전문공사업자에게 분산되어 있어, CMr은 기본적으로 공사완성에 관한 리스크를 부담하지 않는다. 그러나 CM at risk의 경우에는 CMr이 전문공사업자와 직접 공사도급계약을 체결하므로 공사수급인에 가까운 성격을 갖게 된다. 또한 CM at risk의 경우에는 발주자와 함께 발주자의 리스크를 부담하는 경우도 있다. 이러한 특성은 각각의 계약 내용에 따다 달라진다.

(3) 선관주의의무

CMr에게는 선관주의의무[善管注意義務]가 있다. 선관주의의무는 「선량한 관리자의 주의의무」의 약어이며 위임계약 또는 준위임계약[6]에 의해, 일을 맡은 수임자가 수임사항을 처리

---

5) 불법행위책임
「고의 또는 과실로 인해 타인의 권리를 침해한 사람은 이에 의해 발생한 손해를 배상할 책임」(민법 제709조(일)). 계약관계의 유무를 불문하고, 어느 일정한 지위를 국민에 대해서 찾을 수 있고 주의의무에 반했을 경우에 지는 책임이다.

6) 준위임계약
법률행위가 아닌 사무처리를 위탁하는 계약(민법 제656조). 재산관리의 위탁, 강연의 의뢰, 위탁 등이 그 예이다. 위임규정이 모두 준용되며, 위임과 특히 구별하는 실익은 없고, 단순히 개념적으로 구분됨.

할 때 이 의무가 생긴다(일본민법 644조). 이러한 선관주의의무란 무엇인가? 구체적인 내용을 가지는 것이 아니고, 「신용을 갖고 일을 맡은 사람이 그 신뢰에 부응하여, 맡은 일의 목적에 맞게 일정수준의 주의를 기울여 일을 한다」라는 의미이다. 당연한 이야기이지만 선관주의의무를 위반하면 손해배상 책임의 문제가 발생한다.

CMr이 매니지먼트 업무를 위임계약 혹은 준위임계약의 형태로 수행하는 경우, CMr의 책임있는 사유에 의해 선관주의의무를 위반할 경우에는 그 책임을 진다. 즉 이러한 경우에는 계약의 해제나 손해배상 청구를 받을 우려가 있다. 한편, 수임자로서 책임 있는 사유가 없다면 책임을 지지 않는다. CMr의 책임은 기본적으로 과실책임이며, 무과실책임을 지는 것은 아니다. 이것은 도급인이 하자담보책임이라고 하는 무과실책임을 지는 것과는 다르다. 다만 각각의 계약으로 일정한 무과실책임을 부과하는 것은 불가능하지 않으며, 당사자가 그렇게 합의하는 것을 금지할 수는 없을 것이다. 그러나 위임 또는 준위임이라는 계약의 기본적 성격으로 인하여 계약에 의해 무과실책임을 정하는 것은 적당하지 않으므로 표준 약관에 포함시키는 것은 피해야 한다.

이외에 선관주의의무와 같이 명확하게 계약상의 의무가 아니지만 계약관계에 있는 자에게 생기는 것으로, 일본민법 제1조 2항이 규정하는 「신의성실의무[7)]」가 있다. 이 의무 위반은 손해배상 책임을 일으키는 경우도 있다. 신의성실은 원래 윤리 문제로 생각되었지만, 계약에 규정함으로써 계약당사자 사이의 법률관계 이행시 윤리가 법률상의 의무가 되었다고 본다.

5 CMr의 윤리

(1) 외부적 책임과 내부적 책임

지금까지 논의한 사항을 정리하면 다음과 같이 요약된다. CMr은 법률적인 의무를 반드시 완수해야한다. 그러나 이것은 최소한의 책임이다. 또한 CMr은 환경의 변화에 따라 사회의 기대에 부응하지 않으면 안 된다.

예를 들어, CMr은 정해진 업무를 완수하는 것 뿐만 아니라, 그 입장을 남용해서는 아니

7) 신의성실의무
사람의 사회 공동생활은 상호의 신뢰와 성실한 행동에 의해 원활히 영위한다는 생각에 근거하여, 의무라는 법률관계의 이행에 대해서도 같은 형태의 행동을 취할 것을 구하는 법리(신의성실의 원칙)를 실시할 의무.

되며 동시에 설계자, 시공자에게 불리한 이익의 공여를 요구할 수 없음을 자각해야 한다.

사회적 책임이란 외부적 책임과 내부적 책임을 모두 포함하는 것이라고 생각된다.

(2) 사회적 책임과 윤리의 확립

사회적 책임을 완수하려면 CMr로서의 윤리확립이 필수적이다. 윤리적으로 요구되는 수준은 법률보다 어렵고, 법률을 지키고 있는 것만으로는 윤리를 다했다고 생각해서는 안 된다. 윤리와 법률이 중복되어 윤리상의 의무가 법률상의 의무로 되는 경우도 있다. 법률은 최저한의 도덕을 정한 것이라는 말은 이를 잘 나타내고 있다. 윤리의 확립을 위해서 CMr은 해당 프로젝트의 설계자 및 시공자로부터 독립성이나 객관성을 확보하는 것이 필요하다. 그러기 위해서는 다음과 같은 제도 · 시스템의 제정이 필요할 것으로 생각된다.

① 우선 우수한 CMr 육성 제도를 설정 · 실시하여 CMr에 대한 자격제도를 준비하는 것이다. 현재 CMr 또는 CM방식으로 업무를 수행하는 사람들의 단체가 중요하며, 현존하는 일본 컨스트럭션 매니지먼트 협회가 실시하고 있는 다양한 활동을 적극적으로 활용하는 것이 요구된다.

② 다음에는 CMr이 윤리감을 잃지 않도록 하기 위해 적정 평가시스템을 만드는 것이다. 사회적 책임을 완수하는 것은 발주자로부터 신뢰받는 CMr이 되는 것이다. 그것은 윤리관을 가진 프로페셔널(Professional) CMr이 되는 것이라고 할 수 있다. 이를 위해서는 시장에서 CMr이 올바르게 평가될 필요가 있다. 평가 중에는 부정행위를 실시하는 불량 업자를 배제하는 구조(예를 들면, 과실에 의해 발주자에게 손해를 입히거나 큰 하자와 불편을 일으킨 CMr에 대한 사실 공표 등)가 필요하지만, 이와 함께 좀 더 적극적으로 우수한 CMr이 사회에 진출할 수 있도록 하는 것이 중요하다. 뛰어난 CMr이 시장에서 올바르게 평가되기 위한 시스템이 만들어 진다면 그것은 윤리의 향상으로 연결된다. 이러한 의미에서 CM회사의 등급설정이나 평가를 도입하는 것이 바람직하다.

(3) 전문가의 윤리에 대해

CMr이 사회적 책임을 완수하려면 상기와 같은 제도를 준비하는 것뿐만 아니라 무엇보다도 CMr자신이 전문가의 윤리를 가져야 한다는 것을 자각하고 이를 실행하는 것이 중요하다.

■ CMr은 전문가

일반적으로 전문가의 특색으로 다음과 같은 점을 들 수 있다.

- 업무의 성질이 기술적, 전문적이며, 실질적 부분은 정신적인 부분이므로 이를 양성하기 위해서는 학문과 실무에 관한 일정한 훈련기간이 요구된다.
- 일반적인 성실의무를 넘어선 일정한 윤리에 구속된다는 사실이 사회적으로 기대된다.
- 보통 해당분야 전문가 단체에 소속되어 있고, 그러한 단체는 단체의 귀속을 규제하여 전문직 기준의 유지를 꾀하고 자격시험을 보도록 하거나 행동이나 윤리에 관한 전문가 강령을 정한다.

전문가는 자격시험 등에 따라 사회의 승인을 받으므로 사회적인 지위가 높다.

이러한 특색은 서로 관련되어 있다고 생각된다. 즉 기술적, 전문적인 일은 단지 성실하게 실시한다고 하는 일반적인 의무를 넘어서는 강한 윤리관에 영향을 받는다. 그리고 그 윤리를 구속하기 위해서 전문가의 단체가 존재하게 된다는 점에서 CMr은 전문가에 해당한다고 생각한다.

■ 전문가와 윤리

전문가라는 것은 일의 내용이 전문성을 갖추는 것 이외에 강한 윤리관을 갖는 것이 본질적으로 요구되고 있다. CMr은 우선 스스로가 그러한 높은 윤리가 요구되는 존재임을 자각할 필요가 있다.

향후 사회환경의 변화에 의해 지금까지 상식으로 정했던 정도의 윤리규정이 더욱 상세하게 변경될 것으로 예상된다. CMr은 자신이 소속된 단체의 윤리규정은 물론, 관련된 단체의 동향 등에도 관심을 갖고 시대에 부합하는 윤리관을 몸에 익혀 갈 필요가 있다.

■ 전문가와 윤리위반

보통 윤리를 위반하면 사람들의 비난을 받거나 도의적 책임을 지기도 하지만, 뚜렷한 제재가 준비되어 있는 것은 아니다. 원래 윤리라는 것은 스스로 지켜야 하는 것이며 제재를 하고 강제하는 것은 아니다.

그러나 전문가의 경우 윤리위반은 소속단체에 의해 제재의 대상이 될 수 있다. 일본 컨스트럭션 매니지먼트 협회의 「윤리규정」은 제26조에 「회원이 본 규정에 위반했을 경우, 그 처리는 별도로 정한 윤리위원회 규정 및 징벌위원회의 규정에 의한다」라고 하여 윤리위반이 징벌의 대상이 될 수 있다는 것을 명시하고 있다. 윤리위반이 항상 징계의 대상이 된다고는 할 수 없지만, CMr은 소속단체의 윤리가 단순한 도덕적 요청이 아니라는 점을 잘 알고 있어야 한다.

6 CMr에 필요한 CM 지식체계

CMr의 지식체계는 PM의 지식체계와 같이 관리항목마다 재정리될 필요가 있다. 본서에서는 매니지먼트매트릭스(「제2장 컨스트럭션 매니지먼트의 업무체계」참조)에 의해 각 항목을 상세하게 기술한다. 각 항목은 종래의 업무에서 단독 또는 복수의 프로젝트 관계자의 누군가가 전부 또는 일부분을 담당해 왔지만, CM방식에서는 제3자인 CMr이 독립된 직능으로서 건설프로젝트에 참가하게 된다.

실제 프로젝트에서는 관리항목이 단순화되거나 또는 중복되는 등 다양하게 운용된다. 또한 프로젝트에서 CMr에게 요구하는 매니지먼트의 형태가 다르고, 시공패턴에 의해서 그 내용이 변한다. 또한 리스크에 대해 대응하는 방법에 따라서도 다르다.[8)]

모든 상황에 대한 대응은 불가능하지만, 본서에서는 매니지먼트의 기본적인 지식체계로서 다음의 7개의 매니지먼트를 취급한다.

A. 전체 매니지먼트
B. 비용 매니지먼트
C. 공기 매니지먼트
D. 디자인 매니지먼트
E. 조달 매니지먼트
F. 시공 매니지먼트, 안전 매니지먼트
G. 품질 매니지먼트

8) 부록 2. PMBOK® 과 비교 P.324

제 2 장

Construction Management 업무체계

이번 장에서는 건설프로젝트의 진행단계에 따라 실제로 CMr이 수행해야 하는 업무를 구체적으로 설명한다.
실제 프로젝트에서 이러한 업무를 모두 실시하는 것은 곤란하지만, 부분적으로 실시하는 경우에도 전체적인 맥락에서 그 위치를 아는 것만으로도 그 업무를 이해할 수 있을 것이다.

매트릭스의 구성요소

제2장에서는 CMr의 업무체계를 7개의 매니지먼트 지식체계와 프로젝트 단계에 의한 매트릭스로 구성하였다. 세로축은 단계, 가로축은 7개의 매니지먼트 지식체계에 해당한다.

단계(Phase)

프로젝트 단계는 프로젝트를 성공적으로 완료하기 위해 프로젝트 라이프사이클을 구분하여 매니지먼트할 수 있도록 한 것이다.

프로젝트 단계를 정의하여 관리하는 목적은

- 각 단계의 성과를 명확하게 한다.
- 성과에 대한 평가를 확실히 실시한다.
- 후속단계에 문제를 발생시키지 않는다.
- 의사결정의 기회를 부여한다.

등으로, 보다 확실한 프로젝트 매니지먼트를 실시할 수 있도록 하는 것이다.

본서에서는 일반적인 건설프로젝트의 단계를

① 기본계획단계

② 기본설계단계

③ 실시설계단계

④ 공사발주단계

⑤ 공사단계

⑥ 완성후단계

⓪ 공통업무

로 정의하고, 각 단계에서 CMr이 실시하는 매니지먼트 업무를 설명한다. ⓪ 공통업무[9]는

9) 공통업무
시계열에 상관없이 실시하는 공통적인 업무도 있다. 예를 들어, 회의는 어느 단계에서나 개최된다. 이러한 업무는 시계열과 상관없으며, 또한 제2장과 연결된다는 의미로 ⓪번을 사용하였다.

복수의 단계에서 실시해야 하는 회의체 운영 등의 업무로서, 이에 대한 설명이 번잡하지 않도록 기술하였다. 기본계획단계 이전의 기본구상단계는 「지방공공단체의 CM방식활용 매뉴얼시안」에 따라 사업주체(발주자)가 주로 실시하는 업무를 말한다. 이 구상단계에서 사업주체에 의해 작성된 사업성 검토를 위한 계획서를 사업계획서라고 한다.

또한 공사발주는 시계열로 생각하면 반드시 실시설계가 완료된 후 시작되는 업무는 아니지만, 편의상 공사발주단계를 실시설계단계 뒤에 두었다.

매니지먼트 지식 체계

제1장에서 규정한 7개의 매니지먼트 지식체계를 다음과 같이 정의한다.

A 전체 매니지먼트

사업주체(발주자)의 프로젝트에 대한 기대나 요구는 프로젝트 전 기간을 통해 기본적으로 변경될 수 없는 일관된 것이다. 한편 프로젝트는 프로젝트의 진행에 따라 서서히 상세하게 발전한다.

전반적인 매니지먼트는 사업주체의 프로젝트에 대한 기대나 요구를 충족한 상태로 프로젝트를 완료하기 위해, 다른 6개의 매니지먼트 요소를 매트릭스로 파악하고 프로젝트 전체를 포괄적으로 운영 · 관리하기 위한 것이다. 필연적으로 다른 6개의 매니지먼트 요소의 지식 · 기술을 기반으로 한 것이다.

B 코스트 매니지먼트

코스트 매니지먼트는 프로젝트의 예산을 작성하고, 그 예산대로 프로젝트를 완료시키기 위해 운영하는 매니지먼트이다. 코스트 매니지먼트는 각 건설단계의 예산책정과 예측, 필요한 대체안의 코스트 평가, 예산의 효과적 적용, 진도에 따른 예산과 실행액 차이의 감시, 지불관리 등과 프로젝트 전 기간 동안의 코스트와 관련된 항목을 포함한다. 코스트 매니지먼트는 코스트 삭감 자체를 의도하는 것은 아니지만, 다른 매니지먼트 요소와 함께 종합적으로 계획하면 코스트 삭감의 기회를 얻을 가능성을 높일 수 있다.

C 스케줄 매니지먼트

스케줄 매니지먼트는 소정의 기간내에 프로젝트를 완료시키기 위해 프로젝트를 운영하는 매니지먼트이다. 스케줄 매니지먼트에는 각 건설단계의 스케줄 책정과 예측, 필요한 대체안의 스케줄 평가, 진도에 따른 예정과 실시의 차이 감시 등 프로젝트 전 기간 동안의 스케줄과 관련된 항목이 포함된다. 스케줄 매니지먼트는 스케줄 단축을 의도하는 것은 아니다. 그렇지만 다른 매니지먼트 요소와 함께 종합적으로 충분히 계획하면 스케줄 단축의 기회를 얻을 가능성을 높일 수 있다.

D 디자인 매니지먼트

디자인 매니지먼트는 사업주체(발주자)의 프로젝트에 대한 기대나 요구를 정확하게 설계도서에 구체화하고, 그 내용을 공사에 실현시키기 위해 프로젝트를 운영해 나가는 매니지먼트이다. CMr은 설계자는 아니지만 설계자 선정 이전에는 그 역할을 보충하고 설계자 선정 후에는 프로젝트를 성공리에 완료하기 위해 디자인 매니지먼트의 내용을 깊이 이해하여 CMr로서의 업무를 실시한다. 디자인 매니지먼트에는 사업주체(발주자)의 프로젝트에 대한 기대나 요구의 파악, 설계 스케줄 수립, 설계도서 검토, 필요한 대체안의 작성, 상기 요구와 설계도서와의 차이 감시 등 종래 설계자의 업무로 생각되었던 항목도 포함된다.

E 조달 매니지먼트

조달 매니지먼트는 프로젝트를 완성시키는데 필요한 업무나 기자재를 확보하기 위해 행하는 매니지먼트이다. 건설 프로젝트에서는 통상 설계자나 시공자를 포함하여 프로젝트에 필요한 자원의 대부분이 조달대상이다. 그 때문에 건설 프로젝트는 조달 매니지먼트가 프로젝트의 품질, 코스트, 스케줄에 매우 큰 영향을 미치는 요소라는 점을 이해할 필요가 있다. 조달 매니지먼트에는 구매정보의 입수로부터 설계나 공사의 조달 대상 확정, 발주방식 결정, 공사발주 구분 수립, 선정 · 입찰 계획 및 실시, 계약 사무처리 등의 항목이 포함된다. 조달 매니지먼트에서 코스트에 대한 영향만을 생각하는 것은 아니다. 사업주체의 프로젝트에 대한 기대나 요구를 충족한 상태로 프로젝트를 완료하기 위해 다른 6개의 매니지먼트 요소와 깊이 결합되어 수행할 필요가 있다.

F 시공 매니지먼트 · 안전 매니지먼트

시공 매니지먼트 · 안전 매니지먼트는 사업주체의 프로젝트에 대한 기대나 요구를 설계도서에 근거하여 공사로 실현하기 위해, 공사를 안전하게 수행하는 것과 관련된 매니지먼트이다. 시공 매니지먼트 · 안전 매니지먼트는 사업주체(발주자)의 프로젝트에 대한 기대나 요구 및 설계도서의 평가, 시공계획의 책정, 설계도서의 시공성 평가, 필요한 대체안 작성, 공사관리, 공사 진척상황 파악 등 시공자의 업무 그 자체와 관련된 항목이 포함된다.

G 품질 매니지먼트

품질 매니지먼트는 사업주체의 프로젝트 품질에 대한 기대나 요구를 만족하는 상태로 프로젝트를 완료하기 위해 운영하는 매니지먼트이다. 사업주체의 프로젝트 품질에 대한 기대나 요구를 충족하는 것은 보다 높은 품질을 달성하는 것을 의도한 것임을 이해해야 한다. 품질 매니지먼트에는 품질관리계획 수립, 설계도서 및 시공계획의 품질평가, 공사의 품질확인 등의 항목이 포함된다.

■ 각 단계에서 CMr의 업무 플로우를 나타낸 차트의 표현방법

건설프로젝트는 발주자 요구에 근거한 애매한 확정정보를 기초로 하여 생산활동이 순차적인 프로세스로 전개된다. 이 때문에 제조업에서 완전하고 명확한 발주자 요구에 근거하여 완전한 설계정보 아래에서 생산 활동이 개시되는 것에 비해, 건설프로젝트는 인풋데이터(정보 · 대상물)와 아웃풋데이터(성과품)를 정리, 파악한 후, 이를 매니지먼트하는 것이 요구된다. 따라서 단계별 업무 플로우 및 매니지먼트 지식체계의 관계를 IDEF 차트를 이용하여 설명한다.

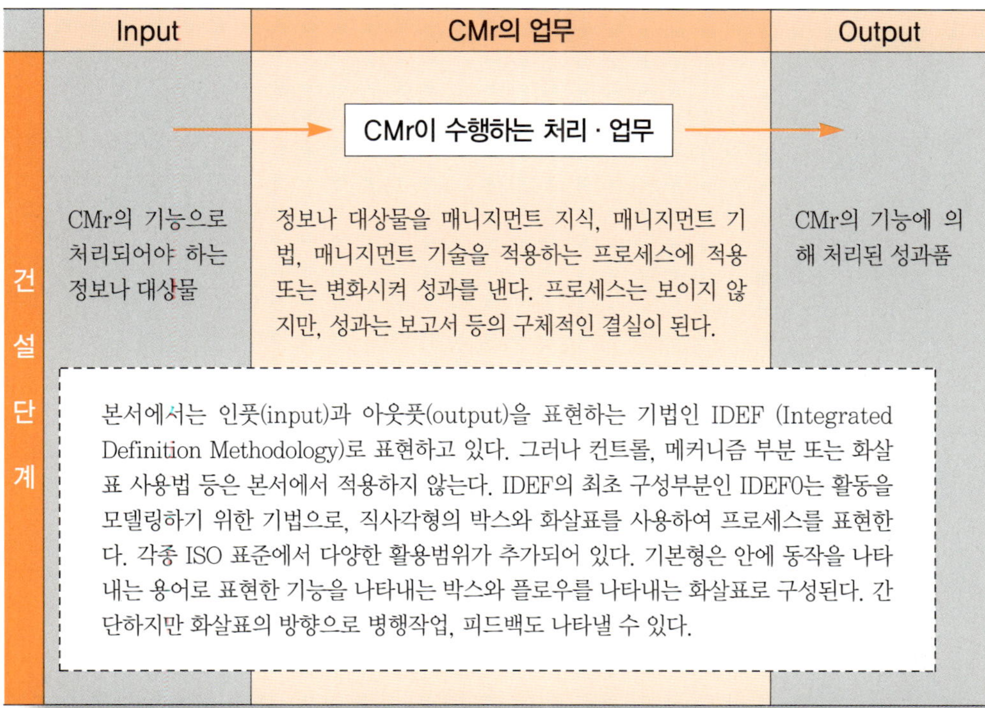

매니지먼트 매트릭스

단계	업무구분			업 무 내 용	전체 A	코스트 B	스케줄 C	디자인 D	조달 E	시공·안전 F	품질 G
1 기본계획단계	1			CM업무 제안서 작성	◎						
	2			CM업무 계획서 작성	◎	○	○	○	○	○	○
		1		발주자 요구	◎	○	○	○	○	○	○
		2		CMr 및 프로젝트 관계자의 역할 분담	◎						
		3		프로젝트 운영방침	◎	○	○	○	○	○	○
			1	CMr 조직	◎						
			2	프로젝트 조직	◎						
			3	정보관리시스템	◎						
			4	리스크 대응	◎	○	○	○	○	○	○
			5	발주방침					◎		
			6	스케줄관리방침 및 툴			◎				
			7	코스트관리방침 및 툴		◎					
	3			CM업무 계약	◎						
	4			프로젝트 기본계획서안 작성	◎	○	○	○	○	○	○
		1		프로젝트 목적	◎						
		2		제약조건	◎	○	○	○	○	○	○
		3		개략도		○		◎			
		4		마스터스케줄			◎				
		5		공사비 개산		◎					
		6		사업비 개산		◎					
	5			설계자 선정	○	○	○	○	○	○	○
		1		설계자 선정방법 수립			○		◎		
			1	설계자 선정방법					◎		
			2	설계자 선정스케줄			◎		○		
			3	설계자 선정기준					◎		
		2		설계자 선정용 자료 작성	○	○		○	◎		
			1	관심표명 · 사전심사요청서					◎		
			2	설계자 모집요청서	○	○		○	◎		
		3		설계자 선정 실시		○		○	◎		○
			1	모집					◎		
			2	사전심사					◎		
			3	심사와 특정(特定)		○		○	◎		○
			4	교섭 · 계약사무					◎		

단계	업무구분			업 무 내 용	전체 A	코스트 B	스케줄 C	디자인 D	조달 E	시공·안전 F	품질 G
2 기본설계단계	1			실시설계단계의 방침 검토			○	◎			
		1		기본설계지침서와 프로젝트설명서의 정합성				◎			
		2		기본설계스케줄과 마스터스케줄 조정			◎				
	2			기본설계 지원 및 확인	○	○	○	◎		○	○
		1		사전협의 지원	◎						
		2		설계의 진척			◎	○			
		3		설계내용 모니터링				◎		○	○
		4		코스트 모니터링		◎					
	3			생산계획서 작성		○	○		○	◎	○
			1	시공스케줄			◎			○	
			2	공사예산서		◎				○	
			3	발주계획서					◎		
			4	종합가설계획도						◎	
			5	품질관리계획서							◎
	4			기본설계도서 내용 심사 및 확인				◎			
3 실시설계단계	1			실시설계단계의 방침 검토			○	◎			
		1		실시설계지침서와 프로젝트설명서의 정합성				◎			
		2		실시설계스케줄과 마스터스케줄 조정			◎				
	2			실시설계 지원 및 확인	○	○	○	◎		○	○
		1		인허가신청 지원	◎						
		2		설계 진척			◎	○			
		3		설계내용 모니터링				◎		○	○
		4		코스트 모니터링		◎					
	3			생산계획서 갱신		○	○		○	◎	○
			1	시공스케줄			◎			○	
			2	공사예산서		◎				○	
			3	발주계획심의					◎		
			4	종합가설계획도						◎	
			5	품질관리계획서							◎
	4			실시설계서 내용 심사 및 확인				◎			

단계	업무구분			업 무 내 용	매니지먼트 요소						
					전체	코스트	스케줄	디자인	조달	시공·안전	품질
					A	B	C	D	E	F	G
4 공사발주단계	1			공사발주	○	○	○	○	◎		
		1		공사발주를 위한 준비	○		○		◎		
			1	공사발주 구분					◎		
			2	입찰방식					◎		
			3	공사발주스케줄			○		◎		
			4	계약방식	○				◎		
		2		시공자 선정용 자료 작성	○	○		○	◎		
			1	관심표명 · 사전심사요청서					◎		
			2	시공자모집요청서	○	○		○	◎		
		3		시공자 선정 실시		○		○	◎		○
			1	모 집					◎		
			2	사전심사					◎		
			3	시공명세서 배포 및 설명					◎		
			4	심사 및 특정(特定)		○		○	◎		○
			5	교섭 · 계약사무					◎		
5 공사단계	1			공사준비	○	○	○	○	○	○	○
		1		공사단계의 CM업무 설명서 작성	◎					○	
		2		감리업무 방침 파악	◎						
		3		커뮤니케이션시스템 확인	◎						
		4		공사착수회의 개최	◎						
		5		시공계획 확인 · 조정 · 생산계획서 변경	○	○	○			◎	○
			1	시공스케줄			◎			○	
			2	공사예산서		◎				○	
			3	종합가설계획	○					◎	
			4	품질관리계획						○	◎
			5	안전위생관리계획						◎	
		6		질의서 · 제안서 검토 결과 확인?조언	◎				○		
		7		시공도, 종합도 작성에 관한 조사	○			◎		○	
		8		시공도등(공사 감리자승인제)의 확인 · 조언	○			◎		○	
		9		착공서 제출	○			○		◎	
	2			공사실행	○	○	○	○	○	○	○
		1		각 시공자 사이의 조정 · 조언	◎					○	
		2		생산계획 실시상황 승인	○	○	○			◎	○
			1	시공스케줄			◎			○	
			2	공사비		◎				○	
			3	종합가설	○					◎	

단계	업무구분			업 무 내 용	매니지먼트요소						
					전체	코스트	스케줄	디자인	조달	시공·안전	품질
					A	B	C	D	E	F	G
5 공사단계			4	품질관리						○	◎
			5	안전위생관리						◎	
		3		발주구분 등 발주 납입 시기 확인					◎	○	
		4		설계변경 대응	○	○	○	◎	○		○
			1	설계변경 제안 검토 및 처리절차	○	○	○	◎	○		○
			2	계획변경이 결정된 경우의 사무처리	◎				○		
			3	경미한 변경에 대한 판단 및 승인	○	○	○	◎	○		○
		5		관청 검사 입회							◎
		6		기성금액 · 지불상황 승인	○	◎					
			1	기성금액 확인	○	◎					
			2	지불상황 확인	○	◎					
6 완성후단계	1			완 성 후	◎	◎					○
0 공통업무	1			정보관리시스템 구축 및 운영	◎						
		1		정보관리시스템 구축	◎						
		2		정보관리시스템 운영	◎						
	2			프로젝트회의체 설치 및 운영	◎						
		1		회의체 설치	◎						
		2		회의체 운영	◎						
	3			프로젝트관계자에 대한 설명지원	◎						
	4			CM 업무보고서 작성 및 제출	◎						
		1		CM 업무보고서	◎						
		2		CM 업무종료보고서	◎						
	5			클레임 대응	◎						
	6			리스크 대응	◎	○	○	○	○	○	○
		1		프로젝트 리스크	◎	○	○	○	○	○	○
		2		계약보증 및 보험	◎				○		
			1	계약보증	◎				○		
			2	계약의 종류	◎				○		
			3	보험에 관한 기타사항	◎				○		

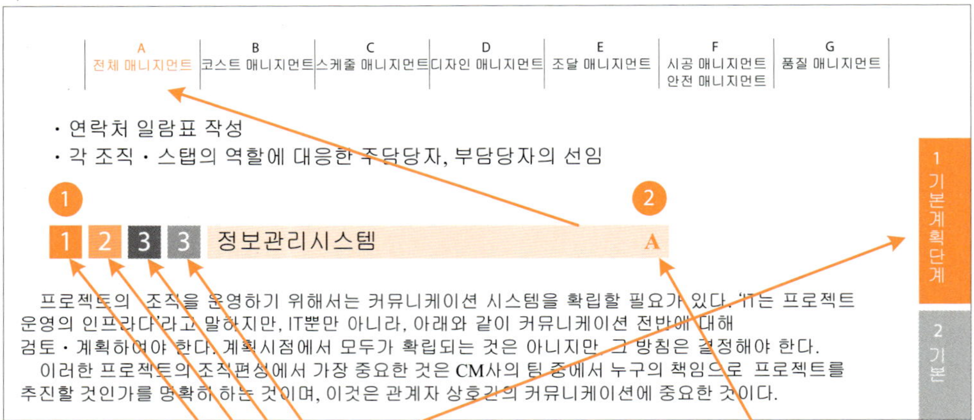

A 전체 매니지먼트	B 코스트 매니지먼트	C 스케줄 매니지먼트	D 디자인 매니지먼트	E 조달 매니지먼트	F 시공 매니지먼트 안전 매니지먼트	G 품질 매니지먼트

· 연락처 일람표 작성
· 각 조직 · 스탭의 역할에 대응한 주담당자, 부담당자의 선임

① ②

1 2 3 3 정보관리시스템 A

프로젝트의 조직을 운영하기 위해서는 커뮤니케이션 시스템을 확립할 필요가 있다. 'IT는 프로젝트 운영의 인프라다'라고 말하지만, IT뿐만 아니라, 아래와 같이 커뮤니케이션 전반에 대해 검토 · 계획하여야 한다. 계획시점에서 모두가 확립되는 것은 아니지만 그 방침은 결정해야 한다.
이러한 프로젝트의 조직편성에서 가장 중요한 것은 CM사의 팀 중에서 누구의 책임으로 프로젝트를 추진할 것인가를 명확히 하는 것이며, 이것은 관계자 상호간의 커뮤니케이션에 중요한 것이다.

1 기본계획단계
2 기본

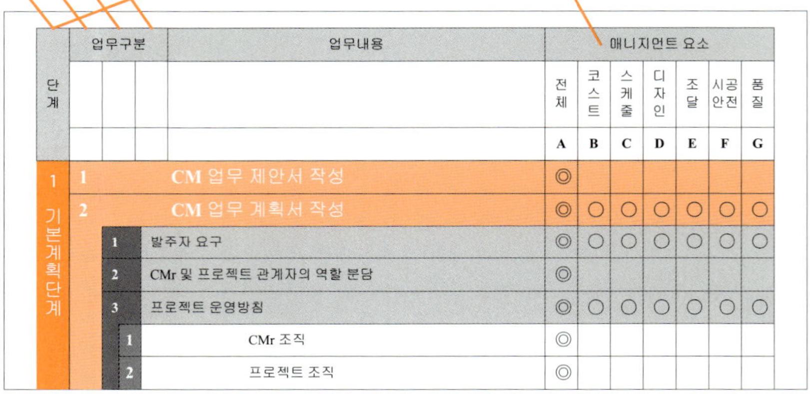

단계	업무구분			업무내용	전체 A	코스트 B	스케줄 C	디자인 D	조달 E	시공안전 F	품질 G
1 기본계획단계	1			CM 업무 제안서 작성	◎						
	2			CM 업무 계획서 작성	◎	○	○	○	○	○	○
		1		발주자 요구	◎	○	○	○	○	○	○
		2		CMr 및 프로젝트 관계자의 역할 분담	◎						
		3		프로젝트 운영방침	◎	○	○	○	○	○	○
			1	CMr 조직	◎						
			2	프로젝트 조직	◎						

제2장에서는 프로젝트 진행단계마다 업무내용을 3단계로 구분하여 기술하였다. ①

본문 중의 표제도 이에 따라 3종류로 되어 있다. 각 표제 우측에 그 업무 내용에 상응하는 매니지먼트 요소를 적었다. ②

1 기본계획단계

여기서 설명하는 항목은 기본계획단계 이후 계속 수행하는 것도 포함되어 있다. 또한 CMr이 투입된 시기가 이미 기본계획 단계를 지난 경우에도 여기서 설명하는 항목을 확인할 필요가 있다.

기본계획단계의 CMr 업무 흐름도

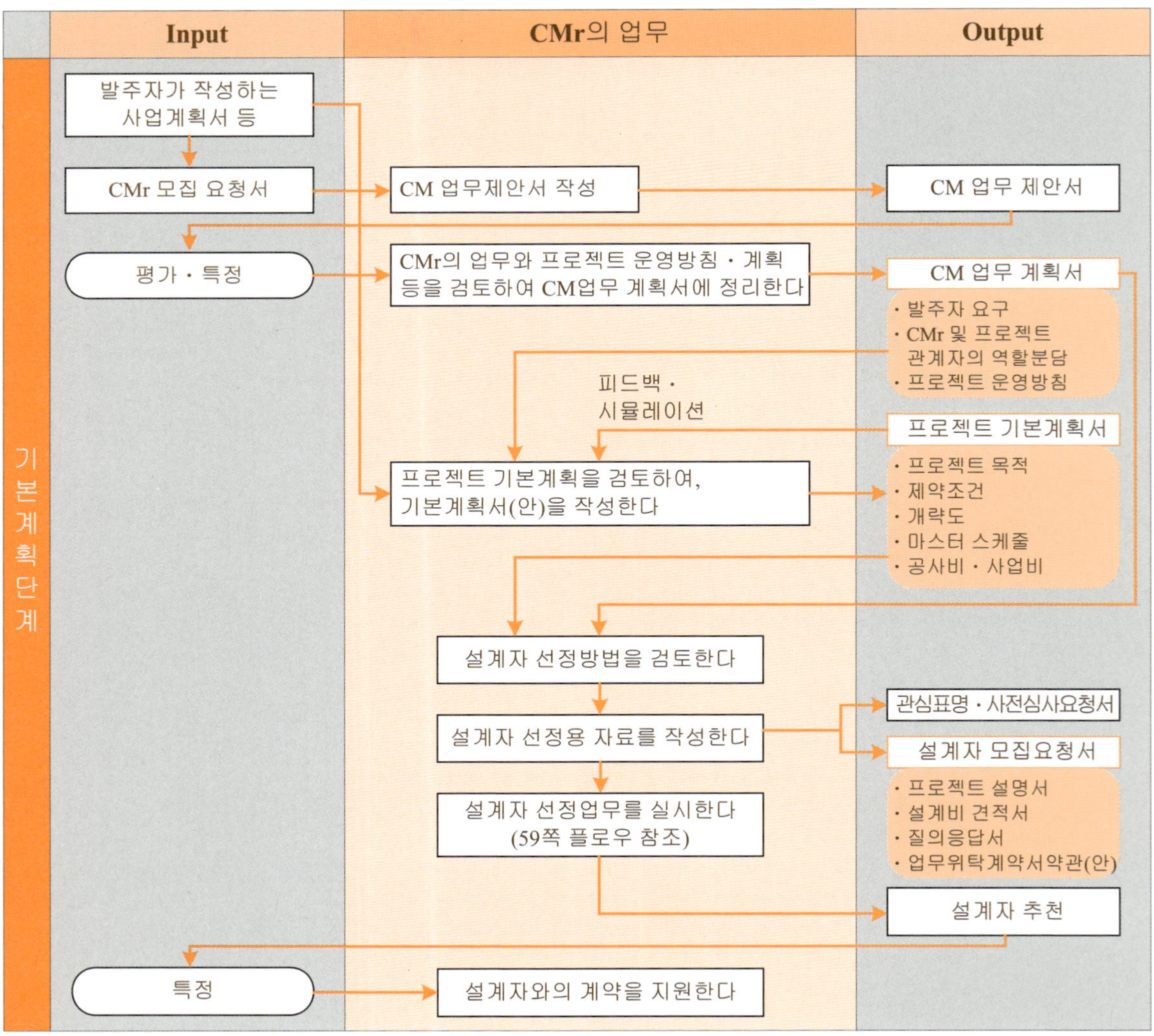

1 1 컨스트럭션 매니지먼트(CM)란 A

수주전 시점에서 발주자가 제시하는 사업계획서 및 CMr 모집요청서에 따라 CM을 실시하기 위한 CM업무제안서를 작성한다.

CM업무제안서[10]에 기재해야 할 내용은 CMr 모집요청서에 따른다. 상세한 CM업무계획에 대해서는 본서에서 후술하는 「12 CM업무계획서 작성」을 참조한다. 일반적으로 다음과 같은 사항이 포함되어 있는가를 확인할 필요가 있다.

■ CMr로서 해당 프로젝트에 대한 업무 실시 능력
- 업무내용에 대한 이해도
- 업무 실시방침의 타당성
- 어카운터빌리티의 확보 방침

■ CM회사의 경험 및 실무 실시 능력
- 해당 프로젝트에 대한 업무내용의 이해도 및 발주자에 대한 협력도
- 동일 업무의 실적
- 담당 업무량과 향후 예정 업무량

■ CM회사의 체제와 능력
- 유사 실적
- 업무내용에 대응한 업무 전개 상황
- 재무상황

참 고

■ 기본계획 단계의 문서

본서에서는 기본계획단계의 문서를 다음 표와 같이 정의한다.

문서명	개요
CMr 모집요청서(RFP)	발주자가 CMr을 모집하기 위해서 작성한 문서 RFP (Request for Proposal)
사업계획서	발주자가 사업을 구상했을 때 작성한 사업성검토를 위한 계획서 또는 유사한 문서. 본서에서는 이것을 총칭하여 사업계획서라 한다.
CM업무제안서	CMr이 자신의 능력을 나타내는 프로젝트에 대한 자세 등을 제안한 문서. 프로포잘(Proposal)
CM업무수탁계약서	CM업무의 기본적인 내용을 규정하고, 발주자와의 합의를 확정하는 문서
CM업무계획서	CMr의 업무와 프로젝트의 운영방침, 계획 등을 기술한 문서(CMr이 프로젝트를 추진하는 기본이 된다)
프로젝트 기본계획서	프로젝트 기본계획 등을 기술한 문서 · 그림

10) 프로포잘(Proposal)과 제안서
영어에서 Propose는 신청 · 제안한다고 하는 동사이며, Proposal은 그 명사형으로 제안 그 자체, 혹은 제안할 경우에 제출하는 서면 제안서이다. 요즈음 일본에서 일반적으로 Proposal 방식 등으로 선정하는 경우가 많다. 본서에서는 문장의 표현을 통일하기 위해 제안에 사용하는 서면을「제안서」, 행동은「제안한다」라고 기술한다. 「Proposal」은 입찰방식에 관련해서만 사용한다.

- 채무불이행에 대한 대책
- 독립성
- 인원 및 조직

■ CMr의 대략적인 책임분담

■ 프로젝트 업무 스케줄

■ CMr의 보수

■ 프로젝트에 대한 제안 등(일반적으로 상세한 것은 요구되지 않는다)

1 2 CM업무계획서 작성 ABCDEFG

발주자에 의해 선정된 CMr은 발주자와 협의를 통해 정식으로 CM업무계획서를 작성한다.

CM업무 계약체결 전에 상호이해를 위한 협의를 실시하고, 협의내용을 정리하여 CM업무계획서를 작성한다.

이 시점에서 CMr은 이미 CM업무제안서를 제출하므로 그 내용을 기초로 하여 협의를 진행시킨다. 주로 아래와 같은 항목에 대해 협의한다.

■ 발주자 요구

■ CMr 및 프로젝트 관계자의 역할 분담

■ 프로젝트 운영지침

이러한 CM업무계획서를 완비하면 프로젝트 착수후의 문제가 줄어든다. 그렇지만 현실적으로는 모든 프로젝트에서 이러한 준비를 모두 할 수는 없다. 충분히 준비를 할 수 없는 경우에도 요점을 취합, 선택하여 CM업무계획서를 발주자에게 제출한다. 가장 중요한 일은 문서로 작성하는 것보다 이러한 항목에 대해 발주자의 이해를 얻는 것이다.

1 2 발주자 요구 ABCDEFG

프로젝트 목적을 명확히 하기 위해 발주자의 요구를 정리하여 문서화한다.

발주자의 요구를 명확하게 하는 것은 매우 중요하며, 이 요구에 따라 CM업무가 변한다. 우선 사업목적을 명확하게 할 필요가 있으므로 아래와 같은 항목에 대해 정리한다.

- 발주자(사업주체) 조직의 파악
- 발주자의 사업내용
- 프로젝트 목적

- 프로젝트에 사용되는 용어 정리
- 프로젝트 현황
- 절대적인 전제 조건
  (발주자가 명시하지 않는 것도 있다. 예를 들어 경쟁사의 제품을 사용해서는 아니된다는 것 등)
- 프로젝트의 재무적 요구
- 프로젝트에 의해 형성되는 자산에 대한 생각(고려) (감가상각 방법 등 포함)
- 최종 사용자와 프로젝트 관계자의 상황
- 특정의 이해관계자
- 특정 컨설턴트의 상황

〈표 2-1〉에 나타낸 것은 브리프(brief)[11]의 사례다. 사업주체가 왜 프로젝트를 실시하는지 또 어떻게 평가하고 있는가를 확인하기 위한 것이다.

■ 시설개요 파악

발주자가 요구하는 시설의 규모, 종류 등을 개략적으로 기재한다. 기본계획단계에서 작성하는 개략도 수준으로 상세하게 기술해도 의미가 없다. 이 단계에서는 개략적으로만 파악한다. 다만 상업적인 이익을 목적으로 하는 시설인가 또는 공공의 자산으로서의 가치에 중점을 두는 시설을 목적으로 하는가에 따라 프로젝트 전체의 진행방식이 달라지므로 가능한 한 명확히 한다.

〈표 2-1〉 브리프의 예

■ 목 적
사업주체가 프로젝트를 추진하는 이유는 무엇인가?
사업추진의 계기는 무엇인가?
프로젝트의 시장배경은 어떠한가?
프로젝트는 사업주체의 비즈니스 포트폴리오 안에서 어떠한 위치인가?
■ 전 망
장래의 전망은 어떠한가?
당 프로젝트가 예측된 그대로 성과를 달성한다면 사업주체에 어떠한 이익이 있는가?
사업주체의 비전은 사업주체 이외의 사업 참가자와 어떠한 관련이 있는가?
이러한 비젼은 현재의 연장선상에서 수립된 것인가, 완전히 새로운 무엇인가를 만들려 하고 있는가?

11) 브리프(Brief)
발주자의 목적 등 요구 조건을 확인하기 위한 간결하고 명확한 개요. [참고] 발주자 요구파악 참조

현재는 명확한 비전이 있지만, 장래에도 같은 비전을 유지할 것인가?
항상 외부의 의견을 받아들이고 있는가?
혁신적인 의견을 수렴하여 수정해 나가는가?
당초의 비전이 실현되는가?
■ 기대성과
당 프로젝트로 인해 얻을 수 있는 성과를 간결하게 기술하면 ?
그러한 기대를「사명」(mission statement)으로 어떻게 표현할까?
그러한「사명」은 당 프로젝트의 전체를 나타내고 있는가?
이러한 성과는 시장이 요구하고 있는 것인가?
이러한「사명」은 독자성이 있는 것인가?

참 고

■발주자 요구 파악 : 브리프의 개념과 배경

브리프 (Brief)란, 간결하고 명확한 개요로서 이것을 타인에게 설명하는 것을 브리핑이라고 한다. 군대에서 장교가 병사에게 설명하는 것, 보도진에 설명하는 것이 여기에 사용되는 방법이다.

건축 프로젝트의 브리프는 발주자가 설계자 등에게 설명하기 위해서 사용되고 있다. 발주자의 계획을 설명한다는 의미에서 프로그램 (Program)으로 불리는 경우도 있다. 그렇지만 건축에 대한 지식이 부족한 발주자가 정확한 브리프를 작성할 수 있다고는 할 수 없다. 그렇기 때문에 종래에는 설계자가 발주자에게 질의를 하였다. 이것은 발주조건에 사용해야 할 것을 설계자가 작성한다는 모순을 갖고 있다. 일본에서도 최근 이러한 상황을 개선하기 위한 움직임이 설계자를 중심으로 행해지고 있다. 브리프는 어려운 것이 아니라, 작성 필요성의 인식 유무가 중요한 것이다. 해외에서는 CMr이 발주자의 요구를 파악하기 위한 툴로서 브리프를 작성하지만, 본서에서는 혼란을 피하기 위해서 브리프라는 말을 사용하지 않는다.

1 2 1 CMr 및 프로젝트 관계자 A

프로젝트 목적을 명확히 하기 위해 발주자의 요구를 정리하여 문서화한다.

CM업무 계약시 CM업무위탁계약서가 작성되지만, 그 근원이 되는 업무내용을 확정하는 중요한 프로세스로서 각 참여자의 역할을 분담한다. 우선 발주자의 모집요강과 발주자의 요구에 따라 CMr, 설계자, 공사감리자, 시공자, 그리고 발주자의 업무 분담을 확립한 다음, CMr의 역할과 책임범위를 명확히 하는 것이 필요하다. 사업관련자 사이의 역할 분담에 대한 기본적인 생각은 〈그림 2-1〉과 같다. 그림과 같이 사업관련자 사이의 역할 분담을 명확하게 함으로써 각각의 업무와 그 흐름에 대해 아래와 같은 표현이 가능하며, 이는 업무의 흐름이 된다.

「누가 그 업무를 의뢰할 것인가」

「누가 무엇을 작성할 것인가」

「누가 그 내용을 확인할 것인가」

「누구의 지원 · 협력을 얻을 것인가」

「누가 승인 · 결정을 할 것인가」

	발주자	CMr	설계자	공사감리자	시공자
시공도 관련 업무	업무내용을 확인한다	시공도를 조정한다	시공도 승인 협력을 한다	시공도를 승인한다	시공도를 작성한다
업무 플로우 이미지	「확인한다」	「조정한다」	「협력한다」	「승인한다」	「작성한다」

그림 2-1 사업관련자 사이의 역할분담

■ 감독 검사업무에서 발주자와 CMr의 역할 분담[12]

CMr은 발주자의 감독 검사업무의 보조업무를 실시하며, 공사도급계약에 근거한 발주자의 역할에는 변화가 없다.

■ 공사감리업무에서 공사감리자와 CMr의 역할 분담

공사감리자는 건축기준법 및 건축사법 등 법률에 근거한 주체이며, CMr은 발주자를 대행해 그 업무를 확인하는 역할을 담당하는 것이다.[13]

■ 건축설계업무에서 설계자와 CMr의 역할 분담

설계자의 업무는 건축기준법 및 건축사법 등 법률에 근거한 책임이 있기 때문에 CMr의 업무로 적절하지 않다.

■ CMr의 위치

CMr은 해당 프로젝트에서 그 위치를 명확하게 해야 한다.

본서에서 주로 설명하고 있는 Pure CM방식에서 설계자나 시공자에 대한 직접적인 지시는 발주자가 하는 것도 있지만, CM방식을 채용 했을 경우에는 CMr이 주체적으로 판단해 지시할 수도 있다. 그러나 CMr이 발주자와 상관없이 설계자나 시공자등에 지시할 수 있는 것은 아니고, 어디까지나 발주자 업무 중 「지시」하는 것이 위임된 사항임을 이해해야 한다. 발주자의 대행자로서 그 위치를 관계자 모두가 인식할 수 있도록 업무계획서에 기술한다.

12) 「CM방식도입촉진방책조사보고서」 P.92 「CMR과 공사감리자 · 감독직원의 업무」

13) 공사감리자는 공사시공자가 감리자의 지시에 따르지 않는 경우나 공사감리를 종료했을 때에는 즉시 건축주에게 그 취지를 보고하는 업무를 수행한다는 점에 주의할 필요가 있다. 「CM방식도입방책조사보고서」 P.76 CMr과 설계자의 역할 명확화.

1 2 3 프로젝트 운영방침 ABCDEFG

발주자의 사업내용에 대한 프로젝트 운영방침을 정한다.

CM업무계획서에 근거한 방침을 구체화하기 위해 다음과 같은 항목을 정한다.

- CMr 조직
- 프로젝트 조직
- 정보관리시스템
- 리스크 대응
- 발주방침
- 스케줄관리 방침과 툴
- 코스트관리 방침과 툴

1 2 3 1 CMr 조직 A

프로젝트에 따라 조직 및 인원계획이 달라진다. 또한 정보시스템 구축 및 회의 운영에 대해서도 넓은 의미에서 프로젝트 조직구성을 검토 · 협의해야 한다.

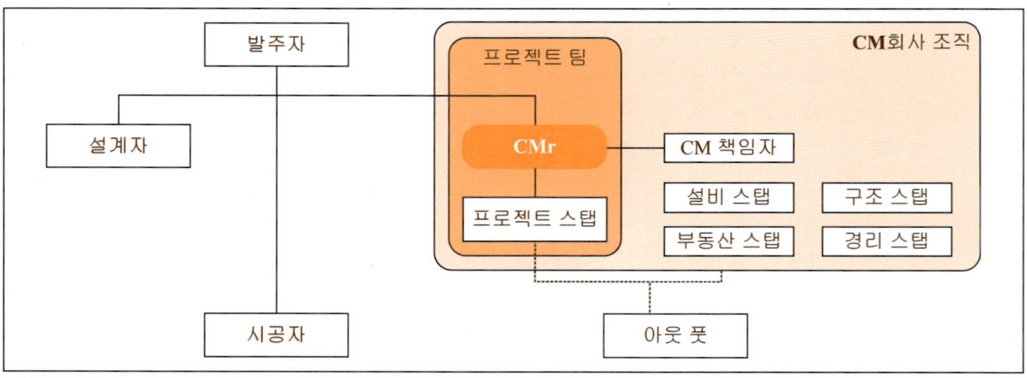

그림 2-2 프로젝트 조직 구성

■ 조직

프로젝트 조직은 프로젝트와 일치되도록 편성해야 한다. 누가 발주자와 접점이 되어 프로젝트를 추진하는지, 그것을 협조하며 조직 보고를 하는 프로젝트 관계자, 회의의 주최자 등 전체적인 조직체제를 명확히 해야 한다.

CMr이 중심이 되어 업무를 진행하지만, 그 이외의 업무에 대해서는 CM회사에서 협조하는 예도 많다. 또한 CM회사가 보유하고 있지 않는 기능이 필요한 경우에는 외부 기관에 아웃소싱하는 경우도 있다. 시공도 작성이나 PML[14]의 계산 등이 아웃소싱에 해당한다. 이 경우 CM회사는 이러한 아웃소싱을 이용한다는 것을 명확하게 할 필요가 있다. 어카운터빌리티의 확보가 그 이유이다.

■ 인원계획

프로젝트의 상황에 의해 상주해야 할 CMr 또는 스탭의 수가 변한다. 소규모 프로젝트의 경우나 한정된 업무를 제공하는 경우에는 상주할 필요가 없는 경우도 있다. 특히 설계단계에서는 주1~2회 정도 협의를 하여 필요한 조치만 실시하는 것이 좋은 경우도 많다. 얼마나 효율적인 인원계획을 수립할 것인가는 코스트측면에서 생각해도 중요한 요소이다. 또한 설계나 시공의 규모가 커진다면 경험이 풍부한 CMr이 선택되어야 한다.

1 2 3 2 프로젝트 조직 A

프로젝트의 조직구성을 명확히 한다. 특히 의사결정자를 누구로 할 것인지 신속한 의사결정을 위해 필요한 조직은 어떻게 구성할 것인지를 검토한 다음, 조직구성을 결정할 필요가 있다.

- 조직표 작성
- 연락처 일람표 작성
- 각 조직 · 스탭의 역할에 대응한 주담당자, 부담당자의 선임

1 2 3 3 정보관리시스템[15] A

프로젝트의 조직을 운영하기 위해서는 커뮤니케이션 시스템을 확립할 필요가 있다. 'IT는 프로젝트 운영의 인프라' 라고 말하지만, IT뿐만 아니라 아래와 같이 커뮤니케이션 전반에 대해 검토 · 계획하여야 한다. 계획시점에서 모두가 확립되는 것은 아니지만 그 방침은 결정해야 한다. 이러한 프로젝트의 조직편성에서 가장 중요한 것은 CM회사의 팀 중에서 누구의 책임으로 프로젝트를 추진할 것인가를 명확히 하는 것이며, 이것은 관계자 상호간의 커뮤니케이션에 중요한 것이다.

- 문서관리시스템 계획
- IT시스템 계획

14) PML
Probable Maximum Loss [참고], 「지진 리스크의 분석과 PML」참조. P.48
15) 0 공통 업무 01, 02, 04 P.200 ~ P.210

그 외의 정보전달 방법의 중요한 수단으로 프로젝트 회의 개최와 CM업무보고서에 의한 보고가 있다. 회의가 주로 정보전달에 있어 중요한 요소이기 때문에 일별, 주별, 월별 등 회의의 목적과 개최일을 미리 결정한다. 참가자의 변화에 따라 방법이 변경되기도 하지만, CMr은 모든 회의의 내용, 즉 프로젝트의 상황을 이해해야 한다. 이러한 의미에서 회의록의 작성은 매우 중요하다고 할 수 있다. CM 업무보고서에 대해서도 월별 보고서와 일별보고서, 공지사항 등 몇 개의 보고 패턴을 결정해 두는 것이 바람직하다. 특히 CM업무의 실태를 나타내는 것으로 보고서의 중요성은 높다.

1 2 3 4 리스크 대응[16] ABCDEFG

건설프로젝트는 인위적인 리스크뿐만 아니라 자연재해의 리스크도 포함된다. 리스크에 대해 어떠한 대응을 실시할 것인지, 그 방향을 명확히 한다. 또한 보험 등 민감한 사항에 대해서도 협의한다.

1 2 3 5 발주방침[17] E

기본설계 이후의 공사 · 서비스 · 자재 등의 발주방침을 결정한다. 이 단계에서 검토해야 할 발주 방침을 정리하면 〈표 2-2〉와 같다.

〈표 2-2〉 주요방침에 관한 예

항 목		비 고
프로젝트 실시방식	턴키방식, DB방식, 설계시공일괄도급방식, 설계시공분리방식 등 기본방침의 선택사항을 검토한다.	설계자 선정전에 실시한다.
설계자의 업무범위 정리	상기 기본방침에 따라, 기본구상 · 기본설계 · 실시설계 · 설계감리의 어느 업무를 설계자에게 발주할 것인가를 검토한다.	설계자 선정전에 실시한다.
시공자의 업무범위 정리	상기 설계자의 업무범위와 동일하게 검토한다.	설계자 선정전에 실시한다.
공사 발주구분 검토	분리발주한 경우에는 패키지를 나누는 방법을 결정한다.	이 검토는 기본설계업무 종료까지 명확히 하여 발주방식에 따른 설계도서가 작성되도록 한다.
계약방식 검토	총액도급방식, Cost+Fee방식, 단가정산방식 등 계약 형태를 검토한다.	

16) 0 공통 업무 01, 02, 04 P.200 ~ P.210
17) 부록 3 발주방식의 선택 P.348

항 목		비 고
선행발주 검토	주 시공자의 선정을 기다리지 않고 부분적으로 조기 발주를 실시할 것인가의 여부를 검토한다.	CMr은 조기 발주의 이점, 필요성, 또는 진행을 방해하는 요인을 정리하여 방침을 결정한다.
자재, 업자 등 정리		프로젝트에 따라 단순한 경제적 이유뿐만 아니라, 다른 이유에 의해 시공자 혹은 자재업체 등을 선정할 필요가 있는 경우도 있어, 이를 명확히 한다.
발주자 직발주 항목 정리	보안을 요하는 공사 등 일반 조달순서를 채용하지 않는 항목을 별도 발주항목으로 정리한다.	일반 조달항목과의 관련사항을 명확히 한다.

우선, 프로젝트 실시방식을 검토해야 한다. CM방식의 채용과 CMr의 참여는 이미 결정되어 실행되고 있지만, 그 후의 진행방식으로서 설계와 시공을 분리하는지, 설계와 시공을 일괄로 발주하는지, 설계 후 CM을 결합한 디자인&매니지먼트 방식으로 할 것인지 등의 방침을 결정할 필요가 있다. 또한 설계자의 업무 범위[18]를 어떻게 설정하는가 하는 검토도 필요하다. CMr이 해당 프로젝트의 상황을 고려하여 안을 작성하고 발주자와 협의한 후 발주방침으로서 CM업무계획서에 기재한다.

발주구분도 설계방법이나 조달에 큰 영향을 미치기 때문에 이 단계에서 대략적인 방침을 확정할 필요가 있다.

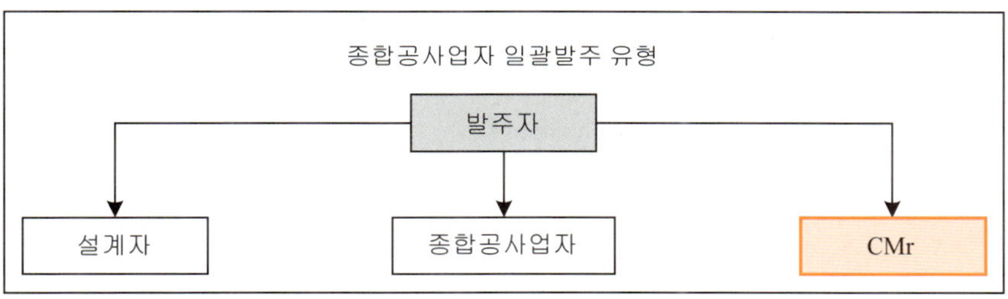

그림 2-3 시공체제 유형 ①

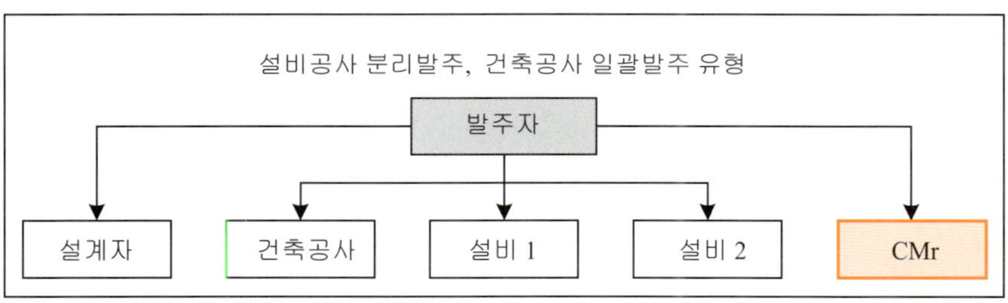

그림 2-4 시공체제 유형 ②

18) 시공자에게 설계부문이 있는 경우에 기본설계는 설계자가, 실시설계는 시공자가 수행하는 선택사항도 존재하기 때문이다. 예를 들어, 기본설계자가 의장을 전문으로 하는 외국의 설계자인 경우에 적용된다.

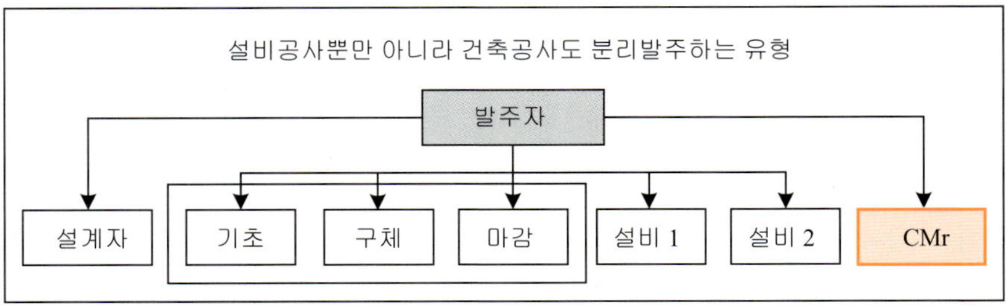

그림 2-5 시공체제 유형 ③

〈그림 2-3〉, 〈그림 2-4〉, 〈그림 2-5〉는 「지방공공단체의 CM활용 매뉴얼 시안」에 나타난 시공유형이다. 일괄발주하는 유형 ①, 분리발주를 수반하는 유형 ② 및 ③의 계약관계를 나타낸 그림이다.

1 2 3 6 스케줄 관리방침과 툴 C

스케줄관리는 코스트관리와 대등하게 프로젝트 수행 · 관리에서 핵심적인 위치를 차지한다. 스케줄관리는 스케줄을 어떻게 계획하고 그 계획을 공정표로 작성해 나가는가 하는 것과 그렇게 수립한 계획을 얼마나 효과적으로 관리할 수 있는가 하는 것이다. 스케줄 관리방침을 설정하고 그 도구로서 공정표를 어떻게 작성할 것인가를 결정한다.

■ 스케줄 · 플래닝

우선 스케줄을 작성하기 위해서는 아래의 항목을 고려한다.

■ 스케줄 관리방침의 설정

- 진도 측정기준 설정
- 데이터수집 방침 설정
- 일정계획/관리 작업 실시항목 설정과 그 상호관계 및 작업순서 검토와 설정
- 스케줄 매니지먼트 순서도 작성

■ 범위 · 프레임

- 프로젝트 WBS(Work Breakdown Structure) 구축[19]
- 프로젝트 관리 프레임의 설정
- 액티비티의 설정

19) 제3장 1 프로젝트 운영 P.222

1 기본계획단계 | 2 기본설계단계 | 3 실시설계단계 | 4 공사발주단계 | 5 공사단계 | 6 완성후단계 | 0 공통업무

■ 컴퓨터 어플리케이션의 선택과 설정[20]

■ 스케줄 작성

- 마스터스케줄 작성
- 각 단계의 컨트롤용 상세 스케줄 작성
- 월간 · 주간 · 일간 등 필요에 따른 상세 스케줄 작성

■ 스케줄 컨트롤(Control)

스케줄 실시작업의 진척도를 측정 · 분석한다. 계획 스케줄과 실적치의 차이를 조기에 발견하여 분석 · 평가하고, 스케줄상의 영향(완공 지연 등)을 정확하게 예측해야 한다.

기성금액까지 포함한 진척관리 기법으로 EVMS(Earned Value Management System)[21] 등이 이용되는 경우도 있다.

- 관계자(關係先)에 보고
- 관계 부문과의 조정 작업
- 필요한 독촉 활동
- 각종 스케줄의 수정을 실시한다.[22]

추가적으로 CMr은 설계자나 시공자가 각각의 필요에 따라 작성하는 스케줄에 대해서도 이를 파악하여 피드백을 실시해야 한다.

〈표 2-2〉 주요방침에 관한 예

항목		예산액			실행액			
		당초 예산	수정액	수정 예산	예측액	시공자 · 업자 견적액	계약액	계
		1	2	3=1+2	4	5	6	7=(4+5+6)
1	구체 본공사	300,000,000	–	300,000,000			295,501,000	295,501,000
2	추가 구체공사	–	50,000,000	50,000,000	52,000,000			52,000,000
3	외장공사	100,000,000		100,000,000	110,000,000	20,000,000		130,000,000
4	내장공사	400,000,000		400,000,000			374,325,000	374,325,000
5	공사기간 연장과 관련된 공사비	–	36,750,000	36,750,000			36,750,000	36,750,000
	소계	800,000,000	86,750,000	886,750,000	162,000,000	20,000,000	706,576,000	888,576,000
6	안내판공사	30,000,000		30,000,000			28,000,000	28,000,000
	합 계	830,000,000	86,750,000	916,750,000	162,000,000	20,000,000	734,576,000	916,576,000
7	예비비@%	10%	10%	10%	5%	2%		
	총 계	913,000,000	95,425,000	1,008,425,000	170,100,000	20,400,000	734,576,000	916,576,000

20) 144 마스터 스케줄 P.56

21) EVMS (Earned Value Management System)
프로젝트의 상황을 정량적인 기준에 의해 계획과 실적의 차이를 측정하고, 프로젝트가 계획대로 실행되고 완료되도록 매니지먼트하기 위한 방법론.

22) 제3장 1-2 EVM P.223 ~ P.227

1 2 3 7 스케줄 관리방침과 툴 B

코스트 매니지먼트는 프로젝트의 수행 · 관리에 있어 가장 주목받는 요소이다. 코스트 매니지먼트는 코스트를 예측하여 예산을 산정하고 관리하는 것이다.

즉, 각 단계마다 견적을 실시하여 예산을 비교, 검토하는 것과 그 결과를 통해 상황을 조정하는 두 가지 측면이 있다. 견적방법에 대해서는 각 단계에서 설명하겠지만, 여기서는 코스트를 관리하는 방침과 방법에 대해 설명하고자 한다.

■ 코스트 관리방침 설정

- CMr이 관리하는 예산범위 설정
- 예산 변경방법 설정
- 기성금액 심사방법 설정
- 지불방법 설정
- 경리와 관계된 기간 설정

■ 컴퓨터 어플리케이션의 선택과 설정

아래의 항목에 유의해 어플리케이션(Application)을 선택한다.

- 발주자의 경리시스템 혹은 ERP(Enterprise Resource Planning)[23] 와의 관계
- 코스트관리를 포함한 통합 어플리케이션 사용
- Web을 이용한 시스템의 필요성

■ 예산관리 문서

예산 관리를 위해서는 아래와 같은 문서가 필요하다.

- 공사예산서[24]

23) ERP(Enterprise Resource Planning) 기업자원관리시스템
본래 사람, 자원, 비용 등의 경영자원을 관리하여 유효 활용하려고 하는 경영개념이다. 이러한 개념을 실현하기 위한 IT에 입각한 시스템을 말한다. 재무 · 경리소프트, 인사 소프트, 재고관리 소프트, 고객관리 소프트로부터 밸런스스코어카드(BSC) 등의 경영 툴을 포함한 거대한 시스템을 구축한다. 대기업에서는 도입한 곳도 있다.

24) 공사예산과 공사비 개산서
CMr이나 관계자가 산출하는 공사비 개산을 나타낸 것을 공사비 개산서 혹은 공사비 계산서라 하며, 이러한 산출결과에 대해 발주자와 협의한 후 코스트관리에 사용할 목적으로 작성한 것을 공사 예산서라 한다. 구체적으로 이 공사 예산서에 대해 예산 관리서의 툴로서 관리를 실시한다. 기본설계, 실시설계 단계에서도 공사비 개산을 실시하여 공사 예산서를 갱신한다. 공사발주단계에서 시공자의 견적을 반영한 공사 예산서가 최종 공사예산서가 된다. 여기서 설계자가 작성하는 공사비 산출의 성과품을, 기본설계시에는 공사비개산서로, 그리고 실시설계시에는 공사비계산서로 하였다.

2003년 8월 15일 현재

계약변경액			최종예상액	비 교	
예측액	계약액	계			
8	9	10=8+9	11=7+10	12=3−11	
2,000,000		2,000,000	297,501,000	2,499,000	0.8%
		−	52,000,000	−2,000,000	−4.0%
		−	130,000,000	−30,000,000	−30.0%
30,000,000	12,000,000	42,000,000	416,325,000	−16,325,000	−4.1%
		−	36,750,000	−	0.0%
32,000,000	12,000,000	44,000,000	932,576,000	−42,826,000	−5.2%
		−	28,000,000	2,000,000	6.7%
32,000,000	12,000,000	44,000,000	960,576,000	−43,826,000	−4.8%
3%					
32,960,000	12,000,000	44,000,000	960,576,000	−43,826,000	−4.3%

- 예산관리표[25)]
- 설계변경을 수반하는 코스트 변경 등에 관한 사정서 · 보고서 · 관리표
- 자산관리표(감가상각 관리표)
- 지불조서
- 주문서 · 계약서 일람표

특히 〈표 2-3〉에 예시한 예산 관리표는 코스트를 관리해 나가는데 있어서 중요한 툴이다. 수시로 갱신하여 보고서에 첨부하고, 예산현황을 파악하기 위해 사용한다. 프로젝트 기본계획서가 승인되어 공사예산서가 작성된 시점부터 사용한다.

1 3 CM업무계약 A

CM업무계획서의 주요 내용을 발주자와 합의하여 CM업무계약을 체결한다.

계약서는 각 프로젝트의 계약내용이 다르기 때문에 계약사항뿐만 아니라 반드시 업무내용을 포함하여 확인한 다음 작성한다. 약관에 대해서도 추가 · 삭제 항목을 확인해야 한다. 발주자가 독자적인 양식으로 계약하는 경우도 있으므로 반드시 내용을 확인한다.

CM업무 계약내용을 변경할 수 있도록 고려해 두는 것도 필요하다.

프로젝트의 기본계약을 체결한 후 프로젝트 각 단계에 따라 개별 계약을 실시하는 경우도 있으며, 특히 대규모 프로젝트에서는 실제로 사용되고 있다.

25) 예산관리표
프로젝트의 공사 예산과의 차이, 예비비(contingency)의 운용상황 등을 관리하는 표. 예산액, 설계변경액, 변경예측액, 최종 예산액 등으로 구성한다. 여기서 예시한 예산 관리표는 공사착공 후 여러 시공사와 계약이 된 단계이다. 발주구분마다 명세서를 요약한 금액이 표시되어 있다. 기본계획단계에서는 공사예산액을 설정한 단계에서 당초 예산 (혹은 발주자가 당초 예산을 설정하였으면 수정 후의 수정 예산)을 기입한다.

CM업무계획서는 계약 전부터 작성되는 경우가 많으며, CM업무계약 체결 후 정식으로 CM업무계획서로 결정된다. 따라서 CM업무계획서의 내용에 관한 발주자와의 합의는 CM업무계약서에 포함되어 있지 않은 기본적인 항목에 대해서 이해를 얻을 수 있는 것을 의미하고 있다.

CM업무 계약은 다음과 같이 구성되어 있다.

■ **CM업무위탁계약서**

발주자와 수탁자의 명칭, 계약기간, 위탁금액 등 기본적인 사항을 명시한 문서

■ **CM업무위탁계약 약관**

CM업무 위탁계약에서 발주자와 수탁자 사이의 결정을 미리 표준적인 약정으로 명시한 문서

■ **CM업무 위탁서**

프로젝트 마다 CM업무 위탁계약에서 각 프로젝트의 실질적인 업무를 정한 문서로 CM업무 계약에서는 다음 사항에 주의해야 한다.

- 비밀을 지킬 의무

  CM업무의 경우 비밀유지의무 항목이 들어가는 경우가 많다. 필요에 따라 CMr이 업무를 실시하고 있는 것을 CM측이나 발주자측, 양쪽 모두 비밀을 지킬 것을 의무조항으로 하는 경우도 있다. 또한 묵비기간을 정할 수도 있다.

- CMr의 위치설정[26]

  「제1장 4 CMr의 법률적 책임범위」에 기재되어 있지만, CMr의 책임범위에 의해 기술된 내용이 변경된다. 또한 설계업무나 건설공사의 관여 정도에 대해서도 고려하여 기술한다.

- 중지권과 업무비의 배상[27]

  CMr은 프로젝트 초기단계부터 관련되는 일이 많다. 이러한 경우 발주자 측의 사정에 의한 프로젝트의 중지도 발생된다. 중단되었을 경우의 정산방법 등을 확인한다.

- 보증 · 보험

  「062 계약의 보증과 보험」의 항목(213쪽)을 참조한다. CMr이 보증[28]하는 것에 대한 계약이 되어 있는지 확인한다. 특히 외국자본 발주자의 경우, 해외를 기준으로 보증을 요구하는 경우도 있으므로 협상이 필요할 수 있다.

26) 제1장 4 CMr의 법적책임 P.10
27) 14 프로젝트 기본계획서안 작성 P.43
28) 보증 – 보험계약을 체결하는 것

■ 보수[29]

보수에 대해서는 명확한 규정이 필요하다. 정액 계약인가, 업무량에 따라 계약금액이 변경되는 계약인가를 명확히 하는 것이 중요하다. 일본에서는 정액계약이라는 개념이 거의 없기 때문에 주의가 필요하다.

인센티브(보장) 계약의 특별 조항이 있는 경우에는 계산의 기준을 명확히 해야 한다.

1 4 프로젝트 기본계획서안 작성 ABCDEFG

프로젝트 진행의 지침으로서 프로젝트 기본계획서안을 개발한다.

CM업무 계획서에서 정리 · 확인한 발주자의 요구에 근거하여 기본적인 법령이나 여러 가지 조건을 확인하고 필요에 따라서 몇 개의 사례 연구를 실시해 프로젝트 기본계획안을 작성한다. 이 프로젝트 기본계획안은 발주자의 승인을 거쳐 기본계획서로서 그 후의 프로젝트 추진의 기본적인 지침이 된다.

〈표 2-4〉에 예시하고 있듯이 프로젝트의 목적, 제반 조건, 그리고 이 조건에 따른 개략도 등의 계획안을 검토하고 문서화한다.

CMr의 업무에 관한 중요한 기본사항 중 하나는 발주자에게 선택사항을 제시하고 각각의 선택사항에 대한 장단점을 설명하여 발주자에게 합리적으로 타당성이 있는 의사결정을 적시에 실시하도록 촉구하는 것이다. 특히 설계 이전 단계에서는 설계자가 없는 단계이므로 기본계획상 설계에 관한 발주자의 의사결정에는 주로 CMr이 컨설턴트가 된다.

의사결정을 지원하기 위해 복수 계획안의 비교 검토, 혹은 소요면적 등의 수치를 바꾸어 투자효율을 시뮬레이션하는 등 적정안을 모색한다. 검토결과에 따라서 한 번에 결과가 나올 수 있다. 평면계획이나 구조계획의 내용까지 재검토하는 가능한 시기로 다음의 기본설계 이후의 지침이 되는 중요한 단계이다.

다만, 모든 프로젝트에 대해서 전체 시뮬레이션을 실시할 필요는 없고, 부분적인 검토만으로 충분한 경우가 많다. 또한 이 시점에서의 사례 연구는 상세한 사항에 대해 실시하는 것이 아님을 인식해야 한다.

29) 부록 1 CM업무에 대한 보수 P.342

141 프로젝트의 목적 A

발주자의 요구사항에 근거하여 프로젝트의 목적을 명확하게 한다.

프로젝트 멤버가 같은 목적에 따라 활동할 수 있도록 가능한 한 알기 쉽게 목적을 설정하는 것이 바람직하다.

〈표 2-4〉 프로젝트 기본계획서의 항목 예

	종 류	항 목	개 요
141	프로젝트의 목적		사업주체(발주자)의 건설목적을 명확히 한다.
142	제약 조건	부지조건	시설 건설지의 입지 조건을 명확하게 한다.
		법적규제 등	시설에 대한 법적규제 등을 명확하게 한다.
		건설조건 등	시설의 종류 등 프로젝트를 위한 건설 조건을 명확하게 한다.
		이용상황 등	시설이 어떻게 이용되는가를 조사한다.
		유사 안건	유사 시설을 조사하여 계획에 참고로 한다.
143	개략도		사업주체(발주자)가 건설하는 시설의 목적 · 기능 · 사용방법 · 규정 등 시설개요를 예상하여, 이를 개략 설계, 스케치 등으로 시각적으로 표현한다. 필요에 따라서 기술적 검증도 실시한다. 또한 몇 개의 시설계획에 대해 사례 연구를 실시하는 경우도 있다.
144	마스터 · 스케줄		마스터 스케줄 제시. 사례 연구에 따라 복수의 스케줄이 작성되는 경우도 있다.
145	공사비 개산		공사비를 산출한다.
146	사업비 개산		필요에 따라 자금흐름(cash flow) 계산서 등이 포함된 전체의 사업비를 산출한다. 사례연구에 따라 복수의 계산서가 작성되는 경우도 있다.

142 제약조건 ABCDEFG

시설의 내용, 예산, 공정, 기타 조건의 확인, 설계 기초자료, 관련서류, 정보수집, 용지 취득시의 부대조건, 제약사항, 협의사항 등의 문제점을 추출하여 발주자와 협의한 다음 각종 조사를 실시한다. 조사결과에 대해서는 보고서를 작성하여 발주자에게 제출함과 동시에 프로젝트 기본계획안의 검토자료로 활용한다.

본서에서는 CMr의 업무와 관계되는 아래의 제약조건에 대하여 설명한다.

- 부지조건
- 기존 건물의 제약조건
- 건설물과 관련된 법령 등의 조건과 관계 관청과의 상담
- 신설 건설물의 기초적인 조건
- 이용 상황
- 유사 안건 사례

필요에 따라 실시하는 조사는 사업주체(발주자)가 건설 · 개발의 발의(구상)로부터 기본설계단계에 이르기까지 실시하는 조사의 일부로 이해한다. 발주자와 동일한 조사를 실시하는 것은 아니다.

■ 부지 조건

부지현황 및 주변환경, 지역특성, 장래 변화 등 다양한 조건이 있다.

〈표 2-5〉 사업주체(발주자)에 의한 조사 예

구분	조사 예
입지 환경 조사	유사시설
	경합(競合)의 조사
	입지의 경제성 조사 · 사회환경조건 (교통, 인구)
	대규모 소매점포 입지법등 각종 법령상의 제약조건
	개발허가에 대한 조사
경제적 조사	부동산 유사사례 조사 · 동향 조사
	공시가격
	도로별 가격 등 조사
	PML(예상 최대 손실율 계산 : 기존 건물을 사용하는 경우)
	부동산 감정평가
개발을 위한 부지 조사	토지대장 · 등기부 · 도로 대장등 조사
	측량 · 폴링 사진촬영 등을 포함한 부지 상황 조사 매설물 조사
	기존 건물 상황 조사
환경 조사	토양오염에 대한 지리와 역사 조사
	토양오염이 의심스러운 경우, 현장 측정 조사, 기존 건물 조사
	석면(Asbestos), PCB등의 조사

부지에 관한 조건은 아래의 2가지 종류로 대별된다.

- 일반적 부지 조건
- 토양오염 상황

〈표 2-6〉은 일반적인 부지조사의 예를 나타낸 것이지만, 다음 설계단계에서 설계자 단독 또는 CMr과 설계자가 함께 실시해야 할 조사도 있으므로, 이 시점에서는 반드시 모든 조사를 하지 않아도 된다.

프로젝트의 내용, 예산, 스케줄에 중대한 영향을 미칠 가능성이 있는 항목을 추출해 제약조건으로 기재한다. 조사 필요범위 한도에 대해서는 발주자와 협의한다.

〈표 2-6〉 일반적 대지조사 항목 예

항목	번호	내용
① 부지경계 확인	1	발주자, 인접지 소유자, 도로 관리자 등의 입회하에 확인
	2	부지측량 (부지치수 · 높낮이 등)
② 부지내 장해물	1	부지내 기존 건물 · 공작물 · 수목 · 매설 장애물의 유무 · 위치 · 형상 등
	2	부지주변의 매설물
	3	부지주변 도로에 매설된 가스관, 수도관, 케이블 등
③ 부지주변 조사	1	전력케이블, 전화케이블, 관찰(觀察)소방 관계의 통신케이블 등의 가공선 및 양생 방법
	2	전화박스, 우편포스트, 소화전, 지수전(止水栓), 버스정류장, 신호기, 교통신호, 가드레일, 지하철 출입구, 환기구멍, 공동구 등
④ 도로상황	1	도로 점용에 필요한 조사(도로 폭, 보도의 유무와 폭, 사 · 공도의 구별 조사, 확인)
	2	기자재의 반입 경로 등에 필요한 조사(교차점의 상황, 교통량, 교통 규제 등)
⑤ 근린건물 공작물 조사	1	지하공사의 영향에 의한 지반 변위, 기자재 비상 · 낙하 등에 의한 지장을 방지하기 위한 양생, 방호 검토
	2	근린 건물의 경사 상황, 크랙 발생 상황, 창호설치 등 사전조사
⑥ 주변 주민의 상황 확인	1	소음 · 진동, 지하수 오염, 고갈등의 공해방지와 관련된 시설의 파악
⑦ 전파장해 확인	1	근린 주민의 텔레비젼 수신 상황을 조사 · 전파관리국과의 합의
	2	공사중의 영향범위 파악
⑧ 하천?해상 조사	1	하천이 근처에 있는 경우 : 부지의 높낮이와 하천의 수위 관계, 부지와 호안의 위치 관계, 호안의 규모 · 구조, 태풍시 홍수 피해의 실적 조사
	2	부지가 바다에 가까운 경우 : 부지의 해발, 간만시의 수위
⑨ 기상조건 조사	1	지구 기상대 등에 의해 우량 풍속 · 풍향 · 적설량 · 번개 · 기온 · 습도 등을 조사
	2	선조대(先祖代)부터 거주한 현지 주민의 이야기
⑩ 지역풍속?습관 확인	1	지역의 풍속 · 습관, 연중행사, 축제일 등 조사
	2	풍속 · 습관에 따른 행사 참가 등에 의한 이웃과의 융화
⑪ 가설건물 등의 위치 선정	1	가설건물 · 공사용 설비 · 작업용지 · 자재 야적 등의 위치 선정
	2	장외에 차용하는 경우는 빠른 시일 내에 교섭 · 계약 마무리
⑫ 공사용 전력량 추정	1	공정에 근거한 기계사용 공정표를 작성 · 사용전력량의 산적(山積)계산에 의해 추정
⑬ 공사용수 조사		〈상하수도 · 우물물 · 하천수 공업용수〉
	1	작업소의 근처까지 상수도 본관이 부설되어 있는지
	2	다량의 지하수 사용이 인근주민의 생활에 미치는 영향
	3	사용량에 따른 공급능력은 있는지
	4	사용 목적에 적합한 수질인지
⑭ 배수 조사	1	건설지 주위의 공공 하수도 유무

기본적인 것이지만 아래와 같은 경우에는 공사비 증가로 연결될 가능성이 높기 때문에 리스크를 피하기 위해서도 제약조건으로 명확하게 하여야 한다.

- 지하수위가 높다
- 연약지반이다
- 지중장애물이 있다
- 상하수도 등의 인프라가 근처에 없다

- 경계확정이 되어 있지 않다
- 공사용 배수에 대한 규제

토양 오염을 포함한 환경에 대한 조사가 필요한 경우에는 전문가와 상담하여 실행한다.

■ 기존 건물의 제약 조건[30)]

기존 건물을 사용하는 경우 그 건물의 제약조건을 기재하고 필요에 따라 조사를 실시한다. 규격에 따라 정형화된 형식으로 조사하는 듀딜리전스(Due Diligence)[31)]와 같은 경우도 있다.

그 외 대규모 프로젝트에서는 환경영향조사, 도시계획, 지구계획 등에 관련되는 업무가 필요한 경우도 있다. 부동산 평가와 관련하여 PML(예상 최대손실)이라는 지표가 채용되는 경우도 있다. PML은 프로젝트 파이낸스(Project Finance) 즉, 은행 등이 특정 프로젝트 수익성을 기대하고 융자하는 경우에는 그 프로젝트의 재해 리스크를 평가하여 이에 대한 적정한 대응책을 요구하며, 그 지표가 되는 것이 지진 리스크의 정량적 표현이다. 손실회계의 도입이나 사회정보공개의 흐름으로부터 이 PML의 공표에 의해 기존건물의 소유자는 평가액을 유지하기 위해서 개수 공사나 지진 보험료 등 막대한 코스트 상승을 강요당할 가능성도 있다.

또한 공공사업의 경우 국토교통성 지방정비국 심사 등 민간보다 많은 절차를 거쳐야 하기 때문에 발주자와 함께 각각에 대응하는 것을 검토하여야 한다.

■ 건설물과 관련된 법령 등의 조건과 관계 관청과의 상담

관련 법규에 의한 제약 조건에는 법령 그 자체에 의한 것과 필요에 의한 것이 있다. 이러한 관계를 정확하게 이해할 수 있도록 보고해야 한다.

이렇게 제약조건을 확인, 정리하는 것은 공정관리 · 리스크 관리에서 중요하다. 충분한 사전조사를 실시하지 않고 계획, 설계가 진행되면, 후에 새로운 제약조건이 발생하여 신청 제출 전후에 지적사항이 다수 발생할 경우, 그 작업의 방향변경 및 시정에 많은 비용과 시간이 소요된다. 이러한 일을 사전에 방지하고 신청업무를 순조롭게 진행하기 위해서는 계획대지에 관한 충분한 사전확인이 필요하다.

30) 제3장 4 환경 P.257

31) 듀딜리전스(Due diligence)
대상 부동산의 총수익 및 총비용을 정확하게 파악하기 위한 경제적 · 법적 · 물리적인 물건의 조사 업무, CMr은 이 중 물리적 측면의 조사를 의뢰받을 가능성이 높다.

참고

■지진 리스크의 분석과 PML (Probable Maximum Loss)

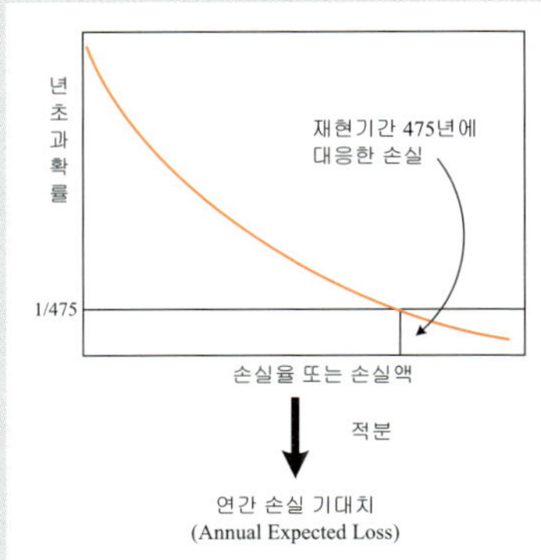

PML이란 건물의 일반적 내용연수 50년에 확률적으로 일어날 수 있는 최대 규모의 지진(재현 기간 475년의 지진에 상당)에 의해 발생하는 손실을 나타낸 것으로, 예상된 지진에 의한 피해 복구비용이 재건축비용의 몇 %에 해당하는가를 예측한 수치이다. 건물을 구조체, 비구조 부재, 건축설비 등의 부위로 구분하여 각각의 취약 곡선을 작성한다. 이 취약 곡선을 이용해 그 지점의 지진동 레벨에 따라 각 부위의 손상율을 구하고, 이것에 각 부위의 재조달 가격을 곱하여 손실액을 구한다. 이상의 결과를 오른쪽 그림에 나타낸 것이 리스크 곡선이다. 리스크 곡선의 가로축은 예상 손실액, 세로축은 그 손실이 가져오는 연(年) 초과확률이다. 리스크 곡선으로 연 초과 확률 0.21% (=1/475, 50년간에 10%의 초과 확률)에 대응하는 손실액은 건물 전체의 재조달 가격을 제외한 비율이다. 덧붙여 PML의 정의는 반드시 통일되어 있지 않다는 것도 고려할 필요가 있다. CMr은 이런 지진에 대한 정량적 리스크 분석 방법이 있다는 것을 알고 발주자의 요구에 따라 리스크 컨설턴트(Risk Consultant) 등의 서비스를 받을 것을 제안하고 이러한 컨설턴트 업무를 지원한다.

종래의 건설을 위한 조사 · 검토는 일반적으로 사업주체인 발주자가 스스로 실시하든지, 설계사무소 등에 위탁하여 실시한다. 이 업무가 CMr의 위탁업무의 범위에 포함되는지도 사전에 확인할 필요가 있다.

■ 건축기준법

건축물에 관해서 규제하고 있는 법률은 다방면에 걸쳐 있다. 건축물 그 자체나 부지 · 설비에 대해 일반적 · 포괄적으로 규제하고 있는 것은「건축기준법」이다.

■ 도시계획법

도시계획법은 지역 · 지구마다 건축할 수 있는 건축물의 용도, 용적율, 형태, 구조 등에 대한 제한을 정하고 있으므로, 프로젝트의 지역 · 지구가 결정되면 그 제한 조건을 조사한다. 이를 위해서는 대상지 관공서의 도시계획과 건축행정의 소관부서에 직접 확인해야 한다. 또한 건설 예정지에 토지구획 정리사업 등 도시계획이 정해져 있는 경우에는 허가 신청작업이 필요하므로 그 유무의 확인이 필요하다.

동일 부지 내에서 용적율이 다른 구역경계가 있는 경우에는 소관부서와 사전 협의가 필요하다. 이외에도 고도지구, 특별용도지구 등에도 주의하여 계획지의 입지규제나 형태규제를 확인할 필요가 있다. 기본적으로 본서에서는 건축형태의 검증을 하기 위해 계획부지의 용도지역과 용적율을 조사한다. 그 외에도 국토의 다각적 · 종합적 배려에 의한 토지이용계획의 수립을 필요로 하는 오늘날, 다양한 목적으로 건설행위에 대한 규제가 현행법상 행해지고 있다.

■ 시설 용도에 관한 법령

영업허가를 필요로 하는 시설에 대해서도 조사한다.

- 식품위생법, 흥행장법, 공중목욕탕법, 여관업법 등 시설 영업측면에서 기준이 되는 것
- 대규모 점포법, 공장 입지법과 같이 계획시 이해관계자의 협의가 필요한 것
- 창고업법 등 설비에 적절한 배려를 요구하는 것
- 주차장법, 동경도 건축안전조례 등 주차장의 입지 제한의 기준이 되는 것

■ 규제완화에 의한 영향

최근 규제완화에 따라 다양한 규제완화 조치나 옥상녹화 등 특정 프로젝트에 보조금 · 조성금의 적용도 증가하고 있어, 이를 사전에 조사해 최대한 활용할 수 있도록 검토해야 한다. 보통 설계에 관련된 조세완화에 대해서는 설계자가 선정된 후, 설계자가 상세조사를 실시하지만, 이 시점에서 CMr은 이러한 가능성을 염두 해 둘 필요가 있다. 실질적인 조사 실시단계에서는 조사를 보조한다. 법령상 제반 조건을 조사하는 것과 동시에 대상 부지지역에서 특수한 조례나 규제가 있는지의 여부에 대해 관할 관공서로부터 정보를 수집한다.

지방공공단체에서는 다양한 지도요강으로 건축계획시 주택의 부설, 공공시설의 정비, 녹화 등에 관한 사전협의 실시를 의무화하고 있는 곳도 있다. 계획시에 계획지 행정담당창구에서 상담을 실시할 필요가 있다. 이 경우 전화로 문의하는 것이 아니라, 직접 창구에 나가 조사를 실시해야 한다.

〈표 2-7〉은 관계 법규, 지구 및 신청에 대한 개략적인 사항을 나타낸 것이다.

■ 사전상담과 사전협의의 필요성

도시계획법 제29조에 의한 개발행위의 허가신청이 필요한 경우에는 소관 관공서와 아래와 같은 항목에 대한 사전상담 · 협의가 필요하다. 다만, 이 시점에서 CMr이 사전상담을 시작하는 것은 아니다. 사전상담 협의의 필요성을 인식해야 하는 항목을 열거한 것이다.

- 도로 협의 : 노선연장을 위한 보도절개, 도로 폐지, 도로 · 수로 변경 등
- 공원설치 의무 협의 : 3,000㎡이상의 개발에는 3~6%의 면적에 해당하는 공원설치 의무, 종합설계제도
- 하수도 협의 : 해당 계획의 배수계획 · 배수량 계산서
- 상수도 협의 : 수도국의 동의서 등
- 소방관련 협의 : 소방용수 · 저수조
- 녹화관련 협의 : 녹화기준 · 녹화 조례에 근거한 녹화계획
- 자연보호조례 등의 협의 : 1,000㎡이상의 택지조성에 의한 수림 등 상태 변경 허가
- 매장문화재 협의 : 문화재 보호법에 근거한 시험굴착의 필요 여부

문화재 매장의 가능성이 있는 경우에는 도시계획과는 관할이 달라 건축계획 자체가 어려워지므로 특별한 주의가 필요하다.

A 건물용도에 의한 제약 (관계 법규)

• 학교교육법 • 아동복지법 • 노인복지법 • 여관업법 • 의료법 • 창고업법 • 흥행업법 • 공장입지법 소방법 (주유소)
• 도매시장법 등

=〉 관련법규의 특수조건에 대한 허가 · 신고 등
=〉 현지 동업자 사이에 의한 의견 조정
=〉 용도지역 내에서 특별히 인정하는 경우의 심사회 · 공청회
=〉 각종 지정 데이터의 작성 등

B 지역조건에 의한 제약 (관계 지구)

• 풍치지구 토지구획정리지구 • 주차장정비지구 • 임항지구 • 비행장주변지구 전파전반장해(電波?搬障害)방지지구
• 공장 등 제한구역 • 하천구역 • 하천보전구역 • 택지조성규제지역 • 자연공원지역 • 사적명승지구 및 기타

=〉 관련지구 지역의 특수조건에 대한 허가 · 신고 등
=〉 특히 문제가 있는 것으로 인정되었을 경우 심사회 · 공청회
=〉 매장문화재 등이 있을 때는 특별히 주의해야 할 것

C 개발행위에 의한 제약 (개발 면적)

• 개발면적에 의한 규제, 시가화조정구역에서의 개발은 원칙적으로 금지

=〉 개발허가 신청
=〉 사전협의(의견 조정)
=〉 각종 권리자의 동의서 (토지, 수리, 기타)
=〉 주변주민의 개발 동의서
=〉 관민경계명시(官民境界明示) 신청
=〉 각종 점용허가 신청 (국도, 지방도 이외의 공공 도로, 수로, 기타)
=〉 각종 협력금, 부담금 (개발, 배수, 기타)
=〉 토지의 제공(도로, 공원, 기타) 등

D 공해 · 재해에 의한 제약 (관계 법규)

• 수질오탁 방지법 〈특정 시설의 설치〉, 〈지정 수역내의 사업소〉 • 소방법 〈특히 위험물이 있을 때〉 • 화약단속법
• 폐기물 처리 청소법 • 하수도법 등

=〉 관련법규의 특수조건에 대한 허가 신고 등
=〉 관련 권리자의 동의서
=〉 각종 지정 데이터 등의 작성 등

E 현지행정의 입장에 의한 제약 (각 도시의 규제)

• 각 도시마다 작성한 개발지도 요강 조례 등 (중고층, 소규모 개발 등 여러 가지 명칭이 있음)
(난개발, 미니개발을 방지하는 것이 목적)

=〉 사전협의를 통한 각 행정관서(각과(各課), 관계 관청)와 의견 조정 · 각종 신청 등
=〉 각종 협력금, 부담금
=〉 토지의 제공 (도로, 공원, 기타)
=〉 각 지자체와의 각서 체결
=〉 주변 주민과의 동의서, 협정서 등
=〉 햇빛, 전파 등에 대한 피해 보상, 대책 등

이러한 조건은 프로젝트 계획에서 특히 코스트관리나 스케줄관리에 큰 영향을 미치므로, 경우에 따라서는 사업자체의 지속 여부에도 관련되는 경우가 있다. 따라서 가능한 한 초기단계에서 기본적인 검증을 실시하여 이 정보를 바탕으로 전체의 인허가 취득일정을 작성하고 마스터스케줄, 사업예산에도 반영시킨다.

■ 새로운 건설물의 기본적 조건

상기의 부지조건, 법령 등의 조건에 의해 사업의 목적, 입지 환경조건, 건설되는 대상물의 내용이 정해진다. 자연환경 조건(토질, 풍향, 일조 등), 건축물의 배치계획상의 조건, 하중조건, 시공상의 기술적 조건, 내진성능 등을 검토, 정리한다.

이 과정은 설계상의 기본적인 조건을 설정하는 중요한 작업이다. 여기서는 프로젝트 기본계획에 필요한 사항만 취급하지만, 설계자가 선정되고 설계업무를 실시하는 단계에서 설계자가 그 상세를 확인해야 한다.

다음에 기술하는 유사사례 조사 · 연구, 공표가격 조사 · 동향조사 등의 결과는 개략도면의 공사비 개산 및 사업비 예산의 기초가 된다.

■ 이용 상황

현재 이용 상황 및 직접적인 이용자 등의 요청이나 요구를 확인 · 정리한다. 이 시점까지 비밀리에 행해지고 있던 계획이 이 단계에서 대외적으로 발표된다. 이용자의 요청은 사업주체(발주자)의 의도와 반드시 일치하지 않는다. 이 차이를 보충하기 위해서 조사를 실시하여 검토 · 조정할 필요가 있다. CMr은 조사, 분석을 실시하고 발주자에게 제안한다. 이 조사는 설계자가 참가한 후 실시하는 경우도 있다.

〈표 2-9〉, 〈표 2-10〉은 인원계획과 필요 가구수, IT기기의 요구에 대해 예시하고 있지만, 프로젝트에 대한 다양한 조사를 할 필요가 있다.

참 고

■성능기술(性能記述)

설계조건 중에 Commissioning의 성능기술(性能記述)이 도입되기 시작했다. Commissioning은 공기조화기나 자동제어설비기기 등 설비시스템이 발주자의 요구에 합치된 성능을 발휘하도록 설계, 시공 및 기능성능 시험이 시행되고 있는가를 검증하여 문서화하는 것이다.

이러한 검증을 실시하기 위한 성능기술, 에너지 시뮬레이션, 시험과정 및 기능성능시험의 과정을 말한다. 성능개선법의 제시까지 포함한 경우도 있다.

이전에는 완성 후 인도시의 검증 과정을 Commissioning이라고 부르는 경우가 많았지만, 라이프사이클 개념이 확대되어 계획으로부터 인도까지의 검증을 Initial Commissioning, 운용 단계에서 수시로 실시하는 것을 Recommissioning으로 하여 건물의 라이프사이클에 걸쳐 적용되고 있다. 이 Commissioning을 실시하는 기술수준 및 관리능력을 가진 사람을 성능검증책임자(CA:Commis- sioning Authority)라 하여, 전문가로서 자리잡아 가고 있다.

■시험조정

(TAB : Testing, Adjusting and Balancing)

시공, 납입(納入), 설비시스템이 설계도서의 요구를 만족하도록 실시하는 각 설비기기의 시험, 배관계의 유량 조정, 제어계의 파라미터(parameter)조정 등 시공자가 실시하는 업무에 포함된다.

■기능성능시험

(FPT : Functional Performance Testing)

발주자의 요구에 만족하는 성능을 발휘하기 위해서 설비시스템이 조화롭게 동작되고, 그 결과 예정된 에너지소비로 설계된 목적을 실현할 수 있는 것을 확인하는 것. 공기조절기 등 계절 성능검증이 필요한 경우도 있다.

〈표 2-8〉 건설을 위한 조사 · 검토 항목

구분	내용
건설물의 기초적 조건의 조사 · 기획	법규상의 제약조건
	부지의 입지조건
	자연적 환경조건 (토질, 풍향, 일조 등)
	건설물의 배치계획상의 조건
	시공상의 기술적 조건
	필요한 내진성능
	주변환경에 미치는 영향
	일조조건의 확인
	형태 완화 기법의 검토
	건축 가능 규모의 확인
	건설과 관계되는 개략 공정표의 작성
	구조물 강도 조사
	환경조사
개략 설계	개발하는 건설물의 개요를 명시하고 관계자의 이해를 바탕으로 한다. 또한 개요 설계에 근거하여 건설비, 사업비를 산정한다. 설계와 관련된 업무를 설계자에게 의뢰하는 경우도 있다. 다만, 이 설계자는 기본설계 혹은 실시설계를 실시하는 설계자와 동일하지 않아도 된다.
건설비 연구	유사 사례조사 · 연구, 공표가격조사 · 동향조사 등을 실시하고, 개략 설계에 대한 예산작성 및 사업비 개산의 기초가 된다.

〈표 2-9〉 사무소의 종합 프로젝트에서 부서별 요구사항의 요약

본부	부	인원계획				PROGRAM REQUIREMENT									
		02년 4월	02년 10월	03년 04월	03년 10월	합계	상급 Mgr 개실	type1 워크스테이션	type2 워크스테이션	type3 워크스테이션	회의실		접수공간		comment
											Qty	좌석수	Qty	좌석수	
본사															
기술본부															
	기술조정부	30	33	34	35	36	6	0	30	0	1	20	2	6+7	회의실
	기술개발부	35	33	33	34	43	1	0	36	6	1	6 to 8			
재무총무본부															
	경리재무부	10	14	16	18	24	3	19	2	0	1	12	–	–	
	인사부	4	4	4	4	4	0	4	0	0					
	총무부	7	7	7	7	8	0	0	8	1					
합계		86	91	94	98	115	10	23	75	7	3	32	2	13	
역원(役員)		3	4	4	4	5	0	0	5	0	0	0	0	0	
합계		3	4	4	4	5	0	0	5	0	0	0	0	0	
동경지점															
기술부															
	제1과(특별고객담당)	11	19	22	25	33	3	24	4	2	1	10	–	–	
	제2과(도내담당)	5	7	7	7	8	0	0	7	1					
	제3과(도외 담당)	2	3	3	3	5	0	0	3	2					
경리 총무부		7	8	8	8	9	1	8	0	0					
IT		3	4	5	5	5	0	5	0	0					
	소계	28	41	45	48	60	4	37	14	5					
영업부											2	6 & 10	2	6	
	제1과	4	8	10	10	10	2	0	8	0					
	제2과	5	26	47	50	50	2	27	21	0					공용창고
	제3과	2	4	15	20	20	1	0	19	0					공용작업
	소계	11	38	72	80	80	5	27	48	0	3	26	2	6	
총계	1, 2 & 3	128	174	215	230	260	19	87	142	12	6	58	4	19	

〈표 2-10〉 사무소의 IT기기 조사(전원량 · 발열량)

시스템 명칭	기기명칭	수량 Req.No	단위량 Power (VA)	단위량 Heat (Kcal)	합계 Power (VA)	합계 Heat (Kcal)
본사분(本社分)	(사용자 요구에 의한다)					
LAN Hub	Cabletron Hub	1	1,500	1,225	1,500	1.225
Workstations	Workstations/ PCs	30	500	172	15.000	5.160
	Workstations /PCs Type2	1	253	183	253	183
Reuters Handling	Controller system	2	1,400	4.300	2.800	8.600
EBS	Controller system	1	772	549	772	549
News Distribution	Router	1	100	100	100	100
	Controller	1	115	113	115	113
PTW	TDPF	1	300	350	300	350
	Server	1	253	183	253	183
	Sink Distributor	1	253	183	253	183
GDP	File Server	1	1	852	1.000	852
	SQL Database Server	1	1.000	852	1.000	852
Domain Server	Domain Server	1	1.000	852	1.000	852
Application Server	License Server	1	253	183	253	183
IT Phone System	Phone controller	1	9,000	7,740	9,000	7.740
	Console	1	253	183	253	183
	Voice recorder	1	1.500	1,290	1.500	1.2
	VCS	1	300	180	300	180
Web Operation Server	장래 예측의 1/4로 한다.	4	3.000	1,800	12.000	7.200
본사 합계					47, 652	35.978
지점분(支店分)	현재 수요예측의50%, 장래 예측의25%로 한다.					
Workstations	Workstations /Pcs	30	500	172	15, 000	5.160
Server	Domain/File Server	1	500	426	500	426
Others	Misc. Equipment	5	300	180	1.500	900
Web Operation Serve앓다	장래 예측의 1/4로 한다.	6	3000	1,800	18.000	10,800
지점 합계					35,000	17.286
총계					82,652	53,264

〈표 2-11〉 유사안건의 조사

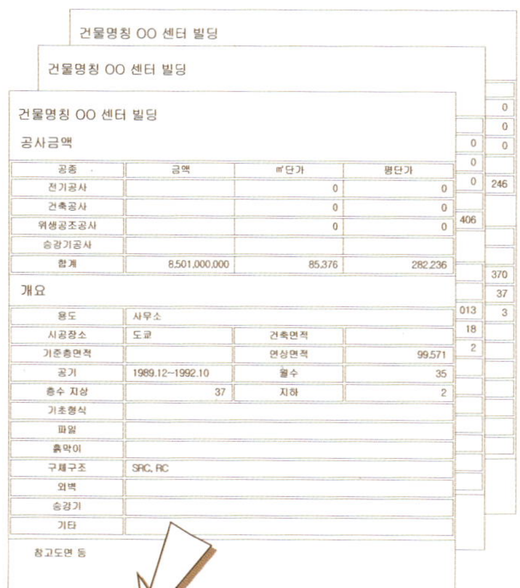

		바닥면적(m^2)	철골수량(kg)	면적당 단위수량(kg/m^2)	해당 안건 적산수량과 차이
해당 안건		82,312	14,748	179	
비교 안건	프로젝트 A	74,074	12,197	165	8.01%
	프로젝트 B	50,187	8,500	169	5.47%
	프로젝트 C	166,071	21,000	127	29.42%
	프로젝트 D	40,103	6,600	165	8.14%
	프로젝트 E	84,832	12,600	149	17.10%

■ 유사안건

과거의 유사 안건을 조사해 자료를 입수하는 일도 중요한 작업이다. 유사 안건사례의 내용을 검토하면, 해당 프로젝트 계획에 참고가 되는 경우가 많다. 이러한 자료수집에 따라 그 자료를 검토하면, 동일한 규모의 사례에서는 스케줄이나 코스트 데이터로서 참고가 되는 경우가 많다.

〈표 2-11〉의 예는 유사 안건을 코스트와 공사기간에 중점을 두어 조사한 것이다. 이러한 조사결과는 디자인 매니지먼트, 코스트 매니지먼트, 스케줄 매니지먼트 등 여러 가지 용도로 사용된다.

1 4 3 개략도 BD

발주자는 사업내용에 대한 제약조건을 분석 · 검토한 다음 시설개요를 예상하여 개략도를 작성한다.

기본계획 단계에서 설계자는 아직 프로젝트에 참여하고 있지 않다.

따라서 CMr이 제약조건을 고려하여 작성한 개략도[32]를 기초로 스케줄관리나 코스트관리에 필요한 정보를 정리 · 예측한다. 각 정보는 기획단계에서 구체화되므로, 아직 상세한 것은 아니다. 필요에 따라 상세하게 판단할 수 없어도 사용용도 등을 확인할 수 있는 구역구분이나 방화구획 등 구획라인을 예상할 수 있는 평면도가 작성되어 있어야 한다. 반대로 말하면 이러한 시설 개요를 알 수 있을 정도로 개략도를 작성한다.

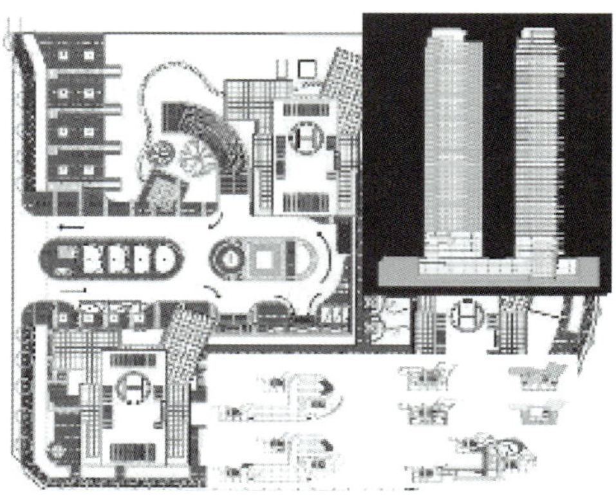

그림 2-6 개략도(이미지)

32) 기본계획단계의 개략도 작성 등
본서에서는 설계자 선정에 명확한 프로세스를 적용할 것을 강조하며, 설계자는 설계자선정 이후에 참여하는 것을 전제로 한다. 따라서 그 이전의 기본계획단계에서는 설계자가 참여하지 않는다. 이 단계에서 도면 등이 필요한 경우에는 해당 프로젝트 설계자 이외의 설계자가 작성한다. 즉, P.54의 조직에 나타냈듯이 CMr은 외부의 협력자가 작성한 도면 등을 받게 되지만, CMr의 협력자가 작성한 경우에도 필요하다면 건축사 유자격자가 이 업무를 수행해야 한다.

〈표 2-12〉 시설 개요

주요 예상수량

대지면적	630.00㎡	190.53평
건축면적	445.00㎡	134.63평

	시공바닥면적	연면적	허가면적		
시공면적	100.00%	101.24%	119.86%	4,496.00㎡	1,360.04평
총 연면적	98.78%	100.00%	118.40%	4,441.00㎡	1,343.40평
건설가능면적 (용적율)	83.43%	84.46%	100.00%	3,751.00㎡	1,134.63평
그 외의 면적	1.22%	1.24%	1.47%	55.00㎡	16.64평
임대가능면적	59.71%	60.45%	71.56%	2,684.40㎡	812.03평
공통부분면적	23.72%	24.02%	28.44%	1,066.60㎡	322.65평

용적율 · 건폐율 체크		기본비율	도로에 의한 제한	예상 체크	달성율
				OK	
	용적율	600%	600%	595.40%	99.23%
	건폐율	80%	80%	70.63%	88.29%

주거제한 체크	대지면적 X	50%	315.00㎡	〈	390.00㎡	OK
주차장면적 체크	건설가능면적 X	20%	750.20㎡	〉	640.00㎡	OK

지역설정계획	상업, 준방화				층고	지상	3,750mm
계수 · 구조	3F	B2F	철골, 지상RC			지하	4,500mm
도로연장	북		동		층수	지상	8F
	남		서			지하	B2F
도로폭	북	15.00m	동		건물높이		31,000mm
	남		서		굴삭깊이		9,000mm
설계자	미정						
시공자	미정						

면적표

	시공면적 4,496.00㎡ 1,360.04평					
	총 연면적 4 441.00㎡ 1,343.10평			베란다 등 55.00㎡ 16.64평		
	임대면적 2,684.40㎡ 1,343.40평	공유면적 1,066.60㎡ 322.65평			total	
	㎡	㎡	㎡	㎡	㎡	
PH		48.00			48.00	
8F	300.00	90.00		55.00	445.00	병설(倂設)주거
7F	364.90	80.10			445.00	임대바닥면적
6F	364.90	80.10			445.00	1,094.70㎡ 331.15평
5F	364.90	80.10			445.00	
4F	364.90	80.10			445.00	자사 사용면적
3F	364.90	80.10			445.00	1,094.70㎡ 331.15평
2F	364.90	80.10			445.00	82.00%
1F	195.00	200.00	50.00		445.00	다도실 · 로비등
소계	2,684.40	818.60	50.00	55.00	3,608.00	
B1 F		100.00	320.00		420.00	기기실 및 주차장
B2 F		100.00	320.00		420.00	기기실 및 주차장
Pit		48.00			48.00	저수조
소계		248.00	640.00		888.00	
합계	2,684.40	1,066.60	690.00	55.00	4,496.00	

그 외에 설비계획의 검토, 공구법[33] 가설계획 · 시공성 검토도 실시한다. 〈표 2-12〉는 〈그림 2-6〉의 개략도를 기초로 예상한 시설개요의 예이다.

1 4 4 마스터 스케줄 C

기본계획을 토대로 설계, 공사발주, 공사를 포함한 전체 공정을 작성한다. 또한 기본계획 단계의 진척 상황을 관리한다.

프로젝트 수행 · 관리의 기본 스케줄이며, 설계로부터 조달, 공사, 준공, 인도에 이르는 프로젝트의 전과정을 총괄적으로 표현한 것을 말한다. 이 스케줄을 기초로 프로젝트의 전체 계획이나 각 단계마다의 스케줄을 조정한다. 사업구상단계에서 설정된 개산적인 스케줄을 검증한 다음에 표현하는 구체적이고 현실적인 스케줄이라고 할 수 있을 것이다.

사업성 등 프로젝트 전체로부터 미치는 영향, 중대한 설계변경, 기타 프로젝트에 큰 영향을 미치는 사안이 발생할 경우에는 이 스케줄을 변경 또는 수정하여 사업주체(발주자)를 포함한 관계자의 이해를 얻을 필요가 있다. 프로젝트 업무내용의 설정은 발주자의 승인을 얻은 다음에는 변경할 수 없게 하는 경우도 많다.

■ 마스터 스케줄 작성 순서

일반적으로 〈그림 2-7〉과 같은 순서에 의한다.

- 사업계획서의 내용을 파악해 주요 액티비티를 추출하고, 각 액티비티에 대한 대상 자원(자금, 노동력, 자재 등)을 정리한다.
- 각 액티비티의 기간을 계산한다.
- 각 액티비티의 연관성을 파악하고 이를 실시한다.
- 예정 완성시기를 확인한다.
- 크리티컬패스[34]를 검토하고 조기 종료의 가능성을 모색한다.
- 적정 공사기간을 찾아내 마스터스케줄로 정한다.

■ 작성과 관계된 유의점

- 유사 프로젝트를 조사해 비교 검토하면 큰 실수를 피할 수 있다. 경험 · 실적과 비교할

33) 공구(工構)법
구조형식 및 시공 방법 모두를 포함하여 사용되는 건설용어
34) 크리티컬 패스
토탈 플로트가 0이 되는 작업의 흐름 중, 제일 시간이 많이 걸리는 일련의 작업흐름을 의미한다.

수도 있다.

- 장기적 시각에서 스케줄을 작성한다.[35)]
- 마일스톤[36)]을 명확하게 한다. 특히 발주자와 관련된 것을 확실히 표기한다.

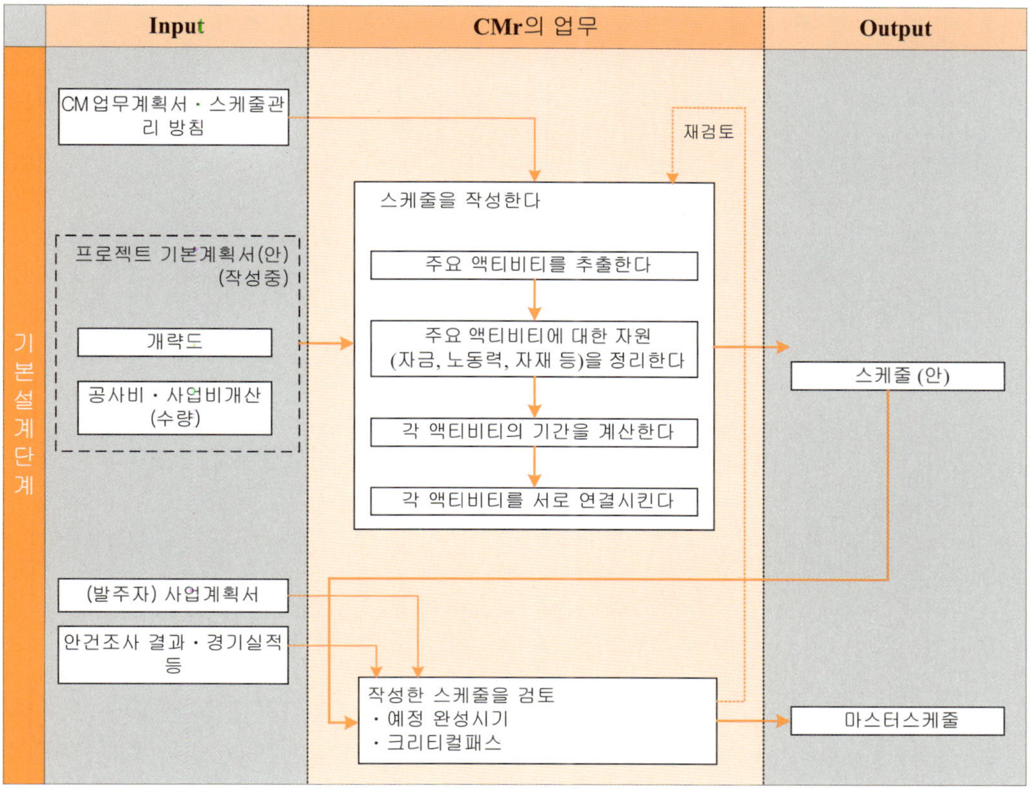

그림 2-7 마스터스케쥴 작성

- 플래그, 심볼 등의 시각적 처리로 보기 쉽게 한다.
- 시각적 관점에서 파악하기 쉽도록 액티비티[37)] 수를 많이 표현하지 않는다. 다만 상세 검토를 하지 않아도 되는 것이 아니라, 요약 · 액티비티로서 표현하면 좋다.
- 건설공사의 액티비티가 서로 엇갈리지 않도록 한다. 프로젝트를 진행하기 위한 다방면의 액티비티 흐름을 고려해야 한다. 〈표 2-13〉은 액비티비를 개략적으로 나타낸 것이다.

35) 제 3장 5 스케쥴링 P.270

36) 마일스톤(Milestone)
3.4.2 참조. 일정상의 주요지점으로 결합점을 의미한다. 스케줄상에서는 결합점이 되는 액티비티의 기일을 말한다. 스케줄 관리상 변경을 실시하는 계기가 되는 주요시점이 된다.

37) 서머리 액티비티(Summary Activity)
액티비티는 프로젝트 스케줄링의 개념으로 시작과 종료의 일시가 명확하게 정해진 작업(공사)을 의미한다. 몇 개의 액티비티를 정리 · 요약해 표현한 것이 서머리 액티비티이다. 철근공사, 거푸집공사, 콘크리트공사라고 하는 액티비티를 집약해 구체공사라고 하는 서머리 액티비티로서 표현한다.

1 4 5 공사비 계산 B

제약조건을 고려하여 작성한 개략도를 기초로 공사비 개산을 실시한다.

공사비 개산을 실시하여 발주자가 예상하고 있는 프로젝트의 사업비 중 공사비 부분과 일치[38]하는지 확인한다. 사업비가 정해지지 않은 경우에는 사업비 개산을 지원하는 경우도 있다. 이렇게 산출된 공사비 개산이 발주자의 요구와 일치되어 승인이 되면, 이후에는 공사 예산서로서 코스트매니지먼트의 기본이 된다.

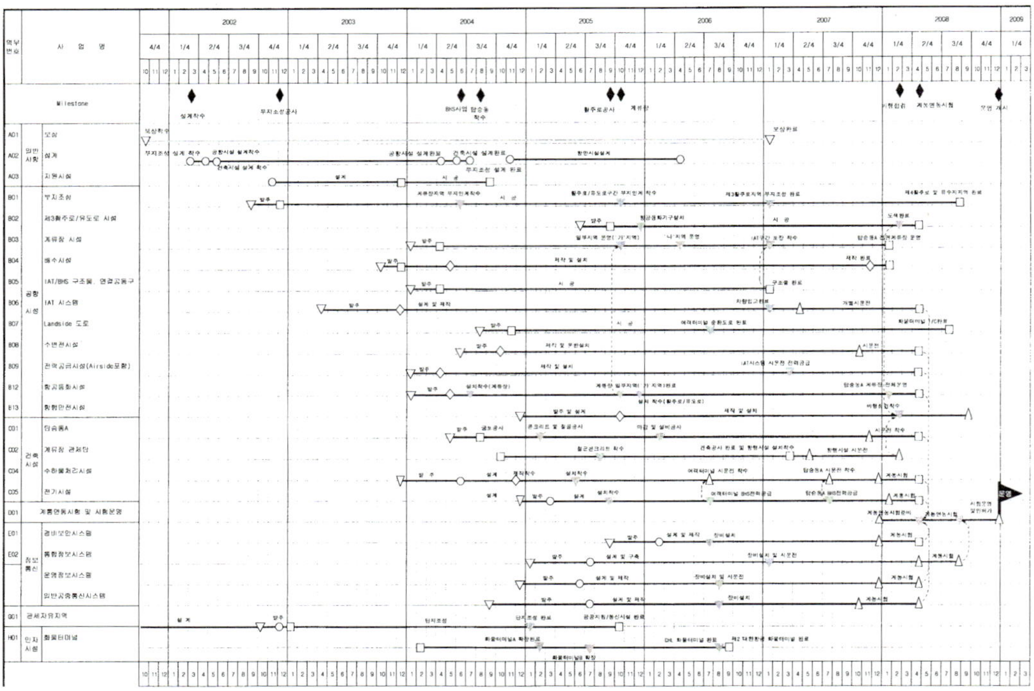

그림 2-8 마스터 스케줄의 예

표 2-13 액티비티의 항목 예

대 항 목	항 목	비 고
발주자 관련	승인 프로세스	
인허가 관련	개발행위허가 신청	142 제약조건 ■건축물 관련 법령 등의 조건과 관련 관청과의 상담
	건축허가 신청	321 인허가 관련 신청에 대한 지원
	환경문제 등	제3장 4 환경
자금계획 관련	융자 프로세스	146 사업비개산 ■사업형태와 자금계획의 검토
조달 관련	설계자 선정 프로세스	1512 설계자 선정 스케줄
	시공자 선정 프로세스	4113 공사 발주 스케줄
	조기 발주 항목	

38) 146 사업비 개략 산정 P.61

대 항 목	항 목	비 고
설계 관련	기본설계	
	실시설계	
	종합도	
	공사발주도서	
시공 관련	각 부분공사	
완성 후	인도	

■ 개산기법과 주의점

■ 수량산출에 의한 적산

수량산출에 의해 적산을 실시하지만, 일부는 유사 건물의 실적데이터를 사용한다. 예를 들어 동일한 용도 · 규모 · 형태의 실적데이터로부터 바닥면적당 콘크리트량을 활용할 수 있다면 신중하게 판단하여 사용한다.

특히, 구조에서는 기초부분에 차이가 생기기 쉽기 때문에 주의를 필요로 한다.

■ 대표수량[39]의 사용

기본적으로는 수량 단가(합성단가나 부위별 · 부분별 단가 등)로 산출하지만, 사용단가의 구성에 적합한 대표수량을 적당히 판단하여 산출한다. 또한 각 단가에 관해서는 실적 코스트 데이터 수집에 노력하여 이 시점에서 사용하는 자료로서 데이터베이스를 정비하는 일도 필요하다.

■ 메이커 등으로부터 견적 접수

전체 공사비에 미치는 영향이 큰 것은 메이커와 상담하거나 개략 견적 등도 필요하다.

■ VE안 검토 개시

일부 주요 재료에 관해서는 구체적인 수량을 기초로 VE[40]안의 검토도 가능하다.

■ 잠정수량 등의 취급

도면이나 자료로부터 실적자료가 될 수 없는 부분이 존재하는 경우에는 보충 항목으로 일정항목 등을 계상해 잠정적으로 가산하는 방법도 필요하다.

모든 정보를 그림이나 도면으로 나타낼 수는 없기 때문에 전체 공사비에 미치는 영향이 큰 항목의 미산정 부분이 발생하지 않도록 대조표를 작성하는 것이 중요하다.

39) 대표수량
실시설계의 수량산출 적산에서는 소과목마다 수량수치를 사용하여 이에 대응하는 비목단가와 곱한다. 그러나 개산시에는 과목의 대표적인 수량과 단가를 사용하여 계산한다. 토공작업의 수량을 굴착수량으로 대표하거나 내장공사를 시공 바닥면적으로 대표한다.

40) VE안
VE는 Value Engineering의 약자이며 가치공학 등으로 번역되고 있다. 비용과 기능의 관계를 체계적으로 연구해 보다 높은 효과를 얻으려는 방법이다. 3장 3-(2)을 참조.

표 2-14 대표수량에 의한 개산과 유사사례 비교에 의한 조달사례

			비교 안건						해당 안건					
			수량	일위대가	금액	비율		금액÷수량	수량	일위대가	금액	비례배분		보정금액
					백만엔			(엔/m²)			백만엔	백만엔	백만엔	백만엔
	연면적	m²	74,074						82,312					
		m²								A÷BxC				
A1.	직접가설공사				951	3.56%	C						1,043	1,043
A2.	토공사				3,539	13.25%							3,880	3,880
A3.	지정공사				931	3.49%							1,021	1,021
A4.	콘크리트공사	m²	42,505	0.574	702	2.63%		16,516	40,932	0.497	676		676	676
A5.	거푸집공사	m²	88,798	1.199	830	3.11%		9,347	84,921	1.032	794		794	794
A6.	철근공사	ton	4,102	0.055	650	2.43%	B	158,459	3,992	0.049	633	A	633	633
A7.	철골공사	ton	12,197	0.165	5,551	20.78%	28.95%	455,112	14,010	0.170	6,376	8,479	6,376	6,376
A8.	내화공사				364	1.36%		구체공사합계	구체공사합계				399	399
A9.	조적공사				522	1.95%							572	572

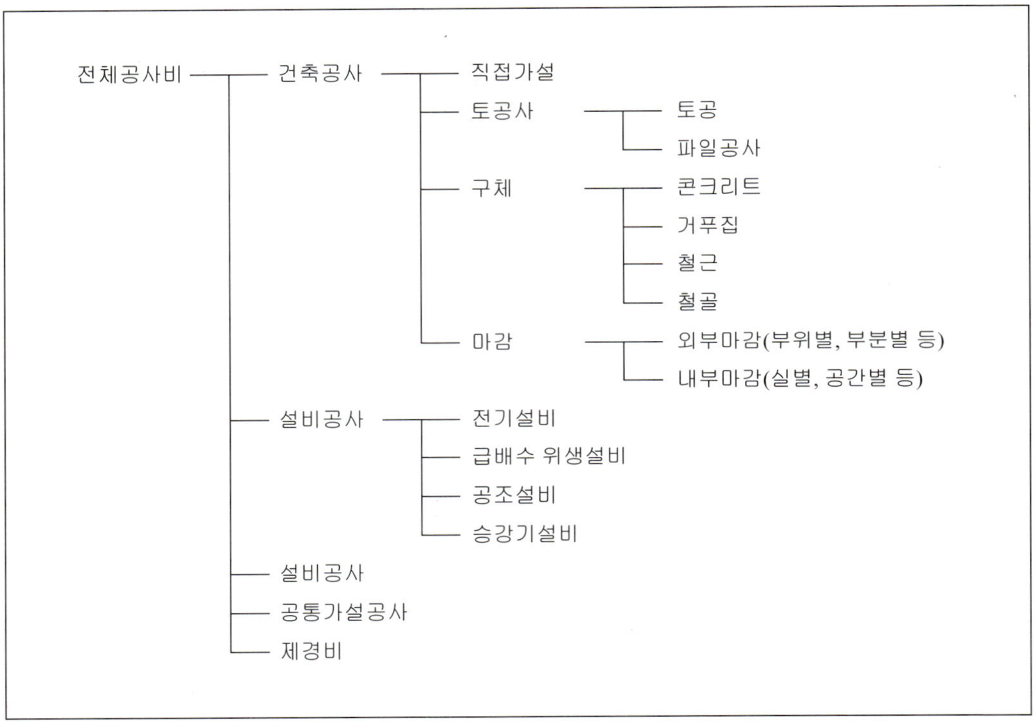

그림 2-9 공종에 의한 공사비 내역 구성

■ 공사비 일람표(개산내역서)

일반적으로 공종별 명세서를 작성한다. 계상항목을 늘릴 필요는 없지만, 투입정보량에 맞게 균형을 유지하여 적절한 성과품을 작성한다. 또한 발주자를 포함하여 제3자가 알기 쉽게 나타내는 것이 중요하다.

■ 확인과 조정

기본구상단계에서 설정된 예산과의 정합성을 확인하고 조정한다.

- 사업계획과 전체 예산의 일치여부를 확인한다.
- 구조, 마감, 설비 등 각 구분별로 공사예산을 배분한다.
- 구조, 마감, 설비 등 각 수준별 예산과의 밸런스를 점검한다.

이상의 확인 · 조정 작업으로 차이나 문제점이 발생하면 발주자에게 보고하여 조정한다. 특수 요인이나 사정이 있다면 발주자에게 충분히 설명한다. 결과가 발주자의 의도와 일치하지 않는다면 재차 시뮬레이션을 실시한다. 또한 사업비 전체와의 관계도 충분히 검토할 필요가 있다. 개산의 근거인 전제조건을 명확히 하여 추후 조건이 변경되었을 경우, 건설비 변경에 대한 이론적 근거를 확보하는 것이 중요하다.

1 4 6 사업비 개략 산정 B

사업계획에 근거한 설계 및 공사와 관련된 전체 예산에 대해 발주자에게 필요한 정보를 제공하고 지원한다.

여기서 산출하는 사업비는 현시점에서 발주할 경우의 기준이며, 설계위탁계약이나 공사도급계약에 근거한 금액과 반드시 일치하는 것은 아니다.

발주자 요구에 의해 개략도면, 제약조건, 공사비 개산 등에 근거하여 사업비 개산을 실시한다. 발주자가 스스로 계산하고, CMr에게 위탁하지 않는 경우도 있다. 프로젝트 기본계획서안이 승인되어 프로젝트 기본계획서가 되면 사업 예산용으로서 이후의 관리에 사용한다.

사업수지 계획 · 검토는 수익부분과 비용부분에서 손익계산서와, 자금출처 및 자금용도로부터 현금흐름(cash flow) 계산서(자금융통 계산서)의 두 가지 측면에서 행하는 것을 전제로 하여 사업비 개산을 실시한다. (표 2-15 참조)

■ 건설 관련 비용의 개산

CMr등 건설 관계자에게 가장 크게 기대하는 것이 건설비용의 개산이다. 다만 초기투자금액뿐만 아니라 장기에 걸친 코스트(Life cycle cost)가 중요한 프로젝트도 있으므로, 사업비 개산에서 상기 개산 공사비를 어떻게 사용할 것인가를 고려해야 한다.

■ 개발비 등을 포함한 사업비 전체의 개산

건설비에 관해서는「ㅇㅇ공사 별도」등의 별도비용을 개산에 포함하지 않는 경우가 대부분

1 기본계획단계 | 2 기본설계단계 | 3 실시설계단계 | 4 공사발주단계 | 5 공사단계 | 6 완성후단계 | 0 공통업무

이지만, 발주자 측면에서 사업비 개산을 작성하는 경우에는 모든 비용을 예측해야 하며, 별도라는 것은 생각할 수도 없다는 것을 인식해야 한다. CMr이 사업계획과 관련된 경우에는 건설공사에 한정되지 않은 폭 넓은 지식을 가질 필요가 있다. 〈표 2-17〉은 일반적으로 사업비에 계상되는 비용항목을 예시한 것이다.

건설프로젝트에 관한 사업수지 계획에서 설계 및 공사를 포함한 전체 예산의 산출은 사업이 계획대로 실현될 수 있는지의 여부를 판단하는데 있어 중요한 작업이다. 단순한 숫자의 조합이 아니라 사업의 실행을 전제로 한 현실적인 계획이어야 하기 때문에 리스크도 고려하는 등 신중한 검토가 필요하다. 사업예산에 예비비도 예측할 필요가 있다.

여기서 개산은 어디까지나 가정과 시나리오에 의한 것이며, 계산된 금액이 그대로 최종적인 금액이 되는 것은 아니다.

■ 사업형태와 자금계획의 검토

사업진행에 따라 자금조달수단은 다양하다. 융자를 받는 사업뿐만 아니라, 주식 · 채권 · CP(Commercial Paper)등을 발행해 시장으로부터 자금을 직접 조달하는 일도 폭넓게 행해지고 있다. 부동산 증권화 · SPC(Special Purpose Company)[41] · PFI(Private Finance Initiative)[42] 등은 이를 위한 사업형태이며 사업주체(발주자)는 이를 반드시 검토해야 한다.

41) SPC (Special Purpose Company)
특수목적회사로 자산의 원 보유자로부터 매입해 자금조달을 위한 증권발행, 양수자산에 관한 신용보완, 투자자에게 수익을 배분하는 특별한 목적을 위해 설립되는 회사. 본서에서는 부동산투자 등에 관한 사항을 설명하고 있기 때문에「자산의 유동화에 관한 법률[신SPC법]상의 특정목적회사를 SPC라고 설명하고 있지만, 일반적으로 상법상의 특별목적회사도 모두 SPC라고 하므로 주의해야 한다.

42) PFI (Private Finance Initiative)
민간자금등의활용에의한공공시설등의정비촉진등촉진에관한법률(PFI법)에 의해 공공시설 등의 건설, 유지관리, 운영등을 민간의 자금, 경영능력 및 기술적 능력을 활용하여 실시하는 기법이다.

표 2-15 자금계획표 (예)

		건설년도	1차년도	2차년도	3차년도
손익계산서					
수익	사무소 임대수입		136,416	155,904	
	창고 임대수입		253,344	289,536	
	자금운용 이익		19,200	24,000	
	계		108,960	469,440	
비용	수선유지비		30,000	30,450	
	손해보험료		6,000	6,000	
	토지고정자산세 등	22,100	22,100	3,600	
	건물고정자산세 등	–	12,600	12,600	
	사업세 등	433,800	–	–	
	운영비	–	20,448	23,472	
	감가삼각비	–	1,081,057	337,121	
	장기차입금이자(1)	–	54,000	54,000	
	장기차입금이자(2)	–	–	–	
	장기차입금이자(3)	–	50,292	46,005	
	단기차입금이자	–	–	–	
	보증금이자	–	–	–	
	계	455,900	1,257,997	513,356	
이익	세금공제 전 이익	–455,900	–849,037	–43,916	
	법인세 등	–	–	–	
	세금공제 후 이익	–455,900	–849,037	–43,916	
	세금공제 후 이익 누적액	–455,900	–1,304,937	–1,348,853	-
현금흐름 (cash flow 계산서)					
자금원	전기이월금	–	–	165,216	
	장기자금	2,900,000	–	–	
	보조금	600,000	–	–	
	보증금	389,760	55,680	57,350	
	장기차입금(1)	3,000,000	–	–	
	장기차입금(2)	1,200,000	–	–	
	장기차입금(3)	1,436,910	–	–	
	단기차입금	–	–	–	
	세금공제 후 이익	–455,900	–849,037	–43,916	
	감가삼각비	–	1,081,057	337,121	
	계	9,070,770	287,700	515,771	4(
자금용도	토지취득비	2,000,000	–	–	
	건설비	6,000,000	–	–	
	개발비	100,000	–	–	
	기획 · 설계비	330,000	–	–	
	중개료 등	60,000	–	–	
	사업소세	–	–	–	
	이자지불(1)	–	–	–	
	이자지불(2)	94,033	–	–	
	가구 등 구입비	50,000	–	–	
	예비비	189,900	–	–	
	소비세 등	198,637	–	–	
	차입금원금반제	–			
	장기차입금(1)	–	–	–	
	장기차입금(2)	–	–	–	
	장기차입금(3)	–	122,484	126,771	
	단기차입금	–	–	–	
	배당 등	–	–	–	
	계	9,070,770	122,484	126,771	
잉여	단기잉여금	–	165,216	389,000	
	차기이월금	–	165,216	389,000	
부채잔고	보증금 · 보증금잔고	389,760	445,440	502,790	
	장기차입금잔고(1)	3,000,000	3,000,000	3,000,000	
	장기차입금잔고(2)	1,200,000	1,200,000	1,200,000	
	장기차입금잔고(3)	1,436,910	1,314,426	1,187,655	
	단기차입금잔고	–	–	–	
	계	6,026,670	5,959,866	5,890,445	

표 2-16 손익과 현금흐름(cash flow)

손익 계산서	목적으로 하는 사업으로부터 들어오는 수익, 수선유지비, 운영비, 차입금 이자, 고정 자산세 등 사업의 운영에 관련된 비용을 시나리오에 따라 예상한다. 세금도 주요 요소가 된다.
현금 흐름(cash flow) 계산서	건설비 등 손익계산서 상에는 감가상각을 실시하는 요소도 실질적으로 지불하지 않으면 안 되는 항목으로 계상된다. 손익과 자금융통을 구분한다.

표 2-17 사업비 감토 항목(세율 등이 변화하므로 프로젝트마다 확인)

1. 토지 구입 관련비용			
①	토지대	단위단가 × 토지 면적	시가 1.1〉공시 가격 1.0〉노선(路線)가격 0.8〉고정 자산세 평가액 0.7
②	토지취득경비	토지대 × 3~5%	중개수수료 등의 경비
③	소유권 이전등기	토지 고정자산세 평가액 × 6%	
④	부동산 취득세	토지 고정자산세 평가액 × 5%	주택용지는 경감 조치
⑤	토지관계비의 금리	토지 관계비 × 구입으로부터 완성까지의 기간 × 금리	
⑥	토지고정자산세	토지 고정자산세 평가액 × 1.5%	구입으로부터 완성까지의 기간
⑦	토지도시계획세	토지 고정자산세 평가액 × 0.4%	구입으로부터 완성까지의 기간
2. 건축 관련비용			
①	해체정비비	해체 건물면적 × 해체 공사비 단가	
②	건축공사비	건축면적 × 공사 단가	단가취급에 주의. 법정 바닥면적과 시공 바닥면적의 두 가지 방법
③	설계감리비	건설성고시 제 1206호의 요율표에 의해 산출액	
④	기획컨설팅비	개별 케이스에 의한다.	기본계획 등과 관련된 외부 수탁비
⑤	CM보수	개별 케이스에 의한다.	
⑥	개발부담금	개별 케이스에 의한다.	맨션 개발 등에 적용
⑦	근린 대책비	참고 수치 : 상업지 공사비 × 0.5~1% 주택택지 공사비 × 1~4%	
⑧	공사 중 금리	건축비 × 부분 지불일부터 완성까지의 기간 × 금리	참고수치 : 착공 · 중간시 · 완성시에 1/3씩 지불
⑨	부동산 취득세	과세 표준 액수 × 4% (주택은3%)	과세표준액은 건축 공사치의 60~70%
⑩	취득면허세	과세 표준 액수 × 0.6%	과세표준액은 건축 공사치의 60~70%
⑪	사업소세	총연면적 2000㎡을 넘는 것에 대해, 6000엔/㎡	법에 의해 지정된 도시등에서 사업용 건물 신?증설 시에 적용, 주거건물은 비과세
⑫	저당권 설정료	구입금액 × 0.4%	
⑬	개업비	참고수치: 임대총액의 1개월분 또는 건축공사비의1%	임대모집비용, 중개수수료 등 개업준비 비용
⑭	예비비	참고 수치 건축공사비의 1~5% 정도	예기치 못한 사고나 계획변경을 위한 예비비 설정은 중요
⑮	소비세	세금 및 토지관계비 이외의 비용 5%	건축비 등과 관련된 소비세는 다음 해 환급으로 절세 가능함

■ 자기 자금액

자기자금으로 어느 정도의 자금을 처리할 수 있는지를 확인한다. 대부분의 사업은 자기자금 없이는 성립하지 않는다.

10) 프로포잘(Proposal)과 제안서
영어에서 Propose는 신청 · 제안한다고 하는 동사이며, Proposal은 그 명사형으로 제안 그 자체, 혹은 제안할 경우에 제출하는 서면 제안서이다. 요즈음 일본에서 일반적으로 Proposal 방식 등으로 선정하는 경우가 많다. 본서에서는 문장의 표현을 통일하기 위해 제안에 사용하는 서면을「제안서」, 행동은「제안한다」라고 기술한다. 「Proposal」은 입찰방식에 관련해서만 사용한다.

■ 보조 · 조성금의 조사 · 검토

시가지 재개발 사업에 대한 보조금, 옥상녹화에 대한 보조금, 고용촉진에 대한 보조금, PFI에 대한 보조금 등 사업, 개발, 건설에 대한 다양한 보조금 제도가 있지만, 적용되는 보조금 및 조성금에 대해 조사하여 어떤 것을 활용할 수 있는가 검토한다.

■ 공적 금융기관으로 조달, 민간 금융기관으로부터의 조달

자기자금, 보조금만으로는 사업자금이 부족하므로 외부자금이 필요하게 된다. 은행으로부터의 융자가 가장 일반적이지만, 금리가 낮은 공적융자를 받게 되는 경우도 있으므로 가장 효율적인 융자계획을 세워야 한다. 조건은 앞에서 언급한 사업화 형태와도 크게 관련된다. 여기에서는 단지 금리만이 아니고, 차입 · 변제의 시기, 변제 방법, 수수료, 융통성 등을 고려해야 한다.

■ 융자에 대한 보증의 설정

융자에 대한 보증은 기업의 사업을 담보로 하는 경우(Corporate Finance)와 사업의 수익 예상만을 담보로 하는 경우(Project Finance)가 있다.[43)]

■ 프로젝트의 재무적 평가

현금흐름(cash flow) 등의 사업성을 가지고 보증하면 그 현금흐름(cash flow)의 표현, 즉 프로젝트의 재무적 평가를 DCF(Discounted Cash Flow)법[44)]으로 실시하는 경우가 많다. 프로젝트 전반에 대해 CMr이 작성한 손익계산서와 현금흐름(cash flow)계산서를 기초로 준비한다면, 사업주체(발주자)가 사업수지계획을 수립하기 쉽다. 사업수익을 중요시하는 프로젝트에서는 특히 건설전문가의 조언이 필요하다.

1 5 설계자 선정 ABCDEFG

설계자를 선정하기 위한 선정방법이나 선정용 자료를 작성하여 설계자를 선정한다.

설계자의 선정을 위한 업무는 크게 3가지로 구분된다.

■ 설계자 선정방법 결정

■ 설계자 선정용 자료 작성

43) 제3장 2-2 재무의 기초 참조 P.239

44) DCF법(Discounted Cash Flow)
다기간의 장래 현금흐름을 작성할 경우, 시간적 가치를 고려하여 장래의 가치를 할인하여 현재 가치로 표현하는 것

■ 설계자 선정 실시

업무를 시계열로 나타내면 〈그림 2-10〉의 설계자 선정 순서도와 같이 된다. 이 그림은 설계업체를 지명한 사례를 나타낸 것이다. 공공공사 등에서 볼 수 있는 공모형의 경우는 선발 후보자명단의 작성에 앞서 실시된다. 〈표 2-18〉에 이러한 업무를 나타냈다.

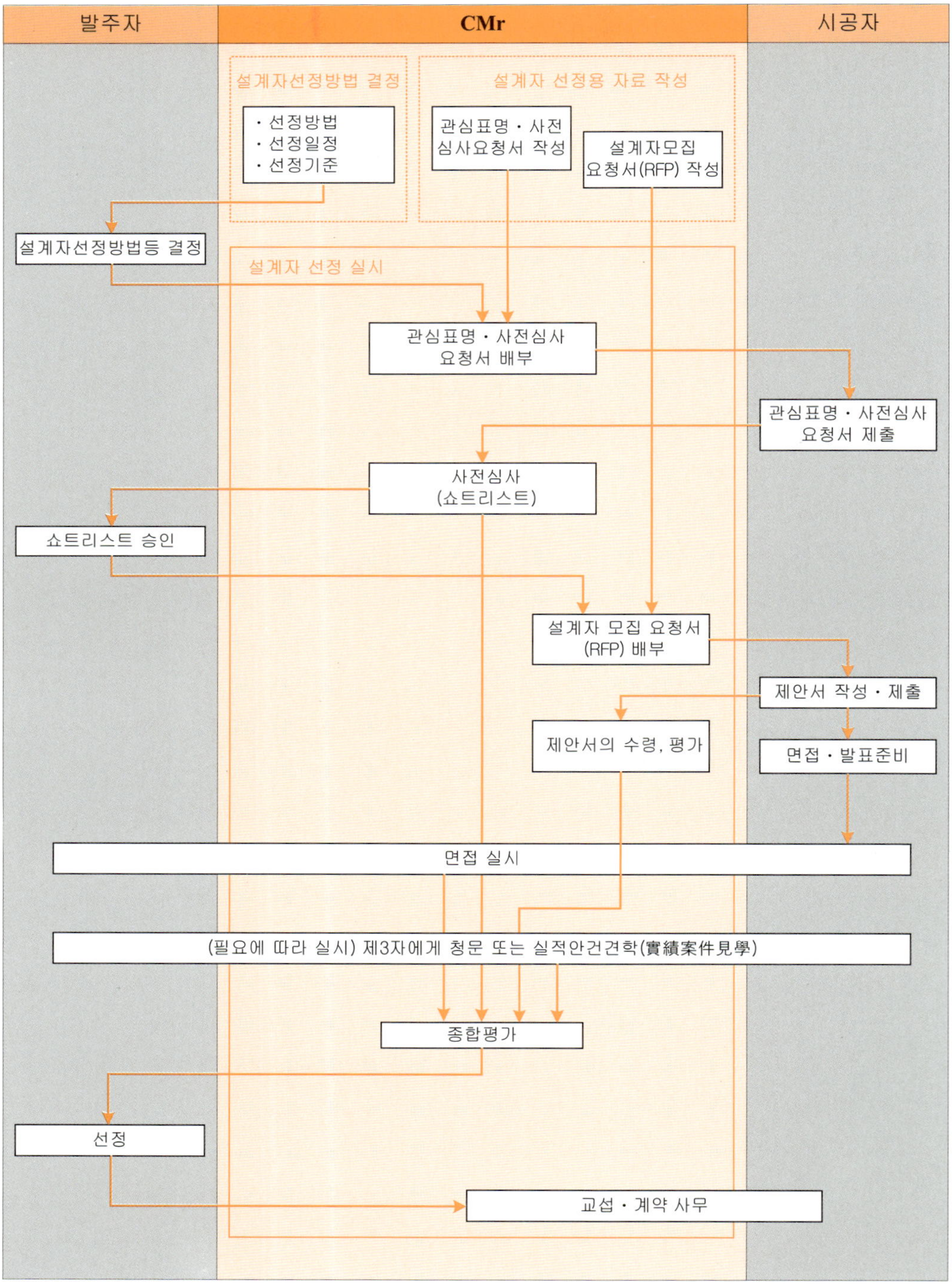

그림 2-10 설계자 선정 순서도

표 2-18 설계자 선정 업무일람표

항 목		선택사항 등	개 요	비 고
설계자 및 기타 컨설턴트 선정 방식 검토	①	공모형 설계경기방식	시설에 대한 구체적 설계안 제출을 요구하여 심의 실시	공공사업의 경우 다음사항을 고려한다. (1) 정부조달에 관한 규정(WTO) (2) 공공사업의 입찰계약 수속의 개선에 관한 행동계획
	②	공모형 프로포잘(Proposal)	시설에 관한 의견을 제출받아 심의 실시	
	③	지명형 설계경기방식	시설에 대한 구체적 설계안의 제출을 요구하여 심의 실시	
	④	지명형 프로포잘(Proposal)	시설에 관한 의견을 제출받아 심의 실시	
	⑤	간이형 프로포잘(Proposal)	시설에 관한 과제를 제시하고, 해결방법 제안을 요구하여 심의 실시	
	⑥	자질평가(QBS) 방식	당 프로젝트가 아닌 실적에 관한 자료제시를 요구해 후보자를 선정한 뒤 심의 실시	
	⑦	개별시설 서류심사 방식	프로젝트 수행에 관한 자료를 제출받아 이에 대한 심의를 실시	
	⑧	특명 수의계약 방식	회사의 특명	
	⑨	경쟁입찰 방식	비용에 의해 후보자를 선정	
설계자 및 기타 컨설턴트 선정 플로우 및 스케줄의 검토				공공공사의 경우 대외적 협정에 의해 스케줄을 압박하는 일이 있으므로 주의를 요한다.
설계자 및 기타 컨설턴트를 공모하는 경우 모집 방법의 검토	①	관보 공시		
	②	신문 공시		
	③	인터넷 공시		
	④	기타 매체 공사		
참가자격 결정		입찰참가자격 등록 필요성	수시 등록에 대해서 확인한다.	공공사업의 경우, 각종 법령 규칙 등과의 정합성에 대해 주의를 필요로 한다.
설계자 및 기타 컨설턴트 선정평가기준 결정	①	제반요건 설정	해당 안건에 필요한 자격요건 등을 설정한다.	CMr은 선정평가기준안을 작성해 발주자의 승인을 얻는다. 공공사업의 경우 각종 법령, 규칙 등과의 적합성에 대해 주의를 요한다.
	②	사전심사기준	자격, 유사실적, 경영상황 등 자질을 주로 고려하여 작성한다.	
	③	본심사기준	당 사업에 대해 임하는 방법 등을 주로 고려하여 작성한다.	
	④	심의기준		
설계자 및 기타 컨설턴트 선정위원회 구성				필요한 경우에 설치한다.
설계자 및 기타 컨설턴트 선정 실시	①	모집	관심표명 사전심사요청서를 배포한다.	간이형의 경우 필요한 정도로 업무내용을 축소한다. 공공공사에서는 설명회에 따른 사전심사 전에 해야 하는 것도 있으니 순서에 대해서는 확인을 필요로 한다.
	②	사전심사	요구 리스트를 작성한다.	
	③	사전심사 통과자에 대해 낙선자에게 통지 공표		
	④	설계자모집요청서의 배포		

항 목		선택사항 등	개 요	비 고
설계자 및 기타 컨설턴트 선정 실시	⑤	현장설명회 실시	필요에 따라서 실시한다.	
	⑥	질의응답	참가 희망자로의 질의에 대응한다.	
	⑦	제출물 접수		
	⑧	제출물에 의한 본심사		
	⑨	면접	필요에 따라 실시한다.	
	⑩	추천자 면담 등	필요에 따라 실시한다.	
	⑪	선정		
	⑫	선정 혹은 낙선자에의 통지 공표		
	⑬	불평처리 업무	필요에 따라 불평처리 방법을 명시하고 필요한 수속을 취한다.	
설계자 및 기타 컨설턴트 계약 교섭 업무		선정자와의 계약 교섭	CMr은 선정자와 교섭해 그 결과를 발주자에게 보고한다.	
		계약 업무	CMr은 선정자와의 계약문서를 준비해 발주자의 계약실행을 보조한다.	

1 5 1 설계자 선정방법 등의 결정 CE

설계자 선정방법 등을 수립하고 발주자의 이해를 얻는다.

설계자 선정 방법 등을 확정시키기 위해서 아래와 같은 검토가 필요하다.

- 설계자 선정방법
- 설계자 선정스케줄
- 설계자 선정기준

설계자 선정방법은 발주자 요구를 실현하기 위해서 가장 적절한 방법으로 해야 한다는 것은 말할 필요도 없다. CMr에게도 프로젝트의 장래를 결정짓는 가장 중요한 업무이다.

불특정 다수 응모자의 제안을 심사 · 평가하는것은 발주자 및 CMr에 있어 비효율적이며, 다수의 응모자에게 불필요한 지출을 강요하게 된다. 사전심사로 후보자를 정한 다음 그 후보자만 제안을 의뢰하는 프로세스를 적용한다. 본서에서는 이 프로세스를 선택하는 것을 설명한다. 프로젝트에 따라서 이 심사를 생략하는 경우도 있다.

■ 설계자 선정 관련 기타 고려사항

■ 공공공사에서의 선정

공공 건축공사의 설계자 선정은「건설컨설턴트업무등의 입찰 · 계약수속의 개선에 대해(2000. 7. 26) 건설성영건발(建設省營建發) 47호」의 통지에 의해 실시되고 있으므로 기본적

1 기본계획단계 | 2 기본설계단계 | 3 실시설계단계 | 4 공사발주단계 | 5 공사단계 | 6 완성후단계 | 0 공통업무

으로 이 원칙을 따를 필요가 있다.

대형 프로젝트의 경우는 다음 사항도 고려한다.

- 정부조달에 관한 규정(WTO)
- 공공사업의 입찰 · 계약 수속의 개선에 관한 행동계획 또는 입찰참가자격 등록의 필요성을 확인한다.

■ 위탁의 시기

기본설계, 실시설계, 공사감리 중 어떤 업무를 설계자에게 발주하느냐에 따라 선정시기가 다르다.

■ 선정 위원회

중요 문화재에 인접하는 등 질 높은 설계가 요구되는 건축물의 경우, 동경지역은 설계후보자 선정위원회를 활용하는 방안이 고려되고 있지만, 위원회를 통해 결정되는 프로젝트 공사비가 비교적 비싸다는 비판도 있다. CMr은 동 위원회의 운영 및 코스트매니지먼트의 일환으로서 위원회의 의견조정을 실시한다.

■ 설계자 선정에 대해서 기대되는 CMr의 자질 · 능력

CMr은 설계자 선정과 관련하여 다음과 같은 자질 · 능력이 요구된다.

- 중립적 입장에서 선정 · 평가를 할 수 있을 것. CMr이 설계 후보자와 어떠한 이해관계를 가지는 것은 원칙적으로 피해야 한다.
- 발주자, 설계 후보자와 대등한 의견교환이 이루어질 것.
- 설계 후보자와 동등하거나 그 이상의 기술적 지식이 있을 것. 발주자의 요구사항을 설계조건으로 정리하여 프로젝트 설명서 혹은 설계업무위탁 시방서를 작성하고, 설계 후보자에게 전달할 필요가 있다. 이를 위해서는 설계 후보자 이상의 설계에 관한 지식, 능력이 요구된다. 사고 능력 및 번역 능력도 중요하다.

사업과 관련된 설계상의 특징을 이해하고 그 실현을 위해 필요한 설계기술을 파악할 수 있는 능력이 있을 것. 해당 사업에 어떠한 설계기술이나 경험이 적용 불가능한지 조기에 파악하는 능력이 필요하다.

1 5 1 1 설계자 선정방법 E

설계자 선정방법으로 일반적으로 이용되는 것은 후술할 설계경기방식, 프로포잘(Proposal)방식, 개별시설 서류심사방식, 특명수의계약방식, 경쟁입찰방식으로 크게 나눌 수 있다. 설계자 선정에 관한 각 방식에 대해 그 특징을 충분히 파악하여 설계업무의 목적 및 내용에 따라 적절히 활용할 필요가 있다. CMr이 관여하는 비교적 복잡한 대규모 프로젝트에서는 프로포잘 방식이 채용되는 경우가 많다. 설계자를 가격경쟁에 의해 선정하는 것에 대한 논의도 진행되고 있다.

■ 설계경기방식

복수의 설계자로부터 구체적인 「설계안」제출을 요구하여 가장 뛰어난 「설계안」을 선정하고, 그 설계자를 선정하는 방식. 구체적인 설계안을 작성할 수 있는 조건을 준비해 설계소요기간이나 설계비용을 산정해야 한다. 발주자, CMr, 설계자 모두에게 상당한 업무량과 시간이 필요하게 된다. 설계경기방식에는 공모형과 지명형이 있다.

■ Proposal 방식

복수의 후보자에게 설계업무 실시방침, 체제, 설계의 주안점, 사용하는 기술 등에 대한 제안을 요구하여 설계자를 선정하는 방식으로 구체적인 설계안이 아니라, 설계업무에 적합한 「조직과 사람」을 선택하는 것이다. 발주자, 설계자 모두 부담이 적은 방식이지만 공평성 · 투명성의 확보가 요구되는 방식이다.

또한 제안자에게 구체적인 설계안을 요구하는 것은 본래의 취지에서 벗어나므로 피해야 한다. 필요에 따라 심의를 실시한다. 공공공사에서는 공모형, 간이 공모형, 지명형으로 구분된다. 모집 등 취급방법이 다르므로 주의를 필요로 한다.

■ 자질평가방식(QBS 방식)[45)]

복수의 후보자에게 선정평가의 근거가 되는 각종 자료를 제시하도록 요구하여 선정기준에 따라 후보자를 좁혀 심의나 대표적인 프로젝트의 시찰, 사업자 · 유지 관리자의 의견 청취 후, 최상위자와 금액 협의를 실시하여 선정한다. 해당 프로젝트에 대한 제안을 받는 것이 아니고, 실적이나 심의에 의해 설계를 위탁할「사람」을 선정하는 것이다. 설계자는 설계안을 작성하는 부담이 없다.

■ 개별시설 서류심사방식

자질 평가방식으로 해당 프로젝트에 관한 방향 등을 묻는 것.

설계업무의 공정계획, 설계팀 구성, 설계자 경력 · 작품 등에 관한 자료 제출을 요구하고 필요에 따라서 면접 · 심의를 실시하고, 이것을 심사하여 설계자를 선정하는 방식이다.

45) QBS (Qualification Based Selection)

■ 특명 수의계약 방식

설계자의 능력, 실적, 작품, 평판 등을 조사해 스스로의 판단과 책임에 의해 설계자를 지명하는 방식으로, 설계하는 「사람」을 선택하고 설계자의 능력과 실적을 평가하며, 발주자의 신뢰 하에서 능력을 발휘할 수 있는 방식이다.

특수기기설비 등의 설계에 대하여 특수 컨설턴트 혹은 메이커 설계부서 등을 선정하는 경우에 특명으로 하여 수의계약을 실시하는 경우가 많다.

■ 경쟁입찰 방식

업무에 대한 비용견적서 제출을 요구하여 그 비용에 따라 선정한다. 시공도 생산도 작성 등 창조성이 낮은 업무를 발주할 때 선정방식을 경쟁입찰 방식으로 하는 경우도 있지만 그에 대해서는 다양한 논의가 있다.

1 5 1 2 설계자 선정 스케줄 CE

선정방식에 따라 설계자 선정을 위해 업무절차에 따라 필요한 스케줄을 작성한다.

선정 스케줄을 작성함에 있어 주의해야 할 점은 다음과 같다.

- 선정방식에 따른 플로우를 정한다.
- 모집요강 작성 등에 걸리는 작업기간을 미리 정한다.
- 설계후보자의 제안서 작성에 필요한 기간을 충분히 정한다.
- 평가에 걸리는 기간을 정한다.

1 5 1 3 설계자 선정기준 E

설계내용, 예산, 공사기간 이외에 발주자의 요구조건 등을 감안하여, 설계자 선정방법 및 선정절차(수속)에 대해 발주자에게 조언한다.

설계자의 평가 · 선정에 대하여, CMr의 자질 · 능력은 설계 업무내용의 명확화, 평가 · 선정기준의 작성에 있어 대단히 중요하다. 여러 가지 선정방법 중에서 어느 것을 사용하여도 선정기준은 필요하다. 선정의 accountability를 높이기 위해서 사전에 선정기준이 필요하면 이를 작성하여 공표한다.

다음과 같은 항목을 평가항목으로 하여 선정기준을 작성한다. 이러한 항목에 대한 점수로 상대평가를 실시한다.

- 회사 및 담당자가 계획시설에 대해서 가지는 이미지의 표현
- 과거 작품의 디자인 · 이미지
- 자산 평가에 대한 사고방식

- 기능성에 대한 생각
- 액세스 · 배치계획의 생각
- 편리성에 대한 생각
- 내구성 · 내진성에 대한 생각
- LCC[46] · 유지관리에 대한 생각
- 환경의 배려
- 안전성 · 방재성에 대한 생각
- 공정에 대한 생각
- 공사비 파악방법(개산액의 타당성) · 설계 개산의 시기 · 업무 프로세스의 진행방식
- 공사비가 예산을 초과했을 경우의 대처방법 · 회사의 조직과 실행체제
- 담당자 부재시의 대응
- 담당자의 실적
- 담당자의 담당업무
- 설계비

1 5 2 설계자 선정용 자료 작성 ABCD

설계자 선정용 자료를 작성한다.

설계자 선정용 자료의 구성은 다음 〈표 2-19〉와 같다.

1 5 2 1 관심표명 · 사전심사요청서 E

설계자의 해당 프로젝트에 대한 관심을 확인하고 제안서의 제출을 의뢰하는 후보자를 선정하기 위한 관심 표명 · 사전심사요청서를 작성한다.

46) LCC (라이프 사이클 코스트)
제품의 생산비용. 본서에서는 건물의 시설 생애비용으로 사용한다.

표 2-19 설계자 선정용 자료의 구성

	문서명	개 요
1521	사전 심사요청서	설계자의 해당 프로제트에 대한 관심을 재확인하고 사전심사를 행하기 위한 문서 · 프로젝트 개요(프로젝트 설명서 요약) · 업무내용 제안서 제출자에게 요구되는 자격요건 및 선정을 위한기준에 관한 사항 · 평가기준에 관한 사항 · 모집요강 심의를 입수하는 방법 및 장소 · 제안서 제출장소 및 제출기한 · 관련 정보를 입수하기 위한 조회 창구 · 관심 표명 · 사전 심사서의 제출방법 및 기한
	관심 표명서 양식	
	사전 심사서 양식	
1522	설계자 모집요청서 (RFP) (RFP는 사전심사를 통과한 설계자에게만 배포)	· 제안서 작성방법 등을 기재한 문서 · 제안서를 접수하는 기관의 위치 · 보완 정보를 요청하는 경우, 요청서류 접수 위치 · 제안서 및 제안에 사용되는 문서의 작성에 이용하는 언어 · 제안서 수령의 최종일시 및 제안심의에 소요되는 기간 · 선정기준 · 요구업무 내용의 설명 · 지불조건 · 필요한 경우에는 제안심의를 제출하려고 하는 사람에게 요구되는 경제상 혹은 기술상의 요건 · 기타 조건
	프로젝트 설명서	
	설계비 견적서	
	질의응답서 양식	
	업무 위탁계약 약관(안)	

관심표명 · 사전심사요청서에는 아래와 같은 항목에 대해 기술한다.

- 프로젝트 개요(「1522 프로젝트 설명서」요약)
- 업무내용 제안서 제출자에게 요구되는 자격요건 및 선정기준에 관한 사항
- 평가기준에 관한사항
- 설계자 모집요청서 입수방법 및 장소
- 제안서 제출방법, 장소 및 제출기한
- 관련정보를 입수하기 위한 조회 창구
- 관심표명 · 사전심사서의 제출방법 및 기한

1 5 2 2 설계자 모집 요청서 ABDE

설계자를 선정하기 위한 모집내용, 방법 등을 기재한 설계자모집요강을 작성한다.

- 설계제안서를 접수하는 기관의 수신처
- 보완정보를 요청하는 경우, 보완정보 요청 접수처
- 제안서 및 제안 작성에 사용하는 언어
- 제안서 접수 마감일 및 시간, 제안서 접수 기간
- 선정기준
- 요구 업무내용 설명
- 지불조건
- 필요한 경우, 제안서 제출자에게 요구되는 경제적 또는 기술적 요건, 자금보증에 대한 정보 또는 문서
- 기타 조건

제안서 작성을 위해서는 설계내용 또는 위탁 업무내용을 자세히 기술해야 한다. 설계시방서 또는 위탁업무 시방서로 제시하는 경우도 있다. 이러한 설계시방서 혹은 업무위탁시방서는 프로젝트 설명서를 기초로 작성된다. 이것들은 발주자의 의도를 정확하게 전달하기 위해, 필요한 설계자의 능력 · 자질 · 경험, 업무내용 · 질, CMr의 관여 등을 분명히 하여야 하며, 이것은 응모자의 제안을 공정하게 평가하기 위해 중요한 사항이다. 또한 이후의 설계업무를 원활히 수행하는데 있어서도 유효하다. 이뿐만 아니라 적정한 설계기간의 설정, 설계 업무내용에 적합한 보수를 산정하는 전제 조건이 된다.

설계 업무범위를 명확히 하는 것도 중요하다. 기본설계만을 의뢰하는 경우인데 공사감리에 해당하는 제안서를 작성하여 서로 시간과 비용을 낭비하는 일은 피해야 한다.

설계자 모집요강에 프로젝트 설명서, 설계비 견적서 서식, 질의응답서, 업무위탁계약 약관(안) 등의 서류를 필요에 따라 첨부한다.

■ 프로젝트 설명서

CM업무 계획서에 정리된 발주자의 요구 및 프로젝트 기본설계 도서의 내용을 근거로 설계자가 프로젝트의 내용을 알 수 있도록 작성한 문서를 프로젝트설명서[47]라 한다. 아래와 같

47) 프로젝트 설명서
프로젝트 기본계획서에는 설계자와 시공자에게 공개하지 않는 항목도 기재된다. 설계자나 시공자에게 사업비, 공사예산서 등은 공개하지 않는 경우가 많다. 의견을 명확히 하기 위해서 프로젝트 기본계획서와 프로젝트 설명서를 구별하고 있다. 특히, 설계자나 시공자 선정 시에 모든 후보자에게 프로젝트 기본계획서의 내용을 모두 공개할 필요는 없다.

은 항목을 포함한다.

- 프로젝토 목적
- 제약조건
- 개략도면 및 개요
- 마스터 스케줄
- 개략 공사비
- CMr 및 프로젝트 관계자의 역할 분담
- 프로젝트 운영방침

■ 설계비 견적서

Proposal 방식으로 설계자를 선정하는 경우, 설계는 그다지 중시되지 않지만 평가요소의 하나이므로 명확히 한다. 다음과 같은 점에 유의한다.

- 모든 업무에 대해서 일식으로 계상하거나 표현하는 것은 적극 피한다.
- 일정표에 따라 부분지불을 실시하는 경우, 그 중간관리일에 대응하는 금액을 제출하도록 요구한다.
- 일정표만이 아니라 어느 단계의 업무에 대한 보수인지를 기재하도록 한다. (기본설계, 기본설계 및 실시설계 등)
- 업무범위에 공사감리를 포함하는지의 여부를 명확히 하기 위해서 그 금액을 제시하도록 요구한다.
- 계산근거를 제시하도록 요구한다.

CMr이 관여하는 프로젝트는 대체로 규모가 크거나 복잡하고 특수한 것이 많다. 그런 프로젝트는 설계비도 단지 보통 사용하는 요율만으로는 설계자가 대처할 수 없는 일도 발생하므로 주의가 필요하다. 반대로 프로토타입(Prototype)의 작성 등에 일반요율을 적용하는 경우에는 너무 과도한 비용이 되기도 한다.

■ 질의응답서

질의응답서는 다음과 같은 점에 유의한다.

- 질의 내용이 명확하게 전달되는 양식을 사용한다.
- 질의에 대한 회답은 기본적으로 모든 참가자에게 실시한다.

이 시점에서 불명확한 항목에 대한 질문에 대해서는 그 취지를 명확히 한다.

■ 업무위탁계약 약관(案)

계약서, 계약약관 및 업무내용을 기술한 문서(업무시방서 등)로 구성된다. 민간 프로젝트에서는 협회연합[48]의 양식, 공공공사에서는 공공공사용의 양식이 사용된다. 이러한 경우, CMr의 위치설정과 역할분담 · 업무범위 등을 항목으로 포함하거나 혹은 별도의 문서로 추가한다. 업무범위표 등으로 나타내는 것이 일반적이다. 민간 발주자의 경우 독자적인 계약서를 가지고 있거나 간이주문서로 대신하는 경우도 있지만, CMr은 조언자로서 그 내용을 확인해야 한다.

1 5 3 설계자 선정 BDEG

앞서 정한 설계자 선정방법에 따라 작성된 선정용 자료를 이용하여 설계자를 선정한다.

설계자 선정 프로세스는 「151 설계자 선정방법 등의 결정」대로 실행한다. 〈그림 2-11〉은 그 프로세스의 민간사례를, 〈그림 2-12〉는 히어링의 사례를 나타낸 것이다. 이러한 프로세스를 공정하게 실시한다.

1 5 3 1 모집 E

제안에 필요한 기간을 정한 다음 설계자를 모집한다.

「1521 관심표명 · 사전심사요청서」를 이용하여 설계자 모집을 공고한다. 공고방법은 프로젝트에 따라 다르지만 공공사업의 경우에는 공평성을 확보하기 위한 규칙이 있어 이를 준수해야 한다.

일반적으로는 다음과 같은 점에 유의한다.

- 모집요강 심의는 그 후의 스케줄을 고려하여 그 시기를 결정해야 한다.
- CMr로서 발주자가 공정한 경쟁을 하도록 해야 한다. 함부로 후보자에게 정보를 제공해서는 안 된다.

1 5 3 2 사전심사 E

설계자가 제출한 경력서, 제안 등에 대해 사전심사를 실시하고 필요에 따라 사전심사를 실시한다. 사전심사에서는 아래와 같은 항목을 평가한다. 각각의 항목에 점수를 배정하여 비

48) 협회연합
건축설계관련 4단체는 (사)일본건축사사무소협회연합회, (사)일본건축사협회연합회, (사)일본건축가협회, (사)건축업 협회가 1999년 10월 1일에 공동으로「사회연합협회협정 건축설계 감리업무위탁 위임서 등」을 제정하여 판매하고 있다.

교, 검토하는 경우가 많다. 배점은 독자적으로 정한다.

- 수탁 의사
- 사무소의 유사 실적
- 담당자의 경력 · 경험
- 사무소의 재무상태

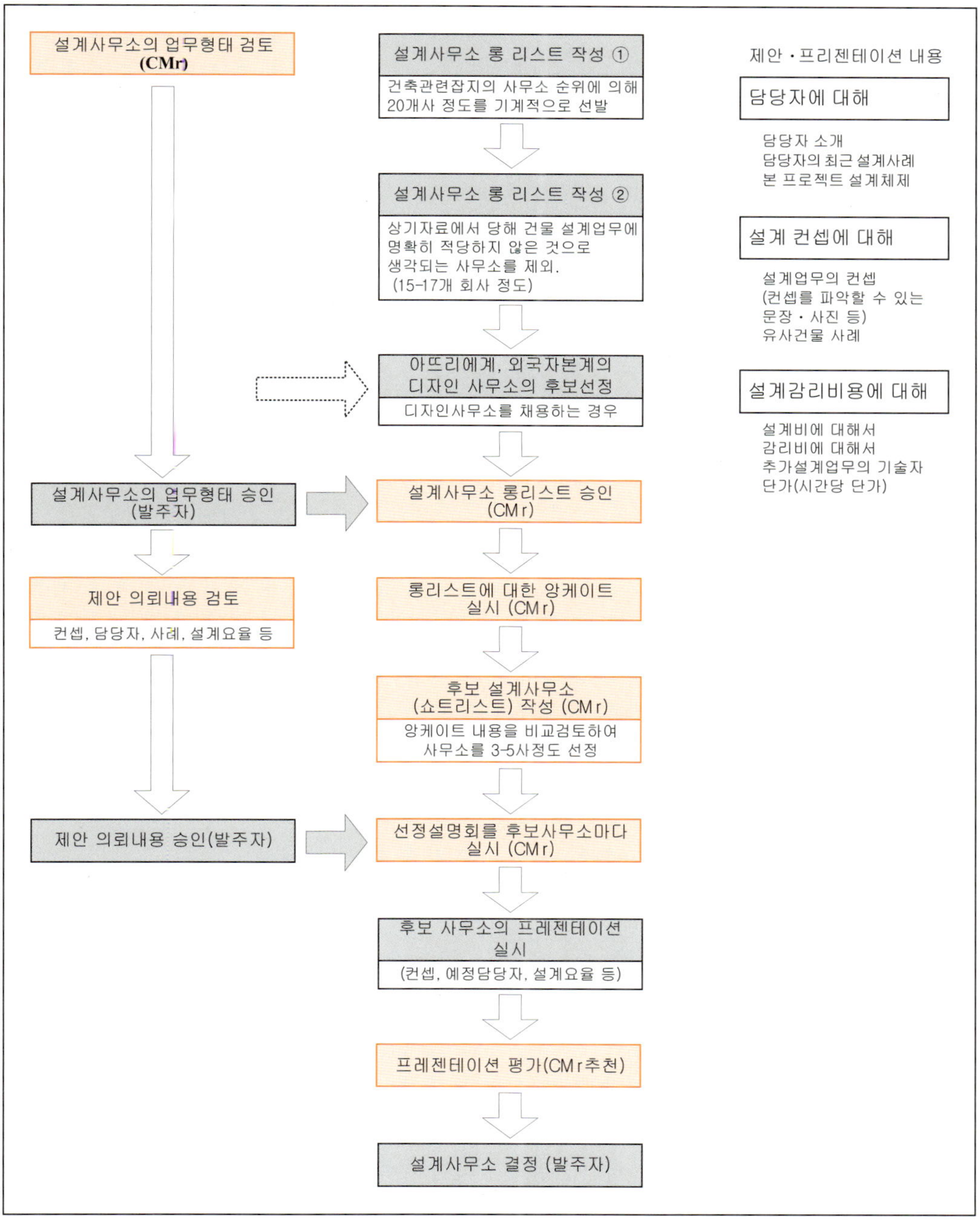

그림 2-11 민간프로젝트의 설계사무소 선정 순서도

설계자 선정 프로세스의 예 (면접)

프로세스		담당	기일
사전준비단계(설명회까지의 준비)			
◆ 설계자 선정방법 승인	11/29 승인	발주자	11/30
◆ 설계후보자 선정 (3-4사)	11/29 각 사에 결정보고	CMr	11/30
◆ 프레젠테이션 요청서 작성	12/1 최종제출	CMr	12/01
※ 계획시설에 요구되는 기능・성능 정리			
※ 계획시설 이미지의 명확화			
※ 설계범위의 Scope 작성			
※ 프레젠테이션 내용 결정			
◆ 프레젠테이션 평가표 작성		CMr	12/15
프레젠테이션 설명회 (12/04)			
◆ 후보회사별 설명회 개최 - CMr사무소 (AM9:30 - PM15:30)	개최장소 결정	발주자	12/04
◆ 프레젠테이션 요강 설명 (각사 1시간 정도)		CMr	12/04
※ 설계범위 제시			
프레젠테이션 (12/18,19)			
◆ 후보회사별 프레젠테이션, 발주자 사무소	회의실 확보	발주자	12/15
※ 회의실 확보 (발주자-4명, CMr-4명, 후보회사-5명, 계 13명)	출석자 결정	발주자	
※ 각사 설명 40분, 질의 20분, 계1시간 예정.	기기 확보	CMr	
4개사가 참가할 경우의 일정(안)			
(1) 12/18, 19 4개사의 경우			
12/18 AM 10:00 ~ 12:00 A사			
12/18 PM 13:30 ~ 15:30 B사			
12/19 AM 10:00 ~ 12:00 C사			
12/19 PM 13:30 ~ 15:30 D사			
12/19 PM 16:00 ~ 17:00 강평			
(2)12/19 3개사의 경우			
12/19 AM 09:30 ~ 11:30 A사			
12/19 PM 13:00 ~ 15:00 B사			
12/19 PM 15:30 ~ 17:30 C사			
12/19 PM 17:45 ~ 18:30 강평			
◆ 프레젠테이션 평가표에 기입		각 사	12/19
◆ 프레젠테이션 평가표 회수		CMr	12/19
프레젠테이션 평가 제출 (12/21)			
◆ 프리젠테이션 평가표 정리		CMr	12/21
◆ CMr의 추천 Comment		CMr	12/21
설계자 결정(12/22)		발주자	

그림 2-12 민간프로젝트의 설계자 선정 히어링 사례

민간 프로젝트의 경우에는 발주자 혹은 CMr의 경험 등을 근거로 하여, 3~4개 업체로 압축하여 비교하는 것이 일반적이다. 상기 항목 중에서 「수탁 의사」에 관해서 영업을 위해 CMr을 방문한 횟수는 「열의」에 해당하지 않는 것으로 인식해야 한다. 이러한 방문은 오히려 공정성을 훼손하는 행위이므로 CMr이 감점하기도 한다.

1 5 3 3 심사와 특정 BDEG

제안자에 대해 미리 설정된 선정기준에 근거하여 심사를 실시한다. 평가는 객관적으로 실시함과 동시에 평가된 항목의 배경이나 설명을 할 필요가 있다.

또한 필요에 따라 면접 등에 의해 후보자의 의도 및 자세를 평가한다.

심사내용은 발주자에게 보고하여 발주자의 양해를 얻은 다음 구체적인 계약업무를 추진한다.

1 5 3 4 교섭 · 계약사무 E

CMr은 발주자, CMr, 설계자, 공사감리자의 역할을 명확하게 함과 동시에 발주자와 설계자의 상호 이해 부족이 생기지 않도록 해야 하며, 발주자의 만족을 높이기 위해 설계 · 감리 업무내용을 설계자와 함께 발주자에게 설명하고 발주자, 설계자의 책임과 권리 · 의무를 분명히 해야 한다. 설계자 책임은 CM방식 적용에 따른 변화는 없으며, 설계 · 감리 업무의 위탁계약에 해당되는 다음과 같은 사항을 발주자와 설계자의 업무로 명확히 결정할 필요가 있다.

- 업무내용
- 이행기간
- 업무보수
- 계약 이행상의 약속한 일의 형태

■ 설계계약에 관한 조언

계약에 관하여 CMr은 발주자와 설계자가 대등한 관계로 업무내용과 범위를 확인하여 적절한 설계기간과 설계비를 협의할 수 있도록 조언한다. 설계비 산정방식에는 요율방식, 실적정산방식이 있다. 어떠한 방식이든 쌍방이 납득할 수 있는 계약을 체결하는 것이 필요하다.

발주자가 일방적으로 덤핑을 요구하거나 계약조건을 제시할 수 없도록 CMr은 중립적인 입장에서 업무를 진행시켜야 한다.

■ 계약서 내용의 정밀 조사

설계계약서는 일반적으로 업무 위탁계약서, 계약약관 및 업무위탁시방서로 구성된다. 설계자가 발주자에게 제출한 설계계약서의 내용을 파악하여 문제가 있으면 발주자와 협의한다.

■ 설계계약서에 대해

업무위탁계약서에는 위탁자, 수탁자 및 부지, 물건명, 업무의 종류, 업무기간 등을 명기하고, 계약약관에는 위탁자 수탁자 상호 간의 책임과 권리 · 의무 등을 기록한다. 설계 · 감리업무의 내용이나 업무의 방법을 발주자에게 명시하고 확인을 받은 후에 계약을 체결하는 것이 원칙이다.

■ 특히 주의할 사항

- 업무기간, 설계비, 공사감리비, 지불조건등의 확인은 중요하다.
- 발주자가 위탁한 CMr의 업무가 설계계약의 내용과 관련된 경우에는 설계계약서에 CMr의 업무를 명확히 하여야 한다.

■ CM업무와 설계업무의 역할 명확화

발주자, CMr, 설계자, 공사감리자, 시공자의 역할분담에 따라 그 내용이 적절히 포함되어 있는지 확인한다. 특히, 공사감리업무와 CM업무의 역할과 책임에 대해서는 중복이 없도록 명확히 하는 것이 필요하다(업무 책임 분담표의 작성 등).

■ 업무내용의 확인

- 조사 · 기획업무, 설계 · 감리업무, 특약업무를 확인한다.
- 특약업무로서 계약된 업무내용은 발주자와 함께 확인한다.

일반적으로 공사비 내역 명세서의 작성이나 특별한 법령에 의한 대리 신청, 상세 모형이나 전문가에 의한 투시도 작성, 현장감리, 근린절충(近隣折衝) 등이 특약업무에 해당한다.

공사감리에 대해서는 감리방법, 업무내용이 명시되어 있는지 확인한다.

■ 성과품 확인

기본설계, 실시설계 등의 각 단계에서 어떠한 설계도서와 서류를 성과품으로서 제출하는지 미리 확인해 계약서에 명시한다. 각 단계의 주된 성과품[49] 의 항목 예는 아래와 같다.

- 기본설계 단계

  기본설계설명서, 기본설계도(배치 · 평면 · 입면 · 단면 · 구조방식, 설비방식 등), 공사비 개산서
- 실시설계 단계

  각종 시방서, 실시설계도(배치 · 평면 · 입면 · 단면 상세도, 구조설계도, 구조계산서, 공기조절 · 급배수 위생, 전기 등의 소요 설비설계도, 외부시설설계도 등), 확인신청 도서, 공사비 계산서

49) 건설성고시 제 1206호 별표에 설계표준업무의 성과품이 기록되어 있으므로 이를 참조한다.

• 공사감리단계

각종 검사기록서류, 공사진척상황 보고서, 추가 · 변경 공사도서 등

■ CM방식에서 설계자의 업무량[50)]

CMr이 설계업무 착수 이전에 발주자의 설계조건을 정리했을 경우에는 실질적으로 설계자의 업무량이 감소한다. 또한 설계 VE를 실시하는 경우에는 업무가 증가하지만, 이 경우에는 표준 외 업무로 계약하게 된다.

50) 기본계획 단계에서 종합기획서, 사업예산계획서, 법적 조사보고서, 교통계획 조사보고서, 부지지반조사 보고서를 의뢰하는 일도 있다. CMr의 참여로 설계자 선정전에 작성되는 부분도 있으므로 필요한 서류를 제출한다.

1 기본계획단계 | 2 기본설계단계 | 3 실시설계단계 | 4 공사발주단계 | 5 공사단계 | 6 완성후단계 | 0 공통업무

2

기본설계단계

일반적으로 기본설계단계부터 CMr을 선정하는 경우가 많다. 이 단계부터 CMr이 업무를 시작하는 경우에도 반드시 「1 기본계획단계」의 내용을 이해해야 한다. 또한 「3 실시설계단계」, 「4 공사발주단계」의 업무내용도 미리 확인해야 한다. 기본설계단계는 발주자가 의도하는 시설의 구체적인 형상이 나타나는 단계이다. 아직 확정되지 않은 것이 많은 단계이므로 CMr의 조언이 가장 효과적으로 받아들여지는 시기이다. 설계가 완료된 후 변경하게 되면 불필요한 에너지를 사용해야 하며 다양한 이유로 변경이 불가능하게 되는 경우도 발생할 수 있다. 이러한 이유로 이 단계에서 CMr이 참가하는 것이 바람직하고 CMr 활용효과도 크다고 할 수 있다.

기본설계단계의 CMr 업무 흐름도

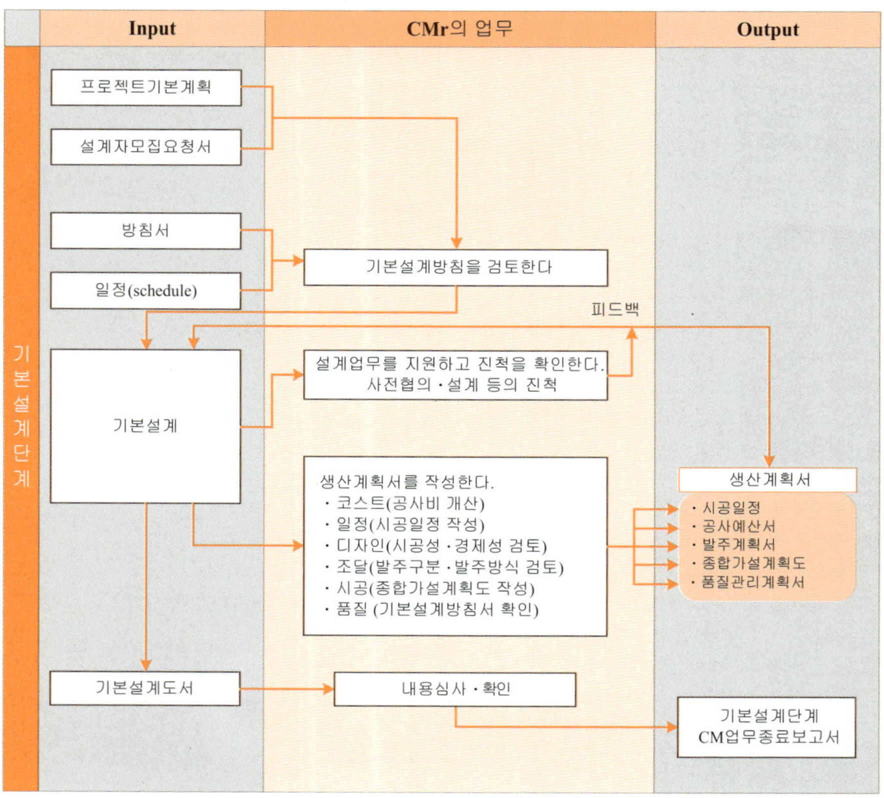

2 1 기본설계단계의 지침 검토 CD

설계자에게 프로젝트 기본계획에 근거한 기본설계방침서, 기본설계스케줄 작성을 의뢰한다. 설계자가 작성한 기본설계방침이 기본설계 위탁 전에, 작성된 설계조건을 근거로 하고 있는가를 검토하여 설계조건과 다른 경우에는 발주자와 함께 조정한다.

설계자, 기타 컨설턴트 등은 설계자 모집요청서에 따라 각 업무에 대한 방침을 제출한다. 여기서는 기본설계 단계에 한정하여 기술한다.

■ 설계착수회의(킥오프미팅)[51]

CMr은 설계자가 기본설계방침을 작성하기 전에 프로젝트 설명서에 대한 설명, 프로젝트 기본계획안 검토의 경위, 설계자 선정방법 등을 설계자에게 명확히 전달해야 한다. 이를 위해 회의를 소집하게 되는데 이 회의를 킥오프미팅(kick-off meeting)이라 하며 발주자가 출석하는 것이 바람직하다.

■ 설계자의 기본설계지침서 작성[52]

설계자가 기본설계방침을 작성할 때에는 아래와 같은 항목을 확인한다. 설계자를 프로포잘(proposal)방식으로 선정하는 경우에는 이러한 항목의 대부분이 제안서에 기재되어 있으며, 여기에 면접이나 설계착수회의 등에서 발생된 정보를 반영시킨다.

- 계획시설에 대한 디자인 · 이미지
- 자산평가에 대한 생각
- 기능성에 대한 생각
- 접근성, 차량계획의 생각
- 편리성에 대한 생각
- 내구성 · 내진성에 대한 생각
- LCC · 유지관리성에 대한 생각
- 환경 배려

51) 킥오프미팅(kick-off meeting)
새롭게 구성된 프로젝트 참가자들의 최초 미팅을 말한다. 설계자 선정 후에 설계자와 최초로 행해지는 회의나 시공자 선정 후에 시공자를 함께 최초로 개최되는 회의를 가리킨다.
52) 1513 설계자 선정기준 P.71

- 안전성 · 방재성에 대한 생각
- 공정에 대한 생각 (212 기본설계 스케쥴은 별도 제출)
- 공사비 파악방법(개산액의 타당성) · 설계개산의 시기
- 업무 프로세스의 진행방식
- VE안 검토에 대한 생각(시기를 포함한다)
- 공사비가 예산을 초과했을 경우의 대처 방법

■ 설계자의 기본설계 스케쥴 작성

설계자에게 프로젝트 기본계획서를 근거로 한 기본설계 스케쥴 작성을 의뢰한다.

■ 디자인 방침

- 설계자가 발주자의 이념과 목적을 이해하고 있는지 확인한다.
- CMr은 디자인 · 이미지 등 설계자의 창조성에 관한 방침에 대해 그 능력을 침해해서는 안된다. 특히 발주자가 디자인을 우선하여 설계자를 선택한 경우에는 주의를 요한다.
- 기능 이외의 계획에 대해서는 디자인을 우선하는가를 확인한다. 디자인 검증 프로세스로서 DfE[53]와 커미셔닝 기법의 적용여부를 확인한다.
- 유니버셜디자인 등의 아이디어에 대해서도 확인한다.[54]

■ 프로젝트 운영방침[55]

기본계획단계에서 CM업무계획서의 일부로서 작성한 프로젝트 운영방침을 확인하고 필요에 따라 갱신한다.

- 프로젝트 조직 · 설계자의 추가
- 설계 책임자를 명확히 한다.
- 각 전문업무의 담당자를 명확히 한다.
- 담당자 부재 시의 대응방법을 명확히 한다.
- 전화번호, 이메일 등 연락방법을 확인한다.

덧붙여 이러한 정보에 대해서는 프로젝트 전체 조직정보에 추가한다.

53) DfE
에너지 소비, 폐기 등의 환경 문제를 배려하여 필요에 따라 각종 기준에 적합하게 설계한다 .
54) 제3 4-2 설계 단계에서의 환경 대응 P.261
55) 123 프로젝트 운영방침 P.34

2 1 1 기본설계지침서와 프로젝트설명서 내용과의 정합성 D

설계자가 제출한 기본설계방침과 프로젝트 설명서 내용의 일치여부를 검토하고, 다른 경우에는 발주자와 함께 조정한다.

프로젝트 설명서(「1522 설계자 모집요청서」74쪽을 참조)는 다음의 요소로 구성된다.

- 프로젝트 목적
- 제약조건
- 개략도 및 예상개요
- 마스터 스케줄
- 개략공사비
- CMr 및 프로젝트 관계자의 역할분담
- 프로젝트 운영방침

이러한 요소에 대하여 설정된 기본설계 지침서를 확인한다. 특히, 제약조건과의 일치는 필수적인 사항이다.

■ 제약조건의 확인

- 제약조건 항목에는 부지조건, 법적규제 등이 포함되며 설계자가 이것을 이해하고 있는가를 확인한다.
- 필요에 따라 설계자 자신이 확인해야 할 조건이 있는가 확인한다. 이상과 같이 확인한 다음, 설계자의 이해 또는 의식과 다른 것이 있는 것으로 인정되는 경우에는 발주자와 함께 협의하고 제약조건을 조정한다. 조정한 경우에는 기록으로 남기는 것과 동시에 관계자에게 주지시킨다.

2 1 2 기본설계 스케줄과 마스터 스케줄 C

설계자가 제출한 기본설계 스케줄은 이미 작성된 마스터 스케줄과 조정을 실시하여, 전체 스케줄에 지연이 생기지 않도록 기본설계 스케줄을 설계자와 함께 조정하고 그 결과를 발주자에게 보고한다.

기본계획단계에서 결정된 마스터 스케줄과 스케줄관리 기본방침에 따라 관리한다.

■ 기본설계 스케줄의 제출 의뢰

설계자, 기타 컨설턴트에게 각각의 업무에 관한 스케줄 작성을 의뢰한다. 설계자의 기본설계 스케줄에 아래와 같은 항목이 포함되어 있는가 확인한다.

- 크리티컬패스나 계획상의 문제점 도출
- 실시설계 이후의 개략 설계 스케줄
- 인허가 관련 스케줄
- 설계자가 예상하는 준공까지의 스케줄
- 기본설계 자체의 상세 스케줄

이러한 비교 검토를 실시한 결과, 큰 차이가 있는 것으로 판명되었을 경우에는 원인을 분석하고 그 결과를 발주자에게 보고하며, 그 대책을 검토한다.

■ 마스터 스케줄과 비교 검토

마스터 스케줄과 설계자가 작성한 기본설계 스케줄을 비교 검토한다. 이 때 중요한 점은 프로젝트 완성 기일이지만 그 외에 아래와 같은 유의점이 있다.

- 설계에 관한 중간관리일(milestone)의 설정을 확인한다.
- 크리티컬패스나 계획상의 문제점을 도출하여 의견을 집약한다.
- 발주자의 승인 프로세스, 인허가 관련사항 등 마스터 스케줄에 포함되어 있는 항목이 고려되고 있는가 확인한다.
- 공사완료시기에 큰 차이가 발생하는 경우에는 설계자와 협의하여 그 원인을 찾는다.
- 이 시점에서는 시공 스케줄이 작성되지 않았기 때문에 시공기간을 함부로 줄여 설계기간을 길게 취할 수 없다. 시공기간을 축소, 조정해서는 안 된다.
- VE안의 검토 등 기본설계 내용에 대해 협의하여 설계에 피드백시키는 스케줄을 확인한다.

이러한 비교 검토를 실시한 결과, 큰 차이가 있는 것으로 판명되었을 경우에는 원인을 분석하고 대책을 검토한다. 발주자 및 설계자와 협의 검토 결과, 기본설계 기간의 종료 시기에 영향을 미치지 않는 경우에는 이 결과에 맞추어 마스터 스케줄을 수정, 갱신한다. 전체 스케줄에 영향을 미치는 경우에는 마스터 스케줄에서 프로젝트 완료시기를 변경하든가, 그렇지 못한 경우에는 설계방법 · 방침을 다시 확인하여 설계 스케줄을 수정한다. 향후 검토하여 조정하는 리스크를 포함하여 그대로 진행하는 경우도 있지만, 이러한 경우에는 그 리스크가 표면화되었을 때 대처방법이 있다는 것이 전제가 되어야 한다. 이러한 리스크에 대한 방침은 이후의 스케줄 검토시에도 마찬가지이다.

〈표 2-13〉 마스터 스케줄(기본설계단계)

ID	작업 이름
1	farnsworth House
2	기초공사
3	가설공사(사무실,전기,조명)
4	규준틀작업
5	터파기
6	배수,집수정공사
7	맨홀공사
8	버림콘크리트타설
9	먹줄공사
10	기초철골설치(기초판,기둥)
11	거푸집공사
12	기초푸팅콘크리트타설(독립기초)
13	거푸집해체
14	흙되메우기
15	구체공사
16	외부마당및 1층기둥철골설치(H형강)
17	1층바닥철골보설치
18	천장철골보설치
19	1층바닥PC콘크리트설치
20	1층바닥경량콘크리트타설
21	천장PC콘크리트설치
22	모르타타설
23	외부마당바닥철골보설치
24	외부마당PC콘크리트설치
25	외부마당경량콘크리트타설
26	외부마당모르타타설
27	계단설치
28	배관,배선설치
29	1층바닥동관설치
30	1층바닥모르타타설
31	마감공사
32	1층내부벽체
33	창호,문틀설치
34	벽체,바닥마감
35	보일러설치
36	지붕방수
37	내외부도장공사
38	바닥마감재공사
39	전기입선공사
40	[illegible]

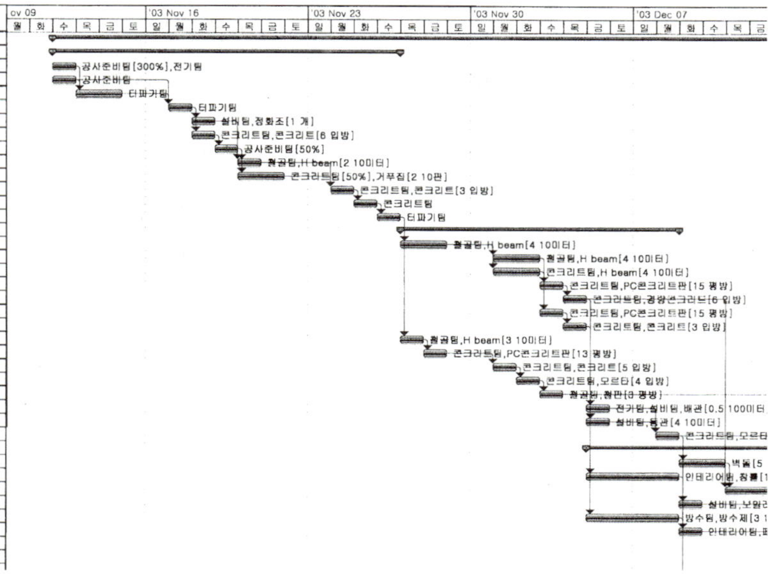

2 2 기본설계 지원과 확인 ABCDFG

설계자가 작성하는 기본설계 작성이나 사전협의를 지원하고, 설계진척 등을 확인한다.

CMr이 병행하는 「23 생산계획서의 작성」에서 코스트, 스케줄, 시공성 등의 검토나 VE 등의 피드백을 통해 설계업무를 지원한다.

2 2 1 사전협의 지원 A

발주자가 실시해야 할 사전협의에 대해 조언 및 지원을 실시한다.

기본계획단계에서 조사한 내용에 대한 업무를 실시한다.

일반적으로 CMr이 개입하지 않는 경우에는 설계사무소가 사전협의에 직접 관련된다. 발주자, 설계자와의 책임 및 역할분담을 확인하여 업무에 적용한다. 개발 · 시설계획만이 아니고, 보조금 등의 사전협의가 필요한 경우도 있으므로, 발주자의 의향을 재차 확인한다.

■ 발주자에 대한 요청

개발허가신청이나 조례의 면제 · 보조금 신청 등에는 사업자의 직접관여가 중요하다. 허가 등을 효율적으로 조기에 획득하기 위해서 설계사무소나 관할 컨설턴트를 이용하는 경우에도 사업자에게 필요성을 설명하고 중요한 교섭에 대해서는 적극적인 참가를 요청하는 일도 중요하다.

■ 사전협의 · 문의

〈표 2-20〉은 어느 지방공공단체의 문의 및 사전협의와 관련된 사항의 예이다. 다방면에 걸친 사전협의가 있으므로 재확인하는 것과 문의만으로 끝나는 것도 많다. 웹(Web)상에서 확인할 수 있는 것도 있으므로 개별적으로 확인한다.

2 2 2 설계의 진척 CD

기본설계가 당초 책정된 기본설계 스케줄대로 진행되고 있는지 확인한다.

실시 작업의 진척도를 측정 · 분석한다. 계획치와 실적치의 차이를 조기에 발견해 분석, 평가하고 스케줄에 대한 영향을 정확하게 예측해야 한다. 예측 후에는,

- 관계부처에 보고
- 관계 부문과의 조정
- 필요한 경우 독촉
- 각종 스케줄의 수정

을 실시한다.

〈표 2-20〉 사전협의와 관련된 사항의 예

종류	관할 담당 부서	개요
용도지역	도시계획과	· 용도지원, 방화 준방화 지역, 건폐율, 용적율, 고도지구, 도시계획 시설의 유무 등을 조사하는 경우
풍치지구	도시계획과	· 풍치 지구내에서 건축물의 건축, 토지의 형질 변경, 목재 벌채 등을 하는 경우 (풍치지구 조례)
중고층 건축물의 분쟁예방	도시만들기 추진과	· 확인 신청 전에 표지(건축 계획의 소식)의 설치 및 건축계획의 설명회 등에 관해서(중 · 고층건축물의 건축과 관계되는 분쟁의 예방과 조정에 관한 조례 관계)
지구계획/개발허가	도시만들기 추진과	· 특정 지구의 토지구획 형질 변경 등
조성제도	마을만들기 추진과	· 건물을 건축할 때 일정규모이상의 공지를 확보해, 건축물을 정비했을 경우의 조성금 · 3세대 주택의 정비나 공동화 등에 의해 가산조성(加算助成) · 재해에 강한 안전한 마을 만들기를 진행시키기 위한 피난로 · 연소차 단대, 일정의 요건을 만족하는 내화건축물에 대한 건축자금 조성 · 재해시 피난자의 안전과 구원구조 기능의 확보를 꾀하기 위해, 지구 방재도로의 길가나 피난지주변에서 일정한 요건을 만족하는 내화 건축물에 대한 건축자금 조성
도시계획도로	도시시설과	· 건축 미착수지역의 경계, 구역 등을 확인하는 경우 · 사업 착수구간의 경계 등을 확인하는 경우 · 사업 완료구간의 경계나 폭 등을 확인하는 경우
주차장의 정비 자금	도시시설과	· 임대주차장에 대해 건설자금의 융자 알선이나 이자 지원
구획도로의 폭이나 경계 등	도로교통과 도로경계 담당	· 도로의 폭이나 경계 등에 대해 조사하는 경우
도로점용	도로교통과 점용담당	· 도로에 돌출간판 등의 공작물이나 시설을 마련하여, 계속하여 도로를 사용하는 경우

종류	관할 담당 부서	개요
옥외 광고물	도로교통과 점용담당	· 옥외 광고물을 설치하는 경우[옥외 광고물 조례] 주의) 높이가 4m를 넘는 광고탑, 광고에 대해서는 별도 공작물의 확인 신청이 필요
침수위험구역	도로교통과 관리담당	· 과거 : 침수한 구역을 알 수 있는 지도(침수 실적도) 열람 가능
2항(項)도로 · 위치지정도로등	건축과 협소(狹小)도로담당	· 건축기준법상의 도로를 조사하는 경우
전파전반(전搬)장해	건축과 건축담당	· 전반(전搬)장해 방지 구역내에 있어, 높이 31m를 넘는 건축물의 건축 행위 등을 하려는 경우, 공사수행 전 신고 필요 · 건축과 건축계에서 전반장해 방지구역을 표시하는 도면의 열람 신고처 안내
주차장의 부설 의무	건축과 건축담당	· 특정 지역내에서 주차장의 부설이 의무인 경우 (주차장조례)
철도, 지하철에 근접한 건축계획	건축과 건축담당	· 철도선로 · 지하철에 근접하는 부지에 건축하는 경우, 확인 신청전에 건축 및 시공계획에 대해 사전협의 필요
매장문화재		· 매장문화재의 보호를 위해, 건설공사 등의 계획을 할 때, 부지가 알려진 매장문화재 지역(알려진 유적)에 포함되는가를 조회(문화재 보호법 관련)
시가지 건축 종합설계	건축과 기획담당	· 500m² 이상의 부지면적에 건축하여 일정규모 이상의 공지와 주택을 마련하는 등 일정한 요건을 충족하여 용적율의 할증이나 높이 제한의 완화를 받게 되는 경우
건축 협정	건축과 기획담당	
주상도 자료	건축과 구조담당	· 과거에 확인 신청으로 제출된 주상도의 일부 열람 가능
대규모 건축물 건축 지도요강	건축과 지도담당	· 확인 신청 전에 사전협의서 제출 · 주택위치, 공개공지의 확보, 정주 협력금의 요청, 녹화 등 요청에 관한 사항
집합주택 건축지도 요강	건축과 지도담당	· 확인 신청 전에 사전협의서 제출 · 원룸타입 등의 집합주택의 제한, 주차장, 자전거주차장 부설, 관리인실, 집회실, 공개공지, 녹화 등의 기준에 관한 사항
신체 장애자 및 고령자에 대응한 건축물의 정비	건축과 지도담당	· 복지마을 만들기 하트빌딩법[56]에 대한 문의
녹화	건축과 지도담당	· 확인신청 전에 사전협의를 실시하여, 녹화 계획서를 제출
건설 리사이클법	건축과 지도담당	· 분별 해체 및 재자원화 등의 의무부여에 관한 사항
상수도, 하수도	수도국 하수도국	· 상수도-하수도의 매설 위치, 상황을 확인
증압직결 급수장치	수도국	· 증압직결 급수장치의 계획에 대해서는 수도국과 사전협의를 실시하고, 확인 신청시에 사전협의서 제출 필요
대량배수	수도국	· 건축물의 신축이나 증축에 의해 대량의 배수가 생기는 경우, 다음 기준 적용 ① 일(日)배수량 50m³이상 ② 부지면적 500m²이상 ③ 총건평 3,000m²이상
건축물의 환경위생	보건소	· 건축물의 위생적 환경의 확보에 관한 법률 및 건축물 환경위생 지도요강에 근거하여 건축설비 등에서 사전심사
병원, 의료소	보건소 생활위생과	· 병원-진료소의 건축 계획
여관업, 묘지 등	보건소 생활위생과	· 여관업-묘지, 공중탕, 흥행장 등의 건축 계획
음식점	보건소 생활위생과	· 음식점의 건축, 계획
사립학교, 보육원 등	총무과 총무계	· 전수(專修) · 각종 학교 및 유치원을 포함한 사립학교 등의 건축계획
소음활동의 규제	환경보전과	· 소음, 진동을 수반하는 건설작업에 대한 신고(소음 규제법, 소동 규제법 관계) · 출력 7.5kw이상의 송풍기 등 특정시설을 설치하는 경우
공장 지정 작업장	환경보전과	· 작업장을 설치하는 경우

56) 하트빌딩법(ハートビル法)
2003년 4월 1자에 시행된 「고령자, 신체장애자등이 원활히 이용할수 있는 특정 건축물의 건축촉진에 관한 법률」의 총칭. 「마음이 있는 건물로 고치다」에서 유래되었다.

종류	관할 · 담당 부서	개요
토양오염 등	환경보전과	· 토양오염 등에 대한 문의 (환경확보조례 관련)
빗물 저장조 설치 조성제도	환경보전과	· 빗물 저장조를 설치에서 설치비용의 일부를 조성
재이용 대상물 및 폐기물의 보관 장소	청소사업소	· 건축 계획시 재이용 대상물 및 폐기물의 보관장소 · 보관설비의 설치에 관한 신고
하천(보전) 구역	건설사무소 관리과	· 특정의 강(하천)에 접해 건축행위 등을 하는 경우 (하천법 관련)
게임장 등 풍속 영업점	경찰서	· 빠칭코, 게임센터 등의 풍속 영업점을 계획하는 경우
보호수목의 지정 해제 등	공원녹지과 녹화추진담당	· 보호수목의 지정 해제를 하는 경우
생활안전조례	경찰서	· 특정의 건축에 대해서 안전한 환경의 확보에 효과적인 설비(방범 카메라 등)의 설치에 관한 사전계획

■ 진척 측정 · 분석

- 중간관리일에 따른 달성상황을 확인한다.
- 필요에 따라 수치화할 수 있는 데이터(기본설계도서의 작도 매수 등)를 이용해 시간축 상에 나타내고 그 누적분으로 계획의 진척을 정량적으로 표현하는 방법을 통해 계획과 실적의 차이를 분석하기 쉬운 측정 기준을 설정한다.

설정한 스케줄을 준수하기 위해, 설계자와 스케줄 준수에 따른 당사자의 인식을 확인할 필요가 있다. 스케줄 매니지먼트에 관한 지정이나 회의개최에 의한 의사전달에 머무르지 않고, 프로젝트 관계자에 대한 격려나 상세한 작업계획의 조정 등 조직 운영상의 계속적인 관리가 중요하다.

최근에 도면은 CAD를 이용하는 것이 대부분이다. 종래보다 기본설계단계부터 도면의 정합성을 체크하는 것이 용이하게 되어 있다. 3차원 CAD 등의 경우는 시각적으로도 확인할 수 있다. 이러한 도면의 품질을 유지할 수 있도록 설계자를 지원한다.

2 2 3 설계내용 모니터링 DFG

기본설계자가 작성한 설계내용, 예산, 공기, 기타 발주자의 요구조건 등이 반영되어 있는가를 수시로 확인한다. 또한 해당 프로젝트의 시공성, 코스트, 스케줄, 품질, 전문기술 등에 관한 조정을 실시한다.

작성중인 기본설계도가 발주자의 요구조건에 적합한 설계로 진행되고 있는지의 여부에 대한 확인을 미리 설계자와 협의한 빈도, 일정에 따라 실시한다. 확인업무에 대해서는 후술하는 설계도서의 심사내용과 같다. 또한 발주자의 요구가 불명확한 것으로 나타났을 경우에는 CMr과 설계자가 협력하여 발주자의 요구를 확인해야 한다. 그 후의 설계업무가 지연될뿐만 아니라 큰 손해가 발생할 가능성이 있기 때문이다.

발주자의 요구와 동떨어진 내용인 경우, CMr은 프로젝트설명서나 설계시방서와의 정합성을 확인하여 방향을 전환할 것을 제안한다. 반대로 발주자가 설계자의 제안내용에 이끌려 본래의 요구를 적용하지 못하고 있다고 판단할 가능성도 있으므로 발주자에 대해서도 수시로 확인한다.

2 2 4 코스트 모니터링 B

기본계획단계에서 책정한 공사예산에 영향을 미친다고 생각되는 항목에 대해서는 개산을 실시해 수시로 모니터링 한다. 또한 기본설계 중 중간 개산을 실시하여 설계의 적합성을 확인한다.

기본설계에서 정해진 구성요소는 코스트에 대해서 매우 큰 영향을 미친다. 규모가 큰 프로젝트는 당초부터 중간개산과 VE안 검토계획[57]을 수립하여 코스트의 검증을 실시하면서 설계를 진행시켜 나간다. 그러나 소규모 프로젝트에서는 미리 계획하지 않고 CMr이 필요성을 인정하였을 때에 수시로 검토하는 경우가 많다.

프로젝트 기본계획서로 작성한 공사예산서의 산정조건을 재확인하면서 그 변화 · 변경을 반영한 개산을 실시하여, 예산 관리표에서 예상 공사액을 수정하는 정도의 대응을 할 수 있다. 매회 적산과 견적을 실시할 필요는 없다.

■ 설계업무와 관계된 코스트

설계자 및 기타 컨설턴트 업무비의 관리도 실시하는 경우가 많다. 설계계약서를 이해하여 설계자의 업무 상황을 파악하고 이를 발주자에게 보고한다. 특히 해외의 컨설턴트를 채용했을 경우에 보수는 관습의 차이로 인해 클레임이 발생하기 쉽기 때문에 계약서를 잘 이해해야 한다.

2 3 생산계획서 작성 BCEFG

기본설계를 기반으로 공사단계를 예상하여 생산계획서를 작성한다.

생산계획서[58]는 다음과 같은 검토 사항을 포함한다.

57) VE안 검토계획
VE기법(제3장3 코스트)을 적용한 대안검토계획을 나타내고 있지만, VE기법의 적용여부에 대해서는 코스트의 검증을 실시해야 한다.

58) 생산계획서
시공을 포함한 생산프로세스 전체를 포괄하는 계획을 작성하는 것이「생산계획서」이다. 따라서 기본설계단계부터 착수하여 갱신을 거듭하면서 시공에 적용할 수 있도록 하는 것이 그 목적이다. 시공자가 작성하는 「시공계획서」와는 의도적으로 구별하고 있다.

■ 시공 스케줄

공사단계의 대략의 공사공정을 나타낸다.

■ 공사비 개산서

기본설계단계에서 적산 가능한 방법으로 개산비용을 산출한다.

■ 발주 계획서

발주구분, 공사구분 등에 대한 제안을 실시한다.

■ 종합 가설계획도

공사를 실시할 때에 필요한 부지조건, 지상 가설조건을 조사하고 가설계획을 실시하여 종합 가설계획도를 작성한다.[59]

■ 품질관리 계획서

중점 품질관리 항목 등을 추출하여 품질확보를 위한 기법을 제시한다.

기본설계안에 대한 예산, 공사기간, 기타 발주자의 요구조건 등을 감안하여 해당 프로젝트의 시공성, 코스트, 스케줄, 품질, 전문기술 등에 관한 조언을 실시하는데, 그 내용은 설계·공사비 등의 업무에 적용될 수 있도록 한다.

이러한 검토는 공사단계로부터의 피드백이라고 할 수 있는 작업이지만, 당 프로젝트에서는 공사단계에 이르지 않았기 때문에 과거경험 등을 살려 검토하게 된다. 검토결과는 발주자에게 보고하는 것에 머무르지 않고 설계자가 적극적으로 적용하도록 하는 것이 중요하다. 또한 이 생산계획서는 실시설계단계에서 갱신하며, 공사단계에서는 시공·안전 매니지먼트 도구의 중심이 된다.

■ 구공(構工)법의 검토

기본설계 초기단계에서는 구공법과 관계된 방향수정이 가능하다. 일반적인 신축 공사에서는 토공사, 기초공사 및 본 공사비가 최대의 비율을 차지하며 사업비에 대한 영향도 매우 크다. "변경성과 없음"의 단계 이전에 검토를 실시해야 소기의 효과를 거둘 수 있다.

또한 이러한 검토는 VE안 검토의 기초가 된다.

59) 종합가설계획도의 작성

본서에서는 CMr이 종합 가설계획도를 작성하는 것으로 하고 있다. 분리발주의 경우, 종합 가설계획도를 작성할 책임자가 없다는 것을 예상하고 있기 때문이다. 만약 존재하는 경우에는 CMr이 도면을 작성할 필요가 없게 된다. 다만 그러한 경우에 가설계획을 실시하여 시공정도의 검토나 견적용으로 사용할 수 있을 정도의 것을 준비할 필요가 있다. 또한 그림의 작성에 대해서는 스스로 실시하지 않고 외부의 협력자에게 의뢰하는 방법도 생각할 수 있다.

〈표 2-21〉 구공(構工)법 검토 항목

주요 구조체	· RC조, S조, SRC조 등의 선택 · PC, PCa화 등이나 가구공법(架構工法)의 선택 · 스팬비율의 확인
지하 구조체	· 지하층수의 경제성 · 굴삭토량의 삭감 · 피트의 깊이, 피트 유효 이용의 합리성
지하 공법	· 유효한 굴착 방법(오픈컷, 아이랜드 공법, 역타공법 등)의 선택 · 지하수위의 영향 · 잔토 처분방법 선택

■ 시공성 검토

공법이나 가설계획과 함께 시공성 검토 및 보고를 실시한다. 특히 광대한 지하부분 등에 대해서 검토하는 것이 좋은 경우가 많다.

2 3 0 1 시공 스케줄[60] CF

기본계획 단계에서 설정된 프로젝트 설명서 및 기본설계의 결과물에 근거해 시공 스케줄을 작성한다.

기본계획 단계의 마스터 스케줄 작성은 경험이나 유사공사로부터 유추하여 시공기간이 설정되지만, 이 단계에서는 각 공종의 스케줄, 공구법, 시공계획, 조달 등의 영향을 고려한다.

시공 스케줄의 작성은 초기에 착수하여 대안이 생기면 기본설계 내용에 피드백시킨다. 이로 인해 추가적인 검토가 필요한 경우에는 재차 반복하여 그 결과물을 완성 시공 스케줄로 한다.

완성한 스케줄이 그대로 공사단계의 공정표로 사용되는 것은 아니지만, 실시설계 및 공사발주단계에서 자료를 추가하여 공사발주조건으로 제시하는 것의 기초가 된다. 따라서 공사구분에 의한 각 공사업자가 각 공사 범위의 스케줄을 이해할 수 있도록 작성해야 한다. 또한 이 단계에서 모두를 표기할 수는 없어도 공사발주단계에서 수정할 수 있는 형식이어야 한다. 여기서 확정한 내용이 있으면 마스터 스케줄에 반영시킨다.

60) 144 마스터스케줄 P.56

1 기본계획단계 | 2 기본설계단계 | 3 실시설계단계 | 4 공사발주단계 | 5 공사단계 | 6 완성후단계 | 0 공통업무

참 고

예 1) 지하의 시공 스케줄

지하구조물의 시공은 전체 스케줄에 미치는 영향이 크기 때문에 시공계획과 함께 검토할 필요가 있다. 이하의 표는 아일랜드 공법의 검토 예이다.

	항목		작업지 (GL+,-)	수량		편성수			시공빈도		일수	월수 (월23일 기준)
1	SMW-A,B 용정지		6,500	1,528	m²	불도저	1	대	200.0	m³	8	0.35
2	SMW-A		6,500	6,240	m²		1	대	95.0	m²	66	2.87
3	GL+2m까지 절토	고층부	2,000	31,261	m³	백호	2	대	400.0	m²	40	1.74
4	GL+2m까지 절토	저층부	2,000	14,363	m³	백호	2	대	400.0	m²	18	0.78
5	SMW-C		2,000	3,699	m²		1	대	125.0	m²	30	1.30
6	SMW-D		2,000	1,417	m²		1	대	125.0	m²	12	0.52
7	파일공사		2,000	8,910	m		4	대	27.5	m	81	3.52
8	절토	고층부	2,000	82,287	m³	백호	2	대	400	m³	103	4.48
9	경사면 절토			11,595	m³	백호	2	대	400	m³	15	0.65
10	경사면 가설노반			504	m²							
11	법면모르타르분사			3,914	m²		1	조	130	m²	31	1.35
12	지반앙카-A.B1		4,200	64	본		1	대	4.0		16	0.70
13	지반앙카-A.B2		1,700	64	본		1	대	4.0		16	0.70
14	지반앙카-A.B3		-800	64	본		1	대	4.0		16	0.70
15	지반앙카-A.B4		-3,300	64	본		1	대	4.0		16	0.70
16	지반앙카-A.B5		-5,800	52	본		1	대	4.0		13	0.57
17	지반앙카-C1		0	46	본		1	대	4.0		12	0.52
18	지반앙카-C2		-1,500	46	본		1	대	4.0		12	0.52
19	지반앙카-C3		-3,750	46	본		1	대	4.0		12	0.52
20	지반앙카-C4		-6,000	38	본		1	대	4.0		10	0.43

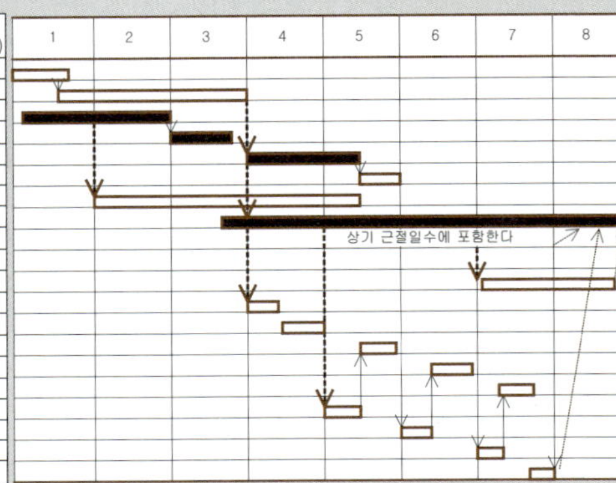

예 2) 반출입 스케줄

당 프로젝트는 반출입을 위한 교통이 제한된다는 조건이 있어 그 영향을 고려할 필요가 있다. 좌측의 최고치는 잔토 반출시기이지만 제한 교통량을 넘고 있어 이대로의 계획에서는 실현될 수 없기 때문에 기본설계 계획시에, 해당 파트의 지하부분을 삭제하였다. 또한 가치 코스트를 개산해 스케줄과 코스트의 밸런스를 검토하였다.

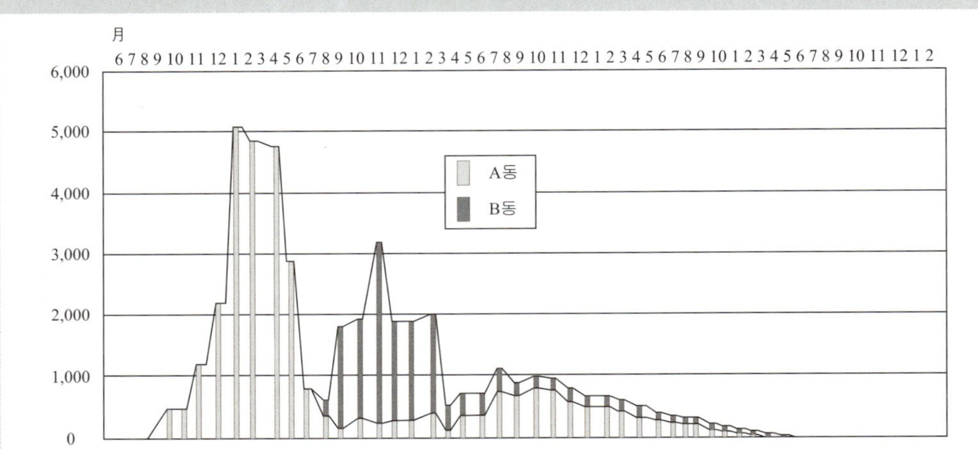

■ 선행 발주 검토

공사기간 단축 등을 목적으로 부분적으로 선행 발주를 하는 경우, 공사발주구분마다 발주용 설계도서의 완성 시기가 공사발주 스케줄 및 공사 착수시기에 큰 영향을 미치기 때문에 충분히 검토하지 않으면 안 된다.

또한 기자재에 따라서는 제작 기간의 제약에 의해 선행 발주해야 하는 경우가 있으므로 선행 발주를 검토해야 한다.

2302 공사예산서[61] BF

기본설계도서에 근거한 공사비 개산을 산출하여 발주자에게 보고한다. 설계자 등이 공사비 개산을 산출하는 경우에 그 공사비 개산을 산출하는 자에게 조언하고 산출된 개산서의 내용을 심사한다. 기본설계도서에 의해 산출 대상물의 형상, 설비 시스템, 주요부재 사양 등의 조건이 규정되므로, 정밀도가 높은 공사비 개산을 실시할 필요가 있다. 다음의 실시설계단계에서는 이 기본설계에 세부 정보가 더해지기 때문에 큰 범위에서의 공사비는 이 단계에서 확정된다. 프로젝트의 성공 여부를 좌우하는 중요한 단계라고 말할 수 있다.

CMr이 독자적으로 산출하는 경우와 설계자가 기본설계의 일환으로서 산출하는 경우가 있다. 이와 같이 산출된 공사비 개산과 기본계획단계에서 책정한 공사예산서를 비교하여 발주자와 협의한 후 공사 예산서를 갱신한다.

■ 공사비 개산서의 구성

공사비 개산서는 명세서 및 개산 공사비 산출근거로서 구분 수량조서, 일위대가표[62](작성했을 경우), 내장 등의 수량조서, 사용단가 데이터 조서 등으로 구성된다. 사용된 예상, 임시 기록자료도 조정을 위해서 필요하다. 공사비 개산서는 시뮬레이션 또는 프레젠테이션을 위한 부위별 견적 형식과 발주구분에 대응한 공종별 견적 형식으로 구성하는 것이 바람직하다. 그렇지만 컴퓨터 · 소프트의 관계 등으로 쌍방의 요구를 수용하는 것이 어려운 경우도 많다. 이러한 경우에는 필요에 따라 재조합을 실시한다.

또한 시뮬레이션을 위해서는 표계산 소프트웨어나 시판 어플리케이션을 사용하여 다른 자재 · 부재를 사용했을 경우, 단가 교체가 용이하도록 한다.

■ 개산방법과 주의점

▪수량산출에 의한 적산방법[63]

원칙적으로 수량을 기초로 적산을 실시한다. 〈표 2-22〉는 구분 수량적산의 예이다. 기본설계도로부터 보 사이즈를 산정하여 적산한다. 이와 같이 적산한 수량과 기본계획단계에서 비교 조사한 수량에 크게 차이가 있다면 원인을 분석하는 등 다시 확인한다. 설계자로부터 수량정보를 제공받는 것도 하나의 방법이다.

---

61) 3302 공사예산서 P.112

62) 일위대가표

토목공사에서 자주 사용되는 단가 명세 설명서. 일위대가표 혹은 단위대가표라 부른다.

63) 제3장 코스트 3.1 공사비의 산출 P.246

1 기본계획단계 | 2 기본설계단계 | 3 실시설계단계 | 4 공사발주단계 | 5 공사단계 | 6 완성후단계 | 0 공통업무

■ 공통비의 구분과 내용

공통가설비, 현장관리비, 일반관리비를 각각 산정한다. 소규모 공사, 정형화된 공사는 약식으로 계산하는 경우도 많지만 필요에 따라서 상세견적으로 적산한다. 특히 〈그림 2-5〉(기본계획 단계」 P.38)의 시공 패턴③의 분리방식을 공사에 도입하는 경우에는 수량산출에 의한 적산을 해야 한다. 〈표 2-23〉에 일반적인 항목을 게재했다. 후술하는 종합가설계획을 근거로 한 예이다. 직접공사비에 대해서도 발주구분 등을 고려하여 산출한다.

■ 설계사무소 등이 산출한 공사비 개산서의 심사[64)]

전체 파악 및 개별 확인 모두를 실시한다. 전체 파악은 기본계획시에 행하는 개산과 비교하며, 개별 확인은 수량과 사양 및 단가를 확인한다. 다음에 확인 포인트를 기술하였다.

〈표 2-22〉 구체수량적산 예

층수	부위	기호	구체형상 (mm)		길이/높이 (m)	개수 (n)	철골								콘크리트		거푸집		철근	
			(고)	(폭)			철골형상 (mm)					단위면적 (㎡)	단위중량 (ton)	합계중량 (ton)	단위체적 (㎥)	합계체적 (㎡)	단위면적 (㎡)	합계면적 (㎡)	단위중량 (ton)	합계중량 (ton)
	큰보	B1G	1000	600	10.05	34	H	700		14	22	0.0246	1.9518	66.36	6.03	205.02	26.13	888.42	0.90	30.75
	큰보		1000	600	5.05	36	H	700	350	14	22	0.0246	0.9808	35.31	3.03	109.08	13.13	472.68	0.45	16.36
	큰보		1000	600	5.35	11	H	700	350	14	22	0.0246	1.0390	11.43	3.21	35.31	13.91	153.01	0.48	5.30
	큰보		1000	600	7.35	11	H	700	350	14	22	0.0246	1.4275	15.70	4.41	48.51	19.11	210.21	0.66	7.28
	큰보		1000	600	7.05	3	H	700	350	14	22	0.0246	1.3692	4.11	4.23	12.69	18.33	54.99	0.63	1.90
	큰보		1000	600	4.80	24	H	700	350	14	22	0.0246	0.9322	22.37	2.88	69.12	12.48	299.52	0.43	10.37
	큰보		1000	600	5.10	18	H	700	350	14	22	0.0246	0.9905	17.83	3.06	55.08	13.26	238.68	0.46	8.26
	큰보		1000	600	5.50	91	H	700	350	14	22	0.0246	1.0682	97.20	3.30	300.30	14.30	1,301.30	0.50	45.05
	큰보		1000	600	5.80	1	H	700	350	14	22	0.0246	1.1264	1.13	3.48	3.48	15.08	15.08	0.52	0.52
	큰보		1000	600	6.10	19	H	700	350	14	22	0.0246	1.1847	22.51	3.66	69.54	15.86	301.34	0.55	1.43
	큰보		1000	600	8.80	9	H	700	350	14	22	0.0246	1.7091	15.38	5.28	47.52	22.88	205.92	0.79	7.13
	큰보		1000	600	9.10	1	H	700	350	14	22	0.0246	1.7673	1.77	5.46	5.46	23.66	23.66	0.82	0.82
	큰보		1000	600	9.40	1	H	700	350	14	22	0.0246	1.8256	1.83	5.64	5.64	24.44	24.44	0.85	0.85
	큰보		1000	600	4.40	9	H	700	350	14	22	0.0246	0.8545	7.69	2.64	23.76	11.44	120.96	0.40	3.56
	큰보		1000	600	4.65	2	H	700	350	14	22	0.0246	0.9031	1.81	2.79	5.58	12.09	24.18	0.42	0.84
소계						270.0								332.42		996.09		4,316.39		149.41
	작은보		500	300	6.10	164	H	250	150	10	15	0.0065	0.3108	50.98	0.92	150.06	7.93	1,300.52	0.14	22.51
	작은보		500	300	9.40	13	H	250	150	10	15	0.0065	0.4790	6.23	1.41	18.33	12.22	158.86	0.21	2.75
	작은보		500	000	4.90	13	H	250	150	10	15	0.0065	0.2497	3.25	0.74	9.56	6.37	82.81	0.11	1.43
	작은보		500	300	2.36	23	H	250	150	10	15	0.0065	0.1204	2.77	0.35	8.15	3.07	70.64	0.05	1.22
	작은보		500	300	2.51	8	H	250	150	10	15	0.0065	0.1280	1.02	0.38	3.02	3.27	26.13	0.06	0.45

64) 145 공사비 개산 P.51

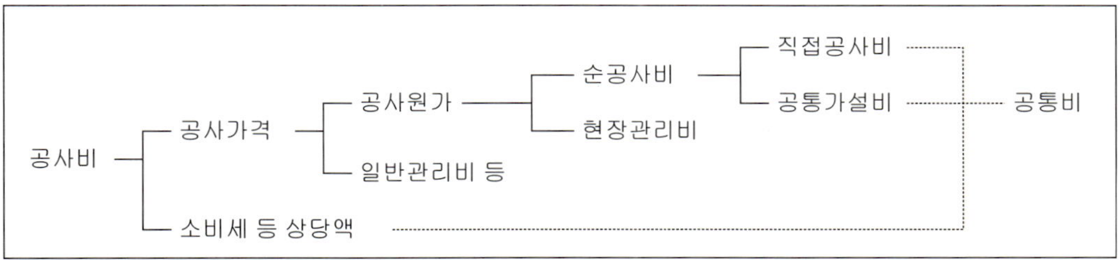

〈그림 2-14〉 공사비의 구성

〈표 2-23〉 공통비의 구분과 내용

공통비				
공통가설비	현장관리비		일반관리비	
· 준비비	· 노사관리비	· 조세 공과	· 직원 보수	· 종업원 급료 수당
· 가설건물비	· 보험료	· 종업원 급료 수당	· 퇴직금	· 법정복리비
· 공사시설비	· 시공도 등 작성비	· 퇴직금	· 복리후생비	· 유지수선비
· 환경안전비	· 법정복리비	· 복리후생비	· 사무용품비	· 통신교통비
· 동력 용수 광열비	· 사무용품비	· 통신교통비	· 동력 용수 광열비	· 조사 연구비
· 옥외정리청소비		· 원가성 경비 배부액	· 기부금	· 감가삼각비
· 기기 기구비		· 기타	· 시험연구상각비	· 개발상각비
· 기타			· 조세공과	· 보험료
			· 계약보장비	· 잡비

건설공사공통비적산기준 2002년 참조

■ 수량확인

- 공사비 전체에 영향을 주는 주요 수량을 확인한다.
- 필요에 따라 전 항목에 대한 재적산을 실시한다. 설계자가 외부 적산 사무소에 적산을 의뢰한 경우에는 해당 적산 사무소와 다른 적산 사무소에 의뢰하는 경우도 있다.

■ 각 코스트의 타당성 확인

- 설정된 사양을 확인한다.
- 시장 시세를 감안하여 적정가격인지 확인한다.
- 주요한 각 부분의 단가를 확인한다.
- 주요 재료나 주요 기기의 단가를 확인한다.

■ 공사 예산과의 대비 및 조정

공사비 개산서를 작성할 때에는 다음과 같은 사항에 대해 대조하고 확인한다.

- 기본계획단계에서 산출한 공사비 개산금액과의 차이나 변화를 확인한다. 공사비 비교표 등을 작성하면 시각적으로 이해할 수 있다.
- 사업계획 전체의 예산에 포함되는지 확인한다.

코스트관리를 적절히 행하고 있다면 수정 불가능한 대폭적인 예산초과는 없을 것이다. 그러나 대폭적인 초과가 발생하는 경우, CMr은 코스트의 조정방법을 수립하여 발주자에게 제안 · 보고, 승인을 받는다. 조정방법은 크게는 예산의 추가와 설계변경의 두 가지이다.

■ 라이프 사이클 코스트[65)]

코스트를 고려하는 경우 초기 투자로서의 건설비만을 생각하는지, 설비시스템, 구조부재 선정 등의 라이프 사이클 코스트를 생각하는지를 발주자에게 재확인해 설계도서와의 검증을 실시한다. 어찌되었든 장기에 걸친 시설운영에 대한 영향을 파악할 필요가 있으므로 설계자와 협력하여 검토한다. 필요하면 CMr이 장기수선계획안을 작성하여 시뮬레이션을 실시한다.

2 3 0 3 발주계획서 E

발주방법의 검토는 CM업무계획의 시작에서부터 업무 착수시, 그리고 설계자 선정시에 반복하여 지침을 검토하여 그 내용을 프로젝트 설명서에 기재한다. 기본설계단계에서는 설계자가 정해져 설계를 진행시켜 나가기 때문에 공사발주방법 및 구분을 결정하기 위한 제안을 실시한다. 발주방법 · 발주구분 · 발주스케줄의 검토에 대해 자세하게는 「4 공사발주단계」에서 기술한다. 순서 및 절차에 대한 자세한 사항은 공사발주단계에서 실시한다. (공사발주단계 이전에 발주할 경우도 있다. 이 경우에는 「4 공사발주단계」의 내용을 참조하여 실시한다.)

2 3 0 4 종합가설계획도[66)] F

공사를 실시할 때에 필요한 부지조건, 지하가설조건, 지상가설조건 등을 조사하여 가설계획을 실시하고, 종합가설계획도를 작성한다. 기본설계단계에서는 충분한 정보를 얻을 수 없는 경우도 있지만, 적어도 부지도, 평면도 및 입면도를 이용하여 도면상에서 시각적으로 파악한다.

또한 필요에 따라서 설명하는 문장을 작성한다. 이 문장을 가설계획서로 발전시킨다.

■ 가설계획

가설은 최종적인 성과물로 남지 않는 것이므로 경시되기 쉽다. 그러나 코스트나 스케줄에

65) 145 공사비 개산 P.58
66) 23 생산계획서의 작성

있어서는 무시할 수 없는 영향을 미친다. 설계에 반영할 수 있는 정도의 가설계획 검토가 필요하고, 특히 대형의 중기를 사용하는 프로젝트에서는 그 중요성이 높다.

주변의 제약조건에 대해 제 관청(경찰서를 포함한다), 전기, 수도, 하수도 등 개별의 조사를 실시한 다음 공사를 실시하는데 필요한 가설계획을 수립한다. 특히 지하흙막이 계획이나 배수계획, 양중계획은 그 계획이 코스트에 크게 영향을 미치므로 적기에 계획을 수립할 것이 요구된다.

■ 가설계획의 이용

- 가설 계획은 아래와 같은 검토에 사용된다.
- 공사비 중 공통가설비, 현장경비의 산출
- 양중 · 중기 계획의 수립과 견적 계산
- 작업발판 등의 직접 가설공사의 견적 계산
- 토공사의 견적 계산
- 흙막이(山留) 공사의 견적 계산
- (경우에 따라) 공사계획계(工事計畫届)
- 가설부재 준비계획
- 반입계획(스톡 야드)의 수립
- 시공 스케줄의 검증

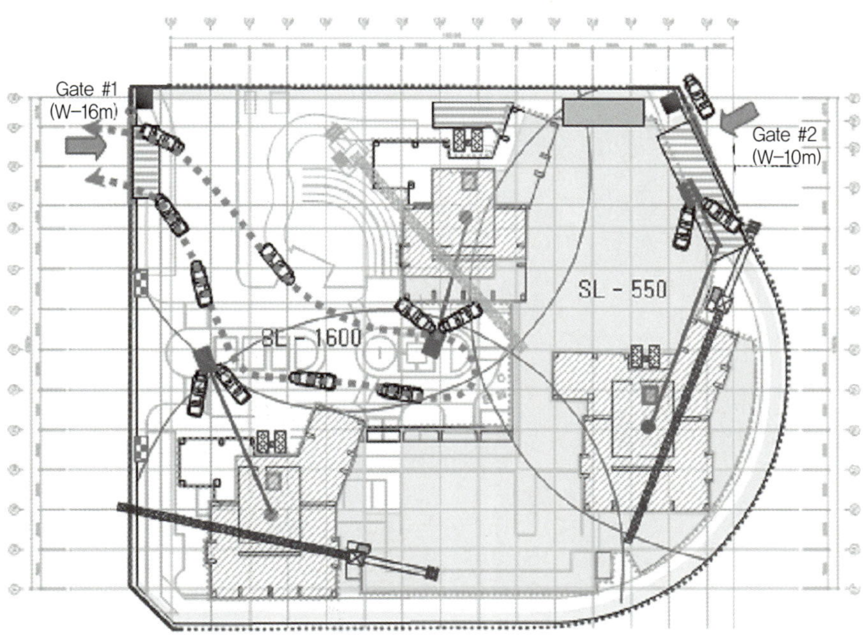

〈그림 2-15〉 종합가설계획도의 예

2 3 0 5 품질관리 계획서 G

설계에서 공사로 이행할 즈음, 공사단계에서 필요한 품질관리계획 개요를 작성한다. 공사 발주에 대해 여기서 기술한 품질관리가 시공자를 선정하는 기준의 일부가 되거나, 특히 분리 발주를 실시하는 경우 설계의 진행과 관련하여 각각의 시공자에게 어떠한 품질을 요구할 것인가를 검토하는 지표가 된다.

- 품질관리 계획서에서는
- 품질관리 방침
- 품질관리 스케줄
- 품질관리 체제
- 중점 품질관리 항목 등을 정한다.

이러한 프로세스는 품질관리를 실시하기 위한 단계인 계획(PLAN), 실시(DO), 검사(CHECK), 처치(ACTION)의 흐름이 원활히 실시될 수 있도록 계획한다.

2 4 기본설계도서의 내용심사와 확인 D

설계자가 제출한 기본설계도서 및 관련 성과품에 대하여 시공성, 비용, 스케줄, 품질, 전문기술 등의 관점에서 심사 · 확인하여 발주자에게 심사내용을 보고한다.

설계자는 프로젝트 설명서와 기본설계조건에 근거하여 설계도서를 작성, 제출한다.

CMr은 완성한 기본설계도서가 기본설계 방침서와 발주자의 요구에 적합한 내용인지 확인한다. 기본설계도서의 내용 확인은 CMr 자신의 건축적인 생각, 구조, 전기, 공기조절, 급배수 및 위생설비의 각 부분에 대하여 확인한다. 아래는 설계도서 내용 확인시의 주의점이다.

- 배치계획, 도로계획 등의 기능
- 베리어프리(Barrier Free) 혹은 유니버설 디자인
- 환경 등에 대한 배려
- 준법성
- 도면간의 불일치
- 주요 재료나 주요 기기의 사양 및 성능(특히 과잉 사양에 주의 필요)
- 공사공종구분
- 공사발주구분

내용에 문제가 있는 경우에는 보고서 제출 후 발주자와 협의한 뒤, 설계자에게 피드백을 실시하여 수정 등 필요한 조치를 취하도록 한다.

■ 성과품

기본설계단계의 성과품은 아래의 도서가 된다.

- 기본설계 설명서
- 기본설계도(배치 · 평면 · 입면 · 단면 · 구조 계획, 설비계획 등)
- 공사비 개산서

프로젝트에 따라서는 그 이외의 제출물을 의뢰하는 일도 있으므로 프로젝트마다 확인을 필요로 하는 것은 말할 필요도 없다.

이러한 제출물에 대해 다음 사항을 확인한다.

- 소정 매수
- 제본방법
- 제본사이즈
- 부수
- 매체

3 실시설계단계

실시설계단계는 시설의 상세가 구체화되는 시기이다. CMr은 이 시기에 공사단계의 작업, 완성한 시설의 운영을 고려하여 발주자와 설계자에게 지원 및 조언을 실시한다. 그리고 「4. 공사발주단계」와 실질적으로 시기가 중복되므로 병행하여 업무를 진행한다.

실시설계단계의 CMr 업무 흐름도

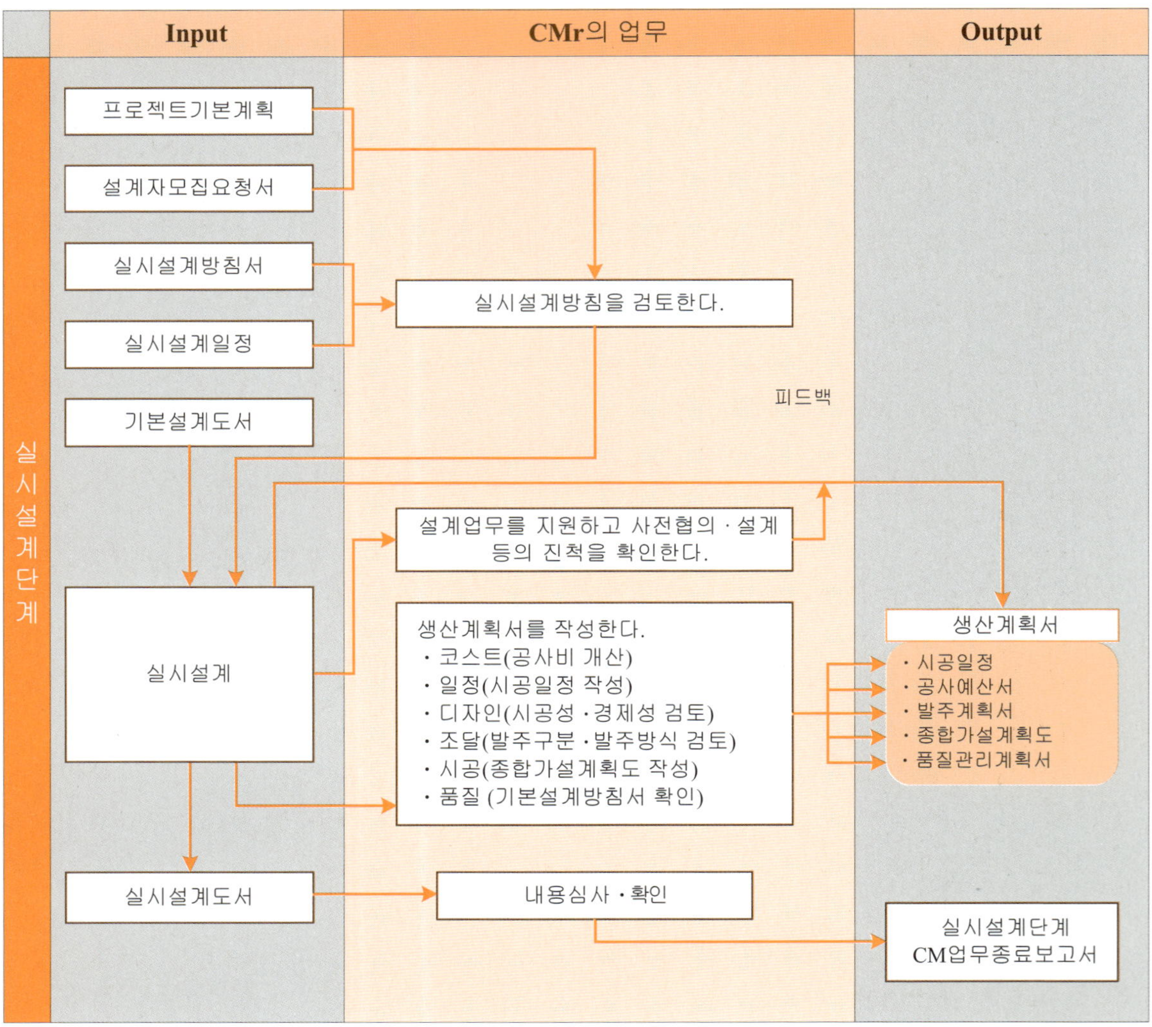

3 1 실시설계단계의 지침검토 CD

기본설계도서에 기초하여 실시설계지침서와 실시설계 스케줄의 작성을 설계자에게 의뢰한다. 설계자가 작성한 실시설계지침이 기본설계시점에서 수정된 설계조건을 근거로 하고 있는지를 검토하고 설계조건과 다른 경우에는 발주자와 함께 조정한다.

실시설계단계는 발주자의 기본적인 요망사항, 조건 등을 기초로 작성한 기본설계도서를 디자인, 기술, 코스트 측면에서 보다 상세한 조정을 진행시키는 단계이다. 이 단계에서는 부위마다 설계사양의 최종조정과 미세한 설계사양 확인 등 설계의 정리를 실시하기 때문에 보다 세부적으로 발주자의 요망사항을 확인하는 것이 중요하다.

■ 설계자의 실시설계 방침서 작성[67]

설계자는 기본설계를 근거로 실시설계지침을 발주자에게 제출한다. 이 설계지침 작성을 위해 설계자는 이미지, 구조, 설비 등의 분과별 협의를 주최하여 발주자측의 각 담당자로부터 자세한 요망사항을 확인한다. 각 부서의 담당자로부터 확인된 요망사항은 공사비, 공사스케줄 등 전체계획에 크게 또는 직접 관계된 것도 많다. CMr도 가능한 한 이러한 협의에 참가한다.

이 단계에서는 기본설계단계에 비해 세부적인 요망사항을 입수하는 것이 필요하기 때문에 설계자는 요망사항 리스트 등을 문서로 요약하여 실시설계 지침으로 정리한다.

■ 설계자의 실시설계 스케줄 작성

설계자에게 기본설계도서를 근거로 실시설계 스케줄의 작성을 의뢰한다.

3 1 1 실시설계 지침서와 프로젝트 설명서 내용간의 정합성 D

설계자가 작성한 실시설계지침서가 프로젝트 설명서의 내용과 합치하고 있는지 검토하고, 다른 경우에는 발주자와 함께 조정한다.

67) [참고]「실시설계시 작성하는 요망사항 리스트」P.96

■ 설계자로부터 제출된 실시설계 지침과 조건의 확인

CMr은 프로젝트 기본계획서, 프로젝트 설명서 등에 나타난 기본적 요망사항, 조건 및 기본설계단계에서 추가로 나온 요망사항, 조건과 설계자로부터 제출된 실시설계지침을 정리한다.

정리한 지침안을 검토하고 확정시키기 위해 발주자, 설계자와 함께 회의를 실시한다. 이 회의에서 설계지침에 대한 이해를 발주자와 서로 확인하여 공통 인식을 가지는 것이 중요하다. CMr은 발주자와 설계자 상호간의 기술적인 조정을 실시한다.

또한 이 회의에서 기본설계로부터 크게 변경되어 코스트에 큰 영향을 미칠 우려가 있는 것에 대해서는 개산 공사비를 산출해 확인한 다음, 실시설계도서의 작성이 이루어진다.

참 고

■실시설계시 작성하는 요망사항 리스트

실시설계 시점에서 요망사항의 확인, 조정방법에 대해 어떤 신축사무소 빌딩에 대한 발주자의 요망사항을 파일로 정리하였다. 기본설계시방서 단계의 요구사항을 기초로 기본계획단계의 요망사항을 추가하여 조정확인의 유무, 결과, 확인 일시를 명기했다. 이 리스트를 가지고 발주자와 함께 조정한다. 아울러 설계자와의 조정에도 유효하다. 계획단계부터의 경위를 알 수 있는 자료가 되어 도움이 된다.

과제 NO	기입일	관련 부서			검토과제	관련공종					요망사항, 확인사항	결과	관련 NO	검토기간	예정일
		전체	본부	지사		건(建)	전(電)	공(空)	형(衡)	십(什)					
1			○	○	공기조절 운전시간						공조 운전시간은 주사용시간 + 전후 1.5시간이 좋은가?	기본적으로는 좋다		xx	xx
2			○								24시간 사용 구역은 있을까 ?	24시간 계통은 개별공조로 한다.		xx	xx
3			○		공기조절 부하						내부발열기기(OA부하)의 용량은 어느 정도로 설정할까?	30W/h 이상으로 설정하는 일		xx	xx
4			○								실내온도조건은?	하: 26℃, 50%, 동: 22℃, 40% 온도, 습도 관리 가능한 시스템으로 한다.		xx	xx
5			○		공조시스템에 대하여						공조시스템의 운전레벨?	개별 공조가 가능한 에너지절약 시스템으로 한다		xx	xx
6			○								내부발열기기(OA부하)의 용량은 어느 정도로 설정할까?	30W/h 이상으로 설정하는 일		xx	xx
7			○								실내온도조건은?	하: 26℃, 50%, 동: 22℃, 40% 온도, 습도 관리 가능한 시스템으로 한다.		xx	xx

3 1 1 실시설계 스케줄과 마스터 스케줄 조정[68] A

설계자가 제출한 실시설계 스케줄에 대해 미리 작성된 마스터 스케줄과 조정을 실시하여, 전체 스케줄에 지연이 생기지 않도록 실시설계 스케줄 조정을 설계자와 실시하고, 그 결과를 발주자에게 보고한다.

기본계획단계에서 설정된 마스터 스케줄과 스케줄관리 기본방침에 따라 관리한다.

■ 실시설계 스케줄의 제출 의뢰

설계자 및 기타 컨설턴트에게 각 업무에 관한 스케줄 작성을 의뢰한다. 이미 기본설계단계에 제출되어 있다면 그 갱신을 의뢰한다. 그 중에 설계자의 실시설계 스케줄에는 아래와 같은 항목이 포함되어 있는지를 확인한다.

- 실시설계 자체의 상세 스케줄
- 인허가 관련 스케줄
- 설계자가 예상하는 준공까지의 스케줄

■ 마스터 스케줄의 비교, 검토[69]

마스터 스케줄과 설계자가 작성한 실시설계 스케줄을 비교, 검토한다.

■ 검토시 유의점[70]

- 설계에 관한 중간관리일의 설정을 확인한다.
- 발주자의 승인 프로세스, 인허가 관련 사항 등 마스터 스케줄에 포함된 항목에 대해 고려되어 있는가를 확인한다.
- 공사발주업무에 대한 스케줄이 반영되어 있는지를 확인한다.
- 공사발주방식 및 공사발주구분에 대응한 준공까지의 스케줄인지 확인한다.
- VE안 검토등 실시설계 내용에 대해 협의하여 설계에 피드백시키는 스케줄을 확인한다.

■ 설계자와 조정

- 큰 차이가 있는 것으로 판명되었을 경우에는 원인을 분석하고, 그 결과를 발주자에게 보고한다. 또한 대처방법을 검토한다.

68) 144 마스터 스케줄 P.56
212 기본설계 스케줄과 마스터 스케줄의 조정 P.85
69) 212 기본설계 스케줄과 마스터 스케줄의 조정 P.85
70) 2301 시공 스케줄

- 크리티컬패스나 계획상의 문제점을 추출하여 의견을 집약한다.
- 중간관리일을 확인한다.

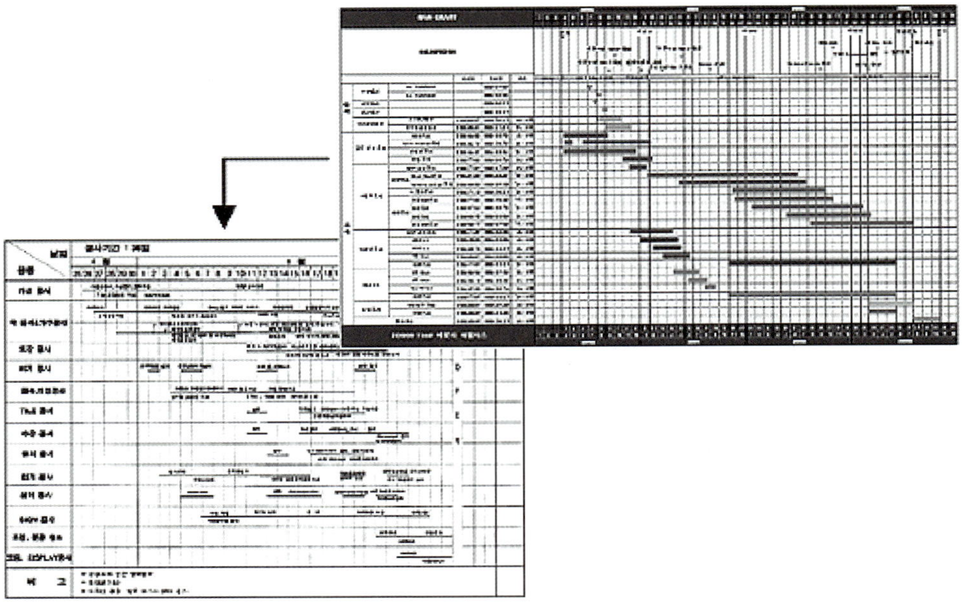

그림 2-16 마스터스케줄(실시설계단계)

협의 · 검토 결과, 실시설계 기간의 종료시기에 영향이 없는 경우에는 그 결과에 맞추어 마스터스케줄을 수정 · 갱신한다.

3 2 실시설계 지원과 확인[71] ABCDFG

설계자의 실시설계에 있어 설계의 작성과 인허가 신청에 대한 지원을 한다. 설계의 진척 등을 확인한다.

CMr이 병행하고 있는 「33 생산계획서의 갱신」을 위한 검토로부터 피드백 등을 통해, 실시설계 내용의 결정을 위한 지원을 실시한다. 필요에 따라서 신청과 관련된 설계자의 업무를 지원한다.

또한 설계업무의 진척, 내용, 코스트 등에 대해 모니터링을 실시한다.

실시설계단계는 공사발주단계와 중복되는 경우도 많으므로, 발주와 관련하여 설계자와의 조정이 필요하며, CMr은 이러한 조정을 수행한다.

71) 22 기본설계의 지원과 확인

3 2 1 인허가와 관련된 신청 지원 A

발주자가 실시해야 할 인허가 등의 사전협의에 대하여 조언 및 지원을 실시한다.

실시설계단계에서 설계자는 설계도서의 작성과 함께 각종 평가, 건축확인 신청용 도서를 작성한다. 신청용 도서는 기본설계도서를 기본으로 신청도면을 작성하는 것이 일반적이지만, 각 관련 부처와의 사전협의 등을 통하여 법규상 발주자 측의 요청대로 시공이 가능하도록 하는 것을 목표로 두는 것이 필요하다. 사전협의에 관해서는 원칙적으로 발주자와 설계자가 함께 하지만, 발주자의 대행으로 CMr이 활동하는 경우에는 설계자를 지원하는 경우도 있다. 이 경우, 각 관련 부처의 요구 또는 지도사항은 설계 공정, 건설 코스트, 전체 계획에 크게 관련될 가능성이 있으므로, 이를 프로젝트에 피드백 한다. 발주자, 설계자 및 CMr이 이러한 내용과 관련된 대처방안에 대한 공통인식을 가지는 것이 중요하다. 또한 실시설계지침의 전환이 필요할 수도 있다.

실시설계도서 완료까지 각 관련 부처와 사전협의를 끝내야 하지만, 문제가 없도록 계획을 진행시키는 것도 중요하다.

이 때문에 조기에 발주자의 요망사항의 승인을 얻어 두는 것이 바람직하다.

■ 스케줄과의 관련

인허가 신청과 관련된 일정조정에 대해서는 설계공정 및 전체공정에 크게 영향을 미치기 때문에 CMr측에서 조정을 실시하고, 이에 따라 설계자가 사전협의 및 신청 기한을 엄수하도록 하는 것이 중요하다. 사전협의의 내용에 따라서는 설계지침까지 다시 검토할 필요도 생기기 때문에 스케줄 설정에는 어느 정도의 여유를 갖는 것이 요구된다.

설계자에 대해서는 경험에 따른 조언, 지원을 실시한다. 또한 법규상의 제약과 디자인적인 요망으로 방향성이 다른 경우도 있으므로 발주자와의 협의는 면밀히 실시하는 것이 중요하다.

3 2 2 설계의 진척[72] CD

실시설계가 당초 수립된 실시설계스케줄대로 진행되고 있는지 확인한다.

72) 222 설계의 진척 P.88

1 기본계획단계 | 2 기본설계단계 | 3 실시설계단계 | 4 공사발주단계 | 5 공사단계 | 6 완성후단계 | 0 공통업무

기본적으로 기본설계단계와 동일한 관리를 실시한다. 실시설계지침과 실시설계스케줄에 대한 진척을 항상 확인한다. 특히 설정된 일정표에 대한 진척도 및 거래총액에 대해 유의한다.

필요에 따라서는 설계도서의 매수로 거래총액을 체크하는 등 최적의 계측을 실시한다. 실시작업의 진척도를 측정 · 분석하여 계획치와 차이가 있는 경우에는 스케줄상의 영향을 예측해야 한다. 이러한 예측 후에 다음을 실시한다.

- 관계부처에 보고
- 관련 부분의 조정
- 필요시 독촉
- 각 스케줄의 수정

실시설계는 기본설계단계보다 상세한 검토를 실시하기 때문에 도면 매수도 많다. 또한 발주구분이 많은 경우, 그 수에 따라 도면 매수도 다르다. 이러한 상황을 정확하게 파악해야 한다.

또한 설계자의 스케줄 관리와 함께 발주자 승인 스케줄의 관리도 중요하다. 발주자에 대해서도 결단을 독촉해야 할 경우도 발생하므로 CMr은 확실히 대처해야 한다.

3 2 3 설계내용 모니터링[73] DFG

실시설계안의 작성에 대해 설계내용, 예산, 공사기간, 기타 발주자의 요구조건 등이 반영되어 있는지 수시 확인한다. 또한 해당 프로젝트의 시공성, 코스트, 스케줄, 품질, 전문기술 등에 따른 조언을 실시한다.

발주할 당시의 불확정 요소를 실시설계 또는 견적 시에는 가능한 최소화하는 것이 중요하다. 또한 발주구분의 분할에 대응하고 있는가를 확인하는 것도 중요하다. 유의할 사항은 다음과 같다.

- 장래 견적작성 요강 등을 작성하는 경우, 참조할 수 있도록 불확정 요소 등의 리스트를 작성한다.
- 초과 사양에 주의한다.
- 특수한 경우가 아닌 이상 원칙적으로 특정 제품에 치우쳐 있지는 않은지 주의한다. 특

73) 223 설계내용의 모니터링 P.90

히 금속창호, 각 설비기기 등 설계시에 제품 성능수준을 정하지 않으면 작업을 할 수 없는 공종에 유의한다.

작성중인 실시설계도에 대해, 발주자의 요구조건에 따라 설계가 진행되고 있는지 수시로 확인한다. 확인업무에 대해서는 후술하는 설계도서 심사의 내용과 같다. 또한 발주자의 요구가 불명확한 경우, CM 후의 설계업무의 진행이 곤란할 뿐 만 아니라 대폭적인 수정 작업이 발생할 가능성이 있다.

설계가 발주자의 요구로부터 벗어나고 있을 경우, CMr은 프로젝트 설명서나 설계시방서와의 일치여부를 확인하여 방향을 전환할 것을 제안한다. 또한 발주자가 설계자의 제안내용에 끌려가 본래의 요구를 수용하지 않고 판단을 내릴 가능성도 있으므로 발주자의 요구 확인도 수시로 실시한다.

시공성, 코스트, 스케줄, 품질, 전문기술 등에 관한 조언은 후술하는 생산계획서의 갱신업무에 준해서 실시하면 프로젝트 전체에 효과적이다.

또한 라이프 사이클 코스트 환경 배려가 요구에 부합되고 있는지 확인한다.

■ 설계품질

설계품질은 그 설계에 근거해 건설물이 완성되었을 때 구체화한다. 좋은 건설물은 설계품질이 높다고 말할 수 있을 것이다. 이러한 관점에서 완성한 것을 이미지화하여 품질을 생각한다.

세부상세 해결에 대해서는 시공상의 무리나 쓸데없는 일이 발생하지 않는 설계내용이 되어야 한다. 원만한 해결이 공사 품질관리와 직결된다는 의식을 가져야 한다. 경우에 따라서는 설정된 공사기간 내에 소정의 품질이 되지 않는 경우도 발생할 가능성이 있으므로 설계단계에서 시공상의 과제를 남기지 않도록 하는 관리가 필요하다.

디자인을 고집하여 준공 후의 누수, 이음, 결로 등 시공상의 하자라고는 단언할 수 없는 사고가 발생하는 경우도 있다. 이러한 문제가 발생할 경우 설계에 기인한 것인지, 시공에 기인한 것인지를 문제 삼는 것보다 설계단계에서 품질을 확보하여 사고가 일어날 가능성을 억제하는 것이 좋다. 이와 동시에 낭비가 없도록 처리함으로써 불필요한 공사비를 줄일 수 있다.

이러한 점에서 발주자가 설계자에게 객관적인 시각으로 보다 현실적인 설계를 요구할 수 있도록 하는 것도 CMr 적용의 효과라고 할 수 있다.

3 2 4 코스트 모니터링[74) B

실시설계단계에서도 코스트에 영향을 미친다고 생각되는 항목에 대해서는 개략계산을 실시하는 등 수시로 모니터링을 실시한다.

실시설계 기간 중 건축, 설비관련 도면이 어느 정도 완성된 단계에서 공사비를 개산한다. 그 결과를 기본계획단계에서 작성하여 기본설계시 갱신한 공사예산서와 큰 차이가 있는지 검토한다. 실시설계단계에서는 기본설계에 근거한 설계작업을 실시하고 있으므로, 사업 예산에 큰 영향을 미치는 공사비의 변경은 적을 것이다. 그렇다 하더라도 세부적인 설계의 시행착오에 의해 생각하지 못했던 공사비 증가가 발생할 수도 있다. 기본설계를 기초로 한 개산 견적서의 수량 변화, 사양 확정에 의한 영향 등을 추가한 예산관리표 등을 사용하고, 예측치를 설정하여 변동상황을 발주자에게 보고한다.

필요하다면 중간 견적, VE안 검토 등을 실시할 것을 제안하며, 최종단계에서 예산을 큰 폭으로 초과하는 설계가 되지 않도록 주의하여야 한다.

3 3 생산계획서 갱신[75) BCEFG

실시설계를 바탕으로 기본설계단계에서 작성한 생산계획서를 갱신한다. 이와 병행하여 구법 공법, 시공성 등 건설물로서 구체화하기 위한 검토를 실시한다.

이 단계에서의 갱신은 공사발주나 공사착공에 즈음하여 사용할 수 있는 정밀도가 되도록 검토하여 갱신한다. 이 후에는 시공자 확정시, 그 시공자로부터 피드백을 실시하게 된다.

■ 시공성 검토[76)

생산계획서는 코스트, 스케줄, 디자인, 품질, 시공안전에 관련된 항목이 포함되어 있다. 생산계획서의 검토 결과는 설계에 대해서 직접 피드백하는 마지막 기회라고 할 수 있다.

기본계획단계에 비하면 조정할 수 있는 범위가 한정되어 있지만, 반입계획 등에 의해 부재의 형상이나 크기 등 수정의 여지가 있어 결과적으로 코스트의 인하로 연결되는 경우도 있으므로 이러한 검토는 필수불가결하다.

74) 224 코스트 모니터링 P.91
75) 23 생산계획서의 작성 P.91
76) 제3장 6-2 생산설계 P.287

3301 시공 스케줄[77] CF

실시설계의 성과물을 고려하여 기본설계단계에서 작성한 시공 스케줄안을 검토한다. 실시설계 완성 시기에는 공사발주준비도 진행될 것이므로 공사발주검토의 결과물을 정리하여 공사발주조건으로 사용할 수 있는 수준까지 상세하게 검토한다. 마스터스케줄과의 차이 발생을 항상 확인하는 것도 잊어서는 안 된다.

■ 실시설계의 사양 등 상세와 명확화의 반영[78]

실시설계에 포함된 모든 수량, 사양측면의 상세 정보가 시공 스케줄에 반영된다. 수량측면에 있어서는 건설자재 등의 구체적인 수량에 따라 스케줄의 영향 검토가 가능하게 된다.

참 고

■고층부분의 양중스케줄의 검토

이 프로젝트는 45층의 철골조로 계획되어 있다. 시공스케줄에서 고층부분의 철골 결정방법이 가장 크리티컬한 요소이기 때문에 기본설계단계에서 깊이 있는 검토를 한다. 설계도서로부터 대표적인 절의 철골 부재 수, 설비의 유니트 수, 외벽의 PC패널 수 및 잡양중을 포함해 1일에 가능한 최대양중회수로부터 산출하여, 10일을 1사이클로 하였다. 이 10일은 기본설계 때 산정된 14일보다 단축할 수 있어, 전체 스케줄에 여유를 가질 수가 있다 .

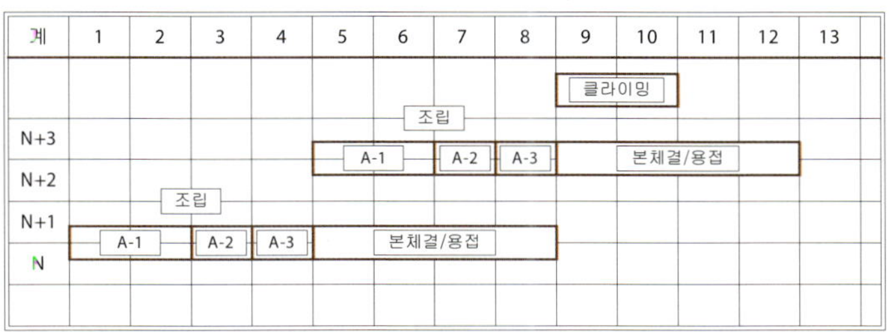

기둥 = 8p	기둥 = 8p	기둥 = 6p
큰 보 = 24p	큰 보 = 18p	큰 보 = 12p
작은 보 = 16p	작은 보 = 10p	작은 보 = 12p
계단 = 4p	마루 유니트 = 4p	
	PC 유니트 = 2p	
52p	46p	30p

사양측면에 대해서는 대체안의 검토도 할 수 있고, 조달방법에 따라서는 스케줄에 영향을 미친다. 이러한 검토 스케줄에 대해서도 충분히 배려한다.

77) 2301 시공 스케줄 P.93
4113 공사 발주 스케줄 P.128

78) [참고], 「고층부분의 양중스케줄 검토」참조 P.111

■ 발주구분의 고려

CMr은 각 공사업자 각각의 공사범위의 스케줄을 이해하여 작성해야 한다.

예를 들어 공사구분을 10으로 했을 경우, 각각 대응한 10종류의 스케줄을 작성할 필요는 없으며, 각각의 스케줄이 명확하게 되어 있으면 통합해도 좋다.

3302 공사 예산서[79] BF

실시설계가 거의 완료된 시점에서 실시설계도서에 의한 공사비 개산을 실시한다. 설계자가 공사비 개산을 작성하므로 검증을 실시하고, 설계자가 산출한 수량을 사용하여 CMr이 독자적으로 적산을 실시할지 등 몇 개의 방법을 선택하는 경우가 많다. CMr이 백지 상태로부터 적산을 실시하는 경우는 거의 없다.

이 단계의 공사비 산출은 시공유형에 관계없이 실제 자재발주, 노무발주, 전문공사업자에 대한 공사발주를 실시할 때, 그 기준이 될 수 있을 정도의 정밀도로 작성한다. 적어도 각 항목에 대해서 발주에 대한 고려가 되어 있어야 한다.

또한 「3304 종합가설계획도」에 의해 간접공사비의 견적 정밀도도 높아질 것이므로 이러한 요건도 고려한다. 이러한 정밀도로 공사비 개산의 결과와 공사 예산서를 비교, 검토한다. 실시설계단계 동안 코스트를 모니터링하고 있으므로 그 결과를 확인하는 것만으로도 가능하지만, 차이가 큰 경우는 아래와 같은 측면에서 재검토를 실시한다.

- 전체 스케줄
- 가설설비
- 사양
- 고비용 요인의 추출
- 발주방법
- 물류상 비용이 드는 자재의 추출
- 지급자재(해외 자재의 수입 검토도 포함)
- 규격품 부재, 프리패브 부재 등의 이용

이러한 재검토를 실시해도 차이가 크면, 발주자, 설계자와 협의한 후 설계를 다시 검토하든지, 예산초과 리스크를 가진 채 입찰을 진행할 것인지를 판단한다.

79) 2302 공사예산서 P.95

3303 발주계획서[80] E

발주자가 시공자 선정을 위한 스케줄을 결정할 때, 업무지원을 실시한다. 기본설계단계에서 작성한 발주계획서를 갱신한다. 기본설계단계에서 대략의 지침을 확정하여 발주계획서를 작성했더라도 이 단계에서 진척에 따라 갱신한다. 발주구분에 대한 설계도서의 진척 등도 포함하여 상세하게 기술하여 발주단계에 대비한다. 기본설계단계에서도 기술했지만 반드시 발주가 실시설계가 종료되고 나서 실시된다고 할 수는 없다. 필요에 따라 조기 발주를 실시할 수 있음을 고려해야 한다.

3304 종합가설계획도[81] F

작성중의 실시설계도서에 근거하여 기본설계단계에 작성한 종합가설계획도를 갱신하고 실제 공사를 발주할 수 있는 근거가 되는 가설계획을 수립한다.

공사발주에 즈음하여 견적요청서의 조건으로서 견적 참가자에게 가설의 발주구분, 책임범위 등을 명확하게 설명해야 한다. 견적요청서의 문장에 대한 설명도 필요할 수 있으므로 이 경우에는 가설계획서를 작성한다. 그리고 종합가설계획도는 공사비 견적에도 필요하다. 즉, 가설과 관련된 수량을 적산할 수 있을 정도로 정밀한 것이어야 한다. 게다가 공사착공과 관련된 관청(경찰서도 포함) 신고서류로 사용될 수도 있다는 점을 유의해야 한다.

3305 품질관리계획서[82] G

공사중의 품질관리는 공사감리자가 중심이 되어 실시하지만, CMr은 발주자를 대행해 발주자의 관점에서 확인을 실시한다. 이러한 업무분담과 작업흐름을 시작으로 프로젝트의 추진지침으로서 품질관리계획서를 작성한다. 공사 발주시 필요에 따라 발주 요청서 등에도 첨부한다. 품질관리계획서에는 중점 품질관리 항목을 추출하여 품질확보를 위한 기법으로 나타낸다. 대조표 등 표로 정리할 수도 있다. 특히 발주구분별로 정리하여 작성해 두면 차후 효율적으로 사용할 수 있다.

QC활동[83] 혹은 ISO에 관한 사항 등도 이 계획서에 기재한다.

---

80) 2303 발주계획서 P.98
4113 공사발주 스케줄 P.128
81) 2304 종합가설계획도 P.98
82) 2305 품질관리계획서 P.100
83) QC 활동
품질관리 방법의 하나. 제3장 TQM 참조 P.285

3 4 실시설계도서의 내용 심사와 확인[84] D

설계자가 제출한 실시설계도서에 대하여 시공성, 비용, 스케줄, 품질, 전문기술자 등의 관점에서 심사 · 확인하고, 발주자에게 심사내용을 보고한다.

설계자는 기본설계도, 실시설계지침, 실시설계조건에 근거하여 실시설계도서를 작성하여 제출한다.

CMr은 완성한 실시설계도서가 이러한 실시설계지침과 발주자의 요구에 부합된 내용으로 되어 있는지 확인한다. 실시설계도서의 내용은 CMr의 건축의장, 구조, 전기 · 공기조화 · 급배수 · 위생설비 및 외주 등 각 부문의 담당자가 확인하고, 각각 일치하고 있는지 전체 확인을 실시한다.

■ 실시설계지침과 실시설계조건

이러한 요구나 조건과의 정합성을 확인한다. 요구되는 사양 등급도 체크사항에 포함한다.

■ 공간적 적합성 · 이미지와 구조 및 설비와의 적합성[85]

도면상의 적합성은 종합도를 기초로 검증한다. 종합도가 작성되어 있지 않은 경우에는 각 도면을 가지고 실시한다. 이 적합성 검증은 CMr의 업무범위에 포함되어있지 않는 경우도 많다. 그 경우에 CMr은 설계자 또는 공사 감리자가 검증한 것을 확인한다.

■ 그 외의 도면상의 확인 사항

준법성이나 각종 허가 등에 사용할 수 있는지의 확인도 위의 적합성과 동일하게 실시한다.

■ 발주구분과 관련된 적합성

발주구분과 깊이 관련되어 있으므로 다음 내용에 대해 확인한다.

- 각 발주구분간의 취합 개소의 표시
- 발주구분간 공사 범위의 표시(일반적으로 별도 공사구분이라고 하지만 〈그림 2-5〉(2-1기본계획 단계)의 시공 패턴③(38쪽)과 같은 종합 공사업자가 존재하지 않는 경우에는 일반적으로 별도 공사라는 개념도 없다.)
- 도면 구성
- 시방서 구성

84) 24 기본설계도서의 내용심사와 확인 P.100
85) [참고], (종합도의 역할) 참조 P.115

■ 시공순서 등의 확인

시공계획, 가설계획 등과 관련하여 시공성 측면에서 시공순서가 필연적으로 결정되어야 하는 경우가 있다. 이러한 부분의 시공에 무리가 있는지의 여부를 확인한다.

■ 공사비 확인

제출된 공사비 개산서(안)에 대한 검증은 「3302 공사예산서」에서 설명한 바와 같다.

검토 결과에 따라 발주자가 발주에 대한 의사결정을 진행한다.

■ 성과품

실시설계단계에서의 성과품은 다음과 같은 도서이다.

- 각종 시방서
- 실시설계도(배치, 평면, 입면, 단면, 각종 상세도, 구조설계도, 구조계산서, 공기조절 · 급배수 위생, 전기 등의 소요 설비설계도, 외주시설 설계도 등)
- 확인신청 도서
- 공사비 개산서

프로젝트에 따라서는 이 외의 제출물을 의뢰하는 일도 있으므로 프로젝트마다 확인을 필요로 하는 것은 말할 필요도 없다.

참고

■종합도의 역할

종합도에 대해서는 다양하게 논의되고 있으며, 설계자의 업무범위라고 하는 의견도 많다. 여기에서 그 시비를 논의할 생각은 없다. 그렇지만 종합도의 필요성과 편리성은 매우 높다. 그것은 평면계획 · 입면계획 · 단면계획의 공간적 적합성 및 이미지 · 구조 · 각 설비의 적합성을 검증하는 것이기 때문이다. 요즈음 IT기술의 혁신은 종합도에 대해 단순한 정합성의 확인에만 머물지 않고 시계열적 전개도 가능하게 하고 있다. 역으로 기본계획 재검토 시뮬레이션, 시공도, 제품도의 작성, 수량의 계산 등까지 통합된 설계도로 발전하고 있다.

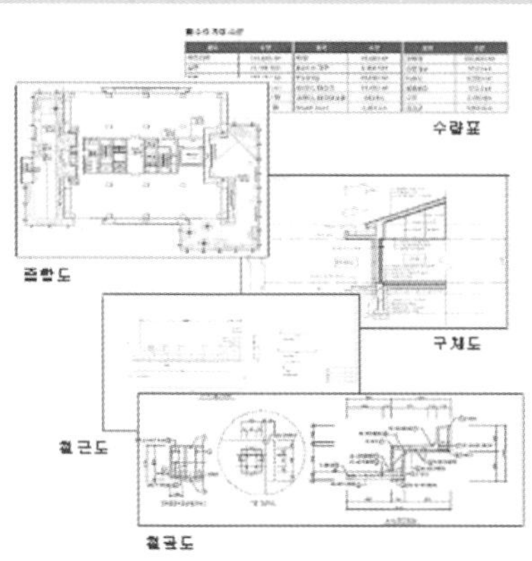

4

공사발주단계

공사발주단계의 조달매니지먼트는 CMr에게 가장 기대되는 업무 중 하나이다. 이 공사발주단계는 실시설계단계의 다음이지만 시계열적으로 반드시 뒤에 온다고는 할 수 없다. 기본설계나 실시설계와 병행해 행해지는 일도 있다. 여기에서는 우선 공사발주 업무 전반을 정리하고 그 운용을 설명한다.

공사발주단계에서의 CMr 업무 흐름도

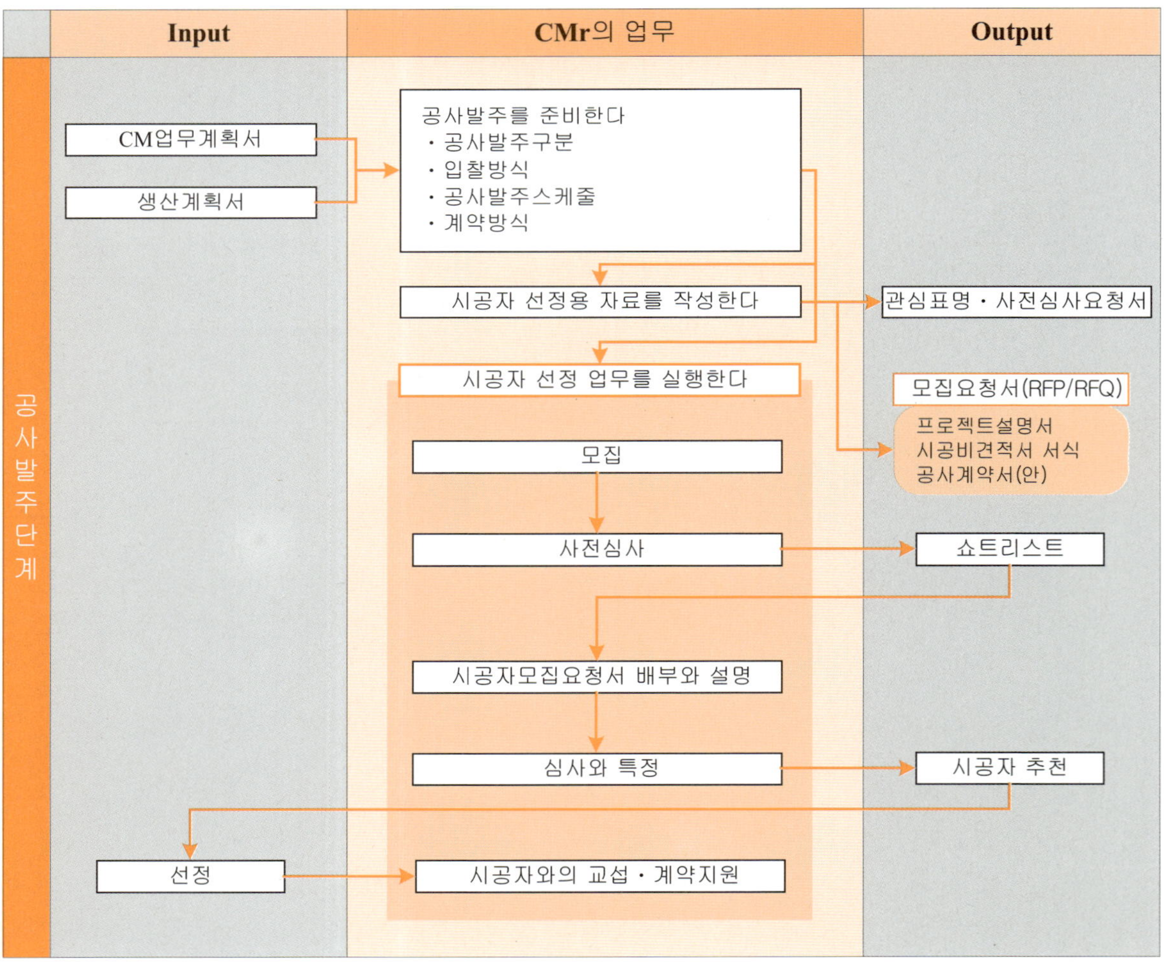

4 1 공사발주 ABCDE

시공자를 선정하기 위한 선정방법을 수립하고 선정용 자료를 작성하여 수립한 지침에 따라 시공자를 선정한다.

시공자 선정을 위한 업무는 크게 나누어 다음과 같은 3종류가 있다.

- ■공사발주 준비
- ■시공자 선정용 자료 작성
- ■시공자 선정 실시

이 업무를 시계열로 나타내면 〈그림 2-17〉의 시공자 선정 순서도와 같다. 본서에서는 하나의 시공업체를 선정하는 업무에 대해 설명하고 있다. 시공유형 ①의 경우에 시공자는 단일 회사이지만, 〈그림 2-5〉에서 설명한 시공유형 ② 혹은 ③의 경우에는 복수의 시공자를 선정하게 되어 프로세스가 중복된다. 시공자 선정과 공사 발주시기가 일치하지 않는 것도 있다. 따라서 시공자 선정뿐만 아니라 공사발주 전체를 고려해야 한다.

또한 본서에서는 단지 시공자라고 하고 있지만 자재를 공급하는 납품업자, 기계 · 가구 등의 제작자(Vendor) 선정에 대해서도 기본적으로는 동일한 선정 프로세스를 따른다.

4 1 1 공사발주 준비 ACE

공사발주구분, 인수방식 등을 정하고 발주자의 양해를 얻는다. 이렇게 수립한 선정방법에 따라 선정용 자료를 작성하여 선정한다.

시공자 선정방법을 확정하기 위해 다음 사항의 검토가 필요하다.

- 공사발주구분
- 입찰방식
- 공사발주 스케줄
- 계약방식

■ 시공자 선정방법에 대한 기본적 고찰

프로젝트에 적합한 시공자 선정방법을 정한다. 기본적으로는 완전개방적 경쟁원리를 적용하는 방법을 이용하고 동시에 시공자의 능력을 감안하여 해당 프로젝트에서 가장 효율적인 발주를 실시하는 것이 중요하다. 공공공사에서는 법령 등에 의해 모집, 선정방법이 정해져 있어 CMr은 이를 순조롭게 실행할 수 있도록 지원하면 된다.

1 기본계획단계 | 2 기본설계단계 | 3 실시설계단계 | 4 공사발주단계 | 5 공사단계 | 6 완성후단계 | 0 공통업무

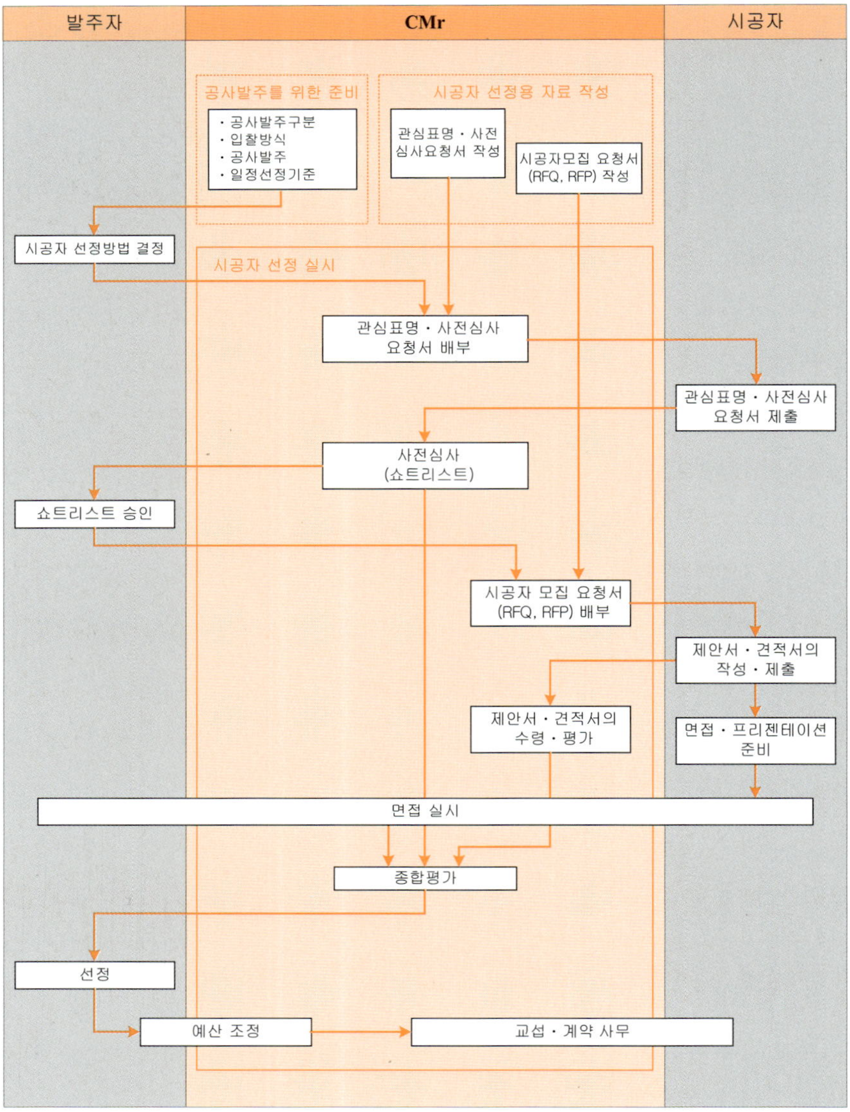

〈그림 2-17〉 시공자 선정 순서도

4 1 1 1 공사발주구분[86] E

CMr은 발주자 요구, 설계내용, 공사예산, 스케줄, 지역 시공자의 상황, 그 외의 조건을 감안하여 공사발주구분을 정한다.

「CM방식 = 분리발주」는 아니다. 또한 분리발주를 실시하는 것이 반드시 비용절감이 된다

86) 1235 발주방침 P.36

고는 할 수 없다. 그러나 〈그림 2-18〉에서 보듯이 코스트 저감 가능성이 있는 것은 사실이다. 발주자의 요구를 중심으로 공사 규모, 요구되는 기술, 공사업자의 기술력 및 자기 관리능력, 발주자 내부의 업무량 등을 고려한다. 필요한 시공유형을 고려하여 시공유형 ② 혹은 ③(37쪽)을 채택하는 경우에는 합리성을 고려하여 공사발주구분과 패키징[87]을 실시한다.

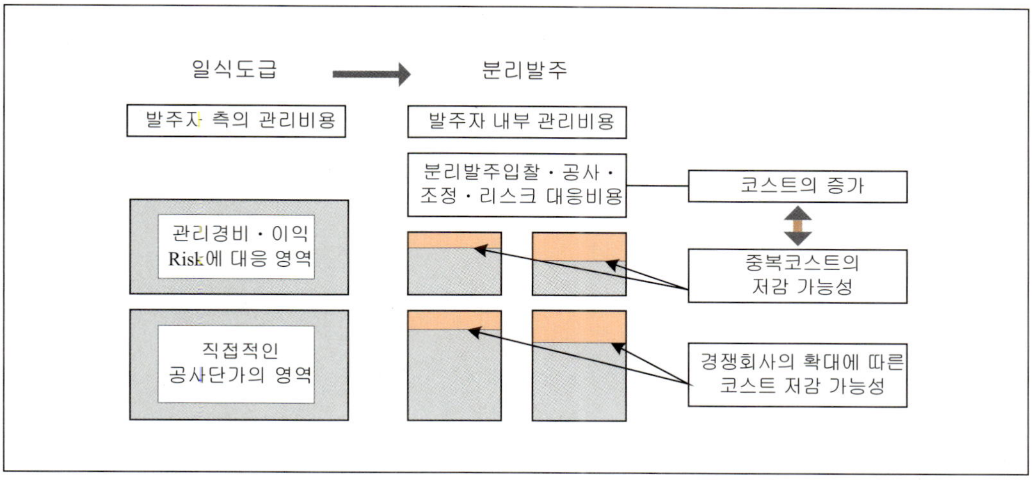

〈그림 2-18〉 CM방식 활용시의 시공 체제 유형

■ 공사발주구분 단위의 공사범위와 내용

각 공사발주구분의 최종적인 공사범위, 공사내용을 규정하는 것은 공사발주단계이지만, 조달방침의 검토에 착수하는 초기단계부터 순차적으로 검토해 범위를 좁혀 나간다. 기본설계단계에서는 이러한 업무구분이 명확하지 않은 경우도 많아, 선행 발주가 필요한 경우 CMr은 설계측과 조정하여 사양, 공사내용 등을 설계완료에 앞서 명확하게 할 필요가 있다. 실시설계단계가 되면 사양까지 명확해지므로 더욱 상세하게 검토할 수 있다. 최종적인 확정은 각 공종간의 관련이 표현된 종합도의 완성시점에서 실시해야 하지만, 현실적으로는 마스터 스케줄과 발주 스케줄을 감안하여 적절하다고 판단되는 시점에서 확정한다.

CMr은 종래 방식에서 종합공사업자가 실시하던 업무, 즉 기자재 조달, 제작도의 작성, 제작, 수송, 보관, 보험, 납품절차, 공사, 시험, 제품보증, 보고 등에 대해 그 범위와 내용이 다른 공사발주구분이나 모순, 결함이 없도록 검토하여 분할안을 제시해야 한다. 특히 현장에서의 공사범위 분할을 명확히 해야 한다.

87) 패키징
한 덩어리로 하는 것. 여기에서는 복수의 공종을 조합하여 발주단위 · 공사발주구분을 구성하는 것을 말한다.

〈표 2-24〉 분리발주 가능성이 있는 공사의 예

구분		
선행 발주를 실시하기 위해 분리될 가능성이 있는 것	해체공사	말뚝공사
	철골의 재료 조달 및 제작	외장공사
	PC공사	국제 조달 기자재
독립성이 높아 분리할 가능성이 있는 것	전기설비공사	급배수 · 위생설비공사
	공기조절설비공사	간판공사
	OA플로어 공사	승강기공사
	창호공사 · 유니트공사	방수공사
	제어공사	기계식 주차장 공사
	도장공사	외부구조공사

■ 공사발주구분의 종류

공사발주구분에는 질적 구분과 양적 구분이 있다.

■ 질적 구분

질적 구분은 공종이나 기능으로 분리하는 것이다. 일반적으로 분리발주에서는 이러한 구분을 의미한다. 표 2-24는 분리발주할 가능성이 있는 예이지만, 이러한 공종 · 재료에 한정되는 것은 아니다. 또한 급배수 위생 공사는 급수 · 급탕공사, 가스공사, 배수공사 등 보다 세부적으로 분리할 가능성이 있으므로 프로젝트마다 검토해야 한다.

37쪽에서 설명한 시공유형 ②는 공공공사에서 현재 사용되고 있는 구분으로 건축공사, 설비공사 및 전기공사의 3가지 분할이 건축공사, 공기조화설비공사, 급배수설비공사, 전기설비공사, 승강기설비공사 및 외부구조공사 등으로 분리되기도 한다. 이 경우, 건축공사 담당업자를 주관 건설업체로 하여 공사현장에서의 총괄 · 조정을 담당하도록 업무범위를 정하는 경우가 많다. 덧붙여 공공공사는 업종에 의한 일반경쟁참가자격 등록의 확인을 실시할 필요가 있다.

시공유형 ③은 건축공사를 보다 세부적으로 분리하는 구분이다.

■ 양적 구분

공사량이나 발주시기 차이의 조정을 위해서 공구를 분할[88]하는 것이다. 동별, 부지별 등으로 나누는 방법이 있다. 대규모 프로젝트에서는 현재도 일반적으로 사용되고 있다. 공공공사, 학교 등의 프로젝트에 대해 동마다 발주되고 있는 경우도 많으며, 이것도 일종의 양적 구분이다.

88) 분리 또는 분할
공공공사에서는 양적 구분을 분할발주로 구분하여 사용하고 있다. 따라서 여기서의 예는 분할이라고 한다.

■ 양적 구분과 질적 구분의 복합

복수동의 건물을 건설하는 프로젝트의 경우에는 양적 구분을 설정해도 전체 동에 공통되는 자재에 대해서는 전체 동분을 일괄 조달하여 조달비용을 감축할 수 있는 경우도 있으므로 보다 세부적으로 구분하여 실시하는 복합적인 구분방법도 있다.

■ 공사발주구분과 관련된 제약

공사발주구분에는 다음과 같은 제약이 있으므로 검토시 이를 고려하여야 한다.

■ 설계도서의 진척에 의한 제약

공사발주스케줄, 시공스케줄 및 설계스케줄을 고려할 경우, 공사 발주시기에 공사발주구분에 대응하는 설계도서가 완성되어 있지 않는 경우도 있다. 반대로 일부의 설계도서만 선행해 완성시켜 우선 발주를 실시해야 하므로 발주자의 요구인 일괄발주를 할 수 없는 경우도 있다.

■ 납기에 의한 제약

리드타임이 긴 제품의 조달 등은 일반공사의 발주보다 선행하여 발주해야 하는 경우가 있다. 이러한 경우 시공유형 ①이어도 분리하여 발주하는 경우도 있다.

■ 특수공사내용에 의한 제약

보안을 확보해야 하는 공사에서는 비밀을 유지한다는 측면에서 다른 공사와 구분하여 패키징을 할 수 없는 경우가 있다.

국제조달 자재에 대해서는 자재만 공급하는 업자와 설비공사를 실시하는 시공자가 분리된 발주구분이 되는 경우가 많다. 이러한 경우 공급업자 혹은 제작자와 시공자 간의 책임소재를 명확하게 해야 한다.

■ 발주자 요구에 의한 제약

발주자가 해당 프로젝트 이외의 이익을 확보하려는 목적이나 발주자 관련회사에 수주할 목적으로 특정의 종합공사업자에게 일괄도급계약으로 발주를 희망하는 일도 있다. 시공유형 ①을 적용하는 경우에도 먼저 전문공사업자 등이 선정되어 종합공사업자의 협력업자로서 프로젝트에 참가하는 경우도 있다. 이는 지정하도급공사[90]로 불리기도 한다. 시공유형 ② 및 ③의 경우에는 패키지에 영향을 미치게 된다.

90) 지정하도급공사
4114 계약방식 참조 P.129

CM방식의 사용 목적과는 다른 부분이 있다고 생각되지만, 그러한 경우에도 불필요한 이익을 제공할 의도는 아니기 때문에 적정한 금액의 발주, 제3자로서의 컨설턴트 역할을 CMr에게 요구하고 있다고 생각할 수 있다. 특정의 자재 · 공사에 관해서 분리발주를 희망하는 경우도 있다.

이러한 경우 CMr은 다른 사업 관계자와의 이해도 고려하여 발주자에게 명확한 의사표시를 요청한다.

■ 공사발주구분의 장 · 단점

분리발주방식과 일괄발주방식을 비교하여 분리발주방식을 사용하는 이유와 사용할 경우의 고려할 사항은 다음과 같이 정리할 수 있다.

■ 분리발주방식을 사용하는 이유

- 코스트 투명성의 증가 – 전문공사업자가 코스트에 접근이 가능하다.
- 경쟁의 기회 확대에 의한 비용절감 가능성이 있다.
- 조기 발주가 필요한 부분만큼 선행 발주가 가능하다.
- 착공시에 발주준비가 완료되어 있지 않는 공종에 의해 발주가 좌우되지 않는다.
- 공종에 따라서 복수의 공사현장에 집중하여 대량구매에 의해 코스트를 감축할 수 있는 가능성이 있다.
- 특수기술을 가진 업자 등의 선정을 일반의 공종과 분할하여 생각할 수 있다.
- 종합공사업자와 전문공사업자와의 중첩 하도급구조로부터 발생되는 일괄도급방식의 중복된 리스크 대응비용 등의 단축 가능성(그림 2-18 참조)이 있다.

■ 분리발주방식을 사용할 경우의 고려사항

- 발주자의 리스크 대응비용 증가
- 선정 노력 · 발주 업무량 증가
- 공사 업자간의 조정 · 관리의 어려움 증가
- 설계자 · CMr의 업무량 증가

여기서 발주자가 인식할 필요가 있는 「발주자의 리스크 증가」에 대해서는 충분히 설명해야 한다.

■ 분리발주방식 사용시의 패키지

부분적으로 분리발주방식을 사용하는 경우, 적절한 패키지를 실시하도록 검토해야 한다. 다음에 설명하는 발주방식, 공사발주스케줄 등과 관련하여 검토한다.

프로젝트에 따라 적절한 패키지의 규모와 수는 달라진다. 120쪽의 〈표 2-24〉는 분리발주할 가능성이 있는 공종의 예이지만, 경우에 따라서는 이러한 공종 · 재료조달 몇 개를 하나의 그룹으로 정리하여 패키지로 한다. 철근 · 거푸집 · 콘크리트 공사에 관련된 복수의 공종을 구체공사 패키지로 하는 것이 대표적인 예이다.

그 외에는 외벽타일공사, 방수공사 및 도장공사로 분류하여 책임시공 체제로 외장공사를 하는 경우도 있다.

패키지를 실시해야 하는 조건들을 예시하면 다음과 같다.

- 동일한 작업자를 시공에 투입한다.
- 시공자가 작업그룹이나 택트 공정[91]을 위하여 팀을 편성한다.
- 동종의 기계 · 도구를 사용한다.
- 현장작업을 항상 상 · 하로 실시한다.
- 복합적인 초기 제품의 성능을 발휘할 수 있다.
- 타 공종과의 관련 작업이 대단히 많다.
- 책임한계에 대하여 명확히 분리하기 어렵다.
- 자세하게 분리했을 경우에 시공자가 존재하지 않는(능력의 이유)등 그 밖에도 다양한 조건이 있어 프로젝트별로 생각해야한다. 각종 사례를 참고해야 한다.

■ 내장 · 개수공사의 패키지

신축공사뿐만 아니라 개축 · 개수 혹은 이주와 관련된 입주공사 등에 대한 CMr의 수요도 많아지고 있다. 내장 · 개수공사에는 크게 3개의 공사발주가 있다. 첫 번째는 시설 소유자 책임으로 발주하는 공사, 두 번째는 세입자를 위한 공사로서 세입자가 비용을 부담하지만 시설 소유자가 발주하는 공용부분 등의 공사, 세 번째는 세입자의 책임으로 발주하는 공사이다. 이것들은 보통 '갑' 공사, '을' 공사, '병' 공사[92] 또는 'A' 공사, 'B' 공사, 'C' 공사로 불린다. 이 경우 CMr이 시설 소유자를 위해서 업무를 실시하는지, 세입자를 위해서 업무를 실시하는지에 따라 패키지가 서로 다르다는 점을 인식하고 있어야 한다.

91) 택트공정 – 제3장 5-2 스케줄링 기법 P.278

92) '갑', '을', '병' 공사 – A, B, C 공사라고도 한다. 세입자 공사 등에 대해 복수의 사업주체가 관여하는 경우, 그 설계주체나 공사주체 등의 편성과 구분되는 각 공사를 나누기 위해 관습적으로 이용되고 있는 용어로 프로젝트에 의한 정의와는 다르다. 예를 들면, 발주자의 설계에 의한 발주자의 공사를 '갑'공사, 세입자측의 설계에 의한 발주자의 공사를 '을'공사, 세입자측의 설계에 의한 세입자의 공사를 '병'공사라고 한다.

■ 공사 발주구분에 있어서의 기타 유의사항

■ 가설 공사의 구분

가설공사에 대해서는 시공패턴 ①및 ②의 경우에는 종합건설업자의 공사에 포함하는 경우가 많다. 비용부담에 대해서는 발주자가 직접 지불하는 경우와 종합건설업체가 다른 공사의 구분으로부터 정해진 형식에 따라 징수하는 경우가 있다.

시공패턴 ③의 경우에는 몇 개의 구분을 맡은 시공자에게 포함할 것인지, 별개의 구분을 설정할 것인지 검토한다. 이 경우 교통편 등의 시설에 대한 안전에 유의해야 한다.

■ 공공공사의 공사발주구분

공공공사의 경우 [WTO 정부조달에 관한 협정]이나 「공공사업의 입찰 · 계약 수속의 개선에 관한 행동계획]등에 규정하고 있는 조건이 있으므로, 자의적으로 소규모 패키지로 분할해서는 안 되는 문제를 고려해야 한다.

4 1 1 2 입찰방식 E

CMr은 설계내용, 예산, 공사기간, 지역 시공자의 상황, 그 외 발주자의 요구조건 등을 감안해 입찰방식(일반경쟁, 지명경쟁, 특명 수의계약 방식 등)을 확정한다. 또한 입찰방식에 따라 선정기준을 작성한다. 선정기준은 시공자 모집요강에도 기재되는 항목이며, 공정하고 명확하여야 한다.

■ 입찰방식의 종류

입찰방식에는 〈표 2-25〉와 같은 것이 있다. 다만 규정된 형식은 아니다. 프로젝트의 조건에 맞추어 효율적인 방법을 검토하여야 한다.

〈표 2-25〉에 기재되어 있지만 프로젝트에 따라서는 시공자의 기술제안을 받는 프로포잘(Proposal)형의 선정 방법을 검토한다.

■ 경쟁입찰

일반적으로 행해지고 있는 시공자 선정방법이다. 견적금액을 제시하여 금액으로 선정한다. 일반적으로는 최저가격을 제시한 자가 선정되지만 견적조건 등을 만족해야한다. CMr은 견적조건을 만족하는지 등을 평가하여 그 결과를 발주자에게 보고한다. 경쟁입찰의 특징은 아래와 같다.

- 선정기준이 명확하다.
- 시공자의 노하우를 반영하기 어려운 면이 있다.

- 발주자 및 CMr의 업무량이 가장 적은 방법이라고 할 수 있다.
- 경쟁원리에 의해 최저가격으로 조달할 수 있다.
- 가격만으로 계약이 정해지기 때문에 덤핑이나 업체 간의 가격조정 등이 일어나기 쉽다.

〈표 2-25〉 입찰방식의 종류

<table>
<tr><td>①</td><td>일반경쟁입찰 방식</td><td>불특정 다수의 응모자 중에서 최저가격자를 낙찰자로 한다.</td><td rowspan="7">공공사업 등에서 CMr이 시공자로서 계약하지 않는 경우, 개별적인 시공자가 발주자와 원청계약을 체결하기 때문에 아래의 내용을 고려한다.
(1) 정부에 관한 규정(WTO)
(2) 공공사업의 입찰 · 계약 수속의 개선에 관한 행동 계획
(3) 지방자치법
(4) 기타 발주와 관련된 법규</td></tr>
<tr><td>②</td><td>지명경쟁입찰 방식</td><td>지명한 참가자 중 입찰을 실시해 최저가격자를 낙찰자로 한다.</td></tr>
<tr><td>③</td><td>일반경쟁입찰이지만, 기술제안 등의 요소를 더해 수정 평가금액으로 선정하는 방식</td><td>프로포잘(Proposal) 방식은 아니지만, 시공자로부터 제출된 금액, 경영상황, 향후의 변경의 가능성 등 발주자 및 CMr의 평가를 더해 선정한다. 민간 공사에서 널리 사용되는 방식</td></tr>
<tr><td>④</td><td>지명경쟁입찰이지만, 기술제안 등의 요소를 더한 수정평가금액으로 선정하는 방식</td><td>프로포잘(Proposal) 방식은 아니지만, 시공자가 제출한 금액에 경영상황, 향후의 변경 가능성 등 발주자 및 CMr의 평가를 가미해 선정한다. 민간공사에서 널리 사용되는 방식</td></tr>
<tr><td>⑤</td><td>공모형 기술제안 프로포잘(Proposal) 방식</td><td>불특정 다수의 응모자 중에서 최저가격자를 선택하지만, VE안 등 가격 이외의 요소도 더해 선정한다.</td></tr>
<tr><td>⑥</td><td>지명형 기술제안 프로포잘(Proposal)방식</td><td>지명한 참가자 중에서 최저가격자를 선택하지만, VE안 등 가격 이외의 요소도 더해 선정한다.</td></tr>
<tr><td>⑦</td><td>특명 수의계약</td><td>한 업체의 특명</td></tr>
</table>

■ 경쟁입찰의 심사기준

경쟁입찰에서는 최저금액으로 입찰한 후보자가 선정된다. 견적범위에 대해 제시된 금액이 심사기준이다. 견적방법 · 제시방법 등에 제한을 부과하는 경우에는 이를 명확히 하며, 다음과 같은 점을 고려한다.

- 제시한 대안의 견적 무효화
  (원안에 대한 견적 제출을 요구한다)
- 별도 취급 금지
  (다음과 같은 비용이 계상되고 있는가)
  - 시공, 재료 및 제품의 시험, 견본 등의 작성, 검사에 필요한 비용의 계상 유무
  - 공사시공에 필요한 부지주변의 장애가 되는 것의 이전 및 복구에 필요로 하는 비용의 계상 유무
  - 공사기간 중의 관공서, 기타 수속 비용의 계상 유무

- 일식 계상은 원칙적으로 금지
  (공사비 내역을 알 수 있도록 하는 것)
- 가격인하 항목 계상 금지
  (단가에 반영시킨다)

이 외에 입찰에 즈음하여 입찰보증을 요구하거나, 낙찰되었을 경우의 공사보험, 이행보증 등에 관련된 요율을 제시하도록 요구하거나, 또는 후보자의 시공능력을 기준으로 심사하는 경우도 있다. 또한 사전심사를 실시하지 않는 경우에는 이러한 경쟁입찰의 심사기준에 사전심사 항목을 더할 수도 있다.

■ 프로포잘형

비교적 단순한 프로젝트에서는 위에서 언급한 입찰방법을 적용하지만, 복잡한 프로젝트나, 시공자의 기술제안 등을 포함시키려 할 경우에는 프로포잘(Proposal)형의 시공자 선정방식을 적용한다. 프로포잘(Proposal)형의 특징은 아래와 같다.

- 시공자가 제안하는 방법으로 시공할 수 있으므로, 그 방법에 대한 확실성이 높다.
- CMr이나 설계자가 가지지 않는 노하우를 수용할 수 있다.
- 독자적인 제안을 요구하기 때문에 업자간의 가격조정 등이 발생하기 어렵다.
- 단순 비교를 하지 못하게 되므로, 선정기준의 선정에 주의를 필요로 한다.
- 선정자 측의 업무량이 많다.

입찰 투명성이 요구되는 경우에는 프로포잘(Proposal) 방식의 변형으로서 기술 프로포잘(Proposal)과 견적금액을 따로 제출 받아, 우선 기술심사에 의한 쇼트리스트[93]를 작성하고, 그 후에 금액을 평가하는 방법도 있다.

■ 프로포잘(Proposal)형의 심사 기준

프로포잘(Proposal)형은 후보자가 제시한 설계도서 등에 대해 기술제안 혹은 설계변경제안 등을 실시하고, 그 제안에 대한 견적금액을 제시한다. 제안내용, 금액, 시공자의 과거 공사실적, 배치 기술자, 회사의 재무적 능력 등을 종합적으로 평가한다. 또는 제안의 우열보다 금액을 중심으로 하는 경우도 있다.

전자의 경우에는 경쟁입찰의 심사기준에 따라 입찰금액을 점수로 전환하고, 다른 평가

93) 쇼트리스트(Short List)
설계자나 시공자 선정에 대해 매우 유연한 조건에서 다수의 후보자 리스트(롱 리스트, Long List)로부터 조건을 강화하면서 후보자를 좁혀가는 프로세스 혹은 그 결과의 리스트. 표에 기입한 이름의 수를 줄이기 때문에 쇼트리스트라고 한다.

항목도 점수를 부여하여 그 합계를 비교한다. 일반적으로 점수 배분까지는 공표되지 않는다.

후자의 경우에는 경쟁입찰의 심사기준으로 변경제안의 허용범위를 명확하게 하는 것이 포함된다.

■ 공공공사의 시공자 선정방법

공사를 발주함에 있어 민간공사에서는 기본적으로 제한이 없지만 공공공사에서는 전제가 되는 법령 등에 근거하여 진행하게 된다. 발주업무는 지방공공단체에서 담당하고 CMr은 제안 · 조언을 하지만 그 법령, 조건 등의 전제조건을 충분히 이해해야 한다.

- WTO[94]정부조달에 관한 규정
- 공공사업의 입찰 · 계약 수속의 개선에 관한 행동계획, 회계법
- 지방자치법

또한 아래의 선정방법은 공공공사에 적용되는 것이다.

- 입찰단계에서 시공방법 등의 기술제안을 받아들이는 「입찰시 VE 방식」
- 시공단계에서 시공방법 등의 기술제안을 받아들이는 「계약 후 VE방식」
- 입찰시에 설계안 등의 기술제안을 받아들여 설계와 시공을 일괄발주하는 「설계시공일괄발주방식」

또한 「공공공사의 입찰 및 계약 적정화 촉진에 관한 법률」 및 「공공공사의 입찰 및 계약의 적정화를 도모하기 위한 조치에 관한 지침」에 따라 투명성의 확보, 공정한 경쟁의 촉진, 적정한 시공의 확보, 철저한 부정행위 배제 등을 도모하기 위한 조치를 적절히 실시할 것이 요구된다.

「공공공사의 입찰 및 계약 적정화 촉진에 관한 법률」제3조의 내용은 다음과 같다.

- 입찰 및 계약과정, 계약내용의 투명성이 확보될 것.
- 입찰에 참가하거나, 계약의 상대방이 되려고 하는 자 간에 공정한 경쟁이 촉진될 것.
- 입찰 및 계약으로부터의 담합, 기타 부정행위가 철저히 배제될 것.
- 계약된 공공공사의 적정한 시공이 확보될 것.

94) WTO(World Trade Organization)
세계무역기구가 GATT(관세와 무역에 관한 일반협정) 우루과이 라운드의 합의에 근거하여, 1995년 1월에 발족한 조직. 세계 무역의 질서 유지를 목적으로 140개국 이상의 나라가 가입하고 있다.

참고

■유사 안건의 실적에 근거한 공사발주 스케줄 제안

T복합건물 계획에서는 동일한 용도 · 규모를 가진 G복합 건물의 발주구분(건축/설비 분리)에 준하여 견적 의뢰 리스트 작성에서부터 발주처 결정 및 계약체결에 이르는 작업량을 산출하여, 적정하다고 생각되는 작업 순서와 소요기간을 발주자에게 제안했다. 그 결과 무리 없이 공사발주기간을 확보할 수 있었으며 작업의 계획 개시일/종료일을 설정하여 달성목표를 명확히 했다. 또한 실적에 근거한 작업량으로 기본설계단계부터 공사발주구분을 고려한 공사발주 스케줄을 작성하여 발주시마다 기본설계도서 작성의 스케줄 매니지먼트도 순조롭게 진행되도록 마스터 스케줄 상의 공사 착수시기의 확실성을 높일 수 있었다.

4 1 1 3 공사발주 스케줄 CE

시공자를 선정하고 공사를 발주하기 위한 스케줄을 작성한다. 시공자측의 견적이나 제안의 작성 또는 질의응답 등의 기간을 고려하여 선정기간을 정한다. 시공자가 선정된 후의 계약기간도 고려해야 한다. 또한 특정 시공자의 발주, 착공시기, 납기 등은 정하지 않았기 때문에 명확하게 스케줄을 작성한다. 실무적으로는 시공자 1개사에 대한 공사발주 스케줄이 아니고, 전체 시공자에 해당되는 스케줄을 작성해야 한다.

공사발주 스케줄에 대해 고려할 요소를 정리하면 아래와 같다.

- 공사발주구분
- 시공자 선정방법
- 시공자 선정용 자료작성 기간
- 설계 스케줄(공사발주를 위해서는 견적요청서 등의 발주와 직접 관련된 서류와 설계도, 시방서가 완성되어 있어야 한다)
- 시공자 선정기간(시공자의 견적서, 제안서 작성기간에 유의한다.)
- 계약체결기간(복수의 시공자가 있는 경우, 사무기간이 길어지는 것을 고려한다.)
- 착공준비기간
- 공사기간(해당 공사에 필요한 기간과 '을' 공사, '병' 공사 등을 포함한 전체의 기간을 파악한다.)
- 전체의 시공 스케줄과의 관련(발주구분이 많은 경우에는 크리티컬패스와 관련된 시공자도 많기 때문에 주의해야 한다.)

■ 공사발주구분에 의한 발주시기의 제약

공사발주는 일반적으로 실시설계 후에 행해지는 경우가 많지만, 장기 리드타임을 필요로 하는 자재나 해체 공사 등을 선행하여 공사를 실시해야 할 경우, 실시설계 완료를 기다리지 않고 발주업무를 추진할 필요가 있다. 반대로 공사발주단계는 실시설계의 다음 단계로 기술되고 있지만, 이것은 일반적인 본체공사 일괄 발주를 전제로 하고 있다. 그러나 실제로 프로젝트의 요구에 따라 적정시기에 발주되는 것이다.

또한 수선공사의 경우에는 구체공사 기간이 없기 때문에 설비기기 등에 대한 리드타임이 부족한 경우도 있으므로, 설비공사와는 별도로 설비기기만을 우선 분리발주할 수도 있다. 이러한 유형의 기기로서 비상용 발전기, 공기조절기, UPS장치(UPS: Uninterruptible Power Supply), 특수 소화기기 등이 있다. 대규모 프로젝트의 경우, 조달시기에 따라서 타 프로젝트와의 중복 등 특수요인에 의해 자재나 일부 공종의 조달조건 등이 제약을 받는 경우도 있을 수 있기 때문에 기본설계단계에서 그러한 기자재가 있다면 공사발주시기는 시장상황을 조사하여 반영할 필요가 있다.

4 1 1 4 계약방식 AE

공사발주계약에 관한 발주자의 요구에 따라 각 계약이 가진 특징이나 리스크를 명확하게 한 다음 적절한 계약방식을 선택하도록 발주자에게 조언한다. 공사발주계약은 일식발주로서 총액계약이 일반적이고 그 외에 단가계약이나 실비정산방식도 있지만, 건설업법 제24조에 의해 보수를 받고 건설공사의 완성을 목적으로 체결하는 계약은 건설공사의 발주계약으로 간주하기 때문에 건설업법이 적용되게 된다. 발주자는 계약체결을 한 다음 설계도나 시방서에 근거하여 발주하는 공사내용, 공사금액, 지불조건을 확정하게 된다. 분리발주방식을 도입하는 경우에는 공사구분 조정을 포함하여 발주계약은 보다 중요해 진다. 그 때문에 계약체결 전에 발주자의 사정이나 분리발주한 경우의 공사구분의 상호조정에 의하여 설계변경이 필요할 경우에는 신속하게 설계도서 및 발주금액을 수정하여 정합성을 확인한 다음 계약을 체결하도록 발주자에게 조언할 필요가 있다. 또한 시공자의 하자담보책임에 대해서는 「61 완성후」(195쪽)에 자세히 기술하고 있으므로 이를 참조한다. 이것은 중요한 항목이므로 CMr은 이를 충분히 이해하고 CMr 자신의 업무를 근거로 조언한다.

■ 계약방식의 종류

공사에 관한 계약방식은 유럽과 미국에서는 발주자 리스크에 따라 다양한 계약방식이 채용되고 있다. 한편, 일본에서는 주로 다음과 같은 3가지 계약방식이 이용되고 있지만 대부분은 ①총액발주 방식이다.

① 총액발주방식 : 계약시에 도급금액을 결정

② 실비정산방식 : 공사에 필요한 비용 등으로부터 도급금액을 산출

③ 단가계약방식 : 계약시에 작업량에 대한 단가를 결정, 완성후에 도급금액을 산출

최근에는 미국에서 행해지고 있는 「Cost Fee 방식[95]」에 가까운 형식으로 공사대금을 결정하는 방법도 사용되기도 한다. 시공자가 직접공사비를 제시하고, 정률 혹은 정액의 경비 및 이익을 추가하는 방식이다. 이익확보를 위하여 저 품질의 건설물을 만드는 것보다, 적정한 이익을 확보해 좋은 건물을 만든다고 하는 발주자의 의도가 포함되어 있다. 이러한 결정방법을 선택하는 경우에 발주자를 위해 적절한 조언을 하는 것도 CMr의 업무이다.

■ 코스트 온 방식

「Cost On 방식」이란, 발주자, 원도급, 하도급의 3자 사이에 하도급공사 발주금액과 원도급 관리경비를 결정한 뒤, 계약을 체결하는 일본 고유의 「Cost Fee 방식」이라고 할 수 있다. 종전에는 설비공사만을 대상으로 적용되었지만, 최근 발주자가 설비공사뿐만 아니라 다양한 공종에 대해 전문공사업자(「노미콘」이라고도 한다)를 지정해, 가격 교섭을 한 다음, 원도급자에게 해당 전문공사업자와 도급계약을 맺게 하는 경우도 있다.

이러한 계약은 발주자가 가격교섭 등의 권리를 가지면서 관리를 원도급자에게 맡기게 된다. 민간연합협정 공사도급계약약관 제3조, 관련공사의 조정에 대한 「협력」을 도급의 책임범위라고 해석하는 경우도 있다. 그렇지만 조정업무에 관한 업무명세나 책임 · 의무가 명확하지 않기 때문에 관계자 사이의 책임구분 · 비용부담이 명확하지 않은 것, 또는 발주자가 지정한 업자의 채용 및 해당 지정업자 사이에 미리 합의된 계약조건 승낙이 원도급자에게 조건적으로 요구되는 것, 시공자에게 의무만 요구되고 권리는 전혀 주어지지 않는 것 등은 계약

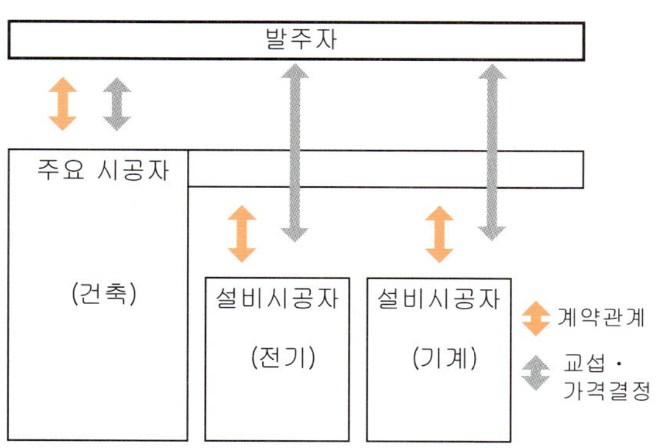

〈그림 2-19〉 코스트 온 방식

민간연합협정 공사계약약관 제3조 관련공사조정

갑 : 발주자

을 : 원도급

갑(갑이 감리에 관한 계약에 대해 관련 공사의 조정을 실시하는 것을 병에 위임했을 경우)은 갑의 발주에 의해 제3자가 시공하는 다른 공사가 을의 공사와 밀접하게 관련된 경우, 필요시 그러한 시공에 대해 조정을 실시한다. 이 경우 을은 갑 또는 병의 조정에 따라 제3자의 시공이 원활히 진척되어 완성되도록 협력해야 한다

95) Cost Fee 방식
원가(cost)와 매니지먼트 요금을 분리하여 지불하는 방식.

의 미비로 인한 분쟁요인이 되는 경우도 있다. 또한 지정업자를 종합공사업자의 하도급으로 하는 경우, 원도급자에게 하자보증을 부과하여도, 그 부분에 대해 종합공사업자에게 선관주의[96]적 책임밖에 물을 수 없다는 논의가 있다. 이러한 계약의 경우, 시공자를 포함한 관계자의 합의하에 실시하는 것이 중요하다.

■ 각 시공자와의 계약

공사도급계약은 발주자와 시공자가 각각 계약을 체결하는 것을 원칙으로 한다. 시공자마다 계약금액, 계약시기 혹은 계약조건에 차이가 있어 모든 계약에 적용하기에는 무리한 경우도 많다. 또한 발주자와 복수의 시공자가 계약을 하면 계약서의 수는 적게 되지만, 시공자가 다수가 되면 각사의 결재 처리시간 등의 이유로 오히려 예상치 않은 시간이 걸리는 일이 있다.

■ 공사도급계약서의 내용

일반적으로 계약의 성립에 서면작성은 필요하지 않지만, 공사도급계약은 장래의 분쟁을 예방한다는 취지로부터 건설업법 제19조에 의해 계약서의 서면화가 의무화되어 있으며, 명시해야 할 내용도 다음과 같이 정해져 있다.

- 공사내용
- 도급금액
- 공사착수시기 및 공사완성시기
- 도급대금의 전부 또는 일부를 선금 지불할 수 있고, 기성부분에 대한 지불 규정의 시기 및 방법
- 당사자 일방으로부터 설계변경 또는 공사착수 연기, 공사의 전부 혹은 일부의 중지신청이 있는 경우에 공사기간의 변경, 도급금액의 변경 또는 손해의 부담 및 그 금액의 산정방법에 관한 규정
- 천재지변, 기타 불가항력에 의한 공사기간의 변경 또는 손해의 부담 및 그 금액의 산정방법에 관한 규정
- 가격 등의 변동 혹은 변경에 근거한 도급대금의 액수 또는 공사내용의 변경, 공사시공에 의해 제3자가 손해를 입었을 경우의 배상금 부담을 정하고, 주문자가 공사에 사용

96) 선관주의의무
「선량한 관리자의 주의 의무」의 약어이며, 위임계약에 의해 일을 맡은 수임자는 본래의 수임사항을 처리하는 것과 별도로 이 의무를 진다(민법 644조). 이 의무는 무엇인가 [이러이러하다]라고 하는 구체적인 내용을 가지는 것이 아니고, 「어떤 사람으로부터 신용에 의해 일을 맡은 사람은 그 신뢰에 응할 수 있도록, 맡은 일의 목적에 맞도록 일정수준의 주의를 기울여 일을 한다.」라는 의미이다.

하는 자재를 제공하고 건설기계, 기타 기계를 대여할 때 그 내용 및 방법에 관한 규정

- 주문자가 공사의 전부 또는 일부의 완성을 확인하기 위한 검사의 시기 및 방법, 인도의 시기
- 공사완성 후의 도급금액의 지불시기 및 방법
- 각 당사자의 이행지체, 기타 채무불이행의 경우, 지연이자, 위약금, 기타 손해금
- 계약에 관한 분쟁의 해결 방법

■ 계약관리

계약체결 후 CMr은 시공자가 계약상의 요구를 확실히 이행하도록, 공정관리나 품질관리, 설계변경대응 등 계약관리를 실시하는 것이 중요하다. 그리고 CM업무위탁계약약관에 프로젝트의 운영에 필요한 부분을 서면이나 별도의 협정서 등을 통해 시공자에게 명시하는 경우도 있기 때문에 그 프로젝트의 특성을 고려하여 적절한 약관에 의한 CM업무 계약을 체결할 필요가 있다.

4 1 2 시공자 선정용 자료 작성 ABDE

시공자 선정용 자료를 작성한다.

시공자 선정용 자료의 구성은 〈표 2-26〉과 같다. 설계도서, 시방서는 설계자가 작성하는 것으로, CMr은 이들을 정리하여 시공자 선정용 자료로 활용한다.

4 1 2 1 관심표명 · 사전심사요청서 E

시공자의 해당 프로젝트에 대한 관심을 조사하여, 후보자를 사전에 좁히기 위한 관심표명 · 사전심사[97] 요청서를 작성한다. 관심표명 · 사전심사 요강에서 사전심사기준을 고려하여 아래와 같은 항목에 대해 기술한다.

- 프로젝트 개요(4122의 프로젝트설명서(134쪽)의 요약)
- 견적서 · 제안서 제출자에게 요구되는 자격요건 등의 기준에 관한 사항
- 선정방법 등
- 시공자선정을 위한 기준에 관한 사항

97) 사전심사
불특정 다수의 응모자 제안을 심사 · 평가하는 것은 발주자 · CMr에 있어 비효율적이며, 다수의 응모자에게는 불필요한 지출을 강요하는 것이 된다. 그 때문에 후보자를 선출한 다음 그 선출한 후보자에게만 제안을 의뢰한다. 이 추출작업이 사전심사(Pre-qualification = PQ)이며, 표에 기입된 업체의 수를 적게 하기 때문에 쇼트리스트라 한다. 또한 비밀유지의 관점에서 보다 안전한 프로세스라고 생각된다. 본서에서는 이 프로세스를 사용하는 것으로 설명하고 있다. 프로젝트에 따라서 사전심사를 생략하는 경우도 있다.

- 시공자모집요청서를 배포하는 방법 및 장소
- 견적서 · 제안서의 제출방법, 장소 및 제출기한
- 관련정보를 입수하기 위한 조회 창구
- 관심표명 · 사전심사서의 방법 및 기한

또한 아래와 같은 서류의 제출을 요구한다.

- 회사개요
- 유사 공사실적
- 재무 내용
- 필요한 허가 · 자격 요건
- 경영상황(경영사항 심사를 이용하는 것도 고려한다)
- CMr에 관한 지식 · 인식수준에 관한 질문

〈표 2-26〉 시공자 선정용 자료의 구성

	문서명	개 요
4121	관심표명 · 사전심사요청서	시공자의 해당 프로젝트 관심을 확인하고, 사전심사를 행하기 위한 문서 · 프로젝트의 개요(프로젝트 설명서 요약) · 견적서 · 제안심의의 제출자에게 요구되는 자격요건 및 선정기준에 관한 사항 · 시공자 선정을 위한 평가기준에 관한 사항 · 모집요청서를 입수하는 방법 및 장소 · 견적서 · 제안서의 제출방법, 장소 및 제출기한 · 관련정보를 입수하기 위한 조회 창구 · 관심표명 · 사전심사서 제출 방법 및 기한
	관심표명서 양식	
	사전심사서 양식	
4122	시공자모집요청서(RFP) 견적모집요청서(RFQ) (RFP, RFQ는 사전심사를 통과한 시공자에게만 배부)	견적서 · 제안서 작성방법 등을 기술한 문서 · 견적서 · 제안서 접수기관의 연락처 · 보완 정보를 요청하는 경우, 그 요청을 받아들이는 연락처 · 견적서 · 제안서 및 제안과 관련된 문서의 작성에 이용하는 언어 · 견적서 · 제안서 수령의 마감일 및 제안서 수령 기간 · 견적서 · 제안서 선정을 위한 선정기준 · 요구 업무내용의 설명 · 지불조건 · 필요한 경우 제안서 제출자에게 요구되는 경제상 혹은 기술상의 요건 · 기타 조건
	프로젝트 설명서	
	설계도서	실시설계도(기본설계도인 경우도 있다)
	각종 시방서	
	공사스케줄(안)	
	공사구분표	
	공사비 견적서 양식	
	질의응답서 양식	
	책임 및 권한에 관한 표명서식	
	공사도급계약서 약관(안)	

4 1 2 2 시공자모집요청서 ABDE

견적서 혹은 제안서를 제출하는 시공자가 프로젝트의 내용을 정확하게 이해하여, 선정을 위한 적절한 정보를 제시할 수 있도록 해야 한다. 이를 위해서 아래와 같은 항목을 기재한 시공자모집요청서[98]를 작성한다. 프로젝트마다 내용이 다르므로 CMr은 충분히 검토하여 작성해야 한다. 또한 프로젝트의 기본설계 혹은 실시설계가 종료되지 않은 초기단계에서 시공자를 선정하는 경우에는 미정의 사항도 많다고 판단된다. 이러한 경우에는 무엇이 미정인지 미정사항을 명확하게 한다.

■ 일반항목

- 목적
- 견적 · 제안에 대한 비용부담
- 견적 · 제안에 대한 소유권
- 계약이행(입찰보증)
- 비밀유지 의무
- 상표의 사용
- 견적서 · 제안서를 받는 기관의 수신처 또는 담당 창구
- 보완정보를 요청하는 경우, 그 요청을 받는 수신처
- 견적서 · 제안서 및 제안과 관련된 문서작성에 이용하는 언어
- 견적서 · 제안서 수령의 최종일 및 제안서 수령기간
- 제출방법
- 주요 중간관리일(주요 일자)
- 견적서 · 제안서 선정을 위한 선정기준
- 질의응답 요령
- 공사비견적 요령
- 교섭 해제권
- 공사책임자 및 담당자의 심사와 배치의무
- 분쟁해결

98) 시공자모집요청서
제안서작성요청서 : RFP(Request for Proposal)
견적서작성요강 : RFQ
Request for Quotation 혹은 Instruction to Tender등과 구분하여 사용하는 경우도 있지만, 본서에서는 구별하고 있지 않다. 필요한 경우는 RFP라는 약호를 사용한다.

- 견적서류의 반환
- 제안서를 제출하려는 자에게 요구되는 경제적 혹은 기술적 요건, 자금상의 보증 및 정보 또는 문서(필요한 경우)

■ 프로젝트의 특정항목

- 발주자 설명
- 프로젝트 개요
- 요구 업무내용 설명
- 공사 스케줄에 관한 중간관리일
- 견적 작성조건(시공도 작성조건 명시 포함)
- 지불조건
- 보증 · 보험
- 계약조건
- 시공시 준수 항목
  - 안전에 관한 항목
  - 산업폐기물에 관한 항목
  - 자동차 통근 주차장 등에 대한 항목
  - 공통비 등의 징수

■ 견적범위 설명(특기사항의 예)

- 공사착공식 등 제의식 비용
- 건설부산물 처리 비용

■ 제출 요구서류 (※는 경쟁 입찰의 경우 불필요)

- 제출과 관계된 책임 및 권한을 확인할 수 있는 서류
- 회사개요(사전심사를 실시하는 경우에는 불필요)
- 유사공사실적 (사전심사를 실시하는 경우에는 불필요)
- 재무내용 (사전심사를 실시하는 경우에는 불필요)
- 시공계획서(안)※
- 시공체제 및 조직계획서
- 기술제안서 · VE제안서※
- 시공자 공사스케줄(안)
- 견적서

- 견적명세서
- 수량조서(필요한 경우)

■ 배포 서류

- 설계도서
- 각종 시방서
- 공사스케줄(안)
- 공사구분표
- 공사비 견적서 양식
- 질의응답 서식
- 책임 및 권한에 관한 표명 서식
- 공사도급계약서(안)

■ 프로젝트 설명서

프로젝트 설명서에는 프로젝트 개요를 알 수 있는 정보를 기재한다. 이 프로젝트 설명서는 현장설명 등에도 이용한다.

아래는 항목의 예이다.

- 프로젝트 명칭
- 프로젝트 목적
- 제약조건
- 축소판 설계도(신호 · 배치도 · 평면도 · 입면도 등 시설의 개요를 알 수 있는 것)
- 개략 시방서 (설계사양의 개략을 알 수 있는 것)

■ 공사비 견적서 서식[99]

공사비 견적서 서식은 제출 견적서 심사시에 비교, 검토하기 쉽게 서식과 항목을 통합한 것으로 준비하고, 이것에 기입하고 여기에 준해 작성한다. 이와 같이 서식 · 항목을 규정함으로써 각 시공자 후보간의 이해 차이, 항목누락 등을 방지할 수 있다. 항목에 대해서는 일반

99) 4134 심사와 특정 P.142

적으로 공공공사 건축수량 적산기준 및 건축공사 명세서 표준서식에 준한다. 또한 지정 공사업자를 종합건설업자의 계약하에서 관리시키는 경우 또는 종합건설업자가 가설공사 등을 준비하여 타시공자에게 경비상환을 시키는 경우, 그 청구하는 금액 또는 공사비 비율을 명확하게 명시한다. 서식은 합계 금액이나 항목뿐만 아니라 명세서까지 준비한다. 또한 심사시의 정리를 고려하고 필요에 따라 프로그램에 의한 자료 제출도 요청한다.

■ 질의응답 서식

질의서는 시공자로부터 설계도서에 관한 궁금한 사항을 서면으로 제출받는다. 이에 대한 응답서는 질의서에 대한 서면의 회답이다. 계약도서에 포함되는 것으로 정확함과 알기 쉽게 작성할 것이 요구된다. 최근에는 동일한 질문 정리, 참가자에게 회신할 때의 편의 등을 고려하여 전자매체를 활용한다.

■ 공사도급계약서(안)

계약방법에 따라 공사도급계약서(안) 및 공사도급계약약관(안)을 작성해 시공자에게 제시한다. 일반 민간공사에서는 필요한 항목에 대해 정해진 민간연합협정[100] 공사도급계약약관이 이용되는 경우가 많다. 또한 기업 등에서는 이것을 참고하여 일정한 공사도급계약서를 정하는 경우도 있기 때문에 어떠한 공사도급계약서로 할 것인지 발주자와 협의한 후 적절한 계약서(안)를 작성한다.

또한 공공공사는 회계법(1947년 3월 21일 제정)등에 의해 입찰 · 계약 절차가 정해져 있고, 중앙건설업심의회가 공공공사 표준도급계약약관을 결정해 대부분의 공공단체가 이것을 기초로 시공자와의 건설계약을 실시하고 있다. 공공공사 가운데 특히 건축공사에 대해서는 건축과 설비가 분리발주되는 사례가 많으며, 그 경우에도 이 계약약관이 그대로 활용되고 있다.

■ CMr의 관여

민간연합약관이나 공공공사 표준도급계약약관에서는 CMr의 관여에 대해 규정되어 있지 않기 때문에 업무내용 및 권한 등을 도급(시공)자에게 서면 등으로 표시할 필요가 있다. 아래의 「참고」에 사례를 나타냈다.

100) 민간연합협정
(사) 일본건축학회, (사) 일본건축협회, (사) 일본건축가협회, (사) 전국건설업협회를 중심으로 한 건축관련 7개 단체의 협정.

참 고

■발주자(갑), 시공자(을)의 계약에 CMr(병)이 관여하는 것을 명시한 공사계약약관

제 0조 CMr(construction manager)

1. '병' 은 본건 업무가 신속하고 원활히 수행되도록 '을' 이 실시하는 각종의 본건 업무에 대해 컨스트럭션매니저를 파견하는 것으로 한다.
2. '갑' 은 컨스트럭션매니저를 필요에 따라서 변경할 수 있다. 이 경우 '갑' 이 '병' 의 컨스트럭션매니저를 변경하였을 때에는 지체없이 서면으로 그 이름을 '을' 에게 통지하는 것으로 한다.
3. '병' 은 이 기본 계약서의 다른 조항에서 규정한 사항, '갑' 이 개별적으로 '병' 에 위임한 사항, 또한 다음에 제시하는 직무를 수행한다.
   (1) 각서(MOU) 및 개별 계약의 이행에 대해 '을' 또는 '을' 의 현장 대리인에 대한 지시, 승인 또는 협의.
   (2) 설계업무에 관한 지도 · 조정.
   (3) 설계도서를 기초로 한 공정관리, 입회, 공사의 시공상황 검사, 또는 공사재료(공장 제품을 포함됨)의 시험 및 검사업무의 지도 · 조정.
   (4) 관련 공사와의 공정 조정.
   '병' 은 '을' 이 시공하는 공사와 '갑' 의 발주와 관련하여 제3자가 시공하는 다른 공사가 시공상 밀접하게 관련된 경우, 필요시 그 시공에 대해 조정을 실시한다.
   '을' 은 '병'의 조정에 따라 제3자가 실시하는 공사의 원활한 시공에 협력해야 한다.
   (5) '을' 이 제출하는 기성금 지급 또는 완성지불 청구서의 기술적 심사.
   (6) 공사내용 · 공사기간 또는 도급액의 변경에 관한 서류의 기술적 심사.
4. '갑' 은 '병' 에 대해 '갑' 이 실시해야 할 사항을 위임했을 때는 그 내용을 서면으로 '을' 에게 통 지한다.
5. 제3항의 규정에 근거한 병의 지시 · 확인 · 승인은 원칙적으로 '을' 에게 서면으로 통지한다.

이 외의 조항은 갑의 대행으로서 병이 실시하는 업무에 대해 명기하고 있다.

(민간 사례)

또한 (사)건축업협회에서도 CM방식을 적용하는 경우의 공사도급약관을 제시하고 있다. 아래의 「참고」는 홈페이지 내용을 발췌한 것이다.

참 고

■건축업협회에서 행해지고 있는 새로운 발주형태에 대한 계약상의 정비

표준 약관으로서가 아니고 회원 기업의 필요에 따라 민간연합약관에 부가하는 형태로 사용하든지 또는 일부 수정해 이용할 수 있는 양식 문서가 정비되어 있다.

(1)「관련공사의 조정」

현행 민간연합약관 제3조「관련공사의 조정」으로 본체 공사와의 조정책임은 발주자 자신이 지고, 도급자는 협력책임을 진다고 명시되어 있는 부분에 대해, 본체공사/관련공사 및 관련공사간의 조정업무를 도급자에게 위탁하는 경우에 계약상의 처리를 분명히 한다.

(2)「지정 하도급공사」

발주자로부터의 지정 하도급 공사에 관계되어 원도급으로서의 도급책임을 지는데, 해당자는 계약상의 처리를 분명히 한다. (원도급자는 사전심사, 발주조건 확인 등을 실시하고 필요에 따라 발주자에게 조정을 의뢰한다. 계약 후, 하도급자에 기인한 리스크는 발주자 책임으로 한다)

(3)「변경에 관한 사항」

현행 민관엽합약관 제16조 및 제28조에 발주자의 공사 변경권이나 조건변경에 기인한 공사의 변경을 규정하고 있지만 절차 규정이 없다. 발주자 · 감리자 · CMr 등 공사 관계자가 증가하여 발주 세분화 등에 의한 변경 절차의 미비 · 지연 등에 기인한 소송 당사자 간의 문제도 예상된다. 이 경우에는 관계자 사이의 변경 절차 세칙 및 서식을 작성하여, 변경 처리의 신속화, 소송 당사자 간의 분쟁을 회피하기 위한 대처 등을 정해야 한다.

(건축업협회 홈페이지)

4 1 3 시공자 선정 BDEG

먼저 결정한 시공자 선정방법에 따라 작성한 선정용 자료를 적용하여 시공자를 선정한다.

시공자 선정순서는 〈그림 2-17〉의 절차와 같다. 다만, 이 절차는 기본적으로 단독 시공자 선정절차이다. 이 절차에서 동시에 실시하는 업무가 있으므로, CMr은 스스로 작업량을 조정하여 지체없이 선정작업을 실시해야 한다. 복수의 시공자를 선정하는 경우에는 복수의 절차가 병행되므로 업무량에 주의를 해야 한다.

시공자 선정업무는 CMr로서 윤리적인 문제가 거론되는 것이므로 공정한 자세를 가져야 한다. CMr은 선정권한을 가지는 것이 아니라, 위탁된 업무로서 발주자에게 추천하는 것임을 인식해야 한다.

4 1 3 1 모집 E

공사발주구분마다 전술한 「4121 관심표명 · 사전심사요청서」를 가지고 시공자를 모집하고 있음을 공표한다. 공표방법은 프로젝트에 따라서 다르지만, 공공사업의 경우 공평성을 확보하기 위한 규칙 등이 있으므로 이것을 준수해야 한다.

일반적으로는 다음과 같은 점에 유의한다.

- 모집요강의 발표는 공사발주스케줄에 따라 그 시기를 결정한다.
- 개별 후보자에게 공표된 것 이외의 정보를 제공해서는 안 된다. 모집개시 후 CMr은 면접 등 예정된 것 이외에는 개별의 시공자와 접촉하지 않는 등 정보통제를 실시하는 것이 좋다.

4 1 3 2 사전심사 E

후보자로부터 제출된 사전심사서에 대해 해당 프로젝트의 규모 · 성질을 고려하여 작성된 심사기준에 따라 심사한다.

■ 사전심사기준

사전심사 대상은 다음과 같은 항목이다.

참 고

■T현의 식품공장증축 분리발주에서 시공자 모집 지원

2001년 T현 T마을의 공사비 3억엔 정도의 식품공장 증축에 저비용, 고품질을 목표로 발주자의 이해를 얻어 분리발주를 실시하였다. T현에서는 CM실적이 없었다. 그곳에서는 보통 지명경쟁입찰에서는 질 높은 입찰 및 심사가 어렵다고 판단하여, 공종을 분리하여 우수한 전문업자를 인터넷으로 공개발주한다는 방침을 정했다.
9개 공종(종합조정건축주체공사(綜合調整建築主體工事), 철골공사, 지붕공사, 외벽공사, 금속창호공사, 전기설비공사, 기계설비공사, 외구(外構)공사, 해체공사)으로 분리하여 인터넷에서 전자입찰(유료 건설거래 오픈사이트)을 실시했다. 다만, 해체공사는 지명경쟁입찰을 실시하였다. 그 결과, 총 76개 업자가 참가하여 예정가격보다 매우 저렴하게 발주할 수 있었으며, 한편 우수한 전문공사업자가 직접 시공을 맡아 질 높은 건물을 완성할 수 있었다.

- 시공자의 관심
- 회사개요
- 유사 공사실적
- 재무내용
- 보유 허가 · 자격
- CMr에 관한 지식

이러한 항목에 대해 해당 프로젝트의 규모 · 성질을 고려하여 기준을 작성한다. 사전심사를 실시해 몇 개의 회사로 좁히는 경우에는 후보자 수를 먼저 결정하여 상대적으로 결정하는 방법, 즉 상기 항목에 각각 미리 결정해 둔 점수를 더해 합계점수가 높은 후보자를 사전심사 통과자로 하는 경우가 많다. 각 항목에 대한 배점은 일반적으로 공표하지 않는다.

일반경쟁 또는 일반경쟁에 준하여 선정하는 경우, 재무상황 등의 요건을 명확히 정하여 부적격자를 배제한다. 이 경우에도 대규모 프로젝트에 소수의 인원으로 영업하는 소규모 건설회사가 주계약자(main contractor)로 참가하는 것은 피해야 하며, 실제로 공사를 실시하지 않는 대리회사의 배제도 검토한다.

일반적으로 항목은 공표되지만 점수 배분은 공표되지 않는다.

■ 시공자의 관심

해당 프로젝트에 대해 참가의사를 묻는다. 심사기준으로는 관심표명서 제출의 유무에 의한다. 관심을 표명하는 열의로 방문회수 등을 척도로 하지 않는다.

■ 유사 공사실적

유사 안건의 실적을 묻는다. 심사는 단지 매출액으로 평가하는 것이 아니고, 실제로 어떤 내용의 실적을 가지고 있는가를 심사기준으로 한다. 일반적으로 기업실적만을 평가하지만,

담당자의 실적을 평가하는 경우도 있다.

점수로 평가하는 방법은 한 건당 점수를 결정하여 점수를 부여하는 방법과 한 건의 실적이라도 있으면 통과되는 방법이 있다. 유사한 경우에 대해서는 프로젝트마다 검토할 필요가 있다.

■ 재무내용

서식을 준비하여 결산결과 등을 기입하도록 하고, 그에 대한 재무지표를 계산하여 이것을 평가의 기준으로 한다. 재무지표는 경영상황 분석에 사용되는 지표이다. 경영상황 분석결과 또는 경영사항 심사 Y점[101] 등을 그대로 이용하거나 필요에 따라서는 민간 조사기관을 사용하는 경우도 있다. 발주구분에 따라서는 피후견인이 아닐 것[102] 등의 증명을 요구하는 경우도 있다.

■ CMr에 관한 지식

CMr의 일반적 업무내용과 해당 프로젝트에 있어서의 역할 또는 해당 프로젝트 공사발주 구분 · 방식에 대한 이해정도에 대해 앙케이트 등을 실시하여 심사한다. 사전 심사가 아닌 면접시에 질문으로 채점하는 경우도 많다.

■ 사전심사 고려사항

사전심사를 실시할 경우, 다음 사항을 고려한다.

- 심사기준에 따라 공정하게 심사하여 그 결과를 발주자에게 보고하고, 사전심사 통과자에게 그 취지를 명확하게 전한다.
- 통과되지 못한 자에게도 그 취지를 전하고, 그 사유 등을 요구하면 명확하고 간결하게 회답한다. 발주자와도 상담하여 공표할 수 있는 이유, 할 수 없는 이유를 확인해 둔다.
- 원칙적으로 심사결과의 공표는 실시하지 않는다. 심사결과를 공표하면 어느 경쟁상대가 참가하고 있는지가 명확해져 경쟁원리가 성립하지 않게 될 가능성이 있다. 다만, 공공공사에서는 공표해야 하는 경우도 있다.

---

101) Y점
경영사항 심사에서 경영상황을 나타내는 점수. 수익성, 유동성, 안정성, 건전성에 대하여 매출액 대비 영업이익율, 자기자본비율 등의 수치를 계산한다.

102) 피후견인이 아닐 것
2000년 3월까지 시행되는 민법의 금치산자 및 준금치산제도 이후에 이어진 특정후견제도이다.

4 1 3 3 시공자 모집요항서의 배포와 설명 E

사전심사를 통과한 시공자에 대해 시공자 모집요청서를 배포한다.

적정한 견적을 받기 위해서는 견적용 설계도서를 포함한 시공자 모집요청서의 배포 이외에, 현장설명을 실시하고 견적용 설계도서에 표시되지 않는 현지정보를 경쟁참가자에게 전하는 것이 바람직한 경우가 있다. 그 경우 CMr은 현장설명을 실시한다. 구체적으로는 의사의 설정, 진행, 회의록 작성 등의 업무를 수행한다. 설명은 발주자, 설계자 및 CMr이 역할을 분담해 실시하는 경우가 많다.

설명에는 프로젝트 설명서 등을 이용한다. 설명항목의 예는 아래와 같다.

- 공사개요, 발주자 의도, 구상 등
- 계약조건, 스케줄, 견적구분, 내역 등을 포함한 견적요강
- 설계의 기술적 설명
- 시공조건이나 발주자의 독자적인 공사도급업무규정 등
- 질의응답 방법

시공자의 질의에 대해서는 설계자와 협의한 후 회신안을 정리하여 발주자의 승인을 받아 회신한다. 이 때, 질문한 시공자뿐만 아니라 다른 시공자, 그리고 다른 발주구분의 시공자에게도 배포한다.

민간공사 프로젝트에서는 경쟁상대가 결정되면 경쟁원리가 성립되지 않을 우려가 있으므로 경쟁참가자가 한곳에 모이는 것을 피해 사전심사를 실시하고, 경쟁참가자를 좁혀 1개사씩 개별적으로 시간을 정해 개별적으로 설명하는 방법도 이용되고 있다. 시공자의 요청에 따라 설명회를 개최하는 등 프로젝트의 상황변화에 유연하게 대처한다.

4 1 3 4 심사와 특정 BDEG

CMr은 시공자의 제안서 · 견적서를 수령하고 그 내용을 미리 설정한 선정기준에 따라 심사한다. 필요에 따라 면접을 실시하고 수령 서류만으로는 알 수 없는 후보자의 의도나 임하는 자세 등을 찾아낸다. 견적서와 제안서 및 면접 결과, 각각의 평가와 종합평가로부터 CMr이 판단하여 보고한 후, 발주자의 양해를 얻어 구체적인 계약사무를 진행한다.

■ 제안서 · 견적서의 수령

CMr은 시공자의 제안서 · 견적서를 수령에서 공정을 기하기 위해 다음 사항에 유의해야 한다.

- 접수시간을 엄수한다.
- 수령확인을 실시한다.
- 필요에 따라 영수증을 발행한다.
- 개봉은 발주자에게 입회를 요구하는 등 부정할 수 없는 환경 아래에서 실시한다.
- 평가시 보관에도 충분히 조심한다.
- 견적용 자료의 반환을 확인한다.

■ 면접

필요에 따라서 면접을 실시한다. 면접은 아래와 같은 사유로 인해 실시한다.

- 제안서 등에 대한 설명을 통해 내용을 보다 명확하게 파악한다.
- 담당자 설명의 정확성, 협조성, CM방식에 대한 이해 등 제안서로 표현할 수 없는 부분을 확인한다.

서류상으로는 확인하기 어려운 항목에 대해 심사하는 것이므로 면접자의 주관적인 평가가 되기 쉬우나, 모두가 프로젝트 참가자가 되어 공동으로 업무를 실시할 시공자를 선정하는 것이므로 협조성 등 주관적 평가기준도 포함한다.

또한 면접 실시순서는 설계자 선정의 경우와 거의 변함없기 때문에 〈그림 2-12〉 민간프로젝트의 설계자 선정 히어링의 사례(78쪽)의 프로세스를 참고로 한다.[103]

■ 비교표의 설정과 제안서 · 견적서의 내용 기술

비교항목을 정한 비교표를 작성하여 각 사의 제안서 · 견적서 내용을 요약, 기술한다. 이 비교표는 전체를 파악하기 위해 작성하는 것이므로 필요에 따라 상세한 것에 대해서도 명세서적인 표를 작성한다.

■ 금액

각 견적서의 금액을 기입하여 일람표로 작성한다.

■ 수정금액

공사범위 등 견적조건의 차이에 의한 수정금액을 기입한다. 수정금액은 CMr이 독자적으로 예측, 판단하든지 제출자에게 질문한다. 영향이 큰 경우에는 제출자에게 확인한다.

103) 1531 모집 P.76

■ 제안을 포함시킨 공사금액

대안은 원견적과 별도의 공란에 기입한다.

■ 제안을 포함시킨 공사금액 수정액

원안의 견적과 같도록 견적조건의 차이에 대한 수정을 하는 경우가 있다.

■ 제안

대안에 대한 요약을 기입한다.

■ 수정 사유

상기 금액의 수정 사유를 간단명료하게 기입한다.

또한 아래의 항목은 가능한 한 요약에 나타낸다.

- 가설 등에 관련된 다른 시공자로부터의 경비 상환액(비율)
- 회사이익, 일반관리비로 표현되는 경우도 많다. 이익 없이 경영하는 회사는 존재하지 않기 때문에 이 부분이 표현되어 있지 않은 견적서는 이익이 견적서의 어떤 곳에 분배되어 있거나 또는 견적서 제출 시점에서 비용을 파악하고 있지 않은 것으로 추측된다. 특히 발주구분이 작은 경우에는 단순히 부주의한 경우도 있으므로 주의를 필요로 한다.

이 일람표에 사전심사결과, 면담결과를 기입하는 란을 추가로 작성하여 종합평가표로 하는 경우도 있다.

■ 내역서 확인

CMr은 시공자가 제출한 도급대금 명세서에 대해 다음 사항을 확인하고 조정한다. 견적서가 어떠한 의도를 가지고 제출되었는지를 이해하여 올바르게 판단하여야 하기 때문이다.

- 전체 금액, 공종별 금액
- 공사 세부비목의 누락
- 수량
- 단가의 상이(동일 단가여야 하는 부분들이 각기 다르게 적용)
- 가설비/가설 방식의 고려
- 제경비/현장경비의 고려
- 단가와 제경비, 가격인하 등의 인과관계

수량확인은 견적흐름뿐만 아니라 견적금액(코스트)과 제출가격의 조정에 사용되는 경우도 많다. 쉽게 알 수 있는 단가의 금액조정보다 수량을 조정하여 전체가격을 조정하는 것이다. 적어도 주요항목에 대해 확인한다.

■ 경쟁입찰에서의 평가

경쟁입찰의 경우에는 상기 비교표의 수정금액으로 비교한다. 프로포잘형의 경우에는 제안을 포함한 수정금액으로 비교한다. 다만, 후술하는 제안 채용의 가부를 검토하여 채용할 수 있는 것만을 기입한다.

■ 시공자 능력 등의 확인

경쟁입찰로 시공자를 결정하는 경우에도 능력 등에서 해당공사를 완성하는 것이 의심되는 후보자를 선택해서는 안 된다. 사전심사에 의해 넓은 의미에서 부적격자는 배제되었지만, 견적서와 함께 제출된 자료를 심사하여 해당 프로젝트에 대한 부적격자를 배제한다. 요점은 다음과 같은 항목이다.

- 필요시 예정한 시공체제(=시공조직)를 구성할 수 있을 것인지
- 프로젝트 기간 중(또는 장래에 대하여) 존속할 수 있는 재무내용인지
- 요구되는 공사경험은 있는지(유사공사 실적에 한정하지 않는다)
- 프로젝트의 발주방법 등을 이해하고 있는지
- 현장대리인 · 주임기술자 등이 적절한지
- 코스트관리를 할 수 있는가
- 스케줄을 이해하고 있는가
- 시공계획 등을 작성할 수 있는가
- 안전관리에 대한 자세가 나타나고 있는가
- 품질관리에 대한 이해가 있는가

이러한 항목에 대한 자료는 「4122 시공자모집요청서」 (134쪽)의 제출 요구서류로 요구한다.

■ 금액비교의 유의점

각 제출자의 소항목 금액을 취합하고, 최저금액 항목만을 집계하여 후보자에게 강요해서는 안 된다. 그 후보자가 제안하고 있는 책임범위를 넘게 되므로 차후 문제가 발생 할 수 있다. 건설시장의 상황으로 인해 덤핑과 유사하게 무리한 수주를 하는 경우가 있지만, 그 상황을 조장하는 행위를 해서는 안 된다.

다만 한정된 조건하에서 발주자 · CMr이 리스크를 이해하고 해당 시공자와 합의할 수 있으면, 타 시공자가 제안한 전문공사업자 등을 사용할 수도 있다.

■ 제안내용의 검토와 적용

제안된 내용을 심사하여 적용이 가능한지 여부를 검토한다. 검토 결과에 따라 금액으로 치환하여 고려가능한 제안과 아이디어 등에 관련된 질적인 제안으로 구분한다. 질적인 제안은 발주자와 설계자에게 내용을 보고하여 판단하도록 한다. 금액의 치환이 가능한 안에 대해서는 치환한 다음, 보고하여 정리한다. 발주자 및 설계자와 협의하여 발주자에게 적용여부의 판단을 요구한다.

■ 시설계획(평면 · 단면 등)에 대한 제안

내용 및 스케줄(마스터스케줄 및 설계스케줄)에 미치는 영향을 파악하여 설계자의 합의를 얻는다. 그리고 치환금액을 산출한다.

■ 시스템 · 사양에 대한 제안

내용 및 그 제안에 의한 효과 · 품질에 대한 영향을 정리하여 설계자의 합의를 얻는다. 합의를 얻은 제안에 대해 치환금액을 산출한다.

■ 시공방법, 시공계획에 의한 제안

무리가 없는 제안이면 기본적으로 받아들인다. 그 효과를 금액으로 치환한다.

■ 스케줄 단축에 대한 제안

시설 가동을 조기 개시할 때의 사업 수지상의 이익과 단축에 의해 증가하는 비용의 차액을 치환금액으로 한다. 발주자에게 이익이 없는 공사기간 단축은 의미가 없다.

■ 기타 평가항목

종합적 평가를 실시하는 경우에는 공사금액, 제안내용에 더해 아래와 같은 시공자의 자질 · 능력과 관련된 항목을 심사한다. 이러한 항목은 사전심사나 면접으로부터 나온 결과물을 이용한다.

■ 영업의 계속

시공 중 회사가 영업 불능인 상황에 빠지지 않아야 하므로 경영 · 재무상황 등으로부터 리스크를 파악할 필요가 있다. 사전심사항목 가운데 재무내용 등을 고려해 리스크 분석을 실시한다.

■ 담당 공사 발주구분의 시공 이행보증

필요시 보증보험 등으로 부보(付保)하는 것도 검토한다. 이 경우에는 발주자가 이행에 대한 리스크를 부담하는 경우도 있으므로 리스크 정도를 파악한다.

■ 시공체제 · 조직

가장 우선적으로 원도급이라는 점을 이해해야 한다. 코스트, 디자인, 스케줄, 품질 등에 대한 의도를 전달할 수 있어야 하고, 그 의도를 실현하는 것이 요구된다. 기본적으로 자립적, 주체적, 능동적 태도와 자세가 요구된다. 구체적으로는 원도급으로서의 시공체제 조직구성을 확인한다.

■ 안전에 대한 의식

안전에 대해 책임을 진다고 하는 의식을 가지고, 원도급으로서 안전협의회를 실시하는 등의 체제를 취할 수 있어야 한다. 안전에 대한 자격, 안전활동에 대한 교육 등의 상황도 확인한다.

■ 준공 후의 유지관리 서비스 체제

인도 후의 하자보증, 제품보증의 필요성이 있는 것에 대해서는 그 대응 상황도 고려한다.

■ CM방식에 대한 이해

CM방식을 이해하고 있어야 한다. CMr 및 설계자와 함께 작업할 수 있는 자질이 있어야 한다.

■ 결과보고와 확정절차

견적서와 제안서 및 면접결과에 대한 각각의 평가와 종합평가를 이용하여 CMr은 시공자 선정 판단을 기재한 보고서를 발주자에게 제출한다. 그 결과가 발주자로부터 승인되면 시공자가 확정된다.

이 추천이 반드시 발주자의 의향을 따른 것이라고는 할 수 없다. 만약 발주자가 다른 선택을 할 경우 그 사유를 파악하여 필요에 따라서는 참가자에게 설명할 준비를 해야 한다.

■ 예산조정

CMr은 시공자의 견적을 정밀조사한 뒤, 시공자의 견적이 당초 예산과 크게 차이가 나는 경우에는 발주도서를 변경하여 재차 실시하는 등의 대응을 해야 한다. 이에 따른 사전준비도 필요하다.

■ 입찰 예정가격의 설정

발주자가 공사발주를 위하여 입찰가격을 결정하는 경우에는 이를 지원한다. 경쟁입찰은 최저가격을 제시한 공사 시공사가 낙찰하는 것을 전제로 행해지는 것으로, 입찰 예정가격은 발주자의 사업예산 혹은 공사예산서로부터 결정되는 상한가격이다.

CMr은 공사예산서를 기초로 타당성 판단을 위한 자료를 작성하여, 발주자가 입찰 예정가격을 결정하는 것을 지원한다. 발주자의 의뢰가 있으면 입찰 예정가격 결정 프로세스에 대해서도 CMr이 제안한다.

입찰 예정가격은 어디까지나 「예정 · 예측」이며, 입찰가격은 「시장가격」에 의해 결정된다. 따라서 그 시점에서 파악되는 공사예정액에 관련된 여러 가지 요인을 파악하여 조사 · 검토하는 것을 통해 시장가격을 검증하게 된다.

코스트가 입찰가격이 되지 않는 가격의 이중성은 일본의 건설산업에 내포된 큰 문제이지만 그렇다고 이를 무시할 수는 없다.

아래는 시장가격을 추정하는데 있어, 효과적이라고 판단되는 조사 · 검토항목이다.

① 각 건축 자재의 수요와 공급과의 밸런스 및 가격의 동향

② 노무비의 조달상황 및 직종에 의한 노무비의 상승률 또는 하락 상황

③ 시공자 근황(近況)에서의 사업성 내용 및 현재 공사량

④ 해당 안건과 유사한 프로젝트의 공사비 동향

⑤ 전문업자 면담, 견적 징수

⑥ 국산 자재와 해외 수입 자재와의 코스트 비교

⑦ 발주자 지급자재의 가능성과 코스트 절감효과의 비교

CMr은 상기 항목을 조사하여 시장가격을 추정함과 동시에 과거의 실적 비용자료 정보를 정리 · 활용하여 입찰 예정가격을 결정하여 발주자에게 제안한다.

■ 응찰가격이 예정가격을 상회하는 경우의 대응 준비

응찰자는 설계도서 이외에도 지불조건이나 납품조건 등을 고려하여 독자적인 가설계획을 기초로 공사비를 산출한 다음 영업적 판단을 고려하여 응찰액을 결정한다. 따라서 CMr을 포함한 발주자측에서 응찰금액을 정확하게 예상하는 것은 곤란하며, 입찰 예정가격이 응찰가격 이하인 경우도 많아 CMr은 발주자 및 설계자와 응찰가격이 입찰 예정가격을 초과할 경우의 대응방법에 대해서도 사전에 협의해 준비할 필요하다.

대응방법은 다음과 같은 종류가 있다.

- 사업 연기와 재계획(부분발주, 규모축소 등)
- 감액안, 설계변경에 의한 규모 축소, 계획 변경
- 예산액 추가
- 사업 중지

■ 불만 처리

낙찰하지 못한 참가자로부터 제기된 불평을 처리한다. 기본적으로 선정업무 경과 등을 설명한다. 공공공사에서는 소정의 절차가 필요하므로 이에 주의한다.

4135 교섭 · 계약사무 E

시공자가 확정되면 신속하게 공사 도급계약을 체결하기 위하여 교섭 및 계약사무를 실시한다. 「4114 계약방식」(129쪽)에서 수립한 지침에 따라, 모집시에 제시한 「4122 시공자 모집 요청서」(134쪽) 의 공사 도급계약서(안)를 기초로 하여 계약교섭 및 계약사무를 진행시킨다.

계약은 당사자 사이에 주고받은 약속 가운데 법률에 의해 보호되는 적합한 것을 말한다. 민법에서는 계약에 따라 종류가 정해져 있지만, 기본적으로 계약은 서로의 의사 합의에 의해 성립하는 것이다. 계약을 맺으면 계약당사자 간에는 권리와 의무가 발생하며 그 권리를 채권, 의무를 채무라고 한다.

계약은 「신청」을 한 상대가 계약에 대해 「승낙」했을 때 처음으로 성립한다. 따라서 계약서가 존재하지 않아도 양자의 의사가 합치되면 구두에 의한 합치만으로도 계약은 성립한다. 구두약속을 실시하고 차후 계약서가 없다고 주장해도 계약이 이루어진 것으로 인식해야 한다. 그렇지만 문서에 의해 계약을 확인하는 것이 필요하다. 이것은 후일의 분쟁을 막기 위한 행위이다.

계약을 체결하는 경우 금전적 대가를 지불하고 물건 또는 서비스를 받는다는 점을 발주자에게 인식시키는 일도 CMr 업무의 일부이다. 또한 용역형 CM방식에서 공사발주를 실시하는 것은 「발주자가 리스크를 분담하는 것」임을 명확하게 발주자가 인식할 필요가 있다.

■ 교섭 · 계약사무 관련 주의사항

계약교섭 · 사무를 진행함에 있어 프로젝트 전체의 상황을 고려하지 않으면 안된다.

이와 더불어 계약교섭 시 발주자측의 입장을 이용하여 시공자가 제시한 결정금액에 대해 이유없이 가격인하를 요구하는 일도 있다. 그러나 이러한 행위는 대등한 입장에서 계약한다는 기본적인 계약개념에 반하는 것이다. 또한 이것은 지금까지 진행해 온 프로세스 자체를 부정하는 것이므로 유의해야 한다.

■ 계약금액에 대한 리스크

계약금액 결정에 영향을 주는 설계도서 완성도 등에 따라 장래 설계변경 등에 의한 공사비 증가 등의 리스크가 존재한다. 이 리스크를 발주자와 시공자의 어느 쪽이 부담할 것인가를 명확하게 함으로써 계약금액도 변경될 가능성이 있다. CMr은 상황을 파악한 뒤 발주자에게 조언한다. 그 외의 리스크에 대해서는 「06 리스크 대응」(212쪽) 및 「제3장 7 리스크」(294쪽)를 참조한다.

■ 복수의 계약

공사발주구분이 복수인 경우, 각 구분에 대한 계약이 일정하다고는 할 수 없다. 사무량의 축소를 위해서 배경, 조건 등을 무시한 계약서로 마무리하는 것은 문제가 있는 경우가 많다. 프로젝트와 각 시공자의 상황을 고려하여 계약내용을 검토한다.

■ 경미한 공사에 관한 계약

공사도급계약은 기명, 날인한 계약서에 전술한 약관, 설계도서를 첨부한 것을 서로 교부하는 것 외에 공사내용, 도급 대금의 액수, 공사 착수시기 및 완성시기 등을 기재해 전술한 계약약관 등을 첨부한 주문서와 승낙서의 교환에 의해 공사 도급계약을 맺을 수 있다. 그렇지만 가능한 한 계약서를 체결하는 것이 바람직하다.

5

공사단계

공사단계에서 CM업무를 하나로 규정하는 것은 어렵다. CM방식에서 CM at Risk는 계약 형태가 종합건설업자와 유사한 업무를 수행한다. 본서에서 주로 설명하고 있는 용역형 CM 방식(CM for fee)은 시공유형과 CMr의 업무범위에 따라 크게 달라진다.

다음은 공종별 분리발주를 실시하고, 종합건설업자가 참여하지 않는 경우이다. 여기서 「종합건설업자」라고 표현하고 있지만, 안전위생법 등에 의해 원도급자가 완수해야 하는 업무를 위촉하는 경우의 시공자를 말한다.

공사단계에서의 CMr 업무 흐름도

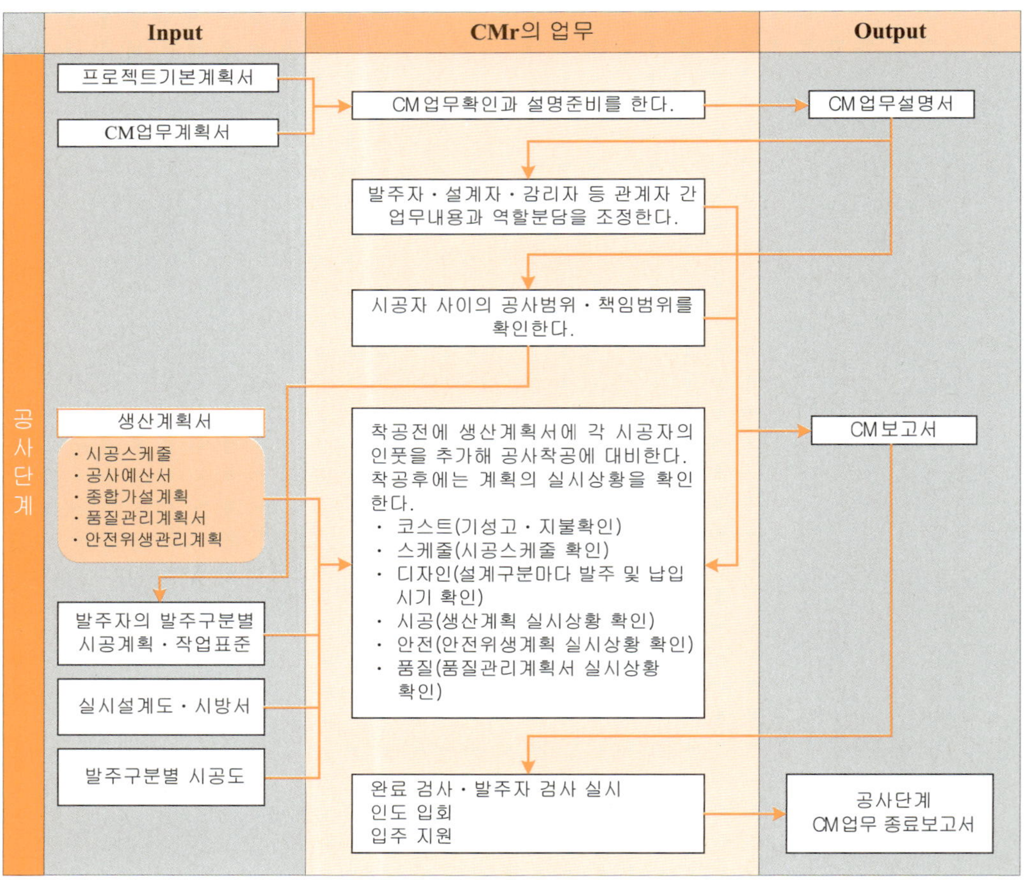

5 1 공사준비 ABCDEFG

공사를 원활히 진행하기 위하여 CM방식 생산프로세스상의 준비를 실시한다.

CM업무 설명서를 작성하여 CM업무내용 · 범위를 재확인한 후, 관계자에게 철저히 주지시킨다. 또한 발주자 · 설계자 · 공사 감리자와 그 업무내용 · 범위를 재확인하여 시공자에게 정확한 정보를 전달하기 위한 기반을 만든다.

5 1 1 공사단계에서 CM업무 설명서 작성 A

CMr은 발주자, 설계자, 공사감리자, 시공자 및 CMr 자신의 업무내용과 업무범위를 CM 업무 설명서로 정리한다.

공사단계에서는 특히 관계자가 다수 존재하므로 세밀한 정보전달 시스템을 구축해야 한다. 가장 먼저 착수하는 것이 CM업무설명서이다. 기본계획단계에서 작성하여 각 단계에서 갱신하는 프로젝트 기본계획서, CM업무 계획서를 기초로 프로젝트의 목적, 각 관계자의 역할, 업무내용, 업무범위 등을 명확히 하기 위한 서류이다. 모든 항목에 대해 작성할 필요는 없고 상기 서류로부터 필요한 부분만을 추출하여 프로젝트 전체를 파악 할 수 있도록 한다. 다음은 CM업무 설명서에 필요한 항목을 예시한 것이다.

- 발주자의 의도와 시공지침
- 프로젝트 전체 조직도 및 관련자 리스트
- CMr의 역할, 책임, 위치설정
- 설계자, 공사감리자의 역할, 책임, 위치설정
- 시공 프로세스(공사의 발주형태, 이행구분, 계약관계 등)
- 마스터 스케줄
- 커뮤니케이션 시스템(정보관리 프로세스 : 지시계통, 문서관리 등)
- 회의내용, 개최빈도, 출석자, 회의 운영방법
- 설계변경 실시요령[104)]
- 청구, 지불절차 등의 순서 · 주의점

104) 524 설계변경 대응 P.173

이 CM업무 설명서를 발주자에게 제출하여 발주자와 각 관련자의 입장과 위치를 재확인한다. 필요에 따라 설명을 실시한다.

시공기간 중에 설명서의 수정 및 부가사항이 필요한 경우, 수시로 갱신하여 발주자의 양해를 얻은 뒤 관련자에게 철저히 주지시킨다.

다음 항목은 생산계획서에 기재되므로 CM업무 설명서에 중복하여 기재할 필요는 없다.

- 품질관리 프로세스
- 변경관리 프로세스
- 공정관리 프로세스
- 안전위생관리 프로세스
- 폐기물 등 환경과 관련된 관리 프로세스

CM업무 설명서와 생산계획서는 완전하게 분리된 것이 아니라 관계가 있다. 본서는 편의상 별도의 대상으로 기재하였지만 실제 프로젝트에서는 반드시 양쪽 모두를 구분하지 않아도 된다.

■ 계약관리계획

CM업무 설명서 내에 「청구지불절차 등의 순서 · 주의점」이라는 항목이 있지만, 발주단계에서 체결된 각 발주구분의 계약을 정리하여 운용, 관리해야 하는 관리업무에는 설계변경에 대응한 공사비 등의 조정, 납기 등의 스케줄 전반에 관한 사항, 기성금액에 관한 사항, 청구 및 지불과 관련된 사항, 설계변경에 수반된 추가 발주계약 등이 있다. 각 프로젝트의 요구사항에 따라 실시업무가 다르기 때문에 이를 확인할 필요가 있다. 또한 필요에 따라 계약관리계획서를 작성하고 운용하는 경우도 있다.

■ CM업무 계약내용 재검토[105)]

조기에 실시하는 CM업무의 내용은 발주방법의 확정에 의해 수정될 가능성이 있으며, 이 단계에서 시공자와의 직접적인 대화가 시작되면 업무량은 보다 더 명확해진다. 발주자와 협의를 통하여 CM업무비에 대해서도 수정된 내용을 예산관리표에 반영시킨다.

105) 13 CM업무 계약 P.41

5 1 2 감리업무지침 파악 A

공사감리자가 작성하는 감리업무지침을 파악하고 필요에 따라 발주자에게 의견을 전달한다.

CMr은 기본적으로 다음 요소에 주안점을 두고 감리업무지침을 조정한다.

- 발주자 요구
- 건축물의 기본성능
- 공사범위
- 공사계약
- 공사비
- 스케줄
- 기술 및 시공성

이에 대해 공사감리자[106]는 건축기준법 및 건축사법에 의해 다음의 공사감리업무를 실시한다.

- 설계의도를 시공자에게 정확하게 전달하기 위한 업무(시공자와 협의, 도면 등의 작성)
- 시공도 등의 검토와 승인
- 공사의 확인 및 보고 (설계도서 · 도급계약과 일치 여부 확인, 발주자 보고, 공사완료 검사 및 계약조건의 수행여부 확인)
- 공사감리업무의 완료 절차(계약목적물의 인도 입회, 업무완료통지서 등의 제출)

즉, 공사감리자는 설계도서에 표현된 내용을 충실히 구체화하는 것이 주목적이며, CMr은 넓은 의미로 그 실현이 발주자가 의도한 방향으로 향하고 있는지를 발주자의 관점에서 검증하는 것이다.

상호 이해를 얻기 위해서 공사감리자와 충분히 협의하여 상호 업무범위, 업무내용을 확인해야 한다. 공사감리자와 마찰을 일으키거나 시공자가 어떤 방법으로 통지, 연락, 상담을 실시할 것인가에 대해 협의해야 한다.

106) 공사감리자
발주자에게 직속되어 공사를 설계도서대로 실시되고 있는지를 확인하는 자. 복수일 경우 법적으로는 그 대표 책임자를 가리킨다. CMr이 건축사 자격을 가진 경우, CMr은 공사감리업무를 겸임하는 경우가 있다. 다만, 본서에서는 CMr이 겸임하는 경우라도 공사감리자로 기술하고 있다.

1 기본계획단계 | 2 기본설계단계 | 3 실시설계단계 | 4 공사발주단계 | 5 공사단계 | 6 완성후단계 | 0 공통업무

5 1 3 커뮤니케이션 시스템 확인 A

공사단계에서는 특히 관련자가 증가하게 되지만, 프로젝트의 참여시기가 일정하지 않으므로 의사소통과 상호이해에 대해 충분한 주의를 기울여야 한다.

일반적인 생산 프로세스의 경우, 종합건설업자가 위임하고, 전문건설업자도 과거의 경험에 따라 서로 의사소통을 유지하는 수가 많다.[107] 그러나 CM방식의 경우에는 시계열적으로 시공자를 선택하는 것은 아니기 때문에 초기 편성대로 공사를 진행시켜 나가는 경우가 대부분이다. 방식의 차이지만 프로젝트 참여자가 직면하는 현실의 차이를 인식해야 한다.

정보전달의 최적 수단은 회의를 개최하는 것이며 필요에 따라 커뮤니케이션 시스템을 갱신한다.

■ 회의체의 운영

공사단계의 회의체는 종류, 참가자 수, 개최·운영을 잘 계획하고 효율적으로 실시해야 한다. 회의의 운영 방법 등에 대해서는 「022 회의의 운영」(205쪽)에서 설명하고 있다.

■ IT시스템의 운영

전자메일, CAD 등의 시스템에 대해서도 재차 확인한다.[108] 참여자가 많기 때문에 보안 확보 방법 등을 주지한다.

■ 문서관리

시공을 함에 있어 관련자로부터 발주자에게 제출되는 문서에 대해 정리하고 필요에 따라 추출할 수 있도록 관리한다.

프로젝트관리 프로세스를 가시화하여 발주자가 알기 쉽게 하고, 프로젝트에 대해 문제가 발생했을 경우 책임소재를 명확하게 할 수 있도록 하며, 원인규명 등을 실시할 수 있도록 관리하여야 한다. 그러기 위해서는 기록을 문서로 보존해야 한다. 공사발주에 앞서 커뮤니케이션 시스템으로서 문서관리에 관한 기본방법을 정한다. 개요에 대해서는 각 시공자의 모집요청서에 기재해야 한다. 설정항목은 아래와 같다.

① 필요 문서 리스트 및 서식

② 문서 제출시기와 승인절차

107) 01 프로젝트 정보관리시스템의 구축과 운영 P.201
108) 제3장 1 프로젝트 운영 P.222

③ 문서별 운용규칙 및 보존방법, 공개방법, 준공서류 제출방법

또한 프로젝트 진행 중에 CMr은 이러한 문서관리 상황을 파악하여 필요에 따라 공사감리자, 시공자에게 시정 혹은 개선지시를 한다.

■ 필요 문서 리스트 및 서식 작성

시공도를 포함하여 표준적인 필요 문서 리스트의 예는 다음과 같다. CMr은 착공에 앞서 예상되는 문서를 정리하여 각각의 서식이 발주자, 관공서 등에서 규정된 서식인지 확인하고, 관련자와 협의한 후 서식을 결정한다.

■ 문서의 제출시기와 승인절차

문서의 제출시기가 늦어 승인수속이 지연되어 프로젝트 공정이 크게 지연되는 경우가 있다. 시공자는 커뮤니케이션 시스템에 따라 필요 문서를 제출한다. 발주자의 승인을 필요로 하는 문서에 관하여 CMr은 내용을 확인하여 발주자에게 승인 결정, 수정 필요성 등을 조언한다.

■ 문서별 운용규칙 및 보존방법, 공개방법, 준공서류 제출방법

발주자가 참조하기 쉽게 설정한 커뮤니케이션 시스템에 따라 문서를 보존해야 한다. 종이, 전자매체에 관계없이 중요하다.

참 고

■공사와 관련된 둔서 종류(예)

A. 관리 기록
① 공사운영기록
② 근린대응기록
③ 정례협의
④ 분과회의
⑤ 연락조정회의
⑥ 소방협의
⑦ 공사보고서
⑧ 시공대장

B. 계약관계
① 계약내역
② 변경내역
③ 기재검사자료

C. 도면 데이터
① 도면협의 회의록 - 종합도 회의
② 원설계 데이터
③ 설계도 기재사항 변경관리도
④ 종합도
⑤ 시공도
- 평면상세도
- 천정복도
- 타일분할도
- 외장도
- 구체도
- WC상세도
- 방수마감도
- 가설계획도
⑥ 시공자별 제작도

D. 시공 계획
- 시공 기본계획서
- ISO 품질관리계획서
- 산업폐기물처리계획서
- 전체 공정표
- 안전관리계획서
- 공종별 시공계획서

E. 검사 관계
- 공종별 입회검사기록
- 중간검사기록
- 준공검사기록
- 공장검사기록

5 1 4 공사착수회의 개최 A

CMr은 공사착수 준비회의가 되는 공사착수회의(kick-off meeting)를 개최한다.

관련회사 모두가 참여하는 회의를 개최하여, CM업무 설명서 및 생산계획서를 배포하고 철저히 주지시킨다. 특히, CM방식 적용에 따라 일반 프로세스와는 다른 점(예를 들어, CMr의 역할, 평가/CMr과 공사감리자의 업무구분, 지시계통 등)에 대해서는 그 차이를 보충 설명하여 관계자가 올바르게 이해하도록 한다.

또한 이 회의는 시공자의 의향(意向)을 받아들이는 장소이므로 중요하다. 이 단계에서 배포한 생산계획서 등은 시공자로부터 구체적인 피드백이 반영되어 있지 않다. 시공자의 의견을 취합하여 갱신한 것을 재배포하여 조정하여야 한다.

각 시공자에게 CMr이 배포하는 생산계획서에 근거한 시공계획서의 작성과 제출을 의뢰한다. 이 의뢰는 이 공사착수회의 자리가 아니어도 된다. 필요하면 사전작성을 의뢰한다. 시공계획서에 포함되는 항목을 예시하면 다음과 같다.

- 시공프로세스 및 관련자 연락처 일람표
- 시공순서도(手順書) · 작업표준서
- 시공스케줄
- 가설계획서
- 품질관리계획서
- 안전위생관리계획서
- 건설폐기물처리계획서
- 시공도

이 시점에서는 선정되어 있지 않은 발주구분의 시공자도 있지만, 그러한 시공자에 대해서도 수시로 동일한 회의를 개최한다.

5 1 5 시공계획 등의 확인 · 조정, 생산계획서의 갱신 ABCFG

각 시공자가 제출한 시공계획 등에 대해 확인 · 조정한다. 또한 생산계획서를 갱신한다.

생산계획서의 확인, 내용 갱신의 요약을 〈표 2-27〉에 예시하였다.

특히 종합가설 등 법령에서 요구되는 것에 대해서는 갱신 후에 제출토록 한다. 몇 개의 계획서는 실시설계단계에서 작성되어 있지 않은 경우도 있으며, 착공에 앞서 필요하고 부족한 것은 준비해 둔다. 일식도급공사에서는 일반적으로 아래와 같은 항목도 포함되지만, CMr은 이미 이러한 업무를 수행하고 있으므로 시공계획에는 추가로 포함시키지 않는다.

다만 복수의 공종을 패키지로 정리되어 종합건설업자가 참여하는 경우에는 예외로 한다.

- 공사스케줄의 작성
- 실행예산서의 작성
- 협력회사의 선정계획

〈표 2-27〉 생산계획서 항목

	항 목	내 용
1	시공조직표 · 연락처	발주자, CMr, 설계자, 공사감리자를 포함한 전체 관련자의 관계를 알 수 있도록 하고, 새로운 가입자가 있으면 그때 그때 갱신하도록 한다. CM업무 설명서에서 작성한 것에 각 시공자의 정보를 반영하여 갱신한다.
2	종합가설계획서	종합가설계획도, 기계시공, 굴착, 흙막이, 기타 지하공사골조 등에 대한 계획서를 작성한다.
3	시공계획서	「3 실시설계단계」에서 작성한 시공계획에 후술한 시공자별 시공계획서의 내용을 반영시킨다. 전체를 파악하는 개요로서 사용한다. 경우에 따라서는 시공자가 작성한 시공계획서와 바꿔도 상관없다.
4	품질관리계획서	–
5	안전위생관리계획서	–
6	건설폐기물처리계획서	안전계획과 함께 충분히 주의하지 않으면 안 된다. 각종 법령에 의해 규제되고 있는 것이 많다. 또한 선언문 등 제출서류가 매우 중요한 것도 있다. 작성해야 할 시공자 혹은 발주자 등을 명시한다. 폐기만이 아니라 재생이용 등을 포함한 계획을 세워야 한다.
7	시공자별 시공계획서	발주구분 혹은 공종마다 작성하는 것으로, 아래와 같은 항목을 포함한다. 「3 실시설계단계」에서는 작성하지 않았던 공종에 대해서도 필요에 따라 작성한다. 각 시공자에게 제출을 의뢰한 후 협의하여 완성시킨다. 법령 등에 의해 도급업자가 작성하는 것이 의무적인 것은 각 시공자에게 그 의무를 확인한다.
	① 시공프로세스 및 연락처 일람표	시공자마다 작성한다. CM업무 설명서에 반영시킨다.
	② 시공순서도 · 작업표준서	각 시공자의 시공순서를 확인한다.
	③ 시공스케줄	각 시공자의 시공순서를 확인한다.
	④ 가설계획서 (사용 기재계획서를 포함한다)	각 시공자의 필요한 가설설비, 사용기자재를 확인한다. 면허 등 필요 자격에 대해서도 기술한다. 자재 야적 및 작업장의 계획은 종합가설계획에 반영시킨다.
	⑤ 품질관리계획	각 시공자의 품질관리를 확인한다.
	⑥ 안전위생계획	시공자별 안전위생계획 조직표, 긴급 연락처 등을 포함한다. 상기 안전위생관리계획서에 반영시킨다.
	⑦ 건설폐기물처리계획	리사이클, 발생재의 처리를 포함한다.
8	시공도	각 시공자가 작성하는 시공도를 각자에게 제출받는다. 특히, 스케줄이 중요하다. 계획이 확정되면 공사감리자와 협의한 후 순서, 방법, 스케줄 등을 조정한다.

주요한 내용에 대해서는 후술하는 업무내용을 참조한다.

또한 각 시공계획서의 자세한 내용은 일반적인 생산프로세스를 적용하는 것과 같다. 건축공사 표준시방서, 시공관리기술 서적 등 많은 참고자료가 판매되고 있으므로 여기에서는 설명하지 않는다.

5 1 5 1 시공스케줄 CF

각 시공자로부터 제출되는 시공스케줄과 관리계획서를 검토하여 시공자의 의견을 실시설계단계까지 갱신하여 반영하고 갱신된 시공스케줄에 맞게 실제 시공이 진행되는지 확인한다.

또한 공사감리자 및 각 시공자와 조정을 실시하여 공사전체의 검사스케줄을 작성한다. 이러한 검사에 대해서는 공사이정표가 된 부분을 기준으로 시공스케줄 내에서 어디에 위치하는지를 명확하게 조정한다. 필요하다면 마스터스케줄에 이를 반영시킨다.

5 1 5 2 공사예산서 BF

「4 공사발주단계」에서 공사발주처를 확정하고, 그 결과를 공사예산서 및 예산관리표에 반영한다. 시공계획서 등 각 시공자의 피드백에 의해 발생하는 설계변경 등에 의한 변화 예상, 예비비(contingency)[109]의 비율 등도 갱신한다. 전체 공사예산서를 시공자에게 공개할 필요는 없다. 또한 공사비관리를 위한 예산관리표도 이와 같이 갱신한다.

5 1 5 3 종합가설계획 AF

실시설계단계에서 작성한 종합가설계획도 및 시공계획서를 〈표 2-28〉과 같은 점에 주의하여 갱신한다. 각 시공자의 가설계획서 제안, 요망 등을 포함하여 재검토하여 갱신한다. 복수의 시공자 조정이 가장 중요한 점이다. 조정하면서 안전관리를 소홀히 하지 말아야 한다. 또한 착공전 신고를 확인해야 한다.

〈표 2-28〉 종합가설계획도 작성 요점

항 목	내 용
시공기계	공통으로 사용하는 타워크레인 등의 계획에 각 시공자의 의견을 반영시킨다. 또, 각 시공자로부터 제출된 사용중기의 작업계획을 종합적으로 검토하고, 상황 파악 등 필요한 것을 종합가설계획도에 반영시킨다.
굴착	굴착을 담당하는 시공자로부터 제출받아 종합가설계획도에 반영시킨다.
흙막이	흙막이를 담당하는 시공자로부터 제출받아 종합가설계획도에 반영시킨다. 굴착을 담당하는 시공자와의 협의도 중요하다.
기타 지하공사	지중부의 공사는 향후에는 보이지 않게 되지만 매우 중요한 부분이다. 건설물에 따라 주요 요소의 대부분을 지하공사가 차지하는 경우도 있다. 배수, 진입로, 중기작업장, 환경에 대한 배려 등이 요구되어, 필요에 따라 굴착, 흙막이 등과 함께 도면뿐만 아니라 시공계획서도 정리한다.
구체	구체공사 시공자와 협의하여 가설작업장, 작업무대, 보양 등에 대해 확정하고 종합가설계획도에 반영시킨다.

109) 예비비(컨틴전시, Contingency)
컨틴전시의 원래 의미는 우발, 우연이며, 여기에서는 우연의 의미를 갖는 예비비이다. 공사비 자체에 여유를 갖도록 하여 흡수시키는 것이 아니라 이 예비비를 관리하여 프로젝트의 코스트 리스크를 관리하는 것이다. 컨틴전시(contingency)는 발주자가 시공자에게 지불하는 공사비와는 별도로 계상한다. CMr은 예비비 산정에 대해 발주자의 의뢰가 있을 경우 필요한 자문을 실시하는 경우도 있지만, 통상적으로는 발주자가 독자적으로 산출하고 그 액수는 공표되지 않는다. 프로젝트가 당초 예정했던 대로 공사비가 투입되면 컨틴전시(contingency)는 절약되지만, 공사기간이 예정보다 큰 폭으로 지연되었을 경우 등은 컨틴전시(contingency)의 지출에 의해 당초 견적을 초과하는 경우가 있다.

5 1 5 4 품질관리계획 FG

CMr은 공사감리자와 동질의 업무를 실시하는 것이 아니라 공사감리자의 보고내용을 추인하여 발주자의 대행자 입장에서 검토 · 조정 등을 실시한다. 발주자가 기대하는 품질을 확보하는 것이 목적이다.

■ CMr의 시공품질관리 업무내용

CMr은 공사감리자에 의해 확인된 시공품질관리 상황에 대하여 발주자의 관점에서 확인한다. 그 결과 시정해야 할 사항이나 지적해야 할 점이 있으면 미리 결정한 업무구분과 지시계통에 따라 지시한다. 이러한 관리적 입장에서 보는 것만 아니라, 종합적인 정보교환의 장으로 시공자가 문제점을 보고하기 쉬운 환경을 제공하는 것도 중요하다.

참 고

■공사감리자가 실시하는 시공품질관리 업무

① 사양의 결정, 시공품질기준의 설정
② 시공도 · 제작도 · 시공계획서 · 시공요령서의 확인 및 승인
③ 시공순서의 타당성에 관한 평가 · 조언
④ 사용기자재의 품질관리에 관한 확인 및 지원
⑤ 시공자의 자체관리 실시와 검사기록의 보고 · 보관에 대한 확인 및 조언
⑥ 주요공사의 품질검사 실시 확인
⑦ 품질관리상 주요 시공에 관한 현장검사 및 공장 시험검사 입회
⑧ 정기적 현장순회에 의한 시공품질관리, 현장확인
⑨ 시공자의 시공관리에 대한 지도 및 조언
⑩ 중간검사, 완성검사 입회
⑪ 부적합품, 부적합 시공결과에 대한 지적과 시정조치 후의 확인

5 1 5 5 안전위생관리계획 F

각 시공자의 안전위생관리계획을 심사하여 필요에 따라 전체적인 조정계획을 수립한다. 또한 총괄 안전위생책임자 선임을 확인한다. 공사현장에서 「안전」은 노동안전위생법(이하 「안위법」)에서 요구하는 직무를 수행하는 것이지만, 노동기준감독서(監督署) 등에서 요구하기 때문에 실시하는 것은 아니다. 관계자 전원의 안전의식 고양, 위험요소 배제, 주의 환기 등 지도나 협력이 필요하며, 안전활동은 공사기간 중 지속적으로 실시되어야 한다.

CMr은 각 시공자의 안전위생관리계획을 심사하고 조언한다. 또한 필요에 따라 현장전체의「안전」을 주지시키기 위해 안전위생관리지침을 정하여 필요한 활동을 하도록 배려한다. 안전위생법에 상호조정업무의 일체화가 규정되어 있지만, 아래에 있는 총괄 안전위생책임자를 지원한다.

안전에 관한 체크항목은 〈표 2-29〉와 같다.

〈표 2-29〉 안전에 관한 체크항목

	체크 항목
①	발주자에게 협력요청(발주책임자의 합의를 얻는다)
②	안전에 관한 의제를 공사착수회의 의논사항에 포함시킨다.
③	발주자의 긴급연락 프로세스를 확립한다.
④	안전 및 환경의 부하를 확인한다.
⑤	공사 착공전, 현장회의 책임자 및 안전담당자가 안전활동을 이해하고, 실제로 임하는 자세를 확인한다.
⑥	안전서류가 법령에 따라 준비되어 있는지 확인한다.
⑦	재해방지협회 및 위험작업사전검토회에 참가해 안전의식 향상을 호소한다.
⑧	시공자의 안전활동에 대한 평가와 재검토를 실시한다.

■ 총괄 안전위생책임자의 확인

시공자간에 선정된 총괄 안전위생책임자에 대해 적부를 판단하여 문제가 있는 경우에는 발주자에게 보고한다. 시공자간에 선정할 수 없을 경우에는 발주자가 총괄 안전위생책임자를 추천한다.

안전위생계획에 대해 일반적인 시공프로세스와 달라진 점은 총괄 안전위생책임자의 선임이다. 안전위생법 제15조에, 공사현장에서 특정 원도급업자(건설업에 있어서의 일의 일부를 도급인에게 도급하는 사업자)는 종업원 및 협력회사의 작업원이 하나의 장소에서 함께 작업하여 발생하는 노동재해를 방지하기 위해 「총괄 안전위생책임자」를 선임하고, 작업장소 전체의 총괄관리를 실시하도록 되어 있다. 상시 50명 이상의 노동자가 종사하는 건설현장에서는 전속 원도급 안전위생관리자와 총괄 안전위생책임자의 선임이 의무화되어 있다.

일반적인 발주방식이 적용되는 공사에 대해 종합건설업자가 총괄 안전위생책임자와 원도급 안전위생관리자의 업무를 실시한다. CM방식 시공패턴 ① 및 ②의 경우에도 이와 같이 종합건설업자를 선임한다.[110] 시공패턴 ③(37~38쪽)에서는 총괄 안전위생책임자에 대해 특정의 시공자를 선임한다. CMr은 발주단계에서 동 업무를 담당하는 것으로 합의된 시공자가 그 임무를 충분히 완수할 수 있는지 확인하여 발주자에게 보고한다.

관할 노동기준감독서에 대해서는 누가 안전위생과 관련하여 대외적 창구·조정역할을 하는지를 분명히 하고, 비상사태 발생시 공사관계자 사이에 혼란이 생기지 않도록 철저히 공지하는 것이 중요하다.

110) 1235 발주방침 P.36
공사발주구분 P.118

참 고

■총괄 안전위생책임자의 직무

노동안전위생법 제30조에 규정된 내용은 아래와 같다.
① 협의조직의 설치 · 운영
② 작업간 연락 · 조정
③ 작업장소의 순시
④ 협력회사가 실시하는 안전위생교육의 지도 · 원조 및 신규 입사자 교육을 위한 자료 등 제공
⑤ 공정계획 및 기계설비의 배치계획 작성, 협력회사가 작성하는 작업계획 지도
⑥ 크레인 등 운전신호의 통일
⑦ 경보의 통일
⑧ 기타 재해방지에 필요한 사항 등이 포함된다.
원도급 안전위생관리자의 직무는 상기 ① ~ ⑧ 사항중 노동재해방지에 관한 기술적 사항 모두를 포함한다.

■ CMr의 안전에 대한 법적책임

CMr의 안전관리업무에 관한 법적책임의 해석은 「총괄 안전위생책임자」의 문제도 포함하여 아직 명확하지는 않다. 그렇지만 노동안전위생법, 민법 등에 관련된 책임이 없다고는 할 수 없다.

예를 들어 민법상 노동자에게 재해가 발생했을 경우, 사용자의 책임은 통상 「안전배려의무 위반」과 관계된다. 전형적으로 종업원이 안전확보 주의의무를 위반한 경우, 고용자가 그에 대한 일종의 채무불이행 즉, 의무위반 = 과실에 의해 발생한 손해에 대한 배상이 요구된다. 그 근거는 고용계약이 있다면 거기에 부수되는 사용자의 의무, 고용계약이 없어도 신의의무가 있기 때문이다. 따라서 CMr이 직접 고용관계가 없는 노동자의 안전을 배려할 의무를 져야 한다고 하는 경우도 있다. CMr은 준위임이기 때문에「안전과는 전혀 관계없다」라는 것이 그릇된 생각임을 인식해야 한다.

참 고

■CMr이 총괄안전위생책임자가 될 수 있을까

「한 장소에서 실시되는 일의 일부를 하도급하고 나머지 일은 스스로 시행하는 사업자」로 되어 있는 노동안전위생법에서는 CM방식이 기본적으로 준위임이며, 도급이 아니라면 CMr은 역할상 원도급자가 되지 않으므로 총괄 안전위생책임자가 될 수 없다. 그러나 현장에 상주하면서 시공자에게 다양한 지시를 내리는 경우, 노동기준 감독기관이 그 현장의 실태를 파악하여 설사 계약상의 입장이 도급은 아니라고 해도 원도급자 사업자와 동등하다는 판단을 내릴 수도 있다. CMr이 실질적인 현장관리를 실시하는 경우에는 관할 노동기준 감독기관에 상담할 필요가 있다.
현재 CMr의 취급에 대해서 명확한 판단이 내려지지 않은 것이 사실이며 이는 향후 검토과제이다.

5 1 6 질의서 · 제안서의 검토결과 확인 · 조언 AE

시공자로부터 제출된 질의서 및 제안서에 대해 공사감리자나 설계자 등이 필요한 검토를 실시하고 결과에 대해 보고사항을 확인함과 동시에 필요에 따라 발주자에게 조언한다.

각 공사구분 수주자는 수주확정 후, 착공에 앞서 설계도서를 검토하고 자재공급자, 생산자 또는 시공자로서 질의나 독자적인 제안을 실시하는 경우가 있다. 이러한 질의나 제안은 기본 형식을 정하여 회신한다. CMr이 주체적으로 그러한 사무절차를 실시하여 전체를 파악하는 것이 중요하다.

■ 기본형식

CMr은 질의사항의 취급방법에 대해 정해진 설계자, 공사감리자, 시공자에게 공지하는 것으로 한다. 그 형식은 다음과 같다.

- 서식(발주단계의 질의 응답서를 재이용해도 된다)
- 회답에 필요한 기간
- 기록 보존방법
- 각 관계자에게 공지방법
- 회신결과에 수반한 종합도, 시공도 변경사항의 취급방법

■ 스케줄 확인

CMr은 원활한 프로젝트관리를 실시하기 위해서 질의서, 제안서 및 회답서의 처리방법이 기본형식에 따라 실시되고 있는지 확인한다. 또한 질의내용으로부터 도면체크, 도면작성 업무가 스케줄대로 진행되고 있는지 확인하여 각 관계자에게 조언한다. 결정지연에 수반하는 스케줄지연의 우려가 있는 경우, 각 관계자에게 개선을 요구한다.

■ 건축물의 품질에 관련된 결정사항의 확인

CMr은 검토결과 보고를 받아 다음 사항을 심사한다.

- 발주자의 요구와 일치하고 있는지
- 건축물의 기본성능을 충족하고 있는지
- 계약과 관련된 변경이 없는지
- 공사비 변경이 있는지
- 기술적으로 검토결과가 타당한지

회신시에는 질의응답 및 회신의 결과에 의해 설계변경, 계약변경, 공사비 변경이 발생하는 경우에는 필요한 조치를 취한다.

5 1 7 시공도 · 종합도의 작성에 관한 조정 ADE

CMr은 종합도를 포함한 시공도작성 프로세스를 관리하고 필요에 따라 설계자 및 공사감리자의 협력을 얻어 내용을 조정한다.

■ 시공도

〈표 2-30〉의 리스트에 나타난 내용은 시공도이다. 분리발주(특히 건축공사를 분리)인 경우, CMr은 공사발주 전 해당공사에 필요한 시공도 리스트를 작성하여 순서, 스케줄, 작성자를 정리한다.

■ 종합도

종합도는 평면 · 입면 · 단면계획과 각 설비계획의 평면적 · 입체적 위치관계의 정합성이 있는지를 검증하고 필요에 따라 조정하기 위한 도면이다. 복수의 발주구분으로 관련된 종합도는 설계자에 의해 종합도가 준비되어 있는 경우를 제외하고 CMr이 조정하여 공사감리자의 확인을 받는다.

작성순서 예로서 처음에 각 실의 평면상세도 및 전개도를 준비하고, 거기에 각 시공자의 내부마감 및 설비관련 기기를 작성하여 위치관계를 조정한다. 또한 외부마감에 대해서도 여러 업자의 마감를 조정할 필요가 있는 경우에는 외벽 입면도를 작성하고 거기에 각 설비기기를 기입한다. 이론적으로는 복잡하지 않지만, 매우 복잡한 설비를 가지는 현대 건축물에서는 빠뜨려서는 안 되는 것으로서 상당한 업무량이 필요한 작업이다.

〈표 2-30〉 시공도 리스트 예

①	종합도 외부 관련 (외부마감도, 타일나누기도, 판넬분할도 등)
②	종합도 내부 관련 (내부마감도, 전개도, 타일나누기도, 판넬분할도 등)
③	천정복도
④	외부마감도
⑤	구체도
⑥	각종 디테일(방수마감도, 부위별 상세도 등)
⑦	신더콘크리트 줄눈도
⑧	공종별 시공도
⑨	공종별 제작도

5 1 8 시공도등(공사감리자 승인제)의 확인 · 조언 ADF

공사감리자에 의해 승인된 시공도에 대하여 금액 및 공사기간의 관점에서 확인하고 필요에 따라 발주자에게 조언한다.

전술한 대로 각 시공자는 설계도서에 근거하여 시공도를 작성하고 공사감리자의 승인을 받는다. CMr은 공사감리자의 승인을 받은 도면에 대해 시공성을 고려한 후, 공사비에 대한 영향, 스케줄에 대한 영향을 검증한다. 질의응답에 대한 회신과 같이 설계에 관여하고 있지 않는 제3자의 관점에서 다음과 같이 심사한다.

- 발주자의 요구와 일치하고 있는가
- 건축물의 기본성능을 확보하고 있는가
- 계약과 관련된 변경이 없는가
- 공사비 변경이 있는가
- 스케줄 변경이 필요한가
- 기술적으로 검토한 결과가 타당한가
- 시공성을 배려하고 있는가

문제가 있는 경우에는 공사감리자 또는 발주자와 함께 협의하고, 필요한 경우 수정하도록 조언한다.

또한 다른 시공도와의 조정이 필요한 경우는 해당 시공자를 포함하여 협의한다.

5 1 9 착공 관련 신고 ADF

착공과 관련된 관공서에 확인과 조정을 실시한다.

관공서에 제출하는 공사계획계(工事計畵계)의 내용은 관할 노동기준 감독청과 지자체에 따라 다르지만 일반적으로 노동안전위생법과 환경관련 법규에 근거하여 신고한다. 원칙적으로 각 시공자가 계획계를 작성하여 공사감리자가 확인 · 조정한다. 신고의 대상 항목은 아래와 같다.

- 안전위생법 제88조 제4항에 근거한 공사계획계(공사 개시 14일전까지)
- 안전위생법 제88조 제2항에 근거하여 계획계가 필요한 건설공사에 관련된 설비(거푸집 지보공, 가설통로, 발판, 가스접합 용접장치, 기계 등)
- 안전위생법 제88조 제2항에 근거하여 설치, 변경신고가 필요한 기계 등(설치 보고를 포함한다) (크레인, 데릭크레인, 엘리베이터, 건설용 리프트, 곤도라 등)

- 안전위생법 제88조 제3항에 근거하여 대규모 계획의 신고를 필요로 하는 것
- 환경에 관한 신고(건설리사이클법, 토양오염대책법, 대기오염 방지법, 하천법, 하수도법, 소음 규제법, 진동규제법 등)
- 기타 확인신청부분에 기재된 사항의 확인

공사착공에 앞서 설계관련 신고와 공사와 관련된 신고를 나누면 안 된다. 공사에 수반된 신고는 공사 중 수시로 실시해야 하는 것도 있다. 설계와 관련된 것은 설계자 또는 공사감리자가 실시하고, 공사와 관련된 것은 시공자가 실시하지만, 제출자는 건축주(발주자)로 신고하는 경우가 많다. CMr은 이러한 신고가 적절히 행해지고 있는지 확인한다. 덧붙여 공사와 관련된 신고에 대해서는 한 현장에서 하나만 제출되는 경우도 있고, 시공자가 복수인 경우에는 어느 시공자가 실무를 총괄할 것인지 조정하여야 한다. CMr이 작성하는 경우도 발생할 수 있다.

〈표 2-31〉 ~ 〈표 2-35〉에는 공사와 관련된 신고를 중심으로 예시하였다. 관할 관청에 따라 신고의 필요성도 달라져 여기에 모두를 게재할 수 없기 때문에 프로젝트마다 확인할 필요가 있다. 완료시의 신고에 대해서는 별도로 기술한다.

〈표 2-31〉 시공도 리스트 예

	수 속	관할 관청	관계 법령
설계관련절차	건축확인신청	건축주사 혹은 지정기관	건축기준법
	종합설계와 관련된 인정(認定)	특정 행정청	건축기준법
	개발허가	도도부현 지사	도시계획법
	시가지(市街化) 조정구역의 건축허가	도도부현 지사	도시계획법
	도시계획시설 등의 구역내 건축허가	도도부현 지사	도시계획법
	풍치지구내 건축허가	도도부현 지사	도시계획법
공사관련절차	건축공사계, 건축물 철거서류	도도부현 지사	건축기준법
	확인 표시		건축기준법
	공사도중의 보고	특정 행정청 건축주사 등	건축기준법
	공사 중에 특수건축물 가사용시 안전계획서의 신고	특정 행정청 건축주사 등	건축기준법
	소방용설비 등의 착공신고	관할 소방서	소방법
	도로점유	도로 관리자	도로법
	도로사용허가	관할 경찰서	도로교통법
	도로굴착	도로 관리자	도로법
	도로개조	도로 관리자	도로법
	공사 시공프로세스 대장	감독 직원	공통시방서

〈표 2-33〉 노동기준법 · 규칙 등에 관련된 신고

신 고	관할 관청	법률
적용사업 보고서	노동기준 감독청	110
일제휴게(一齊休憩)제외 허가신청서	노동기준 감독청	34
시간외 노동 · 휴일 노동에 관한 협정서	노동기준 감독청	36
단속적인 숙직 또는 일근(日勤)근무 허가신청서	노동기준 감독청	41
감시단속적 노동에 종사하는 사람에 대한 적용 제외 신청서	노동기준 감독청	41
취업규칙계(就業規則계)	노동기준 감독청	89

〈표 2-32〉 환경과 관련된 신고 등

신 고	관할 관청	관계법령
건축폐기물과 관련된 신고	도도부현 지사	
보일러 등의 사용과 관련된 신고, 연기발생시설의 제 신고	관할 노동기준국, 도도부현 지사	노동안전위생법, 대기오염방지법
특정 시설의 신고(비상용 디젤 발전기 관련)	도도부현 지사	대기오염대책법
특정 시설의 폐지, 변경, 토지변형등과 관련된 조사보고, 확산방지대책 신고	도도부현 지사	토양오염방지법
토지변형에 수반하는 조사보고, 확산방지대책 관련 신고	도도부현 지사	토양오염과 관련된 각종 조례
유수 점용허가 등의 신청	국토교통성	하천법
공공하수도 사용, 오수량계, 배수 설비 설치 등과 관련된 신고	도도부현 지사	하수도법
인쇄기 등의 사용과 관련된 신고	시정촌구	소음방지법
특정 건설작업 실시와 관련된	도도부현 지사	진동규제법
특정 분진배출 등 작업 실시신고 (석면 해체 · 제거공사 관련)	도도부현 지사	노동안전위생법, 대기오염방지법
소각로 해체 등과 관련된 신고	도도부현 지사	대기오염방지법, 다이옥신류 특별 조치법
PCB함유 폐기물의 보관 · 이동과 관련된 신고	도도부현 지사	폴리염화비닐 폐기물의 적정한 처리의 추진에 관한 특별 조치법
소량 위험물 취급과 관련된 신고	관할 소방서	소방법
독극물 취급, 보관 등과 관련된 신고	도도부현 지사	독물 및 극물 단속법
폐기물과 관련된 신고	도도부현 지사	폐기물 및 청소에 관한 법률
건축물의 에너지절약(변경)계획서의 신고, 에너지절약 조치의 신고, 에너지절약계획의 신고	도도부현 지사, 경제산업성, 주무 대신	에너지사용 합리화에 관한 법률

〈표 2-34〉 노동안전위생법 · 규칙 등에 관련된 신고

신 고	관할 관청	법률
건설공사계획계(建設工事計畵계)	노동기준 감독청	88 · 4
건설공사계획계(특히 후생노동성령으로 정한 것)	후생노동대신	88 · 3
건설물 · 기계 등 설치계 · 변경계 · 이설계 등(거푸집 지보공, 가설통로, 교통편, 가스집합(集合)용접장치, 기계, 크레인, 데릭, 엘리베이터, 건설용 리프트, 곤도라 등)	노동기준 감독청	88 · 2
특정 원도급사업자의 사업개시 보고서	노동기준 감독청	30
총괄 안전위생책임자 선임보고서	노동기준 감독청	15
공동기업체 대표자계	노동기준 감독청	5
안전관리자 선임보고	노동기준 감독청	11
위생관리자 · 산업의(醫) 선임 보고	노동기준 감독청	12 · 13

〈표 2-35〉 노동보험징수법등에 관련된 신고

신고	관할 관청	법률
노동보험 관계 성립계	노동기준 감독청	3
일괄 유기사업 개시계	노동기준 감독청	3 · 7
노동보험 대리인 선임계	노동기준 감독청	
노동보험 하청부인을 사업주로 하는 허가신청서	노동기준 감독청	8

또한 직접적인 신고는 아니지만 공사실적정보시스템 등의 정보를 제공한다.

〈표 2-36〉 정보제공이 필요한 시스템 및 서비스

공사실적정보시스템 (CORINS)	전국의 공공발주기관 및 공익 민간기업이 발주한 도급금액 2,500만엔 이상의 공사에 관한 공사 계약 내용이나 시공내용 등의 실적데이터를 데이터베이스화하여 각 발주기관에 제공하는 시스템을 말한다.
기업정보서비스	건설업자의 감리기술자 자격증(건설업법(1999년 법률 100호) 제27조의 18에 규정하는 감리기술자 자격자증을 말한다. 이하 같다)에 관한 정보, 건설업의 허가에 관한 정보, 경영사항 심사정보 등을 데이터베이스화하여 각 발주기관에 제공하는 서비스를 말한다.
공사카르테(Karte)	공사실적정보시스템(CORINS)에 등록하는 공사건명, 도급금액, 종사 기술자 등 시공상 기본적 항목으로부터 일반정보와 공정, 공법 등의 기술적 항목의 기술정보를 말한다.

또한 직접적인 신고는 아니지만 공사실적정보시스템 등의 정보를 제공한다.

5 2 공사 수행 ABCDEFG

공사 관련자간 조정을 실시하고, 계획대로 실시되고 있는지 확인한다.

공사가 개시된 후 관계자간 조정을 실시하여 프로젝트가 원활히 진행되는 것과 발주자의 요구 즉, 지금까지 계획한 일이 실시되고 있는지 확인하는 것이 요점이다. 발주자의 관점에서 보면 요구의 실현이 확실하다는 것은 매우 중요한 업무이다.

또한 공사도중의 설계변경에 대해서는 디자인뿐만 아니라 코스트, 스케줄, 품질 등에 큰 영향을 미치는 업무라는 점을 이해하고 이에 대처해야 한다.

5 2 1 각 시공자간 조정 AF

분리발주된 공사에 대해 원활한 공정진척 및 공사진척상황을 확보하기 위하여 시공자간 조정을 실시하고 각 시공자에게 조언을 한다.

모든 시공자는 도급계약서에 근거하여 각 공사를 완성할 책임이 있고, 동시에 다른 시공자와의 공사조정 의무가 있으므로 자주적으로 조정업무를 실시해야 한다. 그러나 시공자의 관리능력, 경험에 차이가 있으며 또한 현장담당책임자에 의해서도 그 역량의 차이가 발생한다. CMr은 시공자의 자주적인 관리능력을 살려 공사를 추진하는 한편, 운영과 진척상황을 확인하여 적절한 조언을 하고 시공자간 조정을 실시한다. CMr이 시공자에 대해 조정·조언을 실시하는 방법은 다음과 같다.

- 정례회의(프로젝트 회의, 시공자 회의 등)
- 각 시공자와 개별 회의(정례 또는 일정대로 개최)
- 문서지시
- 설계자 또는 공사감리자를 통해서 실시하는 지시, 전달
- 구두 전달 (긴급시의 대응, 현장순회 등)

각 시공자에 대한 지시는 회의체 및 서면에 의한 전달을 기본으로 하고, 구두로 지시했을 경우에도 중요 사항은 추후 서면으로 확인한다.

5 2 2 생산계획 실시상황 확인 ABCFG

공사가 착공되면 그 공사가 정해진 생산계획서대로 실시되고 있는지 확인한다.

생산계획서의 각 항목에 대하여 CM업무 계획서에서 규정한 룰에 따라 각각 정기적으로 확인한다. 그 결과는 월차 CM보고서 등으로 발주자에게 보고한다. 필요에 따라 설계자나 시공자에게 시정 · 수정 등을 촉구한다. 경우에 따라 발주자의 승낙을 받아 시정 · 수정 등을 지시한다.

5 2 2 1 시공스케줄 CF

CMr은 각 시공자가 설정한 시공스케줄대로 공사구분의 공정이 진척되고 있는지에 대해서 수시 확인하고 전체 공정에 지연이 생기지 않도록 조정한다.

CMr은 특히 중간관리일을 중심으로 전체 공사의 진척을 확인한다. 중간관리일의 달성에 영향을 미치는 리스크 요소를 가능한 한 조기에 예측하여 관련자에게 전달 · 보고하고, 필요에 따라 당사자에게 대책을 세우도록 촉구한다.

발주구분이 증가하면 시공자간 조정 등 CMr 업무가 증가하게 된다. 이는 계약관계가 다른 복수의 시공자가 공정계획대로 작업을 실시하기 위해 현장시작시기, 전 공정의 완료, 관련된 공사의 조정, 현장의 시공조건 등을 광범위하게 파악한 다음 조정하는 것이 필요하다.

■ 각 검사스케줄 확인

CMr은 검사 진척을 파악하여, 모든 검사가 계약 공사기간내에 실시되어 완료되도록 개별 검사스케줄을 공사감리자와 조정한다.

추가로 전술한 기성금액에 관한 중간검사는 성질이 다르므로 다음에 기술한다.

5 2 2 2 공사비 BF

수시로 예산관리표를 갱신하여 공사비 추이를 파악해야 한다.[111] 공사예산과의 차이, 예비비(contingency)의 운용을 검토하여 보고한다. 공사비관리는 공사예산에 대하여 실제 어느 정도의 코스트가 이미 투입되었는지, 지금부터 어느 정도의 금액이 투입될 것인지를 종합적으로 정확하게 파악하여, 이후에 코스트에 미치는 영향을 조정하는 것으로 공사비를 감축하는 것은 아니다.

예산관리표에서는 공사계약액, 이미 결정된 설계변경액 등 확정비용뿐만 아니라 향후 발생할 수 있는 설계변경 예상, 추가 발주될 공사비 등을 고려해야 한다. 공사비의 최종액이 예측되어 있으면 변경 공사시에 사양 등을 변경할 수도 있고, 예비비(contingency)를 적용하는 일도 생각할 수 있다. 예산관리표를 월차보고서에 포함시키면 확실하게 정기보고를 할 수 있다.

참 고

■공사비 분석

시공자가 제출한 공사대금명세서를 기초로 분석한다. 그 목적은 다음 공사에 영향을 주기 때문이며, 특히 프로젝트의 초기단계인「기획 · 기본계획」시점에서 코스트 플래닝에 유효하게 활용할 수 있도록 하는 것이 바람직하다. 시장 실태를 근거로 한 비용정보가 부족하기 때문에 이러한 공사비 분석 데이터를 축적, 정비하는 것이 중요하다.
코스트정보를 데이터베이스화하려면 다음과 같은 점에 유의하여 작성할 필요가 있다.

■표준 코스트 분석 서식 정비

데이터베이스화를 확실히 진행시켜 나가는 요건으로 표준 코스트분석 서식 설정이 중요한 요소이다. 또한 비용자료뿐만 아니라, 코스트분석의 전제조건이 되는 건물개요, 설계조건, 시장상황 등의 설계개요 정보를 수집하기 위한 표준입력서식 등을 동시에 확립할 필요가 있다.
또한 이 데이터를 축적하는 미디어, 사용하기 위한 컴퓨터 소프트에 대해서도 충분하게 검토하지 않으면 효과성이 떨어질 우려가 있다.

■데이터 수집 · 분석의 확실한 이행

코스트 데이터베이스를 구축해 나가는데 있어서 중요한 것은 데이터 수집 · 분석의 확실한 이행이다. 낙찰 후, 수급자가 제출한 공사비 명세서를 CMr이 분석하고, 그것을 표준 코스트 데이터 서식에 기입한다.
따라서 실적데이터의 수집방법으로서 낙찰결정 후에 수급자로부터 공사비명세서를 전산자료로 제출받는 것이 데이터 수집 · 분석에 효율적이다. 또한 설계변경이나 추가공사도 포함하여 분석할 필요가 있다. 견적 제출액, 교섭 후의 계약액 및 최종 지불액이 다른 경우에도 적절히 기록한다.

■실제 가격을 반영한 코스트 데이터의 정보원

시장단가방식이 보급되어도 실질적인 코스트 데이터를 파악하는 전제로서 공사 생산성의 기초자료가 되는 품셈, 노무비, 그리고 자재비라고 할 수 있는 공사의 원단위로 실제 코스트 상황을 파악 · 수집하는 것이 정확한 비용관리이다. 이러한 코스트 데이터를 소홀히 하지 않고 끊임없이 체크하여 항상 활용할 수 있도록 정비해 두어야 한다.

111) 515 시공계획 등의 확인 · 조정, 생산계획서의 갱신 P.158

5 2 2 3 종합가설 AF

종합가설은 공사의 성공여부를 크게 좌우하는 것으로 수립된 계획대로 실시되고 있는지 확인해야 한다. 만약 차이를 발견했을 경우에는 원인과 이유를 확인하여 그 차이나 장래에 악영향을 미치지 않는지 검토한다.

발주구분이 많아지면 현재의 공사만을 생각하여 가설을 실시하려 할 수도 있다. 장래의 전용(轉用)을 예측하고 전체적으로 계획해야 하므로 현재 공사에서는 불필요하다고 생각되는 것도 신중히 고려해야 한다.

안전과 관련하여 필요한 계획이 수립되어 있는지 확인한다.

5 2 2 4 품질관리 FG

공사감리자에 의해 확인된 시공품질관리에 대하여 발주자 관점에서 재확인한다. 문제가 될 수 있는 부분에 대해서는 발주자에게 보고하여 판단하도록 한다. 발주자 입장에서 시공품질관리를 실시하는 것을 전제로 발주자의 승낙이나 이해 없이 공사감리자나 시공자에게 개별지시를 실시하는 일이 없어야 한다. CMr이 실시하는 품질관리업무는 기본적으로는 서면에 의한 관리가 중심이 되며, 공사의 진척을 육안으로 확인하는 것으로 각각의 이행 상황을 파악해야 한다. 분리발주한 경우, 각 분리발주업자의 품질관리기준을 명확히 하고 CMr이 확인 · 조정한다.

품질개선은 코스트와 시간이 걸리는 경우가 대부분이다. 단순히 시공자에게 개선지시를 내리는 것이 아니라 이러한 영향을 종합적으로 판단해야 한다.

CMr의 지시내용이 부적절하다고 시공자가 판단하는 경우, 시공자는 CMr에게 그 이유를 전달해야 하며 CMr는 이를 재검토 한다. 시공자의 입장을 배려하여 일방통행이 되지 않게 한다.

스케줄에 있어서 검사는 공사의 주요 시점이 되는 경우가 많으므로 시공스케줄 내에서 위치를 확인하고 진척상황을 파악해 두는 것이 중요하다. 지연 등에 대해서는 필요에 따라 조정한다.

5 2 2 5 안전위생관리 EF

CMr은 공사안전을 배려하고 긴급시에는 적절한 조치를 취하며 필요한 연락 및 보고를 한다.

CMr이 안전위생법상의 원도급업자가 되지 않는 것은 「5155 안전위생관리계획」에서 언급한 바와 같다. 그러나 안전배려 의무가 전혀 없는 것은 아니다.

발주자의 대행자로서 시공자에 대한 주의, 발주자에 대한 보고 등 관련자가 「안전」한 공사를 실시할 수 있도록 배려한다. 또한 긴급 · 재해시에 적절한 조치를 취하고 발주자 등에 연락 · 보고를 하는 것은 필요한 업무이다.

5 2 3 발주구분별 발주 · 납입시기 확인 EF

마스터스케줄 및 시공스케줄을 고려하여 각 발 주구분의 납입시기를 확인한다. 또한 계획상 발주가 늦은 공종, 추가발주 등의 절차를 진행한다.

공사단계에서도 조달매니지먼트는 계속하여 실시해야 한다. 공사발주단계에서 발주한 것에 대한 상황을 확인한다.

- 자재의 납기는 적정한가
- 자재납입에 따른 검수는 적정하게 행해지고 있는가
- 각 시공자는 적정하게 현장연계를 실시하고 있는지
- 납기가 스케줄대로 되고 있는가
- 등을 체크한다.

상세한 것은 「526 기성금액 · 지불상황 확인」(183쪽) 항목을 참조한다.

또한 공사단계에서도 계속하여 발주하게 되며, 이 경우에는 「4 공사발주단계」의 업무내용을 실시하게 된다. 발주시기에 대하여는 주의를 기울여야 한다.

5 2 4 설계변경대응 ABCDEG

관련자로부터 설계변경제안이 있었던 내용은 항목에 근거하여 설계변경도서의 적부를 확인하고 그 결과를 발주자에게 보고한다. 변경하는 경우에는 그에 대한 관리를 실시한다.

설계변경[112] 관리는 건설생산프로세스에서 명확하지 않은 매니지먼트 요소의 하나일 것이다. 설계변경과 관련하여 발생하는 비용이나 공사기간에 미치는 영향을 시공자가 흡수하고

112) 설계변경의 저작권
설계변경과 관련된 저작권의 취급에 대해, 현재 건설산업계의 생각이 일원화되어 있지 않다. 본서에서는 아래와 같은 견해를 취하면서도, 설계변경에 설계자가 관여하는 일이 있는 경우도 고려하고 있다. 실무적으로는 설계 위탁계약서에 다음과 같은 조항이 들어가 있는 경우에는 설계자의 관여는 필요없다.
성과물 또는 성과물을 이용해 완성한 건축물(이하「본건 건축물」이라고 한다)이 저작물(저작권법 제2조 제 1호)에 해당하는 경우(이하 저작물에 해당하는 성과물을「저작 성과물」, 저작물에 해당하는 본건 건축물을「본건 저작 건축물」이라 한다), 그 저작권(저작자 인격권을 포함한다. 이하「저작권」이라고 한다)은 설계자에게 귀속한다. 그러나 발주자는 특별히 정한 것이 없는 한 저작 성과물을 이용하여 건축물을 완성할 수 있어, 그 목적 및 본건 저작 건축물의 증축, 개축, 수선, 구조체, 유지, 관리, 운영, 홍보 등을 위해서 필요한 범위에서 저작 성과물을 복제해 변형, 번안(飜案), 개변(改變), 그 외의 수정을 할 수 있다.

있는 부분도 많다. 이러한 변경프로세스를 명확히 발주자 측에서 관리하는 경우, 시공자 리스크를 경감할 수 있다. 시공자 리스크를 경감하는 것에 따라 비용삭감의 가능성이 있다.

변경은 일반적으로 다음과 같이 분류된다.

① 계약(금액, 공사기간, 계약도서를 포함) 변경을 포함하는 것

② 설계변경을 실시하지만, 계약변경까지 할 필요는 없으며 발주자와 시공자의 합의를 얻을 수 있는 것(즉, 무상으로 행해지는 것)

③ 기록처리(설계도서 간 불일치 수정, 시공자 제안에 근거한 시공방법 개선 등)에 머무르는 것

CMr은 변경 프로세스를 중시하여 이를 관리해야 하며, 주 업무는 계약관리, 변경관리(Change Management)이다. 일반적인 순서는 다음과 같으며, 프로젝트 상황에 따라 발주자, 설계자 및 공사감리자와 협의한 후, 해당 프로젝트를 위한 상세한 순서를 정한다.

5 2 4 1 설계변경제안의 검토와 그 순서 ABCDEG

설계변경과 관련된 일반적인 순서이다.

■ 설계변경 요인

설계변경은 다음과 같은 요인으로 발생한다. CMr이 발의하는 것도 있다.

- 발주자의 요청(입주 세입자로부터의 요청을 포함한다)
- 설계자의 요청
- 각 시공자 사이의 조정
- 시공자의 제안
- 관청의 지도

요인은 다르지만 각각의 제안을 받아 검토해 가는 프로세스에는 큰 차이가 없다.

시공시 VE제안도 다음과 같은 검토 일부가 제안자에 의해 이미 실행되고 있을 때에는 그 부분의 검토를 생략할 수 있다.

■ CMr에 의한 개략검토

설계변경제안은 그 효과 및 효율에 의해 채용 여부를 판단하는 것이다. 발주자의 의도를 벗어난 제안, 코스트, 스케줄 등에 악영향을 미치는 제안에 대해서는 CMr이 개략검토를 실시하는 단계에서 판단하여 발주자에게 불채용 보고를 한다. 발주자가 반려하여 검토를 원하지 않는다면 그 이상의 노력을 하지 않는다. 이러한 판단을 효율적으로 실시하기 위해서는 모든 제안

이 CMr에게 취합되는 절차를 만든다.

개략검토에 의해 변경안을 채용하는 방향으로 보다 더 상세하게 검토할 경우, 설계자 또는 공사감리자에게 도면작성을 의뢰하고 동시에 스케줄이나 코스트에 대해 검토한다.

■ 상세검토

■ 코스트 검토

일식도급계약에서 종합건설업자가 있는 발주형태의 경우에는 종합건설업자가 견적을 제출받지만, 구분 발주를 하는 경우에는 CMr이 관련 시공자로부터 필요한 견적을 받는다. 이미 프로젝트에 참여하고 있는 관련자 이외로부터 견적을 제출받는 것을 고려한다. 견적을 종합하여 직접가설의 필요성, 공통가설비 및 현장경비에 대한 영향을 고려한다.

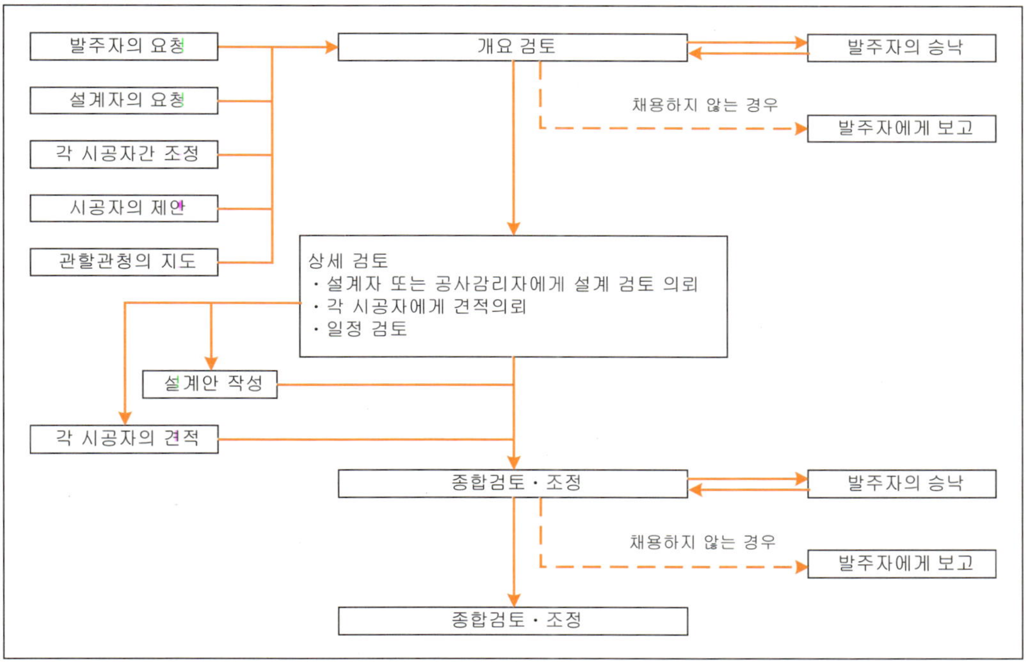

그림 2-20 설계변경 순서도

시공자와 총액도급방식[113]으로 계약한 경우, 단가를 고정하고 그 단가를 설계변경단가로 하는 경우도 있지만, 이 방법으로 한정된 것은 아니다. 신규 시공자에게 발주하는 경우에는 몇 년

113) 총액도급방식
계약시 도급대금을 결정하는 계약방식
1235 발주방침 P.36
4135 교섭 · 계약사무 P.149

간 장기간 소요되는 프로젝트 등에서 발주자 · 시공자 쌍방의 리스크를 공평하게 균형시키기 위해서 설계변경시점에서 시장가격을 다시 검토하는 경우도 생각할 수 있다. 설계변경은 고비용이 된다는 일반적인 견해가 있지만, 그러한 상황에 빠지지 않게 하는 매니지먼트도 CMr의 존재 의의 중의 하나라고 할 수 있다.

CMr은 설계변경항목마다 변경금액을 결정하고 각 관련 시공자의 계약에 대한 변경으로 기록 · 처리한다. 발주자나 공사감리자도 이해하지 않으면 혼란을 초래하게 되므로, CM업무 설명 단계에서 명확하게 하는 것이 필요하다.

또한 비용을 생각하는 경우 아래의 요소도 고려해야 한다.

- 설계비의 증가
- 기 시공부분의 수정된 비용
- 스케줄 변경에 의한 공사기간 단축에 필요한 비용

참고로 설계변경이 코스트에 미치는 영향을 심사하여, 발주자의 승인을 받기 위한 보고서를 예로써 나타냈다. CMr은 자재견적금액, 노무금액 등 직접 관련된 코스트뿐만 아니라 시험 등 간접 코스트도 고려해야 한다.

■ 스케줄 검토

코스트 검토와 병행하여 수집된 시공스케줄을 검토하고 종합 시공스케줄에 미치는 영향을 고려한다. 종합 시공스케줄에서 주공정을 지연시키는 일이 없도록 설계변경에 의한 공사를 진행시켜야 한다. 주공정에 영향이 있는 경우에는,

- 공사기간 전체에 영향을 미쳐 완공을 늦추지 않으면 안 되는가
- 공사기간에 영향을 미치지만 어떤 대책에 의해 회복이 가능한가
- 회복에 필요한 추가비용은 얼마인가

見積査定報告書

プロジェクトA

報告書#	025
報告書提出日	平成 14 年 12 月 10 日
見積査定依頼日	平成 14 年 12 月 07 日

設計変更概要

RF(耐火鉄骨)柱＋セラミック耐火被覆の部材の耐火テスト費用査定依頼

発案者:
設計者
見積者:
施工者 B

配布先
■ ○社(発注者) 社長
■ ○社(発注者) 総務部長
■ ○社(発注者) プロジェクト担当
■ 設計者 設計担当者
□ 設計者 構造担当者
□ 設計者 設備担当者
□
□ コンサルタント 内装担当者
□ コンサルタント 外装デザイン
□ コンサルタント 内装デザイン
□
■ 施工者 施工現場担当者
□ 施工者 工事担当者
□
□

見積査定書要約

工事予算書に計上されている既契約金額	施工者或いは資材供給者からの見積額	査定額	見積額と査定額の差額	既契約金額からの増額
¥0	¥4,000,000	¥ 4,000,000	¥0	¥ 4,000,000

摘要

建築基準法の変更にともない(設計期間が非常に長く、提出前に変更が完全には行われなかったから)外壁材の変更を余儀なくされ、耐火試験を行なうことが必要になった。
このためには、耐火試験を行った上で、申請しなければならない。
施工者から提出された見積書査定を行ったところ、適正な見積金額であると判断される。ただしこの金額には施工者の共通仮設経費、現場経費及び一般管理は含まれない。工事契約において、変更金額の合計が原契約の10%を超えないので、これらの項目は既契約に含まれているとなっている。
ただし、設計変更業務についての報酬は別途計上しなければならない

添付資料: (□ なし) (■ 下記の書類添付)
1) 見積査定書内訳

発注者	設計者	見積提出者	査定者
○○株式会社	△△設計	■■建設	CMR
担当者署名	担当者署名	担当者署名	担当者署名
[illegible] 太郎	[illegible] 次郎	[illegible] 三郎	石井 四郎
印	印	印	印

그림 2-21 견적사정보고서(예)

• 등을 검토해야 한다. 즉, 스케줄을 비용으로 환산하여 생각할 필요가 있다.

■ 디자인 검토

디자인은 설계자 또는 공사감리자가 관리하는 부분이지만, CMr은 발주자의 대행이라는 관점에서 검토한다. 특히, 설계자 또는 공사감리자로부터 설계변경 제안이 있을 경우 제3자로서 냉정하게 검토해야 한다.

■ 품질 검토

설계변경안의 사양을 떨어뜨려 소정의 품질을 확보하면 안 된다. 직접적인 품질확보는 공사감리자가 실시하는 것이며, CMr은 그러한 품질의 변화에 의한 비용측면을 포함하여 프로젝트의 제반 요소에 어떠한 영향이 미치는가를 중점적으로 검토한다. 발주자에 대해 품질을 담보하는 역할이라고 할 수 있다.

원설계가 과잉설계인 경우에는 발주자 의견을 포함하여 변경하면 된다. 요컨대 케이스바이케이스로 검토해야 한다. 시공자, 전문건설업자 또는 전문자재업자가 CMr이나 설계자가 몰랐던 전문분야의 정보를 가지고 있는 경우도 충분히 예상된다. 그러므로 검토하지 않고 설계변경 제안을 거부해서는 안 된다.

■ 종합판단

이상의 4가지 요소를 기준으로 종합적으로 검토하고 적용여부를 판단하여 발주자에게 보고한다. 최종 판단 전에 발주자, 설계자, 공사감리자와 함께 설계변경회의를 개최하거나 정례회의에서 설계변경내용을 토론하여 충분한 정보를 입수하도록 한다.

5 2 4 2 설계변경 결정시의 사무처리 AE

■ 내용 · 이력기록

설계변경 내용 기록은 일반적으로 공사감리자의 업무로 CMr이 작성할 필요는 없다. CMr은 설계변경 결과를 예산관리표, 종합시공스케줄이나 마스터스케줄에 반영시켜 필요한 사무처리를 한다. 프로젝트 매니지먼트용 관리소프트, 문서관리 통합소프트 등을 이용하여 이러한 문서관리, 이력관리를 일원화하여 실시하는 것도 필요하다. 대규모 또는 복잡한 프로젝트의 변경관리가 매우 번잡하게 될 것이 예상되는 경우, 더욱 효율적인 프로젝트 운영이 요구된다.

【CMr에 의한 설계 변경 관리(예)】

• 설계변경 제안서 번호

• 설계변경 항목 번호

- 설계변경 개요
- 예정 시공자명(복수의 경우)
- 공사비 변경 결정금액
  - 시공자 견적금액
  - CMr 사정금액
- 설계변경 결정일

■ 예산관리표에 반영

예산관리표는 공사비의 최종예상, 예비비(contingency)의 운용, 기성금액의 확인 등 프로젝트 코스트 매니지먼트의 다양한 측면에서 사용된다. 설계변경에 대해서도 확정항목, 예상항목 모두를 확실히 기재해야 한다.

■ 설계변경시 유의사항

프로젝트에 따라서 발주자의 요청에 의해 변경이 많이 발생하는 경우가 있다. 특히 상업적인 측면에서 의도적으로 완공시의 시장수요 등을 목적으로 계획하고 있는 경우도 있으며 이런 경우에는 설계변경에 있어 일반적인 생각은 통용되지 않는다.

설계변경관리에 대해 비용관리 및 디자인관리의 관점에서 중요한 것은 이미 변경이 결정된 것뿐만 아니라 향후, 발생될 수 있는 설계변경을 예측하여 예산관리표와 연계하여 관리한다. 이 관리에는 예비비(contingency)의 관리도 포함된다. 전체를 파악하는 것이 매우 중요하다.

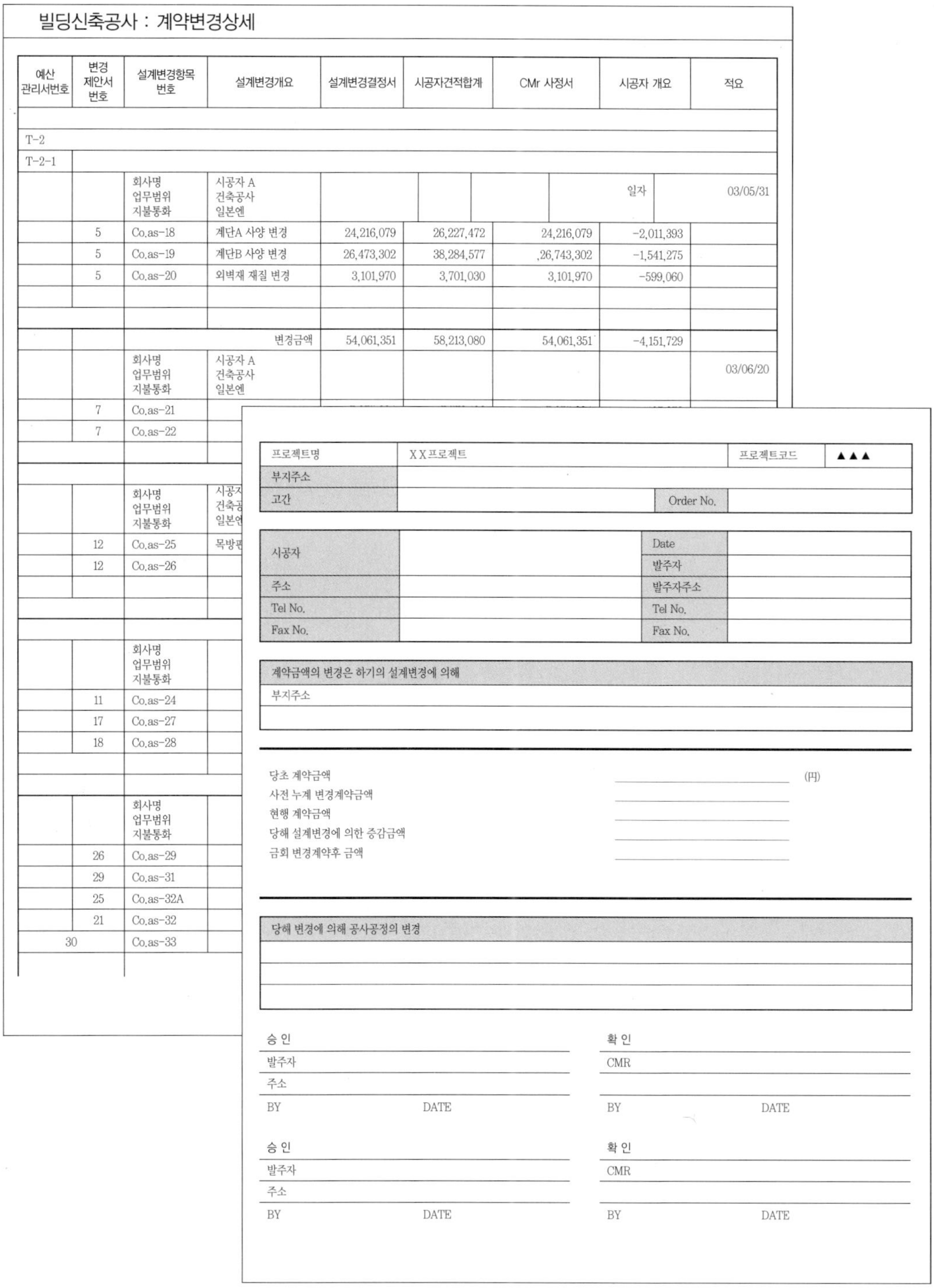

빌딩신축공사 : 계약변경상세

예산 관리서번호	변경 제안서 번호	설계변경항목 번호	설계변경개요	설계변경결정서	시공자견적합계	CMr 사정서	시공자 개요	적요
T-2								
T-2-1								
		회사명 업무범위 지불통화	시공자 A 건축공사 일본엔				일자	03/05/31
	5	Co.as-18	계단A 사양 변경	24,216,079	26,227,472	24,216,079	-2,011,393	
	5	Co.as-19	계단B 사양 변경	26,473,302	38,284,577	,26,743,302	-1,541,275	
	5	Co.as-20	외벽재 재질 변경	3,101,970	3,701,030	3,101,970	-599,060	
			변경금액	54,061,351	58,213,080	54,061,351	-4,151,729	
		회사명 업무범위 지불통화	시공자 A 건축공사 일본엔					03/06/20
	7	Co.as-21						
	7	Co.as-22						
		회사명 업무범위 지불통화	시공자 건축공 일본엔					
	12	Co.as-25	목방편					
	12	Co.as-26						
		회사명 업무범위 지불통화						
	11	Co.as-24						
	17	Co.as-27						
	18	Co.as-28						
		회사명 업무범위 지불통화						
	26	Co.as-29						
	29	Co.as-31						
	25	Co.as-32A						
	21	Co.as-32						
30		Co.as-33						

프로젝트명	XX프로젝트	프로젝트코드	▲▲▲
부지주소			
고간		Order No.	

시공자		Date	
		발주자	
주소		발주자주소	
Tel No.		Tel No.	
Fax No.		Fax No.	

계약금액의 변경은 하기의 설계변경에 의해

부지주소

당초 계약금액 ______ (円)

사전 누계 변경계약금액 ______

현행 계약금액 ______

당해 설계변경에 의한 증감금액 ______

금회 변경계약후 금액 ______

당해 변경에 의해 공사공정의 변경

승 인		확 인	
발주자		CMR	
주소			
BY	DATE	BY	DATE

승 인		확 인	
발주자		CMR	
주소			
BY	DATE	BY	DATE

그림 2-22 설계변경 처리에 필요한 서류(예)

5 2 4 3 경미한 변경에 대한 판단과 승인 ABCDEG

계획변경 절차는 일반적으로 스케줄에 영향을 미칠뿐 아니라 업무량도 증가하게 된다. 미리 발주자와 합의한 「경미한 변경」에 대해서는 CMr이 그 판단과 승인을 실시한다. 이와 함께 승인한 사항에 대해서는 발주자에게 보고한다.

공사감리자에 대해 의장, 기능, 성능 등을 확인한다.

「경미하다」는 것은 '공사금액의 증감을 수반하지 않는 것' 이란 의미이지만, 기능 등이 크게 증가해도 다른 항목의 감소에 의해 결과적으로 공사금액은 변함없는 방법이 있을 수 있고, 현장에서 가설, 노무 등 금액에 영향을 미치지만 기능적으로 변함없는 것도 있으므로 한마디로 단정 지을 수는 없다.

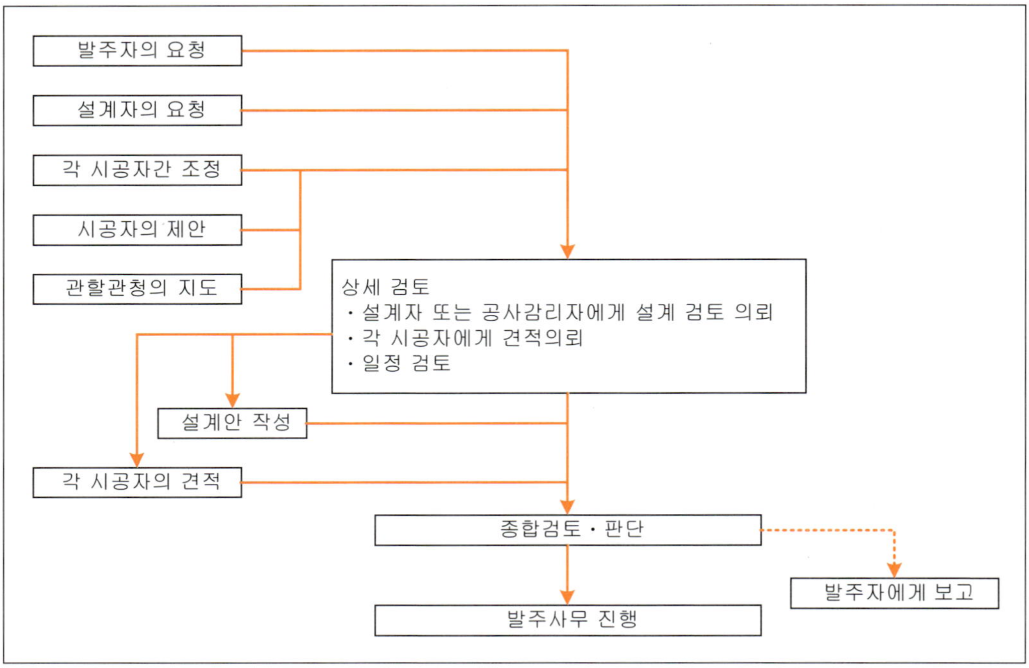

그림 2-23 경미한 설계변경의 순서

중요한 것은 발주자의 대행자로서 CMr이 전체적인 판단을 하지 않아야 하며, 함부로 관계자의 업무량을 증가시키거나 스케줄을 지연해서는 안 된다.

공사발주 절차 항목으로 널리 알려진 「일반적인 선정절차에 의하지 않는 조달」에 따라 처리하는 경우도 있다.

■ 경미한 설계변경 절차

이 순서도에 대해서는 정의와 함께 일반적인 설계변경과 구별하여 〈그림 2-23〉과 같이 정하는 것이 바람직하다. 그러나 검토내용, 결과 등은 기록하여 보고해야 한다.

5 2 5 관청검사 입회 G

> 발주자 보조 혹은 대행으로서 관청검사에 참여하여 관청검사의 결과를 확인하고 발주자에게 보고한다.

해당 건물이 관청심사에서 인 · 허가된 설계도서에 근거하고 있으며 법적 요구사항 등을 만족하고 있는지를 검증하기 위해 공사기간 중 또는 공사완료시에 관청에서 검사를 실시한다.

건축기준법 제7조에 의한 '건축물에 관한 중간검사' 및 '건축물에 관한 완료검사' 등이다.

건축기준법 제7조에 의한 중간검사 및 완료검사는 발주자(조문에는 '건축주')가 신청하고, 건축주 혹은 국토교통대신 등의 지정을 받은 자가 검사를 실시하도록 되어있다. 이러한 신청에는 공사감리자가 작성하는 공사감리보고서의 제출이 필요하며 공사감리자가 그 목적과 내용에 따라, 각 시공자의 업무 혹은 스케줄을 조정한다.

검사에 앞서 각 시공자에 대한 법적 요구항목의 충족 여부를 체크, 확인하여 검사시 부적당한 지적을 미리 막는 것도 중요하다. 문제가 있으면 공사감리자 및 시공자와 협력하여 해결한다.

건축기준법 제7조에 의한 '건축물에 관한 중간검사' 및 '건축물에 관한 완료검사' 이외의 구체적인 검사를 예시한다. 프로젝트의 규모, 내용 등에 따라 달라지므로 프로젝트마다 확인할 필요가 있다.

또한 이러한 검사를 주체적으로 실시하는 것이 공사감리자의 역할에 포함되어 있는지, CMr이 주체적으로 스케줄 등을 조정하는지 확인하는 것도 중요하다.

■ 관공서 등의 각종 법정검사

■ 건축기준법 제12조에 의한 특정 행정청의 검사

■ 건축확인을 받은 설계도와의 적합성에 대해 각 단계의 검사 (확인통지서 기재사항)

- 기초, 지중보 배근 및 말뚝두부 처리
- 각층 구체 배근검사
- 철골조립 완료검사
- 철골내화피복

- 방화구획
- 피뢰침 매설 검사

■ 준공검사

- 건축 → 피난동선, 방화구획, 방재기구, 채광면적 등
- 건축설비 → 배연설비, 굴뚝, 피뢰설비, 정화조, 환기 등
- 기계설비 → 주차설비, 승강설비, 에스컬레이터 등
- 기타 건축기준법의 적용을 받는 공작물

■ 검사필증의 교부 또는 제7조에 의한 가사용 승인

■ 소방법 및 관련 조령에 의한 검사

■ 소방용 설비 등의 주요 검사 항목

- 건축관련 → 방화구획, 방화문, 피난유도, 구획 관통부, FD위치, 소방대 진입구, 소방 활동공지등
- 소화설비 → 스티커 표시, 방재반점 등 표시, 포말소화 설비의 발포, 탄산가스 소화설비의 방출, 스프링클러 설비의 펌프 경보 작동, 소화전의 방수압, 연결 송수관의 작동, 소화기의 배치 등
- 전기설비 → 비상등, 유도등, 화재경보기, 방화구획내의 내열배선, 스티커, 방화반 램프 표시

■ 소방서에 신고, 신청하여 준공검사에 합격한 검사증의 교부를 필요로 함

- 방화대상물 사용 개시계(開始계) (자동 화재알림설비, 통로유도 등 입체주차장 소화설비가 포함된다)
- 소방용 설비 등 착공계(着工계)
- 불을 사용하는 설비 등의 사용신청
- 수전설비, 발전설비, 축전(蓄電)설비 각각의 설치계(設置계)
- 위험물(오일탱크 등)의 중간검사 신청(수장, 수압, 방수, 배근 등)
- 위험물 제조소, 저장소, 취급소의 완성검사 신청
- 기타

■ 관계 행정기관 및 공공사업자에 의한 기타 완성검사

■ 특정 행정청

- 고압가스 제조시설에 대한 공해(公害)부의 검사

- 급수장치 및 배수장치에 대한 수도국 및 하수도국의 검사
- 의료법에 따른 병원시설에 대한 유지부의 검사
- 기타 건물의 용도에 의한 관계 관리당국의 검사, 각종 법령에 의한 검사
- 각종 조례에 의한 검사

■ 노동기준 감독서(또는 기준국)

- 보일러 준공검사
- 크레인 등 준공검사

■ 보건소

- 식품위생법에 따른 식당 등의 사용전 검사
- 여관법에 의한 사용전 검사
- 정화조의 사용전 검사

■ 통산국

- 500kw 이상의 자가용 전기공작물 사용전 검사
- 100kw 이상의 발전기 사용전 검사

■ 공공사업회사

- 50kw 이상의 자가용 전기공작물 사용전 검사(전력회사)
- 자영(自營) 구내 교환설비 준공검사(NTT)
- 가스사용개전(開栓)검사(가스회사)
- 전주(電柱)신설, 이격거리 등(전력회사)

■ 기타

■ 도시계획법에 따른 개발행위 허가신청 검사

■ 오수방류 동의서 등에 관한 검사

5 2 6 기성금액 · 지불상황 확인 AB

> 시공자로부터 제출된 공사비 지불청구가 공사 기성금액과 비교하여 일치여부를 확인한다. 일치한 경우에는 발주자에게 지불청구서를 제출하여 지불하도록 조언한다. 일치하지 않을 경우에는 필요한 조정을 한다.

스케줄을 관리할 때 공사 기성금액을 확인하고 공정상의 어느 위치에 있는지 확인한다. 각 시공자는 각각의 기성금액을 확인하면서 공사를 진행시켜 나가지만, CMr은 각 시공자의 기

성금액을 종합하여 관리한다. 기성금액의 확인방법을 정해 둔다.

시공자에게 공사비 중간기성을 지불하는 경우에는 그 기성금액에 따라 지불을 실시하는 것이 원칙이다.

공종	원계약내용					기성고							
명칭	규격·치수	수량	단위	단가	금액	금회(今回)			누계			잔액	
						수량	금액	기성비율	수량	금액	기성비율	수량	금액
(내장벽공사)													
석고보드	T=12.5+12.5	800	㎡	1,100	880,000	600	660,000	75.00%	600	660,000	75.00%	200	220,000
EP도장	보드면	650	㎡	900	585,000	0	0	0.00%	0	0	0.00%	650	585,000
크로스	비닐크로스	200	㎡	800	160,000	100	80,000	50.00%	400	80,000	80.00%	100	80,000

중간 공사비 지불시, 기성금액 수량과 납품서 등의 증명서류 필요

원계약 수량에 대한 기성비율

그림 2-24 기성금액산출조서(예)

따라서 기성금액과 관련하여 지불관리방법을 수립해 두어야 한다.

발주자의 현금흐름(cash flow) 계획을 포함한 프로젝트의 여러 요인에 의해 지불조건, 지불회수가 달라진다. 프로젝트 파이낸스의 조건에 의해 채권, 채무를 최소화하기 위해서 매월 기성을 실시하는 경우도 있다. 여기에 복수의 발주구분이 있는 경우에는 기성고 확인 회수가 많아진다는 점을 인식해야 한다.

또한 기성지불은 늦게 하는 편이 좋다는 생각은 발주자 측의 금리부담을 조금이라도 축소하려는 목적이지만 반드시 타당하다고는 할 수 없다. 해외에서는 시공자에게 발생한 지불금리도 프로젝트의 코스트로 발주자가 부담하는 경우도 있다. 국내에서도 프로젝트에 따라 발주자의 채권만이 아니라 채무도 가능한 한 발생시키지 않는 것이 명확하게 요구되기도 한다.

5 2 6 1 기성고 확인 AB

예산관리표 등을 사용하여 적정하게 기성고를 확인하여 발주자에게 보고한다. 기성고 확인에 대해서는 우선, 그 확인방법에 대한 지침을 명확히 하여야 한다.

확인한 기성고가 시공스케줄 혹은 마스터스케줄과 비교하여 어떠한 상황인지 확인하는 것도 중요한 업무이다. 표면상 현장시공이 순조롭게 보여도 다음 단계의 준비와 관련된 기성금액이 충분하지 않은 경우가 있어 주의를 필요로 한다.

건설공사에 전면적으로 적용하는 것은 어렵지만, EVM[114](Earned Value Management)의 개념은 이러한 부분을 이론적으로 실시하려는 것이다.

■ 확인시기 · 회수

기성고의 확인시기와 회수는 프로젝트에 따라 다르다. 월 기성고를 확인할 필요가 있는 경우 프로젝트 구분(節目)을 확인하는 경우 등이 있다.

■ 중간검사를 실시하여 기성고를 확인하는 경우

- 굴착 완료시
- 지하구체 완료시
- 철골조립 완료시
- 지상구체 완료시
- 천정내 설비배관배선 완료시(내장 천정 마감 착수전)
- 외장 완료시
- 천정 · 벽바탕 완료시
- 외부 구조마감 완성시(지중공사 완료시)

이와 같이 시기를 결정하여 기성고 검사를 실시하고 지불하는 경우에도 스케줄매니지먼트를 위해서는 수시로 기성고를 확인할 필요가 있다.

참 고

■기성과 기성고

[기성]

건설업법, 도급계약 약관 등에서 언급되는 도급대금에 대한 부분으로 완성액을 의미한다. 일반적으로 건축물의 형태로서 완성된 부분을 가리킨다. 건설공사에 대해 도급대금의 부분불, 중간불 등에 사용되는 기성 사정방법은 발주자에 의해 다소 다르지만, 주로 목적물의 완성된 형태를 기준으로 하고 있으며 발주자에 의해 현장반입 재료 등을 포함하는 경우도 있다. 기성은 일반적으로 도급대금 내역에 의해 직접공사비에 간접비를 배분한 금액의 총공사비에 대한 비율로 여겨진다. 또한 토목공사에서는 일위대가표[115] 관리의 습관에 의해 시공자측의 내부 원가관리에도 발주자가 말하는 기성을 그대로 월별 진척율로 하고 있는 경우도 있다.

[기성고]

건설업계에서는 일반적으로 공사진척이라고 하는 것. 기성에 대하여 주로 시공자 내부의 공정적 원가관리에 이용되고 있는 것으로 기본적인 기성형태의 생각과 동일하지만, 시공자측의 공사진척은 형태로서의 완성에 관계없이 그 공사에 대한 선행투자나 준비 등 기성에 포함시킬 수 없는 비용의 발생 등을 포함하여 생각하는 것이 기성고이다. 다만, 기성고에 대한 기업내부의 처리방법에 대해서는 각각 차이가 있어 엄밀하게 규정하는 것은 어렵다. 또한 기성고는 기성과 동일하여 월별 기성고는 누계 기성고의 양자를 의미하지만, 사안별로 구분하여 사용하는 실정이다.

출처 : 「1999년 3월 건설공사진척률조사」 국토교통성

114) EVM (Earned Value Management)
프로젝트 상황을 정량적인 기준에 의해 계획과 실제의 차이를 측정하여 프로젝트가 계획대로 실행되고 완료되도록 매니지먼트하기 위한 하나의 방법론.

115) 일위대가표
토목공사에서 주로 사용되는 단가 명세 설명서, 일위대가표 혹은 단위대가표라고 부른다.

■ 인식의 기본방침

각주에서 설명한 기성 혹은 기성고를 어떤 것으로 인식하고 있는지 확인한다. 또한 경리서류로 확인하는 방침을 수립한 경우에는 발생을 기초로 인식하는지 또는 현금을 기초로 인식하는지[116]를 명확히 한다.

■ 확인방법

기성고 확인은 그 공사의 스케줄에 따라 작성한 기성고 계산서 등의 자료값과 기성 등의 상황을 대비하는 것에 의한다. 공사의 기성에 대해서는 형상, 치수, 정밀도, 수량, 품질 및 기성특성을 확인하고 공사관리 상황에 대해서는 서류, 기록 및 사진 등을 참고로 확인한다.

■ 발주구분 차이

부재를 발주자가 직접 계약하여 구입한 지급자재를 시공자에게 공급하는 경우에는 재료 지급업자에 대한 기성고 확인과 시공자에 대한 기성고 확인방법이 다르다.

■ 설계변경에 의한 공사비 등의 변경[117]

설계변경 등에 의해 공사비, 납기 등의 변경이 발생한 경우, 설계변경의 대응항목으로 설명한 설계변경에 관한 관리서나 예산관리표를 기초로 변경상황을 확인하여 올바르게 기성고를 평가해야 한다.

5 2 6 2 지불상황 확인 AB

지불조건은 발주구분마다 공사계약에 대해 결정하고 있으므로 그 조건을 확인, 관리하여 지불관리서를 작성해야 한다. 이 계약변경의 영향은 필요시마다 갱신할 필요가 있다. 예산관리표에서는 확정값 뿐만 아니라, 예상값 등을 고려하여 프로젝트 전체 예산을 손익 계산서적인 관점에서 검토한다. 또한 기성금액 관리표도 프로젝트에 사용된 것을 파악한다는 의미에서 손익계산서와 같다. 그러나 지불관리용은 청구서 수령, 지불액 등의 현금흐름을 파악한다. 발주자에게 있어서 자금관리 및 자금융통에 도움이 되는 방법일 것이다. 어렵지는 않지만 발주구분이 많아지면 번잡하게 되므로 주의가 필요하다. 해외에서의 리텐션(Retention)[118]은 기성액의 10%정도

116) 발생 베이스와 현금 베이스에 대해서는 제3장 2-1 회계기초를 참조. P.234
117) 524 설계변경 대응 P.173
118) Retention(유보금)
각 지불에 대해 지불금액이 있는 부분을 지불 보류로 하고, 계약이행이 완료되어 인도가 완료된 시점에서 그 보류금을 정리하여 지불하는 방식. 일본에서는 예를 들어 10%를 보류하는 경우, 각 지불에 대해 보류하는 것이 아니라 각 지불 기성고에 대해 전액지불하고 90%에 이르렀을 때에 나머지는 완성까지 지불하지 않는 경우가 많다. 선급금, 기성금과도 관련이 있고 지불방법 전체 시스템과는 차이가 있다.

를 공사전체의 완성까지 보류하는 것이다. 일본의 개념은 다소 상이하지만 계약상의 지불조건에서 이를 유의해야 한다.

〈표 2-25〉 지불관리서 [개별확인(위)] (예)

지불확인서

프로젝트명		지불예정일	계약번호
금액	¥945,000	현금 · 어음	
지불처		지급방법 은행명 지점명 계좌번호 보통 · 당좌 강좌명의인	

정리번호	개 요	수량	단위		금액
	동동(東棟) 현관방범용카메라 설치공사	1	식(式)		900,000

	합계	900,000
	소비세액	45,000
	총계	945,000
지불상황	계약금액	2,000,000
	기불금액	–
	금회지불액	900,000
	금회지불을 포함한 누계액	900,000
	잔액	1,100,000

CMr 확인		날짜
발주자 승인		날짜

수령 청구서								상황	지불			
지불대상	PO	날짜	CMr 확인	발주자 승인	금액	소비세	합계액		지불일	금액	소비세	합계액
합계					56,715,761	2,835,788	59,551,549			37,525,855	1,876,293	39,402,148
A사	1	98/04/16	–	YN/RT	1,066,780	53,339	1,120,119	제(濟)	98/05/15	1,066,780	53,339	1,120,119
A사	1	98/05/12	–	YN/RT	1,066,780	53,339	1,120,119	제(濟)	98/05/15	1,066,780	53,339	1,120,119
A사	1	98/05/19	MO	RT	1,066,780	53,339	1,120,119	제(濟)	98/06/09	1,066,780	53,339	1,120,119
B사	5	98/05/19	–	RT	2,511,287	125,564	2,636,851	미불(未拂)		–	–	–
C사	2	98/07/08	MO	RT	3,123,900	156,195	3,280,095	제(濟)	98/07/31	3,123,900	15,195	3,280,095
B사	15	98/07/08	–		940,195	47,010	987,205	미불(未拂)		–	–	–
A사	11	98/07/09	–	YN/RT	2,000,000	100,000	2,100,000	제(濟)	98/07/11	2,000,000	100,000	2,100,000
A사	4	98/07/09	–	YN/RT	1,115,000	55,750	1,170,750	제(濟)	98/07/11	1,115,000	55,750	1,170,750
D사	11	98/07/3	MO	RT	26,800,000	1,300,000	27,300,000	제(濟)		26,000,000	1,300,000	27,300,000
C사	12	98/08/20	MO	RT	1,587,490	79,375	1,666,865	제(濟)		1,587,490	79,375	1,666,865
C사	6	98/08/20	MO	RT	499,125	24,956	524,081	제(濟)		499,125	24,956	524,081
B사	5	98/05/30	MO	RT	2,722,269	136,113	2,858,382	미불(未拂)				
E사	14	98/09/20	MO	RT	4,500,000	225,000	4,725,000	미불(未拂)				
F사	18	98/09/24	MO	RT	417,100	20,855	20,855	미불(未拂)				
C사	2	98/09/26	–		3,498,642	174,932	3,673,574	미불(未拂)				
C사	6	98/09/27	–		523,313	26,166	549,479	미불(未拂)				
C사	7	98/09/28	–		294,000	14,700	308,700	미불(未拂)				
C사	9	98/1/05	yet	yet	1,629,600	81,48	1,711,080	미불(未拂)				
H사	13	98/09/28	MO	RT	711,000	35,550	746,550	미불(未拂)				
I사	10	98/09/14	yet	yet	1,442,500	72,125	1,514,625	미불(未拂)				

5 3 준공 · 인도 ABCDG

계획된 것이 실현되었는지 확인하여 인도 지원을 실시한다. 또한 필요에 따라서 입주지원을 실시한다.

계획된 것이 실현되어 있는지 확인하여 인도의 가부를 발주자에게 보고한다. 이 확인은 공사감리자의 관점이 아니고 발주자의 관점에서 수행한다. 인도받는 것이 승인되면 설비 시운전과 사용자 훈련 등의 준비, 공사 잔금의 지불지원, 입주지원 등의 업무를 진행시킨다.

5 3 1 발주자 검사 실시 ABG

각 공사가 완료된 시점에서 발주자를 지원하여 설계도서가 공사도급계약과 일치하고 있는지 검사한다. 검사결과는 발주자에게 보고하여 문제가 있는 경우에는 필요한 시정조치를 취한다.

발주자는 〈525 관청검사의 입회〉에서 기술한 관청검사와는 별도로, 주로 기성의 형상, 치수, 정밀도, 수량, 품질 및 성과물에 대한 검사를 실시하여 완성을 확인하고 인도를 받게 된다. CMr은 발주자의 검사를 지원한다. 경우에 따라서는 발주자의 대행으로서 검사를 실시하여 보고서를 제출하는 경우도 있다. 이 검사는 기본적으로 현장에서 실시한다.

검사와 병행하여 공사감리보고서, 공사보고서 등에 대한 공사 관리상황에 대해서도 확인해야 한다. 또한 관계관청에 완료보고 상황도 확인한다.

인근 주민과의 관계, 주변 도로와의 관계, 가설공사와의 관계 등 설계도서에 기재되기 어려운 항목에 대해서도 공사로 인하여 관계가 악화되지 않도록 확인하는 것이 필요하다. 아래에 확인항목을 기술하였다.

■ 근린 주민과의 관계

부지경계 확인, 전파장해 대책 기능의 확인, 일조장해 · 풍해 등 법령 등에 관련된 상황의 확인, 환경 엑세스 등으로 규제를 받고 있는 현상의 확인, 주변 건물에 균열 · 파손 등을 일으키게 했을 경우 복구상황의 확인 등

■ 주변 도로와의 관계

부지경계의 확인, 도로점용 · 사용후 보수상황 · 복구상황의 확인, 주변의 인프라설비와의 접합부 확인, 관계관청의 입회 검사, 필요한 사항의 확인 등

■ 가설 공사와의 관계

지하존치 가설물의 상황확인(도면제출도 요구한다), 가설물 철거 후의 보수상황 확인, 가설사무소, 작업원이용 등에 가사용한 부분의 복구상황, 공사관련 차량의 동선상황 확인 등.

5 3 2 공사감리보고서 · 공사보고서의 확인 ADG

공사감리자의 공사감리보고서, 시공자의 공사보고서를 확인하여 문제가 되는 부분이 있으면 발주자에게 보고한다.

공사의 완성검사 종료 후(불편사항이 있는 경우에는 해당공사의 검사종료 후), 공사감리자는 '공사감리보고서'를 작성하여 CMr에게 제출한다. 시공자는 공사의 완성검사 종료후에 '공사보고서'를 작성하여 CMr에게 제출한다. CMr은 발주자를 대신하여 공사감리보고서 및 공사보고서를 수령하여 기재사항의 누락 · 미비 등을 확인한다. 내용확인 · 조정 결과 특히 문제가 없으면 이 보고서를 발주자에게 제출한다.

■ 공사감리보고서의 확인 요령

공사감리보고서는 건축사법 제20조 제2항의 규정에 의해 공사감리자가 발주자에게 공사감리결과를 보고하기 위한 서류로 건축법상 5년간 보존의무가 있다. 주택의 품질확보의 촉진에 관한 법률 도입에 의해 주택에서는 후속 보증기간이 10년으로 의무화되었기 때문에 필요에 따라 서류의 보존기간 연장을 고려할 필요가 있다.

CMr은 공사감리자의 공사감리보고서를 수령한 후, 다음 사항에 대해 기술된 내용을 확인하여 발주자에게 제출한다.

- 공사기간 측면에서 주요 설계변경 확인(변경내용, 변경이유 등)
- 프로젝트 회의(종합 정기회의) 회의록 확인
- 주요한 건축재료, 건축설비 등이 설계도서와 같은지 확인
- 주요한 공사가 설계도서대로 실시되고 있는지 확인(설계도서의 변경도 포함한다)
- 공사완료시의 확인
- 시공자에게 지시한 주의(건축사법 제18조 제3항에 규정하는 주의)
- 건축설비와 관련된 의견 (건축사법 제20조 제3항에 규정한 경우)
- 그 외의 공사감리자에 의한 소견 (공사감리에 관한 특기사항)
- 신고상의 공사관리자에 의한 날인, 회사명, 주소, 일자 등의 확인

■ 공사보고서의 확인 요령

공사보고서는 시공자가 발주자에게 공사가 완성한 것을 보고하는 서류이며, 각 시공자가 작성하며 CMr이 모든 공사보고서를 정리한다. CMr은 각 시공자로부터 기일 내에 공사보고서가 제출되어 보고서의 내용에 문제가 없다는 것을 확인한다. 만약 내용에 미비한 점이 있으면 각 시공자에게 지적 · 지도하여 신속하게 보고서의 수정 및 부가내용 등을 확인한다.

발주구분이 세분화되어 있는 경우에는 각 시공자로부터 공사보고서를 받아 정리하여 발주자에게 제출하는 것이 아니라 공사전체에 대한 총괄이 되는 공사보고서를 CMr이 작성할 필요가 있다.

5 3 3 최종공사비 지불청구 확인 AB

완공검사에 합격하여 발주자에게 완공공사비 지불이 인정되었을 경우, 시공자로부터 제출된 공사비 지불청구가 지불해야 할 금액과 일치하는지 확인한다. 일치하는 경우에는 발주자에게 지불청구서를 제출하여 지불하도록 조언한다. 일치하지 않는 경우에는 필요한 조정을 실시한다.

관청, 공사감리자에 의한 기술검사, 기성 등의 검사, 발주자의 완료검사 결과 및 보고서 등을 정리하여 내용을 확인한 후, 발주자에게 제출하여 공사완성시의 지불절차에 들어간다.

지불절차는 〈524 설계변경 대응〉(173쪽)의 순서 등이 기본적으로 변경되는 것은 아니다. 다만, 최종지불의 경우에는 지불과 미완성 공사 등과 관련된 유보금에 주의해야 한다.

5 3 4 인도 입회 AC

완성시에는 발주자에게 인도되는 서류 및 인도물을 확인하고, 발주자에게 인도시 입회한다.

CMr은 발주자가 시공자로부터 계약내용의 완료에 따라 건물을 인도받는 것에 대해 발주자를 지원한다. 공사감리자의 보고에 근거하여 계약내용에 따라 시공된 것, 건물을 유지관리함에 있어 필요한 인도서류의 종류가 갖춰져 있는지를 확인하고, 발주자가 시공자로부터 건물을 인도받을지에 대한 결정에 조언을 실시한다. 또한 인도시에 입회한다.

〈표 2-37〉 인도 서류 등 일람(예)

번호	서류	번호	서류
①	공사완성계(본공사 · 추가공사)	⑨	취급설명서
②	건물인도서	⑪	준공도
③	수정 완료보고서(본공사 · 추가공사)	⑪	준공사진
④	보증서	⑫	관공서 인허가 신청 신고서류
⑤	보전(保全)긴급연락처 일람표	⑬	건물부속품
⑥	시공업자 일람표	⑭	건물예비품
⑦	주요자재 일람표	⑮	공사기록
⑧	열 쇠		

■ 확인사항

- 공사감리자의 준공검사보고서
- 인 · 허가 관계 취득
- 각 시공자 인도서류 등
- 미완성공사 및 수정 공사내용과 시정 스케쥴

5 3 5 입주지원 AC

CMr은 공사 완성 후, 발주자 혹은 세입자의 입주에 대한 지원을 실시한다.

CMr은 건물인도에 앞서 프로젝트의 진척상황을 확인하고 계약대로 건물인도가 가능한가를 판단하여, 건물 인도 완료 후 신속하게 발주자 또는 입주자가 입주할 수 있도록 스케쥴을 조정한다. 건물인도 이후에 수정공사, 보완공사를 하는 경우, 그러한 공사와의 분쟁을 조정한 다음 입주스케쥴을 작성한다.

5 3 6 취급설명 · 시운전 입회 조정 확인 AC

시공자가 실시하는 건축 및 설비에 관한 취급설명서에 대해서는 입회하여 장래에 발주자의 건물운영에 장해가 되는 것을 제거한다. 또한 시운전 조정에 대해서도 입회하여 문제가 없다는 것을 확인한다.

CMr은 건물인도 후에도 계속해서 발주자의 대행자로서 건물에 부속되는 기계, 설비기기류 취급 설명회에 입회한다. 또한 시운전시의 성능이 설계도 · 시방서대로 되어 있는가를 사전에 확인해 둔다. 설명회는 원칙적으로 발주자를 대상으로 하지만, 필요에 따라 입주 세입자 등 직접사용자, 시설관리자(facility manager), 자산관리자 등 시설의 운영 또는 유지관리를 실시하는 관계자의 출석을 배려한다.

■ 취급설명서

CMr은 취급설명회에 앞서 알기 쉬운 설명서로 되어 있는지를 확인한다. 필요에 따라 각 시공자에게 수정을 지시한다.

CMr은 설계도를 확인하여 발주자가 건물을 유지관리함에 있어 필요하다고 생각되는 공사에 대해서는 그 시공자 등에게 취급설명서를 제출하도록 지시한다. 제출된 취급설명서의 내용이 타당한지의 여부를 검토한다. 다음과 같은 내용이 기재되어 있는가 확인한다.

① 고장이 발생한 경우의 연락처 및 책임자 이름
② 시스템 내용 설명 및 청소 등 보수방법

CMr은 이러한 취급설명서를 사용하기 쉬운 형태로 정리하여 인도한다.

5 3 7 고정자산 관리 지원 ABG

발주자의 고정자산 관리를 위해서 공사비를 정리한다.

발주자는 인도받은 건설물을 고정자산으로 운영하게 된다. 경리상 자산으로 계상한 고정자산은 상각해야 한다. 그 때문에 다시 공사비를 고정자산 대장의 항목에 맞추어 정리한다. 상세하게는 감사법인 · 세무법인 등의 전문가의 의견을 포함시킬 필요가 있다.

6

완성후 단계

본서에서는 완성후 단계의 CMr 업무로서 「하자처리에 대해 필요한 조정 및 확인」만을 언급한다.

실제 공사의 완성후에는 시설이 사용되고 운영되어가는 가운데 건설 전문성이 요구되는 다양한 업무가 발생한다. 다음과 같은 내용은 요구되는 보전업무나 운영관리에 필요한 업무 등이다.

- 일상 혹은 정기점검과 보수
- 설비기기 등의 올바른 운전
- 적정한 청소
- 보안처리
- 노화된 부분의 필요한 수선

또한 유럽과 미국에서는 프로퍼티 매니지먼트(PM: Property Management)나 퍼실리티 매니지먼트(FM : Facility Management)등에 준한 업무를 수행하고 있다. 에셋 매니지먼트(AM: Asset Management)라고 하는 자산 전체의 활용을 투자의 관점에서 폭넓게 파악하는 업무도 일반적으로 적용되고 있다. 이러한 업무에 CMr이 종사할 가능성은 매우 높다.

6 1 완성후 ABC

공사완성 후 계약서에 정해진 하자처리에 대해 필요한 조정 및 확인을 실시한다.

■ 불가피한 하자

건설프로젝트의 목적은 건물 등을 완성한 후 이를 사용하는 것이다. 하자가 존재하면 사용성이나 내구성에 지장을 초래하여 사용목적을 달성할 수 없다. 하자에 대한 처리는 완성까지의 다양한 업무와 동등하게 건설프로젝트의 중요한 업무이다.

CM방식을 채용한 건설이라도 하자는 존재한다고 생각해야 한다. 하자의 문제는 결함 주택이나 결함 건축문제로서 사회문제화 되고 있으며 건설에 종사하는 CMr도 이를 직시하고 있어야 한다. 또한 퇴행적인 문제이기에 관계자가 회피하기 쉽지만, CMr은 회피하지 않고 기본적인 지식을 가지고 문제에 대처해야 한다.

■ 하자에 대한 CMr의 업무

하자에 대해 발주자가 CMr에게 부여할 수 있는 업무는 분석, 사정, 교섭, 조정, 확인이다.

■ CMr의 하자보수에 대한 순서

발주자로부터 하자신고가 있을 경우, CMr이 해야 할 업무순서의 예는 다음과 같다.

- 관계자에게 연락, 현장입회를 실시한다.
- 그 상태가 하자인지 아닌지를 판단한다.
- 하자라고 판단할 경우, 하자의 유형에 따라 설계하자인지 시공하자인지, 발주자 또는 CMr의 책임인지를 증명한다.
- 각 책임범위에 의해 공사종별 등 관계자간 조정을 실시한다.
- 보수제안, 보수계획, 보수방법, 시공계획서를 조사, 심사 후 결정한다.
- 보수공사를 실시하고 보수확인, 공사후 상황을 확인한다.

참고

하자

하자란

하자란 결함을 의미하는 법률용어이다. 완성된 건축물이나 공작물 등이 계약내용과 다를 경우에도 하자라고 할 수 있다. 또한 관련법규 등의 위반이나 설계도서와 상반된 경우에도 하자라 할 수 있다. 예를 들어 누수나 구조적 결함이 발생하는 등 사회통념상 요구되는 품질 · 성능이 부족하면 하자에 해당한다. 또한 건축물 등의 최소가치는 품질 · 성능이 확보되어야 하는 것은 당연한 전제로서 계약내용에 포함된다.

하자의 종류

하자에는 ①설계하자, ②시공상의 하자, ③지시 · 경고 부족에 따른 하자의 3가지 유형이 있다.
이 3가지 유형의 하자와 CMr의 업무정신 위반과의 문제에 대해 문제가 생길 가능성은 다음과 같다.

■ 설계하자

설계하자는 설계의 정밀도 부족이나 설계의 부정합, 설계에 대해 사용상의 고려나 발주자의 요구가 반영되지 않은 것 등으로 인해 발생될 수 있다.
예를 들어 요즘 피킹(picking) 피해가 다발하여 침입 등의 피해가 증대함에 따라서 방범상의 고려가 더욱 요구되고 있다. 맨션 등에서 방범에 대한 고려가 부족한 경우에는 입주자로부터 개선요구가 증가하고 있다.
그리고 설계하자라고 할 수는 없지만, 이러한 요구에 응할 능력이 없는 설계자를 선정한 것에 대해 CMr의 책임을 지적하는 경우도 있다. 이 경우 설계자의 재위임이나 재설계나 재검토 등 적절한 조정능력이 CMr에게 요구된다.

■ 시공상의 하자

CMr이 관여하는 시공상의 하자 또는 본래의 시공하자 외에 시공자 선정에 관한 문제나 추가변경공사에 관한 문제가 예상된다.

■ 시공하자

예를 들어 공사감리상의 매니지먼트 업무에 대해 CMr이 수행했을 때 시공상의 하자가 발생하였다. CM업무의 계약내용에서 도면심사나 시공자간의 조정업무도 업무내용에 포함되어 있는 경우, CMr이 시공하자에 관련된 사례로는 다음과 같은 것이 있다.

- 공사감리자가 시공도면을 심사하고, 또한 설계의도의 실수 등에 의해 하자가 발생했을 경우에, CMr의 업무로서 도면심사까지 계약내용에 포함되어 있고 CMr에게 과실이 있으면 채무불이행책임을 부담할 가능성이 있다.
- 분리발주한 경우에 시공자사이의 조정부족에 따른 하자가 발생했을 경우, 조정작업을 실시하는 CMr에게 채무불이행책임이 거론될 가능성이 있다.

■ 시공자 선정에 관한 문제

시공자 선정은 CMr의 매니지먼트 업무의 하나이다. 시공자의 부도나 사후관리의 이행불능 등에 관하여 문제가 발생할 가능성이 있다. CMr이 시공사 선정업무를 실시하는 경우에는 코스트에 의한 선정이 아니라 가능한 신용이나 실적조사를 실시하여 적정한 시공자를 선정할 필요가 있다.

■ 추가 변경공사에 관한 문제

추가 변경공사를 실시하는 경우에는 충분히 발주자에게 설명을 실시하여 서면에 의해 합의할 필요가 있다. 설계비나 공사비가 증가할 경우, 문제가 발생할 가능성을 내포하고 있다. 특히 CMr의 VE제안이 원인이 되어 다양한 하자가 발생했을 때에는 CMr의 책임이 될 가능성이 있다.

■ 지시 · 경고부족에 의한 하자

각 관계자내에서 정보격차가 있는 경우, 정보전달자로서 CMr이 그 역할을 하고 있으며 이러한 정보전달에는 지시 · 경고가 있다. CMr의 적절한 지시 · 경고는 CM업무중에서 큰 비중을 차지하고 있다. 예를 들어 CMr이 실시해야 할 지시 · 경고가 부적절하였기 때문에 하자가 발생했을 경우, 이러한 하자가 설계하자나 시공상의 하자에 포함되는 것처럼 보이지만, 분명히 CMr의 의무위반으로 채무불이행책임을 질 가능성이 적지 않다. 그러나 CMr의 지시 · 경고가 부적절함을 설계자나 시공자가 알고 있었음에도 불구하고, 이를 알리지 않은 경우에는 설계자나 시공자의 책임이 된다.

하자담보책임

하자담보책임은 완성한 건축 등에 하자가 존재하는 경우에 민법 또는 주택의품질확보의촉진등에관한법률(이하 「품확법」이라고 한다.)에 근거한 도급자의 책임을 말한다.

도급계약에서 하자담보책임은 도급자의 무과실책임이며 발주자는 도급자에게 과실이 없어도 합당한 기한을 정해 보수청구를 할 수가 있다. 또한 보수를 대신하여 또는 보수와 함께 손해배상 청구를 할 수 있다. 다만, 그 하자가 중요하지 않고, 그 보수에 과다한 비용이 드는 경우에는 보수를 청구할 수 없다.

하자담보책임의 규정은 목적물의 하자가 발주자가 제공한 재료의 성질 또는 발주자의 지시로 발생했을 경우에는 적용하지 않는다. 다만, 도급자가 그 재료 또는 발주자의 지시가 부적당한 것을 알고 있었음에도 이를 알리지 않았을 경우에는 하자담보책임을 지게 된다.

이 경우, CMr의 지시가 「발주자의 지시」에 해당하는지 즉, CMr의 실수를 발주자의 실수와 동일한 것으로 보고, 도급인이 면책될 것인지는 현재로서는 명확한 판단기준이 없다. 다만, CMr이 발주자의 역할을 대행하고 있다면 발주자와 동시에 도급인을 면책하는 원인이 될 가능성이 있다.

하자담보기간

건물 등의 인도후 도급자가 하자담보책임을 지는 기간을 하자담보기간이라 한다.

도급계약의 하자담보기간에 대해서는 민법과 품확법으로 정해져 있다. 민법에서는 구조종별로 5년 또는 10년으로 정하고 있으며, 품확법에서는 신축주택의 구조내력상 주요한 부분과 우수의 침입를 방지하는 부분(이하 「주택의 구조내력상 주요 부분 등」이라고 한다)에 대해 10년으로 정해져 있다. 민법의 기간은 개별 계약으로 증감할 수 있다. 도급계약으로 하자담보기간을 별도로 정하면, 민법의 기간보다 계약에서 정한 기간이 우선된다.

〈하자담보 기간〉

도급계약의 보증담보 기간	목조주택	목조 이외의 주택	토지의 공작물, 지반	석조, 흙구조, 기와조 또는 금속조
민법	5년	10년	5년	10년
주택의품질확보의촉진등에 관한법률	10년	10년	없음	없음

그러나 결함 주택문제로 인해 2000년에 품확법이 시행되어 신축주택에서는 기본구조부분은 10년의 의무기간이 정해져 있다. 이 기간은 특약에 의해 20년까지 연장할 수 있지만, 단축할 수는 없다. 다만, 숨겨진 하자가 발견되었을 경우, 그 사실을 알았을 때로부터 1년 이내에 하자책임을 물어 보수청구나 손해배상청구를 할 필요가 있다.[119]

채무불이행책임과 하자담보책임

당사자가 부담해야 하는 책임으로서 하자담보책임과는 별도로 채무불이행책임이 있다. 일반적으로는 양 책임 모두 일의 불완전함에 대한 책임이지만, 도급자는 공사를 완성하고 인도후 하자담보책임을 지고, 미완성시에는 채무불이행책임을 진다.

CM계약은 준위임계약이다. 준위임계약은 일의 완성과는 상관없이 위탁받은 업무를 제공하고, 제공한 업무에 결함이 있을 때에는 선량한 관리자로서의 주의의무(이하「선관주의의무」라고 한다.)를 완수하지 않은 것에 대해 채무불이행책임을 진다. 즉, CMr은 하자담보책임이 아니라 채무불이행책임 및 과실책임을 진다. 과실책임에 대해서는 과실이 없으면 책임이 면제된다. 채무불이행책임의 시효는 10년으로 되어 있다.

하자분쟁 대응

■ 시공자 등이 하자를 인정하지 않을 경우의 대처

발주자의 신고에 의해 CMr이 현장확인 후 하자라고 판단했지만 시공자가 하자인 것을 인정하지 않는 경우의 처리는 신중하게 조정할 필요가 있다. 이러한 경우에는 곤란한 문제가 될 가능성이 있어 지속적으로 관계자와 협의하는 것이 바람직하다. 해결이 곤란한 경우에는 법적해결을 실시할 필요가 있다.

119) 숨겨진 하자
통상적인 사람의 주의 즉, 통상 요구되는 주의를 해도 발견할 수 없는 것을 말한다.

■ **건설공사 분쟁심사회에 의한 해결방법**

건설업법에서는 건설공사의 도급계약에 관한 분쟁의 해결을 도모하기 위해 분쟁심사회의 설치를 규정하고 있다. 건설공사 분쟁심사회의 심사는 알선, 조정 및 중재를 실시할 권한을 가지고 있다.

■ **재판소에 의한 해결방법**

재판소에 의한 해결방법에는 민사재판과 민사조정이 있다. 민사재판은 통상의 민사상의 분쟁에 관한 재판이며, 민사조정은 재판소의 조정위원회의 알선아래 협의에 의한 원만한 해결을 목표로 하는 절차다.
건축소송의 2가지 유형으로는 도급대금 미지급 청구소송과 결함건축 소송이 있다. 이 2가지가 밀접하게 얽혀 있는 소송 유형도 많다. 이 경우, CMr이 중립적 입장으로 임할 수 있는지 또는 기술적 의견(조사감정 결과)을 프로젝트에 참여하고 있는 CMr이 대변하는 것이 타당한 것인지 등 문제의 소지가 있다.

■ **주택전문 재판외 분쟁처리 체제**

주택성능표시제도(「주택의 품질확보 등에 관한 법률」에 의한 임의의 선택 제도)로 지정 주택성능평가기관에서 발행된 건설주택성능평가서의 대상 주택에서는 문제의 해결에 대해 지정 주택분쟁처리기관(국토교통 대신으로부터 지정된 지역의 변호사회 등)이 1건 1만엔으로 신속하게 조정, 알선 등 재판외의 분쟁처리를 실시한다.

[참고 문헌]

(1) 사단법인 부동산협회 : 사후관리표준
(2) 민법
(3) 주택의품질확보의촉진등에관한법률
(4) 건설업법
(5) 중앙건설업심의회 : 민간건설공사표준도급계약약관
(6) 大森文彦 : 건설매니지먼트 법률 · 계약론으로의 접근

0

공통업무

프로젝트의 원활한 진행을 위해서는 프로젝트 전체기간 동안 정상적으로 실시해야 하는 말하자면, 인프라스트럭쳐(infrastructure)적인 업무가 있다. 이 중에서 가장 중요한 의사 · 요구 · 정보 등의 Output을 명확하게 전하는 전달방법의 구축 및 운영과 관련된 업무와 비용, 일정을 비롯하여 모든 매니지먼트와 관련된 리스크에 대한 대응을 중점적으로 설명한다.

이러한 공통업무를 수행할 때에는 프로젝트의 진행이나 그 시점에서의 상황에 따른 내용이나 빈도를 고려해야 한다. 이러한 공통업무는 프로젝트의 효과적, 효율적인 운영에 큰 영향을 미치며 CMr은 그것에 항상 주의를 기울일 필요가 있다.

0 1 프로젝트 정보확인 시스템의 구축과 운영 A

프로젝트 관련자 사이의 정보전달을 원활하게 하기 위해서 정보관리시스템을 구축하고 프로젝트의 실행과 함께 이를 운영한다.

정보는 전달과 기록이 확실하고 원활하게 이루어지지 않으면 안 된다. 프로젝트에 관한 정보의 생성, 수집, 배포, 보관, 폐기 등을 적시에 또한 확실하게 하기 위해서 CMr은 프로젝트에 참여한 뒤 가능한 한 조기에 정보관리시스템을 구축해야 한다. 또한 그 시스템을 어느 정도로 적용할 것인지에 대한 계획을 수립하여 필요에 따라 계획서, 절차서 등을 작성한다. 요점은 Input 정보를 어떻게 처리하여 어떠한 Output 정보로 출력할 것인가에 관한 것이다.

0 1 1 정보관리시스템 구축 A

전달, 기록해야 하는 정보를 규정하고 그 전달 방법 및 기록 · 보존 방법을 설정한다. 또한 이러한 정보관리시스템의 운영방법을 계획한다.

프로젝트에 따라 또는 발주자나 관련자의 정보에 대한 요구에 따라 필요한 정보의 종류나 전달 · 기록의 방법은 다양하다. 프로젝트 관련자의 요구를 확인하고 필요한 정보나 적절한 전달 · 기록방법을 명확히 하고 효율적인 시스템을 계획할 필요가 있다. 또한 프로젝트의 조직체제는 정보에 관한 요구사항에 큰 영향을 미친다. 따라서 정보관리시스템을 구축하기 위해서는 프로젝트 전체의 조직계획과의 관계에 유의하면서 진행할 필요가 있다.

〈표 2-38〉은 이러한 시스템을 구축할 때 고려해야 할 항목의 예이다. 우선, 전달 · 기록해야 할 정보를 규정하는 것이 중요하다. 범람하는 정보를 모두 전달하는 시스템을 구축해서는 안된다. 예를 들면, 회의의 회의록으로 발언내용을 자세히 기록할 필요가 없다. 정보를 정리하는 것이 더욱 중요하다.

이 표에는 IT에 관한 항목이 매우 많다. 이러한 경향은 지금부터 더욱 가속화될 것으로 예측되므로 시스템구축에 있어 CMr은 항상 이러한 상황을 인지해 둘 필요가 있다. 또한 표의 마지막에 기술한 일반적으로 공개된 홈페이지도 필요에 따라 이용한다. 발주자의 기업정보 공개의 관점에서 상업적으로 진행중인 프로젝트에 대해 소비자에게 흥미를 유발하게 하는 경우 등이 있다.

〈표 2-38〉 정보관리시스템 구축시 고려해야 할 사항

전달 · 기록해야 할 정보의 규정	요구사항 정리	종류
		중요도
		기밀(機密)도
		우선도
		상세도
		기타
관리체계의 설정	기본지침 수립	전달 · 배포방법
		전달 · 배포처
		관리방법
		보관방법
		승인방법
		갱신 · 변경 · 정정방법
		승인기간
		보관기간
		기타
	각종 서식의 설정	
	관리업무	전달
		정리(파일링)
		보관
		파기
		기타
전산화설정	어플리케이션 선택	스프레드시트(표 계산) 소프트웨어
		문서작성 소프트웨어
		공정표작성 소프트웨어
		전자메일 소프트웨어
		CAD 소프트웨어
		DPT 소프트웨어
		매니지먼트 통합 소프트웨어
		경리 소프트웨어
	OS 선택	
	네트워크 설정 검토	인터넷 접속방법 검토
		LAN/WAN 구축
		ASP의 이용
		액세스(접속) 권한 시큐리티(보안)의 검토
	정보보존 관리방법 검토	
	사용기기 검토 및 설치	하드웨어 선정
		구입 · 리스 검토
		조달업무 참조
기자재의 유지관리	유지관리방법 검토	하드웨어 관리
		소프트웨어 관리(저작권의 관리를 포함)
		보증관리
	일상 유지관리업무	문제해결
		백업 작성
		서버 유지관리
	유지관리사 선정	
웹 상에서 관리 소프트의 유지관리		문제해결
		백업 작성
		서버 유지관리
		사용자와의 연락
프로젝트 정보공개를 위한 홈페이지의 작성 관리, 유지업무	작성 업무	지침설정 및 초안 작성
		작성
	작성 위탁업무	
	유지관리업무, 위탁업무	
	유지관리업무	

012 정보관리시스템의 운영 A

프로젝트의 원활한 운영을 위해서는 정보관리시스템 관련자에게 주지시키고, 확실한 정보배포와 기록, 그리고 정보 및 시스템 변경·갱신의 관리를 계획된 순서에 의해 적절히 실시해야 한다.

정보관리시스템의 운영에 있어서 프로젝트의 원활한 실행과 정보가 지닌 중요도 및 기밀성에 유의하여, 계획대로 프로젝트의 전체 기간 동안 확실히 행할 필요가 있다. 그 때문에 시스템관리책임자를 전담 배치하여 일원적인 운영관리를 실시하는 것도 필요하다. 여기에서는 정보관리시스템의 운영에 관한 주요 유의점을 설명한다.

■ 관계자에 대한 정보관리시스템 설명

프로젝트 관계자는 반드시 정보관리시스템을 확실히 이해하고 있어야 한다. CMr은 정보관리시스템을 운영하기에 앞서 프로젝트 관계자에게 정보관리계획의 구체적인 내용 및 운영규칙 등을 적절히 배부·설명하여 그 이해의 깊이를 도모한다.

예를 들어 계획된 정보관리시스템의 운영이 어떤 IT기술의 활용을 기초로 하는 경우에는 프로젝트 관계자 모두가 그 IT기술을 이해하고 이용할 수 있어야 한다. 필요한 IT기술에 대한 이해향상을 위해 교육을 실시하는 등의 방법도 고려할 필요가 있다.

■ 정보의 배포와 기록(보관)

정보의 배포는 계획된 정보관리시스템에 정해진 정보 배포절차에 따라 실시한다. 정보 배포절차는 프로젝트의 의사결정 절차와 밀접하게 관련하여 계획되므로 엄밀하게 다루어질 필요가 있다.

또한 배포된 정보는 정보관리시스템에서 정해진 방법으로 기록(보관)된다. 하드카피나 전자매체 중 하나를 이용해야 할 경우에도 보다 검색하기 쉬운 정보의 기록(보관)방법과 보관(기록)된 정보의 종류에 따른 접속 권한이 적정하게 관리된 상태로 운용될 필요가 있다.

■ 정보관리시스템의 변경 관리

정보관리시스템의 갱신·개정은 필요에 따라 프로젝트 관계자의 합의하에 실시한다. 이러한 변경은 프로젝트의 진행 중에 취급되는 정보의 종류, 양, 상세도, 중요도, 기밀성, 대상자에 대한 변화를 가져온다.

프로젝트의 상황에 따라 항상 적정한 정보전달시스템을 유지할 수 있도록 수시로 갱신·개정될 필요가 있다. 적절한 정보전달시스템을 유지하기 위해 시스템 관리자를 전담 배치하는 것도 효과적이다. 정보 그 자체의 기록을 갱신하는 것은 말할 필요도 없다.

0 2 프로젝트 회의체의 설치와 운영[120) A

회의는 프로젝트의 실행에 필요한 정보교환 및 의사소통을 위한 정기적인 모임이며 CMr은 이 운영을 종합적으로 관리한다.

프로젝트 회의체의 설치와 운영은 프로젝트 정보관리시스템의 일부로서 취급되지만, 프로젝트를 원활히 실행하기 위한 중요한 요소이며 CMr이 특별히 주의를 기울일 필요가 있는 업무 중의 하나이다. 그 때문에 프로젝트의 정보관리시스템을 분리하여 여기서 다시 설명한다.

0 2 1 회의체의 설치 A

CMr은 각종 회의체의 목적에 따라 참가자, 빈도 및 방법을 정한다.

회의체의 설치는 프로젝트의 원활하고 효율적인 커뮤니케이션을 도모하는데 있어 효과적인 방법이다. 프로젝트의 회의체는 크게 나누어 아래의 두 요소를 목적으로 구성된다.

- 프로젝트 진척상황의 파악
- 프로젝트 과제해결을 위한 의사결정의 조정

프로젝트 회의체가 가지는 이 2개의 요소를 이해하고 적절한 프로젝트 회의체를 설치하는 것은 프로젝트의 생산성 향상으로 연결되며 프로젝트 성공의 열쇠가 된다는 점을 이해할 필요가 있다.

또한 프로젝트의 회의체는 그 목적에 따른 범위와 빈도로 개최한다. 통상 프로젝트의 가장 높은 관리레벨에서 행해지는 프로젝트(월별/정기)회의나 프로젝트에서 수행되는 작업의 직접적인 내용에 따라 행해지는 주 단위의 진척회의나 분과회 등에 회의체가 설치된다. 일반적으로 관계자가 같은 장소에 모여 회의를 개최하지만 음성·영상·IT기술을 활용하는 원거리 회의체의 설치도 고려할 필요가 있다.

120) 513 커뮤니케이션 시스템의 확인 P.156

022 회의체의 운영 A

CMr은 각각의 회의체 관리계획 혹은 절차에 따라 적절히 운영해야 한다. 모든 회의에 출석할 수 없더라도 내용을 파악해 두어야 한다.

회의체를 적정히 운영함으로써 프로젝트의 원활한 진척을 확보할 수 있다. 또한 프로젝트 진행 중 또는 완료 후에 클레임 등의 문제가 발생했을 경우, 프로젝트 회의의 회의록은 그러한 문제의 해결을 위한 중요한 자료(기록)의 하나가 된다. CMr은 이러한 회의체나 회의체에서 취급되는 정보의 성질을 이해하고 원활히 운영되도록 해야 한다.

회의의 운영에 있어서는 운영을 위한 절차나 룰을 명확히 하고 그 내용에 따라 진행할 필요가 있다. 또한 회의 실시목적에 따라 필요한 사전준비가 요구된다.

■ 회의체 운영 유의점

필요시 운영되는 회의체는 프로젝트의 전 기간을 통해 또는 각 단계마다 그 목적에 따라 설치된다. 즉, 프로젝트에서 발생한 문제점이나 필요한 협의사항은 이를 해결하기 위해 회의체를 적절히 운영할 필요가 있다. 이 때문에 회의체의 주최자는 회의 전에 다음사항을 확인해야 한다.

- 회의개최의 취지와 의사내용의 제시(의제 작성)
- 필요한 출석자의 소집
- 의사진행, 서기, 회의록 작성 등 역할분담

회의체의 설치는 CMr이 주체적으로 실시하지만, CMr이 반드시 모든 회의체의 주체자일 필요는 없다. 그렇지만 모든 회의체가 계획대로에 적절히 운영되고 있는지를 CMr은 파악할 필요가 있다. 회의체의 운영이 계획된 목적과 어긋난 상태로 진행되는 경우, 회의의 결과로부터 기대하고 있던 효과나 성과를 얻을 수 없다. CMr은 필요에 따라서 수정해야 한다.

■ 회의체에서 다루는 정보

프로젝트 회의체에서 취급되는 모든 정보는 계획된 프로젝트 정보관리시스템에 따라 취급한다. 각 회의체의 의제, 회의록 등 회의 관련서류의 서식, 배포수단 및 배포경로 등은 계획된 프로젝트 정보관리시스템에서 확인하여야 한다. 특히 회의록의 승인절차와 방법은 프로젝트의 중요한 의사결정과 밀접한 관계를 가진다는 것을 인식해야 한다. 또한 프로젝트 회의체는 통상 목적에 따라 몇 개라도 병행하여 운영할 수 있다. 각각의 회의체에서의 의사내용이 전체적으로 균형을 이룰 수 있도록 해야 하며, 프로젝트의 의사결정에 착오가 생기지 않도록 회의록의 배포와 승인에 주의가 필요하다.

03 프로젝트 관계자에 대한 설명 지원 A

프로젝트에 영향을 미칠 가능성이 있는 외부단체 혹은 개인에게 프로젝트에 관한 필요한 사항을 설명하기 위한 지원을 실시한다. 설명은 적절한 방법과 시기에 행해야 한다.

여기서 언급하는 「프로젝트 관계자」란 프로젝트에 직접 종사하지 않지만 프로젝트에 어떠한 영향력이 있는 자(법인, 단체, 개인)를 가리킨다. 구체적으로 해당 프로젝트에 관련된 국가, 도도부현, 시읍면 등의 관할관청, 각 공단·공사, 정당·정치단체, 제조합, 각 종교단체, NPO 등 각종 단체, 혹은 건설부지 인근주민(법인 또는 개인) 등이 있다. 여기서 언급하는 내용은 그러한 「프로젝트 관계자」에게 프로젝트를 원활히 진행하기 위해 발주자가 필요한 설명을 할 경우, CMr에게 요청되는 설명 지원업무의 구체적인 내용을 의미한다. 어디까지나 설명의 당사자는 프로젝트의 사업주체인 발주자이며, CMr은 당사자인 발주자를 지원한다.

■ 「프로젝트 관계자」의 특성과 영향도

「프로젝트 관계자」는 프로젝트에 따라 다르다. 프로젝트 초기단계에서 예상되는「프로젝트의 관계자」 리스트를 만들 필요가 있다. 동시에 리스트에 오른「프로젝트 관계자」가 프로젝트에 어떠한 영향을 미치는가에 대해서도 어느 정도 예측할 필요가 있다. 또한 프로젝트의 어느 단계에서 코스트와 스케줄에 어떠한 영향을 미칠 것인가를 예측하여 정리하고, 필요에 따라 그 대응책을 검토하여 사업계획 등에 적절히 적용시킬 필요가 있다.

■ 「프로젝트 관계자」에 대한 설명지원체제

「프로젝트 관계자」의 성격이나 발주자와의 관계가 반드시 동일한 것은 아니다. 「프로젝트 관계자」의 요구사항에 따라 전문팀을 조직하는 등 설명지원체제를 조직할 필요가 있는 경우도 있다.

「프로젝트 관계자」에 대한 설명자료나 기록 등의 정보는 정해진 정보관리시스템에 따라 취급할 필요가 있다. 경우에 따라 설명기록이 정리되어 있지 않아 「프로젝트 관계자」와의 사이에 오해가 생겨 프로젝트에 큰 지장을 가져오는 일도 있다. 구두에 의한 정보라도 반드시 기록을 남겨야 하며 특히, 「프로젝트 관계자」와의 확인·합의사항은 정해진 정보관리시스템에 따라 적정하게 배포 및 기록(보관)할 필요가 있다. 또한 「프로젝트 관계자」는 프로젝트의 이득과 손해에 상반되는 입장을 취하는 경우도 있다. 「프로젝트 관계자」의 요구에 따른 유연한 설명지원체제를 고려할 필요가 있다.

■ 정기적 회합

일반적으로 정기적 회합은 「프로젝트 관계자」가 적시에 개별의 설명이나 보고만으로는 다른 이해관계를 조정할 수 없는 경우에 필요하다. 발주자가 주최하는 「프로젝트 관계자」와의 정기적 회합은 프로젝트 회의체와 같이 회합의 목적, 순서나 규칙을 명확히 하여 운영할 필요가 있다. 프로젝트 회의는 기본적으로 같은 목적을 가진 사람이 모여 행하는데 비해「프로젝트 관계자」와의 회합은 완전히 이해관계가 상반된 사람이 모이는 경우가 있다. 그 때문에 「프로젝트 관계자」와의 회합에서는 보다 고도의 운영이 요구되는 경우가 있다.

04 CM업무보고서(CM업무 종료보고서)의 작성과 제출[121] A

CM업무보고서는 프로젝트 관계자에게 CM업무의 활동내용을 정기적으로 보고함과 동시에 발주자에게 프로젝트의 진척보고를 하는 것이다.

프로젝트 실적보고이기도 한 CM업무보고서는 정보관리시스템 중, CMr이 제출하는 성과물 가운데 가장 중요한 것 중의 하나이다.

진척보고는 당초 정해진 프로젝트 기준(baseline)인 마스터스케줄, 예산 등과 기성고 등의 프로젝트 실적과의 비교를 실시하고, 각 관리항목의 관점에서 각각 프로젝트 목표달성 상황을 파악 · 정리하고, 그 결과를 포함하여 보고하는 것이 일반적이다.

또한 이 보고서에는 통상 어떤 시점에서 관리항목별 분석결과를 총괄적으로 정리한 보고 및 추후 프로젝트 목표달성 예측보고가 포함된다.

또한 목표, 실적, 장래 예측에 대한 정량적인 분석에 근거하여 보다 효과적인 프로젝트 목표달성을 위해 필요한 대책이나 개선책이 포함된다. 각 업무단계에서 CM업무의 활동내용에 대한 보고서를 발주자에게 제출하여 승인을 받는다.

CM업무보고서는 CM업무계획서에 의해 계획된 정보관리시스템에 따라 〈프로젝트의 관계자〉가 요구하는 정보의 종목과 상세 수준으로 작성 · 배포한다.

121) 1233 정보관리시스템 P.35

0 4 1 CM업무보고서 A

프로젝트 상황, 마일스톤 통과점 등 각 단계에서 성과보고 등을 문서로 실시한다.

CM업무보고서에 포함되는 항목의 예를 〈표 2-39〉에 나타냈지만, 프로젝트마다 또는 각 단계마다 그 특성에 의해 추가해야 할 항목도 있다.

특히, 문제의 명확화와 대책의 제안, 대책담당자나 목표기일의 명확화가 가장 중요한 항목이다. 발주자가 리스크에 대한 책임을 지는 CM방식의 프로젝트에서는 발주자도 다른 관계자와 함께 적극적으로 해결방향을 모색할 수 있도록 그러한 문제에 접근(access)할 수 있어야 한다.

0 4 2 CM업무종료보고서 A

CMr은 프로젝트 또는 단계 완료시에 해당 기간의 성과 혹은 결과를 CM업무 종료보고서로 작성하여 발주자에게 제출하여 업무종료를 확인한다.

CM업무 종료보고서는 CMr이 작성하여 제출하는 CM업무보고서의 일부이다. 기본적으로는 CM업무보고서와 같은 구성내용으로 되어 있지만, 다음 프로젝트 또는 이후 문제점이 잠재적으로 돌발적으로 발생하지 않도록 문제에 대한 대응을 명확하게 보고할 필요가 있다.

〈표 2-39〉 CM업무보고서 항목

항목	내용
상황보고	· 프로젝트의 전반적 상황 보고
	· 큰 이벤트나 중간관리일 등의 상황
실적과 당초 정한 기준(baseline)과 비교	· 정량적인 관점에서 거래총액(진척)등의 실적보고
	· 코스트, 스케줄 등 각각의 기준(baseline)과 비교하고, 그 차이를 보고서에 기재한다.
	· 차이발생에 대한 원인분석과 설명
장래예측	· 상기 실적과 기준(baseline)의 비교, 분석을 근거로 한 예측
문제점 확인과 그 대책 및 개선책	· 문제점 기술
	· 문제해결을 위한 대책 – 개선안의 제안
	· 문제대처 담당자
	· 대처의 기일
첨부자료	· 예산관리표
	· 각종 스케줄
	· 상황사진

CM업무 종료보고서는 발주자에게 프로젝트 및 각 단계의 완료를 공식적으로 보고하기 위해 그 성과 및 결과를 검증하여 보고하는 것이다. CM업무보고서와 CM업무 종료보고서를

분리할 필요성이 있는지 발주자와 사전에 협의해 확인해 둔다.

CMr이 수탁하는 업무가 한정된 경우도 있어 업무보수의 지불이 각 단계의 완료시점에 행해지는 경우도 생각할 수 있다. 따라서 업무보수 청구를 위해서도 공식적인 형태로 그 업무가 종료되었다는 것을 발주자에게 확인하는 것도 필요하다.

CM업무 종료보고서에 기재하는 항목은 〈표 2-40〉에 예시했지만 필요에 따라 항목이 증감된다.

〈표 2-40〉 CM업무종료보고서 항목

항목	내용
업무종료의 확인	· 해당 단계에서 요구되는 성과물의 검증과 확인
업무추이의 보고	· 큰 이벤트나 마일스톤 등의 상황
	· 업무내용의 변경
실적과 기준(baseline)의 비교	· 진척상황이나 거래총액 등의 실적을 코스트와 스케줄 등 각각의 기준(baseline)과 비교한 차이
	· 차이의 원인 분석결과
지속사항의 확인	
미해결 문제점의 확인과 그 대책 및 개선책	· 해결해야 할 문제점의 명확화
	· 문제해결을 위한 대책 – 개선안의 제안
	· 문제대응 담당자
	· 대응 기일
첨부자료	· 예산관리표
	· 각종 스케줄
	· 상황사진

CM업무보고서

프로젝트 명칭			프로젝트 코드	
보고서 번호		업무완료 예정일		
배포처		cc 배포처		
기술자		보고일		
프로젝트 개요				
시공방식		업무기간		
계약방법		업무내용		
현장소재지		업무범위		
현상				
개요				
코스트				
스케줄				
조달				
기타				

문제의 상태		담당자	예정기한
미결사항			
해결사항			
신규문제점			

첨부자료 목록	
	마스터스케줄
	예산관리자
	상황사진

〈그림 2-26〉 CM업무종료보고서 서식 (예)

■ CM업무보고서(CM업무 종료보고서)의 배포와 기록(보관)

배포처, 배포방법, 배포빈도에 대해서는 정해진 정보관리시스템에 따른다.

CM업무보고서는 일반적으로 CMr이 발주자에게 적시 배포하는 것이나, 필요에 따라 다른 프로젝트 관계자에게 배포할 경우도 있다. CM업무보고서에 발주자의 예산관리와 직접 관련된 내용 등도 포함되어 있기 때문에 배포에 대해서는 충분히 고려할 필요가 있다. 기록에 대해서도 정보관리시스템에 정해진 방법에 따라 취급해야 한다.

05 클레임 대응 A

발주자가 대처해야 할 클레임 또는 지적사항에 대해 CMr은 대처방법을 조언하고 필요에 따라 지원한다.

프로젝트에 관련된 클레임[122]이나 지적사항은 발주자, 설계자, 시공자 등 프로젝트의 직접적인 당사자로부터 발생하는 것과 직접적인 것은 아니지만 이해관계에 있는 관련자로부터 발생하는 것이 있다.

프로젝트기간 중 당사자의 클레임에 대해서는 특정 관계자의 대응이 늦는 것 등의 이유로 CMr이 조정을 하면 더 좋은 것이 많다. 조정할 수 없는 경우에는 발주자에게 보고하여 대책을 수립해야 한다. 불평이 나오는 경우에는 표면화되지 않는 문제가 많이 있는 것으로 예상되며, 이를 처리하지 않는 상태에서는 프로젝트가 원활히 진행되지 않는다. 대처방법은 원인을 포함하여 각각의 케이스이므로 본서에서는 취급하지 않는다.

122) 클레임
당연한 권리로서의 요구 · 청구 · 주장. 불평만이 클레임은 아니다.

■ 직접적인 당사자가 아닌 이해관계자의 클레임이나 불평

〈03 프로젝트 관계자에 대한 설명지원〉 (206쪽)에서 언급한 것처럼 관계자와의 커뮤니케이션이 가장 중요하다. 일반적인 경우 적절하고 명쾌한 설명에 의해 그 해결책을 찾아낼 수 있다.

참 고

■ 클레임의 원인

클레임의 원인을 분류하면 ①설계에 관한 클레임, ②시공에 관한 클레임, ③취급설명의 클레임 등 3가지 유형으로 크게 구분된다. 이 3가지 유형의 구체적인 클레임의 원인을 살펴보면 다음과 같다.

- **설계도 · 시방서에 따르지 않음(시공에 관한 문제)**
  안이한 판단으로 설계사양을 변경하거나 준공도서와 불일치 발생 등
- **재료, 기종 선정의 잘못(설계, 시공에 관한 문제)**
  내부용 재료를 외부에 사용하여 탈색이 발생하는 것 등
- **재료의 결함(확률적으로 발생, 시공에 관한 문제)**
  재료선정에 잘못은 없었지만 불량품이 혼재하고 있는 경우 등
- **시공기능의 수준이 낮음(시공에 관한 문제, 작업원의 숙련)**
  공사기간이 짧고, 다수의 작업원을 현장에 투입했기 때문에 작업원의 기량에 격차가 있는 경우 등
- **기계, 기구의 고장, 불편, 취급 곤란**
- **재료의 품질, 등급이 낮음(VE에 따른 문제)**
  VE제안시 설계사양에서 정해진 품종, 등급보다 낮은 재료를 사용하였다.
- **시간이 지남에 따른 품질이나 성능 및 변형 현상(발주자에 대한 설명 부족)**
- **검사기준, 검사방법의 문제(공사감리상의 문제)**
- **설계의 합리성 등의 문제**
- **취급설명이 적절히 행해지지 않음(발주자에 대한 설명 부족)**
  등이 생각된다. 이상의 사항에 주의하여 프로젝트를 진행시켜 나가면 클레임의 상당수는 방지할 수 있다고 생각된다.

전파장해 등의 클레임과 같이 금전적 보상을 포함한 해결방법으로 대처해야 하는 경우도 있어, 출자하게 되는 발주자에게 명확하게 이유 및 설명을 실시하여야 한다. 또한 기본적으로 가능한 한 민원이 발생하지 않도록 프로젝트를 운영하는 것이 중요하다.

■ 완성후 발주자가 제기하는 설계자 · 시공자에 대한 클레임과 불평

건설프로젝트는 완성품을 확인하여 반입하는 것이 아니라, 계약된 설계도서에 근거하여 대가를 지불하기 때문에 완성 이후 사용 · 운영 중에 계약내용에 따르지 않은 것으로 판명되는 경우가 있다. 수정 · 수선 등을 실시하도록 발주자로부터 클레임이나 항의가 제기되는 경우, CMr이 설계자 · 시공자 등을 조정하여 실시해야 한다.

06 리스크 대응 ABCDEFG

CMr은 프로젝트 전 기간을 통해 프로젝트에 내재하는 다양한 리스크 사항에 대응한다.

건설프로젝트에서 안전을 비롯하여 품질, 코스트, 스케줄, 환경 등의 각 요소의 관점에서 리스크에 대응하고 있지만, 명확한 체계를 기초로 한 대응은 아직 미흡하다.

여기에서는 프로젝트 리스크에 대한 일반적인 생각과 리스크 대응책의 하나인 계약의 보증과 보험에 대해 설명한다.

061 프로젝트 리스크 ABCDEFG

건설프로젝트에는 리스크가 반드시 존재한다. 그 리스크를 표면화시키고 분석 · 평가하여 대응해야 한다.

리스크를 표면화시켜 분석평가를 실시하는 일련의 업무가 위기관리이다. 이론, 방법에 관해서는 3장 6에서 설명하고 있으므로, 여기서는 건설프로젝트에서 파악하여 대처할 필요가 있는 구체적인 항목에 대해 설명한다.

건설프로젝트에 관련된 대표적인 리스크를 〈표 2-41〉에 예시했다.

요인을 생각해 보면 관계자의 행동 등 프로젝트 내부에 존재하는 것과 예측가능한 것은 아니지만 프로젝트 외부에 존재하는 것으로 프로젝트 관계자는 리스크의 발생을 회피할 수 없는 것이 있다.(〈그림 2-27〉과 같이 나타낼 수 있다) 이러한 리스크를 객관적으로 분석 · 평가하여 표면화되었을 경우 대처방법을 검토하고 냉정하게 계획에 따라 대처해야 한다.

또한 프로젝트에 영향을 미치는 모든 리스크가 단일 프로젝트관계자의 책임범위일 필요는 없고, 대처도 단일의 관계자가 실시할 필요는 없다. 발주자와 CMr은 발주자와 설계자 및 시공업자 등 계약서에 그 책임범위를 명확히 하는 것이 필요하다. 특히 발주자의 책임으로 대처해야 할 범위와 그 외의 관계자의 범위를 명확하게 할 필요가 있다. 또한 보험이나 이행보증 등에 의해 프로젝트 외부로 책임을 전가하는 것도 그 대처의 일환이다. CMr은 이러한 매니지먼트를 실시하여야 한다.

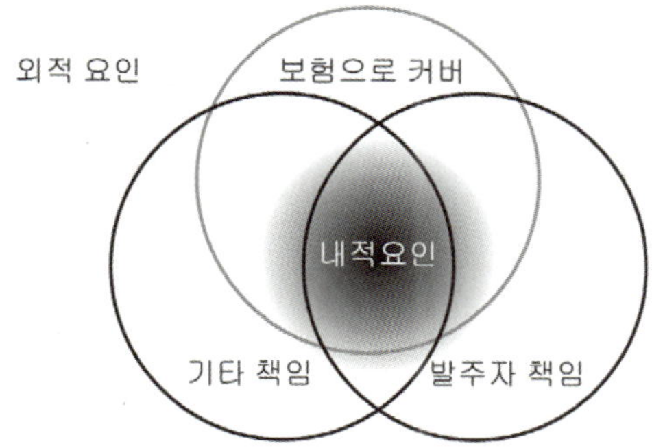

〈그림 2-27〉 리스크 요인의 관계

〈표 2-41〉 건설프로젝트의 대표적 리스크의 예

계획단계의 리스크	
조사리스크	측량이나 지질조사의 부족, 실수등에 기인하는 리스크
설계리스크	설계실수 등에 기인하는 리스크
계획변경 · 지연리스크	환경 엑세스, 공청회 등에서 계획의 변경지연에 대한 리스크
응모리스크	선정 실패시 응모 코스트 손실과 관계된 리스크
건설단계의 리스크	
용지리스크	용지매수 · 수용지연, 용지비가 예산을 초과할 리스크
지중장애물에 관한 리스크	
관련 인프라정비 리스크	공공시설과 관련해 실시하는 사업지연 등에 의한 리스크
공사비초과 리스크	건설비가 예산을 초과할 리스크
공사지연 리스크	공사가 계약보다 지연할 리스크
완공리스크	공사가 완성하지 않을 리스크
성능리스크	시설이 정해진 시험 · 규격을 만족하지 않아 수정이 필요한 리스크
시설손상리스크	공사중 사고 화재 등에 의한 리스크

■ CMr의 리스크

CMr은 프로젝트 전체의 리스크를 매니지먼트함과 동시에 CMr 자신의 업무에 대한 리스크도 매니지먼트 해야 한다. 주요한 것은 업무의 채무불이행에 대한 리스크이다. 업무절차서 양식의 설정 및 통일에 따른 실수의 회피, 국내의 전문가 배상보험이나 해외의 PI(Professional Indeminity)라고 하는 보험에 의한 전가 등의 대응책이 있다.

0 6 2 계약의 보증과 보험 AE

프로젝트를 원활히 수행하기 위해서 계약의 이행보증을 설정하고 보험을 검토한다.

관계자가 리스크를 책임지는 범위를 계약에 의해 명확히 하고 필요에 따라서 계약이행보증 방법을 정한다. 또한 보험 등의 리스크전가 처리방법을 강구하여 발주자에게 필요한 보험을 부보(付保)[123] 하도록 조언하거나 또는 입찰요청서에 의해 시공자를 포함한 관계자에게 부보를 요청한다.

덧붙여 계약보증에 대해서는 발주자와 시공자 사이의 문제뿐만 아니라 발주자와 설계자 또는 CMr과의 계약에 대해서도 검토해야 할 사항이다. 따라서 발주단계가 아닌 공통업무로서 설명한다.

0621 계약보증 AE

일반적으로 공사의 보증이라고 하면 시공자가 하청받은 공사에 대해서 이행보증, 공사완성을 보증하는 것이다. CM방식을 사용하여 분리발주를 하는 경우, 필연적으로 시공자의 규모, 경영능력과 직접 관련될 수 있기 때문에 공사완성보증을 실시할 수 없는 가능성도 있다. 이 경우 어떻게 공사완성을 보증할 것인지 또는 발주자가 어디까지 리스크를 감수해야 하는지 검토할 필요가 있다. 구체적으로는 계약서에 책임범위를 명확히 하거나 금전적 보증의 내용을 규정한다.

보증방법으로는 발주자에 대한 직접적 금전보상, CMr 또는 그 외의 기관이 타시공자로 하여금 공사를 수행토록 하는데 필요한 금전보상 등이 있다. 공공공사에서 완성을 보증하기 위해서 동업종의 타사 즉, 경합회사를 공사완성보증인으로 세우는 제도가 존재했었으나 경쟁력을 감소시키는 결과가 되었기 때문에 폐지되었다. CM방식에서 보증방법이 모색되지 않더라도 공사완성 보증인제도와 같은 종래의 방법을 선택해서는 안 된다.

공사금액의 100%에 해당하는 공사완성보증을 전체 관계자에게 요구하는 것은 있을 수 없기 때문에 CM방식에서 이것을 모두 CMr이 부담한다는 착각을 하지 않는 것이 중요하다.

국제적인 이행보증 증권제도를 일본에 도입하는 것도 검토되고 있지만, 아직 실시까지는 이르지 않았다.

공공공사에서는 1993년 12월, 중앙건설업심의회의 「공공공사의입찰 · 계약제도의개혁에 관하여」에 따라 하등의 이유로 공사를 계속할 수 없는 경우, 타 공사업자가 공사를 완성하는 것을 보증하는 종래의 완성공사 보증인제도를 폐지하고 공사계약금의 30%에 해당하는 보증을 요구하고 있다. 완성공사 보증인제도는 쌍방이 보증하는 것으로 공정한 경쟁을 방해할 수 있는 상황을 야기했기 때문이다.

123) 부보(付保)
보험과 관련된 용어로서, 보험계약을 체결하여 보증하는 것을 말한다.

참고

■ 본드제도

본드는 구미에서 공사에 대해서 발주자, 공사업자 및 보증회사의 3자 합의에 의해 보증회사가 계약도서에 따라 공사가 완성되는 것을 보증하는 것으로, 은행의 연대보증인부 어음과 유사한 신용증이며 반드시 증권이 발행된다. 그 종류에는 입찰보증(Bid Bond), 이행보증(Performance Bond), 노임 · 자재지불보증(Labor and Material Payment Bonds), 이행보증-지불보증조합본드(Combination Performance and Payment Bonds), 하자보증(Maintenance Guarantee), 공급보증(Supply Bonds)등이 있다. 이 본드제도는 영국 사기법(English Statue of Frauds)이나 미국 허드법(Heard Act 1893년), 밀러법(Miller Act 1935년) 등에 의해 시행착오를 거쳐 오늘에까지 이르렀다.

〈표 2-42〉 이행보증과 관계되는 제도

금융기관 등 (금전보증인)의 보증서	출자의수용예탁금및금리등의취체(取締)에관한법률(1954년 법률 제195호)에 규정한 금융기관인 은행, 신탁회사, 보험회사, 신용금고, 신용금고 연합회, 노동금고, 노동금고 연합회, 농림중앙금고, 상공조합중앙금고, 신용협동조합, 농업협동조합, 수산업협동조합 또는 그 외의 저축수용을 실시하는 조합
	공공공사의 선불금 보증사업에 관한 법률(1952년 법률 제184호) 제2조 제4항에 규정한 보증사업회사
공공공사 이행보증증권	공공공사 이행보증 증권이란 보험회사가 공공공사 도급계약에 관하여 도급자의 채무이행을 증명하는 것
이행보증보험	보험회사가 도급자의 채무불이행에 의해 생긴 손해를 보조하고 보험금을 지불하는 것을 목적으로 하는 보험계약

0622 보험의 종류 AE

CM방식과 관련된 보험도 여러 종류가 있다. 발주자를 위해 보험에 의한 리스크 전가방법을 모색하는 입장에 있는 CMr은 그 개요를 파악해야 한다.

■ 공사보험(Builder's Risk Insurance)

공사보험은 공사현장에서 예측하지 못한 사고나 또한 돌발적인 사고에 의해 보험목적물에 생긴 물적손해를 보충하는 것이다. 조립보험(EAR: Erector's All Risk), 건설공사보험 혹은 토목공사보험(CAR: Contractors All Risk) 등의 종류가 있다. 공사계약서에 발주자 혹은 시공자가 부보한다.

외자 보험회사의 약관은 국제적 표준약관이라고 말하는 Munich-ReForm[124]을 베이스로 하는 경우가 많아, 상기의 설명과 다른 부분도 있으므로 주의를 필요로 한다. 예를 들어 항공기 비용이나 공사용 차량 등은 일본 현행 약관에서는 대상으로 하지 않는다

124) 공공공사와 관련된 보증에 대해서는 국토교통성 〈새로운 보증 제도에 관한 실무연구회 보고서〉 (2002년 7월 19일)에 보증제도의 현황이 기술되고 있으므로 참고하기 바란다.

〈표 2-43〉 보상되는 손해

일반적인 사항	돌풍, 낙뢰, 항공기의 추락, 도난, 방화, 장난, 소동 또는 노동쟁의에 따른 폭행, 화재 · 폭발, 지반침하, 미끄럼, 토사 붕괴, 설계 · 시공 · 재질의 결함, 취급 과실
특약보상되는 손해	고조(高潮) · 홍수 · 내수범람에 의한 수재, 동맹파업, 소동 · 폭동(SRCC)[125]
목적물	공사용 가설물, 공사용 가설건물, 공사용 재료 및 공사용 가설재[126]
그 외의 보상비용	잔존물 정리비용[127], 임시비용[128], 손해확대방지 비용

■ 배상책임보험(Liability Insurance)

배상책임보험은 피보험자가 다른 사람에 끼친 법률상, 계약상, 또는 일반 통념상의 손해의 보전을 보충하는 것이다. 〈표 2-44〉는 건설공사에 관련된 배상책임보험의 개요이다.

일반적으로는 시공자가 제3자에 대한 인적손상 및 기물파손에 대한 배상책임보험이나 자동차보험 등에 가입하지만, CM방식으로 공사를 실시하는 경우 CMr도 배상책임에 관련될 수 있으므로 내용을 검토해야 한다.

〈표 2-44〉 배상의 종류와 보험

인적손상 및 기물파손에 대한 배상	인적손상에 대한 배상(Bodily Injury), 기물파손에 대한 배상(Property Damage)[129]
자동차보험	일반적인 자동차 배상책임보험, 비소유차(Automobile Liability Insurance for non-owned. leased and hired car)의 운행 · 관리에 기인한 배상책임보험[130]
생산물 배상책임보험	PL(Product Liability Insurance)라고 불리며, 이른바 PL치에 의한 배상 등에 대응한다.
발주자 혹은 전문가 배상책임보험	발주자 책임, 설계자 책임 혹은 CMr의 책임에 대한 배상(Owner's. Designer's and CM's Protective Liability)[131]
명예손해 등 정신적 손해	Personnel Injury이지만 상기 Bodily Injury(인적손상에 대한 배상)와는 다르다.
계약상 및 대지 외 적용특약	Blanket Contractual and Broad Form, 공사지연에 따른 경제적 손해배상 등 법적책임 외의 계약상의 책임보상이나, 건설공사현장뿐만 아니라 그 주변에서 발생한 사고에 대한 배상책임 등을 보조하는 것

이 배상책임보험에 대해 해외에서는 종합배상책임보험(Comprehensive General Liability)으로 다양한 상품이 있으며, 외자계의 발주자로부터 그 부보가 요구되는 경우도 있다. 일본에서도 최근에 판매하고 있다.

125) 공사 중 지진에 의한 손해를 보호하는 지진특약이 있지만 일본에서는 일반적으로 가입하지 않음.
126) 설치기계설비 등의 공사용 시설과 공사용 기계기구, 자동차 및 기타의 차량, 설계도서 등은 보상이 되지 않는다.
127) 손해를 받은 보험의 목적 잔존물의 해체, 쓰레기 청소 등의 비용.
128) 사고가 발생했을 경우, 현장보존비용이나 휴일 · 잔업수당, 급행 화물 할증운임, 돌관공사를 위한 비용
129) CMr의 배상책임을 생각할 경우, 일반 배상보험으로서 통상의 영업상 보험으로서 부보되어 있다고 생각되지만, 해당 프로젝트가 동일한 보험의 대상인지 재확인을 필요로 한다.
130) 자동차 등을 사용하는 업무의 경우, 일반 자동차 배상책임보험과 더불어 비소유차의 운행, 관리에 기인하는 배상책임보험의 필요성에 대해, 상기의 인적 · 물적 배상보험에 맞추어 구입을 검토하는 것이 필요하다.
131) CMr의 책임에 대한 배상책임보험이 있지만, 국제적으로 전문가 배상책임보험(Professional Liability Insurance)이 적용되고 있다. 건축가 배상책임보험과 같은 종류이다. 사례 [참고](P.206)에서 소개하고 있다.

■ 노무에 관한 보험

노무에 관한 보험은 원칙적으로 사용자가 부보한다. 예외는 건설업이나 임업에 있어서 도급계약의 경우, 원도급자가 하청업자 종업원의 보험을 부보하지 않으면 안 되는 것이다. CM 방식에 있어서 CMr은 공사도급계약 및 하도급계약을 보관, 유지하는 것이 아니기 때문에 종합건설업자, 전문건설업자에 대한 산재보험 등을 부보하는 것은 아니다. 그렇지만 CMr 자신에 대해서는 당연히 사용자로서 가입할 필요가 있다. 주의해야 할 사항은 다음과 같다.

- 각 노동자 피해보상보험 관련 보험에 대한 업무내용이 적절한지 확인한다. 예를 들어 고소(高所)작업을 포함하는 경우에 보험요율이 변경될 수 있다.
- 추가 노동재해보험 또는 고용자 배상보험 등을 필요로 하는지 확인한다.
- CMr이 전문 컨설턴트에 외주를 주었을 경우에 상기 보험을 필요로 하는지 확인한다.
- 통근 도중의 보상은 필요 없는지 확인한다.
- 발주자가 소득보상보험 등의 추가 부보를 요구하고 있지 않은지 확인한다.

■ 기타 보험

상기의 보험 이외에도 해당 프로젝트에 대해 생각할 수 있는 리스크를 헤지(Hedge)할 수 있는 보험이 있으므로 이를 고려할 필요가 있다.

- 해외여행상해보험
- 해상화물보험
- 개업지연보험

0623 보험에 관한 기타 사항 AE

보험을 검토하는 경우에는 다음과 같은 점에 유의해야 한다.

■ 부보의 시기

일반적으로 공사에 관한 보험은 공사별로 공사발주단계, 공사착공단계에서 가입된다. 그러나 배상책임보험, 자동차보험, CMr의 전문가 배상책임보험 등 연중 상시 담보되는 보험도 있다.

■ 발주자 부보와 시공자 부보

발주자 또는 CMr이 부보하고 발주자, 설계자, CMr 및 시공자도 추가 피보험자로서 특기할 수 있는 PAI(Principle Arranged Insurance)로 불리는 보험도 존재하고 있으므로 이를 고려해야 한다. CM방식 중, 특히 시공패턴② 및 ③(37~38쪽)에서 각 원청시공자가 부보하는 보험의 보상 범위에서 제외되는 것을 방지한다.

■ 보험 컨설팅

전문적인 검토가 필요한 경우는 에이전트나 브로커[132]와 상담해야 한다.

참 고

■ Professional Indemnity : PI

1. 기본사항

「Professional Duties」 수행 후의 과오, 부정행위 또는 과실, 또는 월권행위(an error, omission or negligent act or a breach of warranty of authority)에 의해 발생하며 피보험자가 법적 지불의무를 지는 「손해」 및 관련된 「지불청구비용」으로 지불된다.

2. 정의

· 지불청구에는 손해배상금액 및 변호사 비용 등이 포함한다.
· 당사자 및 종업원 등의 비용은 포함되지 않는다.
· 「대상이 되는 업무」는 피보험자에 따라 또는 피보험자가 대행하여 시행하는 건설업무, 수선업무, 개수업무 등 모든 건설 관련 업무를 의미한다.
· 벌금, 세금 등은 포함하지 않는다.
· CMr이 발주자의 업무를 대행하여 수행한 설계변경에 소요된 비용은 포함하지 않는다.
· 중복되는 청구는 해당되지 않는다.
· 일반법상 혹은 형평법상에서 금지된 청구(injunctive or equitable relief)에 대한 지불은 행해지지 않는다.
· Professional Duties 란
① Feasibility 그리고/또는 과학적 조사
② 측량조사 (수량조사를 포함한다)
③ 설계, 시방서 작성
④ 기술적 정보의 계산
⑤ 서비스, 자재, 자산의 명확화
⑥ 지질학적 기술
⑦ 프로젝트 매니지먼트 및 컨스트럭션 매니지먼트
⑧ 품질관리 어드바이스 및 손실관리 어드바이스
⑨ 자재계측, 검사 및 증명서
⑩ 시험
⑪ 환경 컨설팅
⑫ 피보험자의 훈련 · 자격 부여 분야에 관한 트레이닝
⑬ 일반적인 컨설팅 업무 및 어드바이스 업무
⑭ 설계 미비 확인 및 보고이행 또는 불이행 및 보고의 불이행

132) 에이전트와 브로커
1996년 보험업법의 개정으로 에이전트와 브로커가 구별되었다. 에이전트는 보험회사의 대리로서 보험을 판매하는 사람이고, 브로커는 보험 구입자측에서 적절한 보험을 중개하는 사람이다.

⑮ 플래닝 감독업무

⑮ 듀딜리전스(Due Diligence) 레포트

⑮ 해당분야의 사안 감정, 피보험자의 훈련 및 자격 부여

⑮ 적정한 자격을 가진 건축가, 엔지니어, 조사원, 프로젝트 매니저, 컨스트럭션 매니저, 피보험자와 계약에 의해 피보험자의 대행자르서 징용(徵用)된 사람 또는 감독능력이 있다고 피보험자가 간주하는 사람의 감독관리 아래 「Professional Duties」가 수행되는 경우

⑮ 자신이 직접 건설도급업자로서 업무를 수행하는 경우, 자신 및 하청업자에 대한 관리는 「Professional Duties」에 포함되지 않는다.

3. 제외 항목

- 그 주된 목적이 노동을 제공하는 업무계약에 종사하는 사람, 또는 취업계약 아래 통상적인 종류의 업무에 종사하고 있는 사람 등에 대해서 해당자의 사망, 신체적 장해, 질병과 관련된 지불
- 도급공사업자가 가입한 〈건설공사보험〉, 〈배상책임보험〉, 〈개업지연보험(이익보험)〉, 구조내 기존 물건이나 무과실책임에 대한 배상책임보험 등으로 피보험자가 보상받은 금액
- 모든 보장계약, 브험, 보증증권 등을 조달할 수 없었던 경우
- 프로젝트의 지불에 관한 자금조달을 포함하여 업무를 지속할 수 없는 경우
- 계약상의 합의에 의한 배상(법적으로 존재하지 않는 것)
- 계열회사로부터의 청구
- 프로젝트에 대한 재무적 조언을 실시한 것에 대한 배상
- 견적을 준비하거나 견적을 초과함으로써 발생한 〈지불청구〉. 단, 〈Professional Duties〉 수행 후의 과오, 부정행위 또는 과실 또는 월권항위에 의해 그러한 채무가 발생한 것이 아닌 경우

4. 보상액 한도와 자기 부담액(면책액)

- 단일 사고에 대한 보상과 연간 누적액 한도(Annual Aggregate)의 규정
- 실질적 면책액이 되는 자가보험액 (Self Insured Retention)의 규정

제 3 장

Construction Management 이론·기술·기법

CMr은 발주자의 대행자로서 건설프로젝트의 매니지먼트업무를 수행한다.
그렇기 때문에 범용적인 PM(프로젝트매니지먼트)의 개념을 포함하여 다양한 일반 매니지먼트와 관련된 이론 · 기술 · 기법에 관한 이해를 높이는 것은 CM업무를 수행하는데 있어 큰 도움이 된다.

제3장에서는 CM업무와 관계가 깊고 매니지먼트에 관련된 대표적인 이론 · 기술 · 기법을 소개한다.

1 프로젝트 운영

1-1 WBS (Work Breakdown Structures)

WBS란 프로젝트 전체를 보다 정확하게 매니지먼트할 수 있는 원가요소로 분해한 것이다.

WBS를 작성함으로써 프로젝트의 목적이나 작업내용이 시각적으로 이해하기 쉬워지며, 또한 발주자와 수주자 등 프로젝트 관계자가 프로젝트 대상범위 등의 인식을 통일하는 것이 용이하고, 분쟁 방지에 대단히 유용하다. 또한 WBS 이용시 공정조정이나 관리가 쉬워지는 등의 장점도 있다.

WBS 브레이크다운의 레벨수

〈그림 3-1〉은 오피스빌딩 신축공사의 WBS 사례를 나타낸 것이다. 이 그림에서는 실행과 관련된 작업을 계통적으로 분해하여 각각의 작업이나 성과물을 정의한 계층도로 되어 있다.

프로젝트 규모나 복잡성에 따라 WBS의 구성은 크게 바뀐다.

〈그림 3-1〉에 나타낸 사례의 최상위 레벨 1은 프로젝트 그 자체이며, 레벨 2 이하에서는 보다 세분화된 작업이나 성과물을 계속하여 정의한다. 레벨의 수에 관계없이 업무분담을 할당하는 레벨을 워크 패키지(Work Package)라고 부르며, 이것은 프로젝트를 컨트롤하기 위한 기본단위가 된다. 이 단위가 너무 작아도 또는 너무 커도 진척관리가 어려워진다.

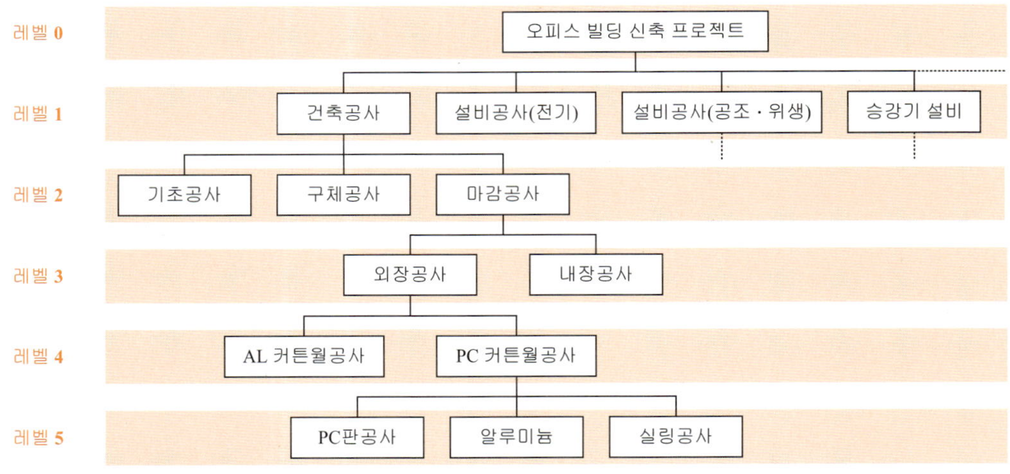

〈그림 3-1〉 오피스빌딩 신축 프로젝트의 WBS 사례

WBS 활용의 메리트

WBS를 도입하는 것은 다음과 같은 장점이 있다.

■ **프로젝트의 진척관리나 코스트관리를 용이하게 실시 가능**

WBS는 공통단위로서 프로젝트 팀 참여자가 각각의 작업범위나 책임을 명확하게 할 수 있어, 프로젝트에 필요한 전 작업을 파악할 수 있다. 또한 CPM[133]등을 활용한 공정관리를 실시할 때에도 WBS에 의해 그 체계를 명확히 설정할 수 있다. 그렇기 때문에 프로젝트의 진척도, 생산성, 효율성을 용이하게 파악할 수 있다.

또한 설계 변경, 추가공사에 대한 대응 등을 원활히 할 수 있다.

■ **발주자와 프로젝트관계자 사이의 프로젝트 정보공유에 기여**

WBS를 이용함으로써 발주자와 프로젝트 관계자의 공통적인 인식이 가능해져 프로젝트 진도관리, 설계변경 · 추가공사 관리, 설계자, 시공자와 발주자 사이의 정보공유 등을 원활히 할 수 있다.

■ **EV(Earned Value, 기성고) 분석에서 활용**

EV분석에 의한 원가관리 작성에는 WBS의 계통적 작업분석도가 도움이 된다. WBS에 의해 워크 패키지의 작업범위 · 책임범위가 명확해지고 설계도서상의 불명확한 워크 패키지간의 공백, 배합이 조정되어 새로운 리스크 발생이 줄어들게 된다. 시공상 불합리한 점이 발생할 경우 WBS에 의해 대응이 용이하다.

■ **CM방식 분리발주의 업무범위 명확화**

WBS에 의해 분리발주 시공자사이의 조정도 가능하고 업무범위의 명확성도 높아진다.

1-2 EVM (Earned Value Management)

프로젝트 상황을 정량적인 기준에 의해 계획과 실적의 차이를 측정하고, 프로젝트가 계획대로 실행되고 완료되도록 매니지먼트하기 위한 하나의 방법론으로 EVM이 있다.

EVM은 EV분석을 이용하여 코스트와 스케줄의 관점에서 프로젝트의 계획시점에서 정량적인 기준을 정하고, 진척상황을 정량적으로 분석하고 완료시점을 예측하여 프로젝트의 전체 평가를 실시하여 프로젝트를 매니지먼트하는 것이다.

관리레벨의 선정

우선, 관리레벨(프로젝트를 컨트롤하기 위한 기본단위)을 설정할 필요가 있다. 이를 위한

133) Critical Path Method. 5-2 스케줄링 기법 P.278

하나의 방법으로 WBS를 이용한 워크 패키지를 활용할 수 있다. 이 단위는 너무 작거나 너무 커도 프로젝트 컨트롤이 어려워진다. 또한 복수의 프로젝트를 시행하는 조직이나 기업에서는 아래의 시점에도 유의할 필요가 있다.

- 프로젝트를 개별적으로 컨트롤하는 시점
- 복수의 프로젝트를 한 패키지로서 컨트롤하는 시점
- 조직이나 기업의 전체 활동과 프로젝트의 활동의 합당성을 컨트롤하는 시점

관리레벨로 인식된 워크 패키지는 기본적으로 다음 요소로 정의된다.

- 작업범위
- 작업에 필요한 자원
- 작업결과 및 작업에 필요한 자원의 사용에 대한 책임자(책임조직)

코스트와 스케줄의 할당

EVM은 프로젝트에서 자주 발생하는 변경에 대한 판단을 하는데 있어 하나의 근거를 제시하는 것이기도 하다. 이를 위해 설정된 관리레벨로서 각 워크 패키지에 기성고 측정기준을 설정하기 위해 코스트와 스케줄을 할당할 필요가 있다. 코스트와 스케줄의 할당과 관련된 요소로 다음과 같은 것이 있다.

- 필요한 작업의 개시일과 종료일
- 필요한 작업의 소요기간
- 필요한 작업 및 작업결과에 대한 예산(코스트)

관리기준과 기성기준의 설정

EV분석을 실시하는 경우에는 할당된 코스트와 스케줄에 근거하여 프로젝트 실행단계에서 진척상황을 분석 · 평가하기 위한 관리기준선을 미리 설정할 필요가 있다. 건설프로젝트에서 일반적으로 S커브라고 불리는 기성고 곡선이 이에 해당되며, 계획단계에서 그 예정선을 설정하는 것이다.

작업에 할당된 예산이 계획된 작업의 스케줄에 따라 얼마나 투입되어 가는지를 가시화하는 것이다.(그림 3-2)

이 관리기준선은 EV분석에 대해서 다음의 용어로 정의한다.

- 계획기성(BCWS : Budgeted Cost of Work Scheduled)

관리기준의 설정 및 프로젝트 실행단계에서 실적을 측정할 때에는 명확한 기성고 기준을 설정해 둘 필요가 있다. 기성고 기준이란 코스트가 작업에 대해서 어떻게 투입되는지를 정의한 것으로 기본적으로 아래와 같이 몇 개의 기준이 있다.

- 작업의 개시부터 완료까지의 기간에 할당한 기성고로 한다.
- 작업의 개시시점, 중간시점, 완료시점 등의 마일스톤에 과거의 경험 등으로 미리 정해진 비율에 근거한 기성고로 한다.

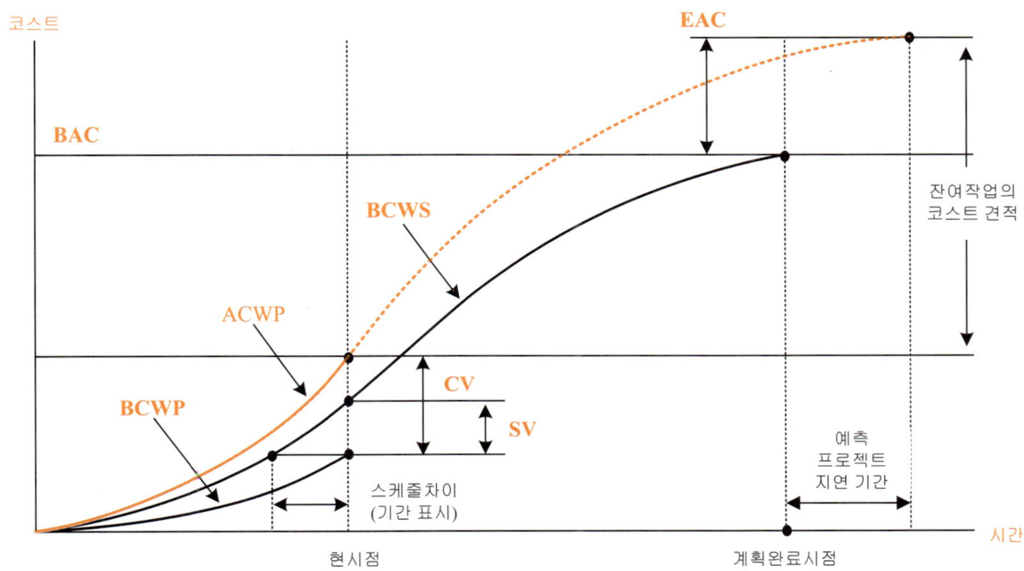

〈그림 3-2〉 Eamed Value분석

- 작업결과 확인을 기초하여 기성고로 한다.
- 실제 기성고의 투입에 준한다.(관리기준선의 설정은 과거의 실적 데이터 참조)

이상의 기준을 적절하게 조합한다.

기성고 기준의 설정과 관련하여 관리의 목적이나 밀도 등도 고려할 필요가 있다.

설정된 관리기준선(기간 예산)에 대해서 다음 2개의 요소에 대한 프로젝트 실행단계의 실적을 측정하여 비교함으로써 프로젝트의 상황에 대한 분석 · 예측 · 평가를 하게 된다.

- 실행기성 (BCWP : Budgeted Cost of Work Performed)
- 실투입금액 (ACWP : Actual Cost of Work Performed)

프로젝트관리 (분석 · 예측 · 평가)

EV분석을 이용한 프로젝트의 상황분석 · 예측 · 평가에는 다음과 같은 항목이 있다.

■ 차이분석

■ 비용편차 (CV : Cost Variance)

비용편차(CV)는 프로젝트 실행단계에서 실적측정에 따른 실행기성(BCWP)과 실투입금액(ACWP)의 금전적 차이를 표현한 것으로 다음의 식으로 구한다.

- CV = BCWP − ACWP

  CV 〈 0인 경우, 프로젝트의 예산을 초과하는 경향을 띠게 된다.

■ 공정편차(SV : Schedule Variance)

공정편차(SV)는 계획기성(BCWS)과 실행기성(BCWP)과의 금전적 · 시간적 차이를 표현한 것으로 다음 식으로 구한다.

- SV = BCWP − BCWS

  SV 〈 0인 경우, 프로젝트 스케줄이 계획보다 지연되는 경향을 띠게 된다.

■ 효율지수

■ 비용지수(CPI: Cost Performance Index)

비용지수(CPI)는 프로젝트 실행단계에서 실적측정에 따른 실행기성(BCWP)과 실투입금액(ACWP)의 비교를 수치화한 것으로 다음의 식으로 구한다.

- CPI = BCWP / ACWP

  CPI의 값이 1보다 작은 경우, 프로젝트 예산이 초과하는 경향을 띠게 된다.

■ 진도지수(SPI : Schedule Performance Index)

진도지수(SPI)는 설정된 관리기준인 계획기성(BCWS)과 프로젝트 실행단계의 실적측정에 따른 실행기성(BCWP)의 비교를 수치화해 나타낸 것으로 다음의 식으로 구한다.

- SPI = BCWP / BCWS

  SPI의 값이 1보다 작은 경우, 프로젝트 스케줄이 계획보다 지연되는 경향을 띠게 된다.

■ 경향분석

설정된 관리기준인 계획예산(BCWS)에 대한 프로젝트 실행단계의 실적측정에 따른 실행기성(BCWP)과 제 발생 코스트(ACWP)의 상황, 비용편차(CV)와 공정편차(SV)의 상황, 비용지수(CPI)과 진도지수(SPI)의 상황 등 3가지는 어느 일정기간의 상황을 정해진 시간내에 표현하여, 각각 개선 혹은 악화되고 있는지를 파악하는 것이다.

■ 완성의 예측

프로젝트 상황의 분석 · 평가를 위해서 프로젝트 완료시점의 비용과 일정을 예측하는 것이다. 아래에 비용 예측에 관한 사항을 기술한다.

■ **완성시 예측비용(EAC : Estimation at Completion)**

프로젝트 완료시점의 비용을 예측하는 것으로 기본적으로 아래의 수식에 의해 구할 수 있다.

- 현재의 비용차이가 완료시점까지 계속된다고 간주하는 경우

  EAC = ACWP + (BAC[134] – BCWP) / CPI

  = BAC/CPI

- 당초의 예산설정 잘못으로 예산의 재검토를 실시하는 경우

  EAC = ACWP + ETC[135]

- 현재의 비용차이는 일시적이므로 향후 완료시점까지 계획대로 진행된다고 간주하는 경우

  EAC = ACWP + (BAC – BCWP)

■ **완성시 코스트 차이(VAC: Variance at Completion)**

프로젝트 완료시점과 비용계획시점의 예산액과 프로젝트 실행단계의 상황으로부터 예측한 것과의 차이를 구하는 것으로 다음의 식으로 구한다.

- VAC = BAC – EAC
- VAC 〈 O인 경우, 프로젝트 예산이 초과하는 경향을 띠게 된다.

1-3 프로젝트 조직

프로젝트를 실행하기 위해서는 유한하거나 비정상적인 일련의 업무에 대해 적절한 능력 · 기술 · 경험을 가진 인재를 적시에 배치할 필요가 있다. 프로젝트의 업무를 파악하고 필요한 인재의 능력 · 기술 · 경험을 판단하는데 WBS가 유효하다. 또한 프로젝트에 필요한 인재를 적시에 배치하고 효과적으로 활용하기 위해서는 프로젝트를 실행하는 조직의 전체구조를 이해할 필요가 있다.

134) BAC (Budget at Completion)
최종 소요비용 추정액 (계획시점)

135) ETC (Estimate to Complete)
잔여 소요비용 추정액

프로젝트를 수행하는 조직의 전체구조를 이해하는 것은 프로젝트를 원활히 수행하기 위한 의사결정이나 책임관계를 명확히 하기 위해서도 필요하다.

조직형태

■ 기능형 조직

필요한 기능별로 조직이 분산되고, 분산된 기능단위로 하위조직을 편성하는 것이다. 기능형 조직에서는 각 기능마다 설치된 하위조직의 책임과 권한을 명확히 하고, 그 기능을 수행하기 위한 기술이나 경험을 축적하는 것이 용이하다. 또한 각각의 기능이 효율성을 추구하기에도 효과적이다. 반면, 프로젝트를 수행한 후에는 프로젝트의 최종적인 책임소재가 불명확해지기 쉽고 하위조직 사이의 조정사항에 큰 영향을 미치는 경우가 있다.

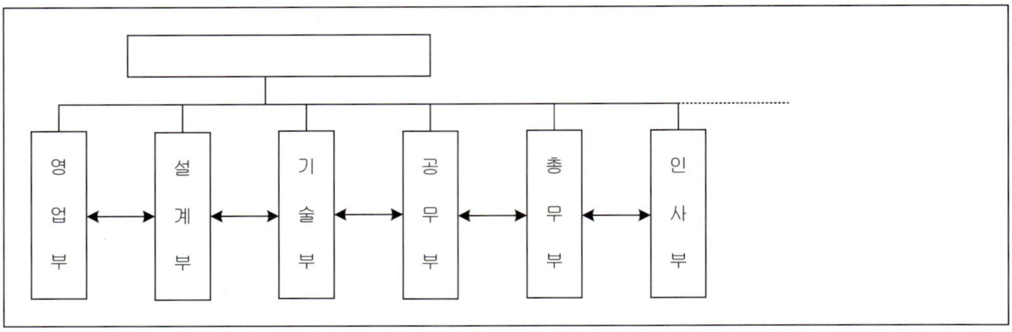

〈그림 3-3〉 기능형 조직

■ 프로젝트형 조직

실행되는 프로젝트마다 편성되는 조직이다. 기능형조직과는 반대의 특징을 지닌 형태이며 프로젝트형 조직에서 PMr은 강력한 권한을 가지며 프로젝트에 대한 책임이 명확하다. 그렇지만 기능형 조직에서 용이한 기능별 기술이나 경험의 축적과 같은 효율성을 추구하는 것은 어렵다.

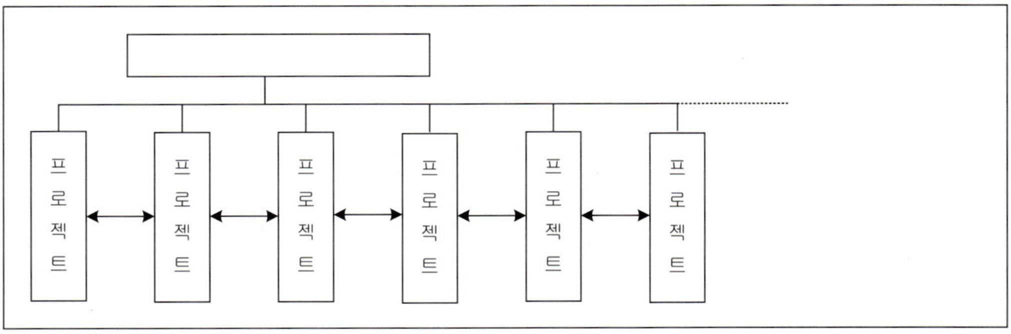

〈그림 3-4〉 프로젝트형 조직

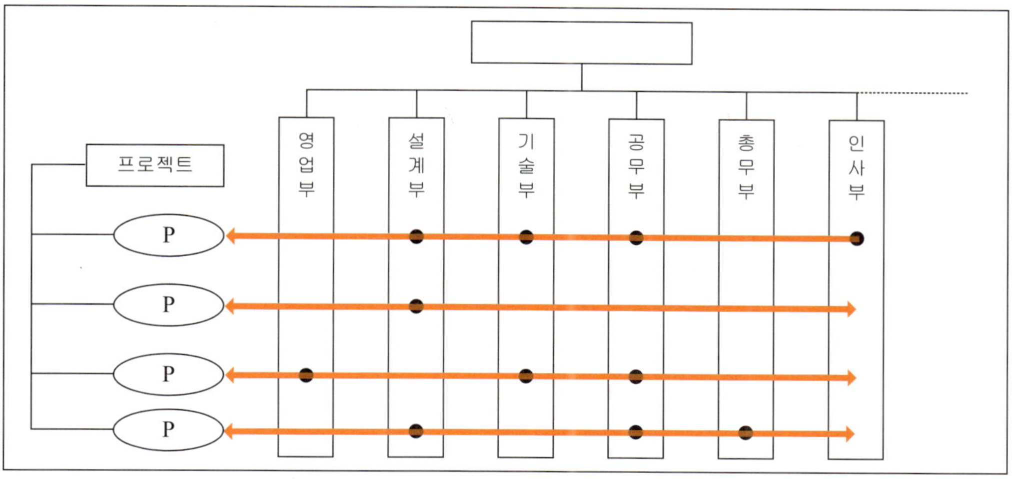

〈그림 3-5〉 매트릭스형 조직

1-4 의사결정기법

프로젝트를 원활히 실행하기 위해서는 적시의 의사결정이 필요하다. 또한 프로젝트를 적절하게 매니지먼트 하기 위해서는 의사결정에 있어서 합의를 이루기 위한 명확한 근거가 요구된다. 여기에서는 의사결정 기법의 하나로서 AHP와 구조화분석을 설명한다.

AHP (계층화 의사결정법)

의사결정에 이용되는 대표적인 기법으로서 AHP(Analytical Hierarchy Process, 계층화 의사결정법)가 있다. AHP는 일대일 비교로부터 전체의 가중치를 계산하여 최적방안을 결정하는 기법이다. 어디까지나 일대일 비교가 기본이며 전체를 파악하여 비교치를 결정할 필요는 없다. 주관에 따라 정직하게 평가하면 결과적으로 거의 합당성이 있는 가중치가 산출되는 것이 특징이다. 미국 등 외국에서 AHP의 적용대상으로는 다음과 같은 것을 들고 있다.

경제문제와 경영문제, 에너지 문제(정책 결정과 자원 배분), 의료와 건강, 분쟁처리, 구매와 조달, 프로젝트 선정, 입찰, 건축 (디자인 · 코스트 평가), 도시계획, 컨설팅.

이러한 예에 공통되는 특징은

- 모든 것이 의사결정 문제이다.
- 모든 문제에 질적요소가 포함되어 있어 그것이 중요한 역할을 차지한다.
- 정량화가 어렵기 때문에 지금까지 취급되지 않았던 문제가 많다.
- 대부분의 경우, 일대일 비교의 대상 수는 7~9이하이며, 계층의 레벨 수는 3~7정도이다. 이 이상으로 많아지면 입력 데이터가 급격하게 증대한다.

참 고

■ 사업조달방식의 평가

사업조달방식을 선택하기 위해서는 분리발주방식, 일괄발주방식, CM방식 등 다양한 방식의 특징을 검토하고 그것들을 효과적으로 구별할 수 있는 요소를 추출하여 선택사항의 우열을 안건마다 검토할 필요가 있다. 참고로 〈그림 3-6〉은 사업조달방식 평가기준의 계층구조를 나타낸 것이다.

레벨 1	레벨 2	레벨 3	레벨 4	레벨 5
프로젝트의 요구	품질을 우선한다	품질의 신뢰성 · 안전성을 요구한다	리스크 회피	분리발주방식
		가능한 고품질을 요구한다	품질확보	일괄발주방식
		높은 디자인성을 요구한다	코스트 절감 가능성	설계시공일괄방식
	가격을 우선한다	가격을 조기에 확정하고 싶다	조기착공 가능성	Pure CM방식
		가능한 저가격을 요구한다	공기단축 가능성	GMP CM방식
		예정가격으로 확실하게 달성한다	시공측의 조기참가	일부공사 CM방식
	시간을 우선한다	완성기일을 조기에 확정한다	코스트의 투명성	
		가능한 조기완성을 요구한다	경쟁에 의한 업자선택	
		예정기일을 확실하게 달성한다	기술개발력	
	곤란의 정도를 고려한다	규모가 큰 프로젝트이다	조직간의 정보전달	
		기술적인 복잡성이 예상된다	설계변경의 유연성	
		설계변경 가능성이 높다	제3자에 의한 감리	
발주자의 요구	컨트롤성을 요구한다	수주자의 자주성을 활용하고 싶다	발주자 이익의 대리인	
		프로젝트에 적극적으로 참가하고 싶다	책임의 일원화	
	리스크부담을 우선한다	리스크 부담을 싫어하지 않는다	발주자의 컨트롤성	
		리스크에는 상한이 필요하다	조정업무의 번거로움	
	투명성을 우선한다	책임의 일원화를 요구한다	기존 시스템에 대한 친숙함	
		코스트의 명시성을 요구한다	건축주가 계약하는 주체수	
			설계자 독립	

〈그림 3-6〉 사업조달방식 평가기준의 계층구조

아래는 〈그림 3-6〉에 근거한 사업조달방식의 평가절차의 예이다.
계층화에 대해서는 다음과 같은 검토를 실시한다.

① **레벨 1 검토**

해당 프로젝트에 있어서 〈프로젝트 요구〉와 〈발주자 요구〉를 어느 정도 중시하는지 일대일 비교한다. 합계를 1.00으로 하고, 예를 들면 〈프로젝트의 요구〉를 0.60, 〈발주자의 요구〉를 0.40으로 평가한다.

② **레벨 2 검토**

다음으로 (레벨 1)의 〈프로젝트 요구〉에 대해 생각한다. 〈프로젝트 요구〉는 하위의 (레벨 2)에 나타낸 4가지 항목으로 세분화할 수 있다. 이것들에 레벨 1에서의 검토와 동일한 방법으로 평가한다. 예를 들어, 〈품질을 우선한다〉를 0.20, 〈가격을 우선한다〉를 0.30, 〈시간을 우선한다〉를 0.20, 〈곤란함의 정도〉를 0.30으로 한다. 같은 식으로 (레벨 1)의 〈발주자 요구〉에 대해서도 (레벨 2)의 3가지 항목에 대해, 예를 들어 〈컨트롤성 요구〉를 0.40, 〈리스크 부담을 우선한다〉를 0.40, 〈투명성을 우선한다〉를 0.20으로 평가한다.

③ **레벨 3 검토**

(레벨 2)의 「품질을 우선한다」에 대해서, (레벨 3)의 3가지 항목을 평가한다. 예를 들어 〈품질의 신뢰성 · 안정성을 요구한다〉를 0.30, 〈가능한 한의 고품질을 요구한다〉를 0.50, 〈높은 디자인성을 요구한다〉를 0.20으로 한다. (레벨 2)의 6가지 항목에 대해서도 같은 식으로 각각의 관점에서 (레벨 3)의 항목을 평가한다. 이상의 검토 과정에 의해 해당 프로젝트의 조건이 정량화된다.
상기의 각 레벨에서의 검토는 각각 상대적인 평가를 실시했기 때문에 다음과 같이 절대적인 가중치를 구한다.

절대적인 가중치 = (레벨 1의 평점) (레벨 2의 평점) (레벨 3의 평점).

예를 들어, 〈품질의 신뢰성 · 안정성을 요구한다〉의 절대적인 가중치는 60 0.20 0.30 = 0.036이 된다.

④ **레벨 4 검토**

(레벨 3)의 18가지 항목은 해당 프로젝트의 조건을 나타내는 것이지만, 한편으로 (레벨 4)에서는 일반 건축 프로젝트의 평가기준인 19가지 항목이 나타나 있다. 여기에서는 양자 관계의 깊이를 비교하고 (레벨 3)과 (레벨 4)를 관련짓는다. 이 검토는 18항목 19항목= 342개의 일대일 비교를 필요로 하며, 사업조달방식에 관한 전문적 지식과 경험에 근거하여 적절한 평가가 이루어질 필요가 있고 따라서 일종의 지침으로 정비되는 것이 바람직하다.

⑤ **레벨 5 검토**

(레벨 4)의 평가기준 19가지 항목에 근거하여 (레벨 5)의 사업조달방식을 평가한다. 가령, 사업조달방식의 선택사항이 〈그림 3-6〉에 나타낸 6가지 종류인 경우, 19항목 6종류 = 114개의 일대일 비교를 실시한다. 이것에 대해서도 전문지식과 경험에 근거한 평가가 요구된다.

⑥ **종합평가의 산출**

레벨 3의 검토에서 구한 절대적인 평가치를 레벨 4 및 레벨 5의 검토지침에 따라 변환하는 것으로 사업조달방식의 종합평가수치로서 얻을 수 있다. 해당 프로젝트에 최적인 사업조달방식은 이 수치가 가장 높은 것이다.

구조화 분석

의사결정의 기법으로서 ISM(Interpretive Structural Modeling), FSM(Fuzzy Structural. Modeling), DEMATEL(Decision Making Trial and Evaluation Laboratory), HSA(Hierarchical Structural Analysis), MDS(Multi Dimensional Scaling)등의 기법이 있다. 복잡하게 얽힌 요인을 분류, 정리하고 구조를 밝히기 때문에 구조화 기법이라고 일컫는다.

이 중 ISM[136]은 구조모델링 기법의 하나이며 컴퓨터를 매개로 다계층의 유향(有向) 그래프를 작성하여 복잡한 문제 이미지를 구성요소의 상호관계 패턴의 명확한 모습으로 나타내어 전체상을 한눈에 파악하기위한 것이다.

이 과정은 일반적으로 구조요소의 추출, 요소간 관계 맺음, 구조모델의 작성, 모델해석과 검토 등의 순서로 행해진다. 기법 · 행렬의 계산식 등의 상세한 것은 전문서적을 참조하기 바란다.

1-5 IT기술

프로젝트와 상관없이 업무효율화 등의 관점에서 다양한 IT기술의 도입되고 있다. 여기에서는 프로젝트를 실행하기 위해 이미 범용적으로 다루어지고 있는 IT기술에 대해 소개한다.

136) ISM
미국의 바텔연구소에서 개발된 것으로서 컴퓨터의 계산을 전제로 하고 있기 때문에 이용하기 쉽고, 작업프로세스나 영향관계의 분석에 널리 사용되게 되었다

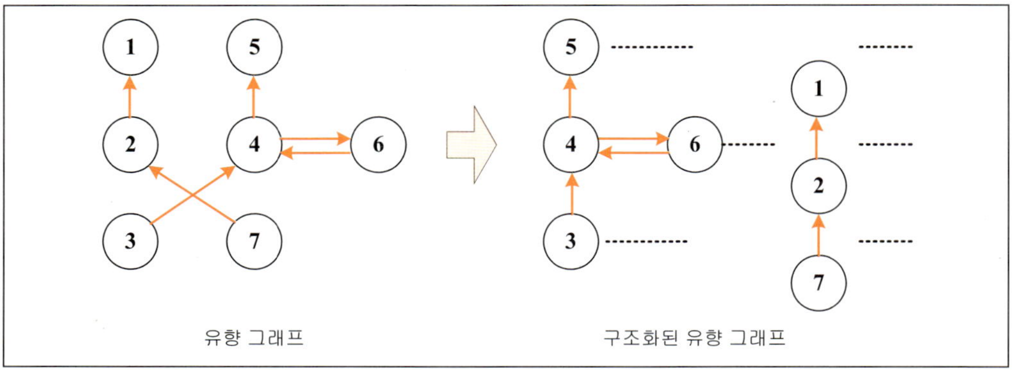

〈그림 3-7〉 유향(有向)그래프의 구좌와 이미지

공정관리 소프트웨어

프로젝트의 관리에 활용되고 있는 소프트웨어는 공정관리를 주체로 한 것이 가장 일반적이다. 1950년의 미국 북극성 잠수함 건조계획에 PERT기법(5-2 스케줄링 기법 278쪽 참조)을 사용함으로써 당초 스케줄을 약 2년간 단축한 것을 계기로, 프로젝트를 통합적으로 관리하기 위한 공정관리 · 소프트웨어가 다수 개발되어 왔다. 이미 PC에서 활용이 가능하여 고기능화와 저가격화가 진행되고 있다.

공정관리 · 소프트웨어에 의한 주된 프로젝트의 관리대상에는 다음과 같은 것이 있다.

- WBS(Work Breakdown Structure)를 이용한 Task
- 스케줄
- 자원(인적자원, 기자재)
- 코스트
- 문서

프로젝트 계획단계에서의 코스트의 누적, 자원의 축적 · 평준화 등의 시뮬레이션이나, 프로젝트 실행단계에서의 진척관리도 간편하게 할 수 있다. 또한 프로젝트의 실적정보를 장래의 유사 프로젝트에서 용이하게 재이용하는 것이 가능하다.

아래에는 시판되고 있는 공정관리 소프트웨어 제품들이다.

- Microsoft Project (미국)
- Primavera Project Planner (P3) (미국)
- Artemis Schedule Publisher (미국)
- MI for Windows (일본)
- CDPM (일본)

ASP (Application Service Provider)

ASP란 어떤 서버에 설정되어 있는 프로그램을 인터넷이나 인트라넷을 통해 사용할 수 있는 응용 소프트웨어이다. 인터넷에 접속할 수 있는 컴퓨터와 환경만 구축되어 있으면, 언제 어디서나 그 응용 소프트웨어를 사용할 수 있고, 동시에 복수 유저가 이용할 수 있다. 단순한 예를 들면, 인터넷의 검색기능도 ASP를 이용한 것이다.

ASP를 활용하면 필요한 응용 소프트웨어를 개별적으로 각 PC에 설치할 필요가 없고 버전 업그레이드나 유지작업으로부터 해방된다고 하는 이점이 있다.

프로젝트에서 활용하는 것에 대해서는 주로 아래와 같은 정보의 열람 · 등록기능을 갖는 커뮤니케이션 지원형 ASP의 이용을 들 수 있다.

- 문서폴더
- 게시판
- 캘린더

프로젝트마다 사용자를 지정하여 복수의 프로젝트 정보의 공유 · 전달이 가능하다. 또한 work flow 기능을 이용하여 확인 · 승인과 같은 작업을 PC를 통해서 실시할 수 있어, 관계자가 원거리에 있을 경우에 편리하다.

또한 발주단계의 업무지원에 특화한 전자조달시스템을 들 수 있다.

ASP를 이용해 발주업무와 관련된 정보를 일괄관리하고 입찰 · 심사 · 계약 · 지불 등의 업무를 신속화 · 효율화하는 것이다.

그 이외에 전술한 공정관리 소프트웨어에서도 복수의 사용자가 ASP로서 이용할 수 있는 것이 나와 있다.

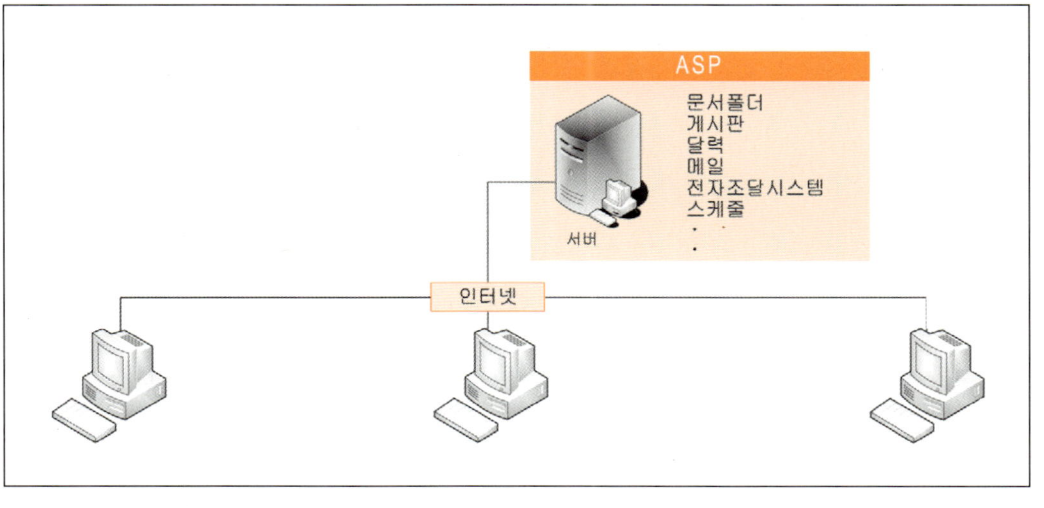

〈그림 3-8〉 ASP의 개념도

2 회계 · 재무

특정한 경제주체가 영위하는 경제활동 및 이에 관한 경제적 사항을 기록하여 인가, 전달하는 행위를 회계라고 한다. 외부보고를 주목적으로 하는 것을 재무회계(Financial Accounting)라 하고 내부보고를 주목적으로 하는 것이 관리회계(Managerial Accounting)이다. 본서에서는 이러한 회계의 기초적 이론에 대해 설명하고, CM에게 필요한 실용이론 · 기법 등을 설명한다. 생산량이나 재고량의 적정화, 리스크 분석, 프로젝트의 생산성 파악 등에도 회계지식이 필요하며, 경리 · 사무직뿐만 아니라 CMr에게도 필수지식이라고 할 수 있다.

본장에서 설명하고 있지 않는 세무, 외환 등에 대해서는 필요에 따라 더욱 지식을 넓히길 바란다. 회계 · 재무 관련용어는 건설분야에서는 익숙하지 않는 것도 많지만, 그만큼 왜곡되어 사용되는 것도 많기 때문에 원래의 용어를 그대로 사용했다.

2-1 회계기초

회계의 주요요소

회계정보를 아래의 5개 요소(과목)로 구성하여 표현한다.

① 자산

특정의 경제주체에 귀속된 용역 잠재력이며 화폐액으로 합리적으로 평가할 수 있는 것. 기업에 있어 이익을 낳는 근원이다. 현금이나 현금에 준하는 것, 부동산 등의 유형의 재산, 저작권 등의 권리, 수취계정 및 선불비용 등이 포함된다.

② 부채

특정의 경제주체가 가지고 있는 경제적 부담이며, 화폐액으로 합리적으로 측정할 수 있는 것. 단기 · 장기의 차입, 미지불 비용, 지불계정 등이 포함된다. 「법률적 채무」에 가까운 것이기도 하지만 동일한 것은 아니다.

③ 자본

기업활동에 필요한 자본의 원천, 또는 주주의 회사에 대한 지분. 주주로부터 직접 불입된 「자본금」은 다른 개념이라는 점에 주의가 필요. 총자본, 타인자본, 자기자본, 불입자본, 자본금 등의 개념이 있다.

④ 비용

비용이란 수익을 창출하기 위한 노력이다.

⑤ 수익

수익이란 경제활동의 결과로 만들어진 성과이다.

회계목적

회계의 목적은 다음의 3가지라고 말할 수 있다.

① 일정한 기간(회계기간 1년이나 4분기 등)의 경제활동으로 얼마의 이익 혹은 손실을 냈는지 즉, 경영성적을 분명히 한다.

② 기업의 재정상태를 명시한다. 상기 회계기간의 만기일을 나타낸 것이다.

③ 자금을 관리한다.

또한 기업회계는 기업에 중요한 이해를 가지는 이해관계자 즉, 주주나 자금을 융자하고 있는 은행 등 채권자, 그리고 증권시장에 있어서 해당 기업의 주식에 투자하려고 검토하고 있는 투자자 등 다양한 정보 요구를 충족하는 것이 보다 직접적인 목적이 된다. CM에 대해 어카운터빌리티(accountability)가 요구되는 이유는 이러한 기업회계에 기인해 있다고도 말할 수 있다.

기록의 구조와 순서

경제활동을 기록하기 위한 일정한 구조와 순서가 정해져 있다.

간단하게 나타내면 〈그림 3-9〉와 같다. 거래를 모두 기록하여 회계기간 종료시에 결산을 실시해 전달할 수 있는 정보로 정리한다. 이러한 일련의 절차가 부기이며 일반적으로 대부분의 기업에서 복식부기를 사용하고 있다.

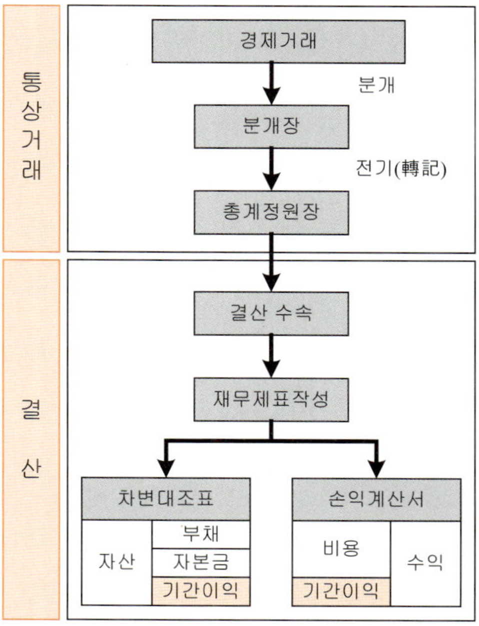

〈그림 3-9〉 경제활동기록구조

■ 복식부기

복식부기는 모든 거래를 자산, 부채, 자본, 비용 또는 수익의 어느 쪽에 속하는 계정과목을 이용하고, 차변(좌측)과 대변(우측)에 동일 금액을 기입하는 기법에 의해 조직적으로 기록 · 계산 · 정리하는 방법을 말한다. 재산과 수익의 일원적 관리를 할 수 있다는 점, 기간 손익을 인식할 수 있다는 점, 대차의 밸런스로부터 자기 검증 기능을 갖추고 있다는 점이 큰 특징이다.

■ 단식부기

개인이 쓰는 금전출납부와 같은 것으로 거래를 차례로 기재하는 것이어서 경과와 마지막 결과를 얻을 수 있지만, 한 가지 특징만이 기록되기 때문에 무슨 목적으로 사용했는지 등의 정리가 어렵다.

또한 발생한 수익에 대한 기간을 인식하지 않기 때문에 기간손익을 계산할 수 없다. 단식부기를 사용했을 경우, 대차대조표의 결여에 의해 재산관리 회계가 불완전하게 될 수 있다는 문제가 생긴다. 자산의 어카운터빌리티(accountability)를 높이려는 측면에서는 적합하지 않은 방식이라고 할 수 있다.

회계원칙

회계의 원칙은 3단계로 최하층이 회계공준[137]이라는 기본적인 전제이며, 그 위에 일반원칙, 맨 위에 후속의 회계기준이나 제도가 존재하는 구조로 되어 있다. 기업회계원칙(대장성 기업회계 심의회 1982.4.20)의 「제일, 일반원칙(第一, 一般原則)」이 일본의 일반원칙으로 인식되어 있다. 「기업회계는 그 재정상태 및 경영성적에 대해 확실하고 진실한 보고를 제공해야 한다.」라고 하는 진실성의 원칙을 시작으로 아래 7개의 원칙이 있다.

① 진실성의 원칙
② 정규부기의 원칙
③ 자본거래ㆍ손익거래 구분의 원칙
④ 명료성의 원칙
⑤ 계속성의 원칙
⑥ 보수주의의 원칙
⑦ 단일성의 원칙

또한 이 7가지 항목에 추가하여「중요성이 떨어지는 것에 대해서는 본래의 엄밀한 회계처리에 의존하지 않고 다른 간편한 방법에 따르는 것도 정규부기의 원칙에 따른 처리로 인정된

137) 회계공준
회계원칙이 성립하기 위한 기본적인 전제가 사회적으로 인정된 가정이 존재해야 하며, 이것들을 회계공준이라고 한다. 회계공준에는 기업의 지속성 등이 있어 이러한 공준에 따라 회계기준제도가 만들어 진다. 본서에서는 언급하지 않는다.

다」라고 하는 중요성의 원칙도 인정된다.

CM이 실시하는 업무기반과도 부합되므로 이해하고 있는 것이 바람직하다.

회계기준과 제도

회계에는 원칙이 있다는 것을 말했지만 이러한 기록을 구체적으로 한 것이 회계기준이다. 회계기준은 각국에서 GAAP(Generally Accepted Accounting Principal)로 규정되어 있지만 세계적인 것은 아니다. 국제 회계기준(IAS)[138] 등에서 통일된 방향으로 나아가고 있지만 가까운 미래에는 실현되지 않을 것이다.

일본의 회계제도는 상법, 증권거래법 및 세법에 따라 형성되어 있다. 각각의 법률 목적에 의해 상기 회계원칙의 구체적 적용이 규정되어 있다. 재무제표의 표기양식, 과거의 내용, 감사[139], 납세 등 기업 등의 경제활동 그 자체를 규정해 놓은 것이다.

재무제표

국제회계기준에 의하면 재무제표는 다음과 같은 것으로 구성된다.

① 대차대조표(Balance sheet)

② 손익계산서(Income statement)

③ 자본변동표(Statement of changes in equity)

④ 현금흐름 계산서(Cash flow statement)

⑤ 회계방침 및 주석(Accounting policies and explanatory notes)

■ 대차대조표

대차대조표란 자산 · 부채 · 자본을 표시하는 보고서로서, 일정시점에서의 재정상태를 나타낸다. 대차대조표에는 기준 등에서 장부 외에 기록하는 것이 허가된 것 이외의 모든 자산과 부채를 기재하여야 한다. 또한 자산과 부채를 상쇄하여 그 차액만을 표시해서는 안 된다.

(총액주의)

자산의 합계는 부채와 자본의 합계와 일치한다.

138) 국제회계기준(International Accounting Standard / IAS)
국제 회계기준위원회가 설정, 공표하는 재무제표 작성에 관한 국제적 통일화를 위한 회계기준.
국제적으로 활동하는 기업 등이 각국의 재무제표를 볼 경우에 그 작성기준에 차이가 생기면 그 내용을 올바르게 이해하는 것이 어렵다. 이에 대한 대책으로 설치된 것. 회계 빅뱅에 대응(국제회계 기준에 대응)은 일본에서도 큰 과제이다.

139) 감사
경영자가 작성한 재무제표가 일반적으로 공정 타당하다고 인정되고 있는 회계기준에 준거하여 재정상황을 표시하고 있는지의 여부에 대해, 증거에 근거하여 판단한 결과를 의견으로서 표명하는 것.

■ 손익계산서

손익계산서는 수익으로부터 비용을 공제한 이익을 표시하는 보고서로, 일정기간의 경영성적을 나타내는 것이다.

건설업에서는 이 수익이 「매상고」로 표시되는 비용으로 「공사원가」나 「일반관리비」등이 포함된다.

■ 현금주의

현금의 수지라고 하는 사실에 근거하여 수익 · 비용을 인식하는 계산방식을 현금주의라고 한다. 현실 인식이 뛰어나 객관성이 높은 방법이라고 말할 수 있지만, 재고자산의 기말 재고나 미지불 비용 등이 존재하지 않아 전체적인 일정기간의 경제활동 실태를 파악할 수 없다. 이러한 이유로 인해 원칙적으로 기업회계 제도상 채용을 인정받지 못하고 있다.

■ 발생주의

기간손익계산에 있어서 수익 · 비용의 인식을 현금수지라고 하는 사실에 얽매이지 않고 발생한 비용에 따라 계산하는 방법으로 일반적으로 사용되고 있다. 반드시 현금수입이라는 화폐 자산의 변동을 확증해주는 수익인식이 아니라는 점에 문제가 있다는 것을 이해해 둘 필요가 있다.

■ 현실의 수익 · 비용 인식

앞서 발생주의가 사용되고 있다고 말했지만 현실에서는 수익에 대해서 이익의 처분가능성이라고 하는 관점을 고려하여 실현되었다고 인정되는 수익만을 당기의 수익으로 하는 「실현주의」를 적용하는 것이 일반화되고 있다. 따라서 모든 비용이 발생주의에 근거하고 있다고 말할 수 없다. 또한 매상원가(비용)의 인식은 발생주의에 근거해 매상고(賣上高)와의 대응관계에 의해 비용수익 대응의 원칙에 근거하여 인식된다.

■ 현금흐름(cash flow) 계산서

대차대조표와 손익계산서는 실제 현금 움직임이 아닌 발생주의, 실현주의로 경제활동을 나타내려하기 때문에 반드시 손익과 현금의 증감이 일치하는 것은 아니다. 현금흐름(cash flow) 계산서는 자금증감의 원인이나 흐름을 명확하게 하는 것이다.

⑴영업활동에 의한 증감, ⑵투자활동에 의한 증감, 및 ⑶재무활동에 의한 증감으로 나누

표시하고 있는지의 여부에 대해, 증거에 근거하여 판단한 결과를 의견으로서 표명하는 것.

어져 있고, 각각으로부터 창출된 현금의 합계가 정미의 증감이 된다. 자금수지로부터 계산해 나가는 직접법과 손익계산서의 단기이익으로부터 반대로 계산해 나가는 간접법이 있다. 일본에서는 간접법과 함께 직접법도 쓰여 왔지만, 국제적으로는 간접법이 사용되고 있어 은행 등 국제적으로 활동하는 기업에서는 간접법을 택하는 곳이 많다.

2-2 재무의 기초

재무의 목적과 역할

영업을 영위하기 위해서는 매상원가, 판매비, 일반관리비, 지불이자 등을 지불하지 않으면 안 된다. 지불을 계속적으로 하기 위해서는 같은 자산이나 투자가 이익을 낳는지 즉, 자금을 운용해야 할 것인가라는 의사결정을 해야 하고 또한 필요한 자금을 어떻게 조달할 것인가를 결정하지 않으면 안 된다. 이러한 관리를 실시하는 것이 재무이다.

2-1 에서 설명한 회계는 어느 경제주체가 영위하는 경제활동 및 이에 관한 경제적 상황을 기록하여 전달하는 행위이다. 즉, 과거와 현재가 대상이다. 이에 대해 재무는 경영목표의 실현을 목적으로 하여 재산 및 수지를 관리하는 것이어서 장래를 고려한 것이라고 할 수 있다.

다음은 기업경영 일반이 아닌 건설프로젝트 혹은 부동산에 관련된 투자 등에 관한 재무관리에 대한 설명이다.

프로젝트 현금흐름(Cash Flow)

프로젝트의 재무분석, 재무관리를 실시하기 위해서는 프로젝트의 현금흐름(cash flow) 계산표를 이용하는 경우가 많고, 프로젝트의 기간손익 혹은 라이프사이클에서의 손익이 플러스가 되어도 자금융통이 되지 않으면 프로젝트는 성립하지 않는다.

회계항에서 설명한 현금흐름(cash flow) 계산서의 작성과 동일하게 프로젝트 기간의 현금흐름을 실시한다. 즉, 영업이익 산출, 설비투자비 공제, 감가상각비 등 실제의 현금지출을 수반하지 않는 비용 계산, 예상 세금의 공제 등을 실시한다. 이렇게 얻어진 현금흐름(cash flow)을 기초로 자금조달 및 변제계획을 포함하여 프로젝트 전체 현금흐름(cash flow) 계산서를 작성한다.

이 현금흐름(cash flow) 계산서는 프로젝트의 사업주체뿐만 아니라 은행 등의 자금 제공자가 프로젝트를 파악 · 분석, 그리고 판단을 하기 위한 기본이 된다.

■ DCF (Discounted Cash Flow)

다년간의 장래 현금흐름(cash flow)을 작성할 경우, 시간의 흐름을 고려하여 장래의 가치를 할인하여 현재 가치로 변환시키는 것이다. 장래의 복수의 기간에 대해 복수의 할인율이 존재하지만, 설명을 용이하게 할 목적으로 시기에 의하지 않고 이율을 일정하게 가정하는 경우가 많다. 이 DCF를 사용한 검토 · 분석을 DCF법이라고 하여 일본에서도 부동산투자, 기업가치판단 등에 이용하게 되었다. 아래에 DCF를 사용한 몇 개의 투자평가법을 설명한다.

참 고

■ 금전의 현재가치에 대한 생각

현재 수중에 있는 100만엔을 5%의 연 이율로 은행에 맡기면 10년후 이 100만엔은 약 162만엔이 된다. 이 162만엔을 장래가치(FV)라 말한다. 반대로 생각하면 장래의 100만엔의 가치는 현재의 몇 만엔에 해당할까 하는 것이 현재가치(PV)이다. 오른쪽 표에서 가리키는 것과 같이 10년 후의 100만엔은 현재 가치로 보면 약 62만엔이다.

여기서 이용한 5%의 이율을 할인율(Discount Rate)이라고 한다. 이 방식은 시간을 고려하여 보다 적정한 가치평가를 실시하기 위해 이용된다.

저금리 시대에는 중요시 되지 않지만 자금조달비용이 증가하면 영향이 커진다.건설에서 생각하면 LCC(Life Cycle Cost)의 평가에 관련된 것이다.

계산방법에 대해서는 복리계산이기 때문에 요율표를 이용하거나 표계산 소프트웨어의 계산식을 이용한다.

n년후	할인율	
	5%	10%
1	952,381	909,091
2	907,029	826,446
3	863,838	751,315
4	822,702	683,013
5	783,526	620,921
10	613,913	385,543
15	481,017	239,392
20	376,889	148,644

100만엔의 현재가치

재무분석 기법

프로젝트의 평가는 다면적으로 행해지지만, 여기서는 재무적측면을 분석 · 평가하는 이론 · 기법 등에 대해서 대표적인 것을 설명한다. 덧붙여 투자자본이익율(ROI : Return on Investment), 주주자본이익률(ROE: Return on Equity), 총자본이익율(ROA : Return on Asset) 등도 기업재무평가로서 잘 이용된다.

■ 순현재가치법

NPV(Net Present Value)란, 장래의 현금흐름(cash flow)을 자본코스트[140]율로 할인한 현재가치로부터 동 자본 코스트율로 투자액의 현재가치를 공제한 금액이다. 이 NPV의 금액이 큰 만큼 투자효과가 높아진다. 이 순현재가치법의 경우, 사용하는 할인율에 따라 결론이 크게 바뀐다는 점에 주의하여야 한다.

140) 자본 코스트
투자를 위해 조달한 자본의 코스트. 프로젝트에 투자한 금액이 은행수입이면, 그 차입 이율이 자본 코스트율이 된다.

■ 내부 수익율법

IRR(Internal Rate of Return)이란, 투자에 대한 장래의 현금흐름(cash flow)의 현재가치와 투자액의 현재가치가 정확히 동일해지는 할인율이다. 즉, IRR가 높은 것이 투자효율이 좋다. 부동산 사업의 수지예상 등에서 잘 사용되는 지표이다. 이 경우 매각시 가치의 예측, 자금조달방법 등 현금흐름(cash flow)의 작성방법에 의해 큰 차이가 생기므로 주의를 필요로 한다. 또한 이익이 절대액으로 나타내지지 않기 때문에 투자규모를 고려해야 한다.

■ 리얼옵션법

리얼옵션이란 가장 넓은 의미로 말하면 금융공학에서 사용되는 옵션가격이론을 금융에 응용한 것이다.

DCF나 NPV법은 현금흐름(cash flow)이 확정되어 있는 투자안건의 현재가치를 산출하기 위한 것이어서 투자의 최종 의사결정은 현재가치 산출의 시점에서 행해져 그 이후에는 투자계획을 변경하는 등의 유연성이 없다는 것을 전제로 하고 있다. 이 점을 극복하기 위해서 DCF나 NPV법에 의해 구한 순현재가치에 덧붙여 투자의 연기나 중지, 확대, 축소, 조기실현 등 장래의 투자결정의 유연성도 프로젝트 평가의 요소로 고려하여 계량적으로 평가하는 방법이다.

■ 회수기간법

회수기간법이란 투자액이 장래에 어느 정도 기간의 현금흐름(cash flow)으로 회수되는지를 예측하고, 그 예측기간이 짧을수록 이익이라고 생각하는 방식이다.

■ 직접 수익환원법

직접 수익환원법은 어느 1분기에 대응하는 순수익을 명시하고, 당해 순수익을 자본환원율(캡레이트, Capitalization rate)로 나누어 부동산 가격을 구하는 기법. 단독으로 사용되는 것보다, DCF에 있어서 매각금액 등을 예측하기 위해 유사안건 등의 환원이율이 이용되는 경우가 많다.

2-3 프로젝트 자금조달 기법

건설프로젝트와 관련된 자금조달은 자기자금과 차입금에 의한 것이 대부분이다. 자기자금 5%대 차입금 95%의 예도 있어, 차입금의 조달방법이 프로젝트의 성공여부에 크게 영향을 미치게 된다. 이 자금조달에는 다양한 기법이 있다. 주류인 코퍼레이트 파이낸스 외에도 특수목적회사(SPC)등을 이용하는 프로젝트 파이낸스(그림 3-10)나 자산을 담보로 하는 어셋백 파이낸스 등 금융공학의 성과물이 널리 사용되고 있다.

■ 코퍼레이트 파이낸스

프로젝트를 운영하는 모체 조직인 기업의 실적에 대한 신용력에 의해 융자를 조달한다. 차입금 변제의 재원을 프로젝트의 현금흐름(cash flow)에 머무르지 않고, 기업전체의 현금흐름에 의존하는 것이다. 통상의 기업용 금융이다.

■ 프로젝트 파이낸스

특정 프로젝트의 사업현금흐름(cash flow)에 상환 재원을 의존하는 것. 따라서 사전에 현금흐름의 평가, 사업리스크의 명확화와 분담 등 프로젝트의 사업성 그 자체가 거론된다.

IPP(Independent Power Producer), PFI(Private Finance Initiative)나 부동산 관련사업 등의 분야에서 사용되고 있다.

■ 어셋 백 파이낸스

담보 처분에 의한 현금흐름(cash flow)에 변제 재원을 의존하는 것. 부동산 증권화가 여기에 들어간다.

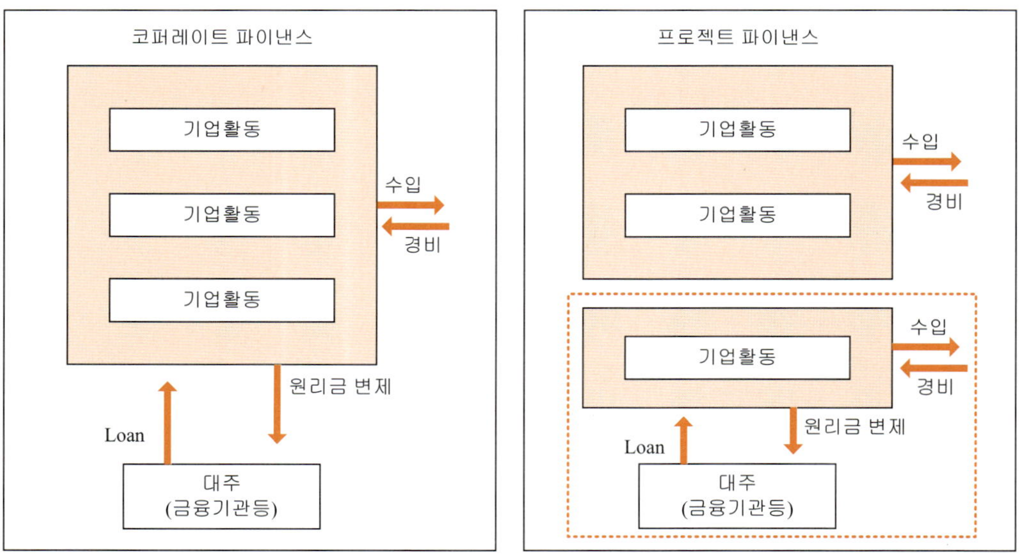

〈그림 3-10〉 코퍼레이트 파이낸스와 프로젝트 파이낸스

특정목적회사(特定目的會社)

자산의 원보유자로부터 매입해서 자금조달을 위한 증권발행, 양수(讓受) 자산에 관한 신용보완, 투자가에게 수익배분이라는 특별한 목적을 위해서 설립되는 회사를 특별목적회사라고 한다.

상법상의 특별목적회사의 경우, 세제상의 우대조치나 설립 사무수속의 편리성으로 인해 해외의 세금 조세 회피지로 불리는 나라나 지역에 설립되는 경우도 많다.

이에 대해 「자산의 유동화에 관한 법률(신SPC법)」에 근거해 자산의 유동화 업무만을 실시하기 위해 설립된 특별법인을 특정목적회사라고 한다. 특별목적회사의 일종이라고도 할 수 있지만, 일반적으로는 보통 주식회사/유한회사를 이용한 특정목적회사와는 구별되어 특히, SPC(Special Purpose Company)[141]나 TMK(Tokutei Mokuteki Kaisha)라고 부르는 것도 있다.

회사이외의 신탁이나 조합의 형태를 포함해 집합적으로 SPV(Special Purpose Vehicle)라고 하는 경우도 있다. 〈그림 3-11〉에 그 종류의 개요를 나타냈다. 전체를 이해하기 위해서는 부동산 · 투자 · 금융공학 · 세무에 대한 광범위한 지식이 필요하다. 실제의 프로젝트에서는 검토를 거듭한 다음 가장 효과적인 형태를 취한다. 〈그림 3-12〉는 SPV를 사용했을 경우의 예이다.

일반적으로 특정목적회사는 아래와 같은 특징을 가진다.

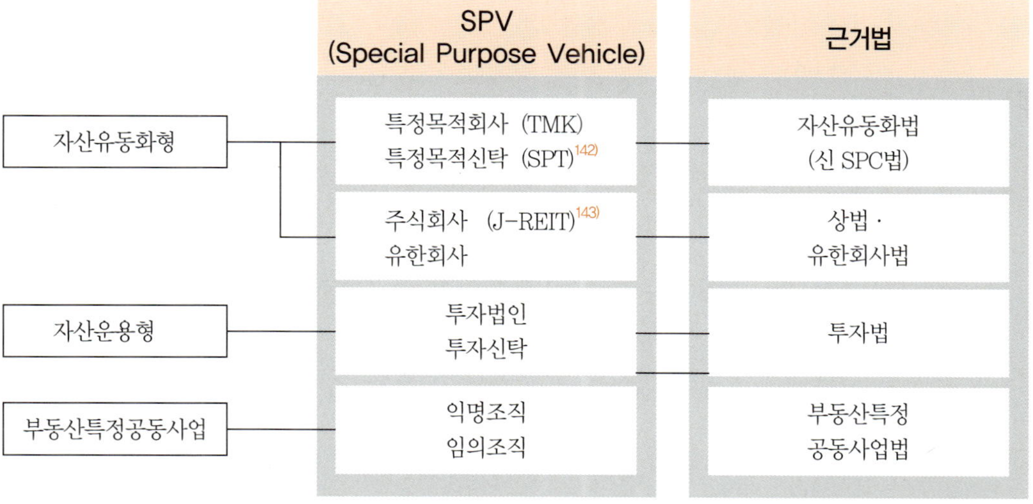

〈그림 3-11〉 SPV의 종류

141) SPC
본서에서는 부동산투자 등에 관련된 사항을 설명하고 있기 때문에 신 SPC 법상의 특정목적회사를 SPC로 취급하고 있지만, 일반적으로 특별목적회사로 구별하지 않고 양쪽 모두 SPC라고 하는 경우도 많기 때문에 주의가 필요하다.

142) SPT(특정목적신탁)
SPT(Special Purpose Trust)는 특정자산의 원보유자로부터 특정자산의 「신탁양도」를 받아, 그 신탁수익권(증권)을 원보유자에게 교부한다. 원보유자 자신이 그 신탁 수익권을 투자가에게 판매한다고 하는 점에서 SPC와 다르다.

143) J-REIT(부동산투자신탁시장)
REIT는 Real Estate Investment Trust의 머리 글자로 일본의 REIT라고 하는 의미로 J가 붙여졌다. J가 없는 경우에는 미국의 시장을 나타낸다. 투자가로부터 모은 자금에 의해 투자법인이 부동산을 취득하고 운용한 수익을 투자가에게 분배하는 구조. 도쿄증권과 오사카증권에 시장이 설립되어 있다.

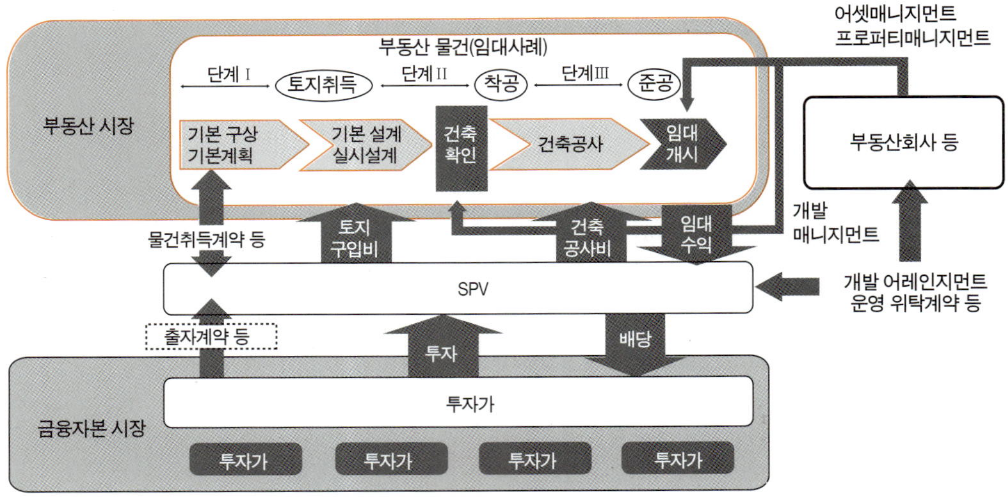

〈그림 3-12〉 SPV 시스템의 예

- 사업주체로부터 도산 격리(Bankruptcy Remote)
- 사업회계의 명확화
- 다른 사업으로부터의 리스크의 분리
- 프로젝트 파이낸스에 의한 자금조달

PFI (Private Finance Intiative)

PFI란 「민간자금 등의 활용에 의한 공공시설 등 정비 등의 촉진에 관한 법률」(PFI법)에 의해 공공시설 등의 건설, 유지관리, 운영 등을 민간의 자금, 경영능력 및 기술적능력을 활용해 실시하는 기법이다. VFM을 기본방침의 하나로 하고 있다.

기법은 여러 가지가 있지만 민간기업의 주체사업으로부터 재정적으로 분리하여 프로젝트 파이낸스를 받기 위해 전술한 특정목적회사 등을 사용하여 구조를 구축한다.

참 고

■ VFM(Value for Money)

PFI사업 실시를 위한 기준인 VFM은「지불에 대해 가장 높은 가치를 가진 서비스를 공급한다」라는 사고방식. 영국 회계검사원(National Audit Office : NAO)은 PFI사업에 있어서 VFM의 획득 방법으로 다음의 4가지 방법을 보고하고 있다.

① 명확한 프로젝트 목적의 설정
② 적절한 조달프로세스의 적용
③ 최선의 계약을 최적의 타이밍으로 실시하는 것
④ 계약을 정당하게 실시하는 것

공공부문에서 자체적으로 실시하는 경우, 사업기간을 통한 공적재정부담 예산액의 현재가치인 PSC(Public Sector Comparator)사업과 PFI사업으로 시행할 경우의 사업기간을 통한 공적재정부담 예산액의 현재 가치인 PFI사업의 LCC(life Cycle Cost)를 비교하는 것이 VFM 평가의 기본으로 되어 있다.

아울러 PSC와 PFI사업의 LCC가 동등한 경우나 공적재정부담의 범위지만 다른 형태의 PFI사업의 경우를 포함하여 다음에 기술한 요소는 평가에 해당하는 중요한 포인트이다.

① 서비스 자체의 수준 및 질 향상
② 사업자체의 효과 및 유효성
③ 관민에 의한 정확한 리스크 분산

PFI사업은 일반적으로 장기에 걸친 사업이며 개시된 후의 사업기간을 통해서 사업자체의 매니지먼트나 유지 · 관리 또는 제3자에 의한 사업 모니터링도 VFM을 평가한 후에 시행해야 한다.

[참고 문헌]

(1) 松井泰則 저 一橋출판회「기업회계원칙의 해설 3정판」(2001년 9월 10일)
(2) 나각부민간사업등활용추진실「VFM(Value For Money)에 관한 가이드라인」(2001년 7월 27일)
(3) 연구자대표 쿄토대학대학원공학연구과 조교수 古阪秀三 저「건설프로젝트의 실시방식과 매니지먼트에 관련된 국제비교연구」(2001년 3월)
(4) 사단법인 공공건축협회「성공적인 공공 프로젝트」(2000년 11월 15일)
(5) 프로젝트매니지먼트도입개발조사위원회 재단법인 엔지니어링부흥협회「P2M 프로젝트&프로그램매니지먼트 표준가이드북」(2001년 11월 15일)
(6) 부동산증권화협회 홈페이지

3 코스트

3-1 공사비 산출

프로젝트의 여러 단계에서 공사비를 산출할 필요가 있지만 인풋(input)인 정보량이 달라, 그 정보량에 적합한 기법으로 계산해야 한다. 아웃풋(output)이 되는 공사비는 그 공법의 의미와 정밀도를 이해한 다음 이용해야 한다.

또한 CMr은 요구된 산출목적을 파악하는 한편, 발주자에게 이를 설명해야 한다.

산출기법

■ 적산

실시설계가 완료된 시점에서 필요한 정보를 거의 100% 수집할 수 있는 경우, 단위 가격(단가)에 대응하는 수량을 곱해 그 합을 집계한다. 높은 정밀도를 기대할 수 있어 확정적산 등으로 불린다. 이 산출방법을 이용할 수 있을 만큼의 정보를 얻을 수 없는 경우에 개산(概算)을 실시하게 된다.

공공공사의 경우, 표준적산기준이 있으며 이 기준에 항목, 계산기준 등이 정해져 있다. 민간공사의 경우, 필요에 따라 유연한 견적방법을 사용하는 것이 일반적이고 프로젝트에 따른 차이에 대한 이해가 필요하다.

■ 대표수량 · 단가에 의한 개산

대표수량 및 단가에 의한 계산을 일반적으로 개산이라고 부른다. 누적에 의한 적산은 소과목별 수량 수치를 사용해 이에 상응하는 과목별 단가와 곱한다. 이 계산에 비해 대표수량에 의한 개산은 과목(科目)의 대표적인 수량과 단가를 사용하여 계산하는 방법이다. 예를 들어, 토공사의 수량을 굴착수량으로 대표하거나 내장공사를 시공 바닥면적으로 대표하는 것이다. 또한 대응하는 단가도 통계치 등에서 설정한 대표단가가 된다.

대표수량에 의한 적산은 연면적에 단가를 적용하는 개산이다. 개략견적 등으로 불린다.

■ 유사 프로젝트 통계치 비교에 의한 개산

복수의 유사 프로젝트의 통계치와 대상 프로젝트를 비교하여 공사비를 추정하는 것이다. 통계 정보량에 따라 과목별 금액 혹은 과목 구성비의 비교 등을 실시하는 것도 가능하다. 대표수량에 따른 개산 등의 검증에 사용되는 경우가 많다.

■ 유사 프로젝트와 비교 · 조정에 의한 개산

유사 프로젝트의 공사비 정보를 기초로 대상 프로젝트에서 조건이 다른 부분만을 대표수량에 의한 개산을 실시하는 등 보정하여 계산하는 것이다.

유사 프로젝트의 선택에 따라서 높은 정밀도의 공사비 예측을 기대할 수 있다.

참고

■ CMr에게 요구되는 개산

유사 프로젝트의 정보는 공사비의 산출뿐만 아니라 사양설정, 종합가설이나 공사스케줄을 포함한 생산계획의 검토 등에 이용할 수 있다. CMr은 풍부한 정보를 보유하고 이를 이용할 수 있을 것으로 기대된다. 또한 실시설계가 완료된 것을 상세적산을 하는 것보다 개산을 함에 있어 대상 프로젝트의 분석과 다양한 조건의 예상능력, 나아가서는 대표수량 · 단가의 설정능력이 필요하다.

수 량

상기 기법항목에서 설명했지만 수량을 설정하는 것이 개산산출의 최대 요소이다. 또한 산출근거가 되는 가정조건을 정리하여 정보량이 증가할 경우에 그 대표수량을 분할해 보다 정밀도가 높은 계산을 할 수 있도록 하여야 한다. VE제안의 검토 등도 기초가 되는 조건이 없으면 금액을 산정할 수 없다.

CMr에게는 확정수량보다 개산시점의 수량이 보다 중요하다고 할 수 있다.

또한 CAD의 발달에 의해 CAD 데이터로부터 직접 수량을 산출할 수 있게 되었고, 수량 설정방법도 크게 변화되고 있음을 알고 있어야 한다.

단 가

단가는 단위 당 가격으로서 설정된 단위에 따라 변경된다. 그리고 동일 단위라도 시장상황 등에 의해 변동된다. 법정 바닥면적과 시공 바닥면적의 단가가 다른 것은 전자의 예이며, 철골의 가격 자체가 변동하는 것은 후자의 예에 해당한다.

■ 단가 설정

공사비는 일반적으로 재료비, 노무비, 외주비 및 경비로 구성된다. 수량은 일원적인 것으로부터 복합적인 것에 이르기까지 단가의 원가요소가 된다. 보통 이러한 요소가 복합된 단가를 사용하는 일이 많다. 재료시공일괄 공사의 단가는 전형적인 복합단가이다.

경우에 따라 이러한 원가요소 각각에 관하여 검토하는 것이 필요하다.

국제조달을 실시하는 경우가 이에 해당한다. 통상의 운반비 이외에 해상운송비, 통관비,

해상보험료 등을 고려할 필요가 있다. 또한 환율도 고려해야 한다. 이와 같이 상세검토를 실시하는 경우, 대가표로 불리는 상세검토서를 작성한다. 토목공사와 같이 하나의 단가가 전체에 큰 영향을 주는 경우에는 상세검토가 필요한 경우와 동일한 방법이 사용된다.

■ 단가정보의 입수

단가정보는 경험치, 통계치 혹은 시판되는 적산자료로부터 확보하는 것이 보편적이다. 최근 인터넷상에 공개되어 있는 것도 있어 폭 넓은 경로로부터 정보를 입수할 수 있다.

이러한 단가정보를 이용할 때, 함부로 이용하지 말고 건물의 종별, 규모, 입지조건 등 대상 프로젝트에 대한 조건을 고려해야 한다는 점에 유의해야 한다. 프로젝트 진척도에 따라 요구되는 정밀도, 지역차이 등이 조건이 될 수 있다.

현재 일본에서는 이러한 요인들로 인해 단가정보가 일정하지 않다는 점을 인식하지 않으면 안 된다. 소매가격, 설계자 가격, 종합건설업자 가격(종합건설업자 가격도 당초 견적가격, 구매가격, 현장가격 등이 존재한다.)등으로 불리는 가격차이가 존재해 그 실태를 알기 어렵다. 미국과 같이 자재공급업자나 전문건설업자가 제시한 견적가격이 조건이 변경되지 않는 한 변함없는 것은 아니다. 이러한 상황의 차이가 미국적인 CM방식으로 공사를 수행하는 것이 어려운 요인 중 하나라고 여겨진다.

집계방법

수량과 단가의 곱을 집계하여 전체 공사비를 산출하지만, 집계방법에도 여러 가지 기법이 있다. 그것은 공종별과 부위별로 나누어진다. 각각의 목적에 따라 이용방법이 다르다. 일반적으로 발주업무나 단가정보의 범용성으로 인해 공종별로 집계하는 것이 많다. 그러나 임원실과 일반 집무실의 차이를 표현하거나 고정자산의 관리에 사용되는 경우에는 부위별로 집계하는 것이 유리한 경우도 있다.

목적에 따라 구분하여 사용할 필요가 있다. WBS에 따른 집계를 실시하여 그 구조를 활용하는 경우도 있다. 또한 발달한 정보통신기술을 통해 복수의 집계방법을 활용할 수 있는 경우도 고려하여 집계방법을 정하는 것이 좋다.

참 고

■ 견적서식

견적서식은 하나의 툴이다. CMr이 작성하는 견적서와 시공자가 제출하는 견적서식이 동일한 양식으로 되어 있으면 비교 및 검토가 용이하다.

또한 공사비 견적서를 그대로 예산관리 또는 고정자산의 관리에 사용하고자 한다면 당초부터 그러한 목적에 적합한 집계방법을 정할 필요가 있다. 이러한 이유로 인해 명세서의 전자데이터 제출을 요구하는 경우도 많다.

예산 및 조달과의 관계

이와 같이 산출한 공사비는 아무리 확정된 적산이라 해도 실제로 발주하는 금액과 다르기 마련이다. 수주자는 독자적으로 재료를 구매하고 회사운영구조에 따른 관리비 계산방법을 가지고 있다. 이처럼 매번 다른 상황을 100% 예측하는 것은 불가능하다. 이러한 차이를 관리해 나가는 것이 코스트매니지먼트의 중요한 부분이다.

3-2 VE(Value Engineering)

VE[144)]는 Value Engineering의 약자로 가치공학이라고 번역되며, Value Analysis(VA), Value Management(VM), Value Methodology(VM)라고도 부른다. 이것은 「가치를 높이기 위한 방법론」이라고 할 수 있다. 본서에서는 사단법인 일본VE협회의 기준에 따라 VE로 통일하여 표현한다. 또한 VE의 기초적인 내용도 동 협회에서 출판된 「VE기본텍스트」에 따른다.

VE의 정의 및 기본사항

「VE란 최소의 코스트로 필요한 기능을 확실히 달성하기 위해 조직적으로 제품 또는 서비스의 기능을 연구하는 방법」이다. 연구란 분석, 종합, 평가 및 연구개발을 의미한다.

고객이 요구하는 기능에 대한 비용을 작게 하든지, 또는 동일한 비용으로 기능을 증가시켜 가치를 높이는 것을 연구하는 것을 VE라고 한다. 이 정의에서 고려되는 코스트는 LCC(Life Cycle Cost, 251쪽 참조)로 한다. 일반적으로 건설공사에 적용하는 경우에는 기본적으로 LCC를 고려해야 한다.

일반적으로 아래의 식으로 표현된다.

$$\text{가치(지수)} = \frac{\text{고객의 요구하는 기능의 달성 정도}}{\text{소요되는 비용(코스트)}}$$

또는 아래의 식으로도 표현된다.

$$\text{VALUE (가치지수)} = \frac{\text{FUNCTION (기능)}}{\text{COST (비용)}}$$

144) VE의 역사
VE는 1947년 미국 GE사의 L.D.Miles에 의해 개발되었고, 1954년에 미해군 조선국이 설계단계에서 Cost Performance의 개선을 위해 VA(Value Analysis)를 적용하였으며, 이 기법에 새롭게 VE라는 명칭을 부여한 것임. 1988년에는 행정관리예산청(OMB)의 통지에 의해 연방정부기관에서 VE 적용을 의무화하였다.

VE의 순서와 기법

VE의 순서와 기법은 작업플랜(Job Plan)이라고 하며 〈표 3-1〉와 같다.

〈표 3-1〉 작업 플랜

	기본스텝	상세순서
분 석	1. 대상선정	(1) 방침 및 평가
		(2) 대상선정
		(3) 프로젝트 계획
	2. 기능정의	(1) 정보수집
		(2) 기능정의
	3. 기능평가	(1) 기능평가
		(2) 기능에 대한 코스트 배분
		(3) 가치평가
종 합	4. 아이디어 발상	
평 가	5. 아이디어의 구체화	(1) 아이디어 구체화
		(2) 테스트 및 증명(평가)
	6. 제안	(1) 제안
		(2) 심사
	7. 실시	

참 고

■ 순서의 표현

SAVE(미국VE협회)의 작업플랜(Job Plan)은 다음과 같다. 일본의 VE 작업플랜과는 약간의 차이가 있지만 상세 순서는 동일하다. 일본VE협회에서는 아이디어의 발상을 중시하고 있다.

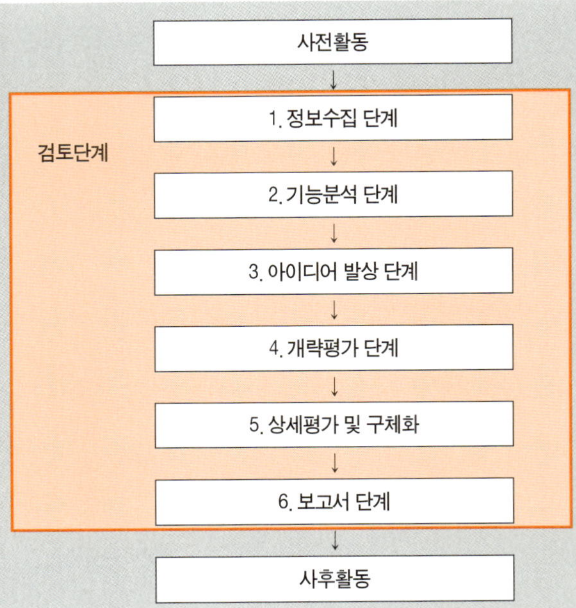

VE의 유의점

VE를 실시할 때에는 아래와 같은 점에 유의해야 한다.

■ 대상

모든 기능에 대해 VE를 실시하는 것이 아니라 효과가 높은 항목을 VE대상으로 선택한다.

■ VE팀 편성

대상에 적합한 VE 프로젝트팀을 편성한다.

■ 아이디어 발상

브레인스토밍을 통해 자유로운 발상을 실시한다. 발상시점에서는 평가나 판단을 하지 않는다.

■ 순서의 중시

상세한 평가서를 작성하는 불필요한 일은 생략한다. 발상된 아이디어를 좁혀 나간다.

■ 스케줄

VE를 실시하는 시기와 기간을 충분히 고려한다. 수시로 할 수도 있지만, 작업효율을 고려하여 집중적으로 실시하는 것이 필요하다.

참 고

■ 일본의 건설프로젝트에서 VE 적용

VE는 가치를 높이기 위한 기법이며 프로젝트의 필요에 따라 수시로 실시하는 것이다. 민간에서는 기본계획, 기본설계단계에서도 행해지고 있다.

공공공사에서는 코베시에서 1991년에 시범적으로 VE제도를 적용한 것이 시초이다. 공사비 절감액의 일정률(40%)을 수주자에게 환원하는 특약조항이 포함된 VE특약조항부계약을 체결하여, 도급자의 VE제안에 대한 기술심사를 시(市) VE제안 심사위원회에서 실시하였다.

그 후, 상위의 설계단계에서부터 VE를 적용하려는 노력과 함께, 건설성, 우정성, 토쿄도에서 VE도입을 결정하여, 현재는 지방공공단체에서도 본격적으로 도입하고 있는 단계이다.

상황에 따라 자발적으로 실시되는 VE와는 달리, 공공공사에서는 자치체에 의한「VE가이드라인」,「설계VE」방식,「입찰시 VE」방식 및「계약후 VE」방식 등 제도적 차원의 VE가 있다.

3-3 LCC (Life Cycle Cost)

LCC란 문자 그대로 제품의 생애비용이라고 번역되며 유리한 투자를 위한 종합적인 경제지표이다. 최근 일반적인 공사코스트뿐만 아니라 공사기간에 의해 영향을 받는 코스트, 교통정체를 일으키지 않게 하는 등 주변상황을 고려한 사회적 코스트도 코스트의 주요사항으로 파악되고 있다. 동시에 LCC는 환경문제에 대한 지표라고도 할 수 있다.[145]

145) 2000년에 국토교통성에서 수립한「공공공사 코스트 감축에 관한 신행동방침」참조.

본 항에서는 주로 「건물의 LCC」에 대해 설명하며, 환경문제에 관련한 사항에 대해서는 제 3장 4 「환경」의 항에서 설명하기로 한다.

건물의 LCC

건물의 LCC는 「건물의 계획, 설계, 시공, 운영, 수선, 보수, 유지관리, 해체 · 재이용에 소요되는 비용」이라고 할 수 있다. LCC는 설계성과에 따른 건물 운영코스트에 크게 영향을 받는 것이 명확하므로, 건설업계에서는 20년 전부터 연구가 진행되어 왔다.

건물 LCC의 구성을 보면, 〈그림 3-13〉 사무소빌딩의 LCC 구성에서 초기 투자액은 30% 이하이다. 건물의 용도, 예상 내구연수 등의 요인에 따라 변화하지만 건설 후의 운용 코스트가 초기투자보다 큰 것을 알 수 있다. 즉, 기획 · 설계 단계에서부터 이러한 운용 코스트를 고려한 계산을 실시하여 그 결과를 반영시키는 계획을 수립함으로써 보다 효율적으로 건물을 건설하여야 한다. 그 방법은 대체로 다음과 같이 설명할 수 있다.[146)]

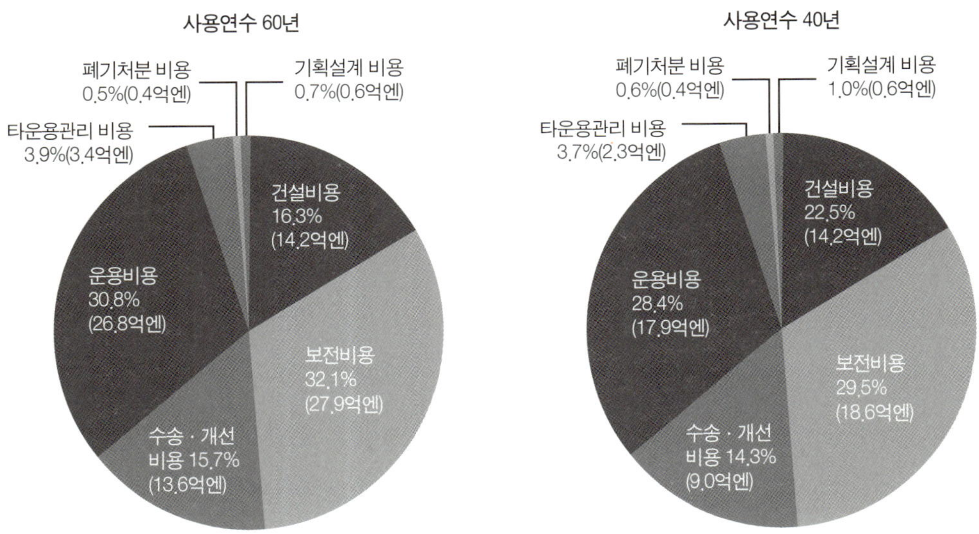

〈그림 3-13〉 사무소빌딩모델에서의 LCC의 구성[1)]

■ 검토 사이클

①원설계 ②LCC 산출 ③대안 검토 ④LCC 재계산의 사이클을 반복한다.

146) 1993년에「건축물의 LCC」건설대신관방관청영선부 감수, 1996년에 「빌딩 LC 비지니스 백과」건축 · 설비유지보전추진협회(BELCA)등이 출판되어 현재 계속 갱신되고 있다.

■ LCC 산출

건축보전센터 · 경제조사회의 「건축물의 LCC」(건설대신관방관청영선부 감수)에서는 산출 방법을 개산 · 약산 · 정산의 3단계로 나누어 계획 · 설계단계의 사용에 따라 구분하였다.

LCC 산출자에 의해 개별적으로 개발된 계산 소프트가 준비되어 있는 경우, 그러한 데이터를 이용하여 산출한다.

■ 통계적 데이터의 사용

국토교통성, 일본건축학회, 건축 · 설비유지보전추진협회(BELCA), 재건축보전센터, 건축업협회(BCS)등의 자료를 참조할 수 있다. 건설회사에 따라서는 독자적인 데이터를 보유한 곳도 있어, 반드시 일원화된 것은 아니기 때문에 주의할 필요가 있다.

■ 내용연수등의 조건 설정

LCC분석의 전제는 우선 그 건물을 언제까지 사용하는가이다.

목표 계획연수의 설정이 필요하다. 내용연수를 판단하는 기준은 다음과 같다.

- 물리적 내용연수
- 사회적 내용연수
- 기능적 내용연수
- 경제적 내용연수

일반적으로는 물리적 내용연수를 기준으로 한 내용연수가 전술한 「개정건축물의 LCC」나 「건축물의 LC평가용 데이터집 개정판」에 정해져 있고, 그 외에도 감가상각 자산의 내용연수 등에 관한 대장성령 등이 있다.

■ 전체 검토와 부위별 검토

개산(概算)에서는 계획전체를 검토하지만, 약산(略算)이나 정산(精算)의 부위별 검토에서는 개개의 부재를 LCC로 계산하여 대체 부재를 검토한다.

〈그림 3-14〉 최적 코스트는 부재대체에 대한 고려를 나타낸 것이다.

예를 들어 A코스트와 B코스트를 비교하여 초기투자액 A와 운용코스트 B의 합계가 최소인 부재를 선택하는 것이다. 부재의 기능, 내구성, 유지용이성, 연료비, 효율 등을 분석하여 평가한다.

약산(略算)단계의 열원, 전력시스템 등 설비시스템의 결정, 건축요소와 설비요소가 상호관련된 복합적 요소의 결정 등을 이용하여, 정산단계에서는 보다 자세하게 각 재료의 검토 등에 이용한다. 또한 정산결과는 운용관리계획에 이용할 수도 있다. 그리고 각 부재에 대한 전체 검토는 통계적인 면이 강하다. 과거의 데이터로부터 전체적인 계획을 파악하기 위해서 사용된다.

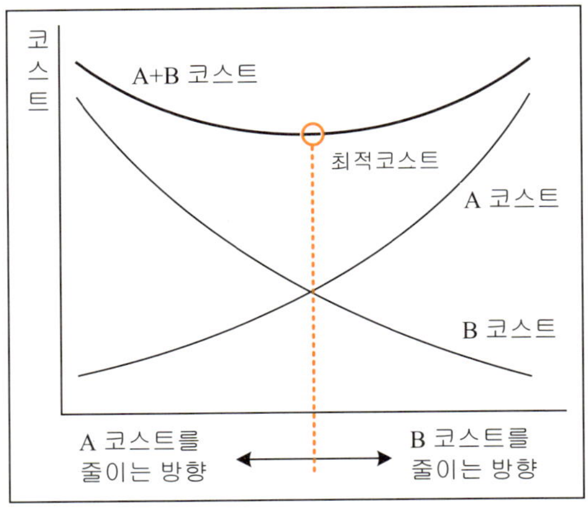

〈그림 3-14〉 최적코스트

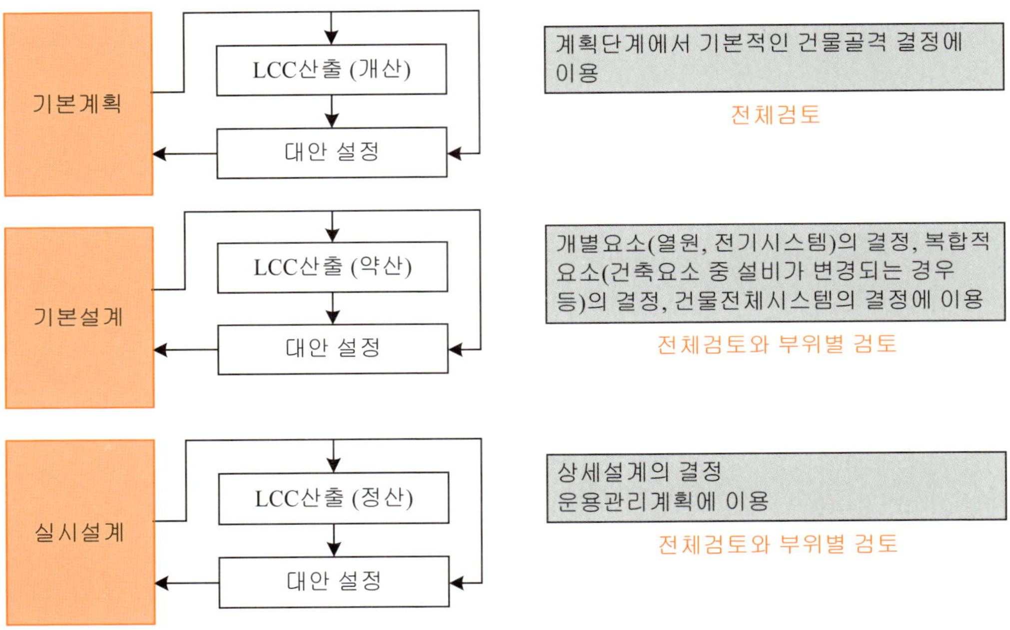

〈그림 3-15〉 LC설계의 개요

■ LC설계

이와 같이 건물의 LCC를 검토하면서 진행시켜 나가는 설계를 LC설계라고도 부르며, 시설의 장기화, 자원 · 에너지 절약, 환경과의 조화를 이루는 건물로 전환시키는 질적 향상을 도모하고, Life Cycle을 통해서 코스트의 절감이나, 환경에 관한 코스트 절감을 목표로 하는 것이다. 구체적으로 다음과 같은 경우에 실행된다.

• 초기투자로부터 운영까지 고려하여 비용적으로 균형 잡힌 시설계획을 세울 수 있다.

• 운영비용의 낭비가 없는 코스트계획을 세울 수 있어 비용절감이 가능하다.

• 중 · 장기적인 건물의 유지관리계획을 세울 수 있다.

절차에 대해서는 여기서 설명한 것을 〈그림 3-15〉 LC설계의 개요에 요약, 정리하였다. 덧붙여 친환경 설계, 에너지절약 설계에 대해서는 「제3장 4 환경」(257쪽)에서 설명한다.

LCC의 이용

최근 수명이 다한 건물을 새 건물로 교체하는(Scrap and Build) 시대에서 재고(Stock)의 시대로 전환되는 가운데, LCC 사고방식이 더욱 중요시되고 있다. 형성된 자산을 장기에 걸쳐 사용할수록 운용코스트 비율이 증가하는 것은 전술한 바와 같다.

■ 투자판단에 활용

지금까지 주로 건설계획을 목적으로 한 LCC의 개요를 설명하고 운용관리계획 및 중장기적인 건물의 유지수선계획에 이용하는 경우를 언급했지만, 사업주 · 투자자의 관점에서 보면 이러한 계획은 사업전체의 손익예측 및 현금흐름(cash flow)의 예측을 위해 필수적인 요소이다. 소요되는 에너지비용, 관리비용, 일상 수선비, 감가상각비, 고정자산세, 법인세 등의 비용과 건설공사비, 수선비용 등의 자산계상 항목(CAPEX : Capital Expenditure)을 포함한 현금흐름(cash flow)을 파악하는 것이 요구된다. 현금흐름(cash flow)으로부터 산출된 수지를 현재가치로 전환시키거나 내부수익율을 산출하여 투자효율을 판단하기 때문이다.

이와 같이 시간을 고려한 계산이 요구되어 원단위(原單位)[147]의 시간변화나 자본이자율[148], 물가변동 등의 경제적 조건을 고려한 DCF법[149] 또는 리얼옵션법의 접근도 필요하게 되었다.

또한 라이프사이클(Life Cycle)의 예상도 기획으로부터 폐기 · 리사이클까지라고 하는 일반적인 건물의 라이프 사이클(Life Cycle)에 대한 이해와는 다르게 사업 전체의 라이프 사이클(Life Cycle)이라고 하는 관점에서 건설프로젝트를 파악하는 경우도 많다. 그 예로 정기차지법(定期借地法)과 관련된 개발 프로젝트 등에서는 당초부터 10년 내지 15년의 라이프사이클(Life Cycle)을 예상하고 있는 것을 들 수가 있다.

147) 원단위(原單位)
제품 한 단위당 필요로 하는 원재료, 노동, 경비 등 각 생산요소의 표준

148) 자본이자율
자금조달에 따른 금리이자율

149) DCF법, 리얼 옵션법 「2-2 재무 기초」 P.239

■ 개축(改築) · 개장(改裝)에서 활용

LCC는 건물의 신축뿐만이 아니라, 대규모 개수, 수선, 컨버전(Conversion) 등 기존의 재고를 재활용하는 경우에도 적용되고 있다. 이러한 경우에는 초기투자액(개장비용)에 비해 운영비의 비중이 특히 높으므로 장기적인 안목의 코스트 산정이 중요하다.

■ 건설공사의 입찰 · 제안서에서 활용

건설입찰에 대해서는 초기투자액에 대한 평가가 이뤄지고 있으며, 제안서의 요구사항으로 LCC를 산출하여 평가하기도 한다. 이러한 경우, 지금까지 설명한 바와 같은 가정조건을 명확히 하여 동일한 조건에서 계산함으로서 공정하게 평가할 수 있도록 해야 한다.

4 환 경

환경문제가 지구 전체의 문제인 것은 당연한 사실이다. 특히 교토의정서에 따른 온난화 현상의 대책으로 이산화탄소 등의 배출량 삭감의 구체적인 목표가 세계적으로 주목받았고, 개별기업에 대한 규제가능성이 생긴 것은 유념해야 할 부분이다. 기업에서도 이전에는 환경부문에만 관여하던 것이 경영 · 재무 · 회계를 포함한 전사(全社)적인 문제로 여기고 있다.

환경문제를 생각할 때 중요한 키워드로서 지속가능성(Sustainability)[150]이 있다. 사회와 우호적인 관계를 유지하고 환경보전을 위한 대처를 효과적으로 추진해 가면서 경제적인 발전을 목표로 한다. 말하자면, 환경과 경제의 양립을 목표로 하는 개념이다. 건설관련 분야에서는 사회 · 환경을 유지할 수 있는 계획을 수립하여 시공을 하고 그에 따라 시설을 운영해야 한다.

CMr은 이와 같은 정세 아래에서 환경에 대한 문제를 취급해야 하므로 구체적인 사항에 들어가기 전에 우선 다음 세 가지를 이해해야 한다.

- 왜 CMr은 환경을 중시해야 하는 것인가?
  환경을 중시하는 세계 정세 속에서 건설프로젝트의 환경도 중시하지 않을 수 없으며, 아울러 환경뿐만 아니라 경제성과 사회성을 포함한 CSR(Corporate Social Responsibility, 기업의 사회적 책임)[151]이 거론되는 비지니스 환경이 되고 가고 있다.
- CMr이 환경문제에 관해 목표로 하는 것이 무엇인가?
  건설프로젝트의 각 단계에서 건물의 완성 · 운용시의 환경성능의 향상 · 부하 감소와 시공시의 환경부하 감소를 목표로 한다.
- CMr이 환경을 고려하는 경우의 메리트는 무엇인가?
  환경과 관련된 사항은 환경상의 문제해결 뿐만 아니라, 코스트, 스케줄 등에 영향을 미치기 때문에 종합적인 관점에서 프로젝트의 문제를 이해해야 이를 해결할 수 있다.
  본서는「지속가능한 건설프로젝트」라는 관점에서 개략적인 설명을 함으로써, 이것이 CMr의 기초지식이 될 수 있도록 의도하고 있다. 특히, 계획 · 설계단계가 프로젝트 전체의 방향을 결정하는 것임을 인식해야 한다.

---

150) 지속가능성(Sustainability)
「유지하다」라는 의미의 sustain이라는 동사에서, 더 나아가「사회환경을 유지하는 것」을 의미한다. Sustainable과 형용사형으로 사용되는 일도 많다. 일반적으로「지속가능한」으로 번역되지만, 정확한 번역인지에 대해서는 이론도 있다.
이 말은 브룬트란트 위원회(환경과 개발에 관한 세계위원회, 위원장: 브룬트란트 노르웨이 수상)에서 1987년에 공표한 보고서,「우리 공동의 미래(Our Common Future)」에서 언급되었던 것을 계기로 널리 사용되게 되었다.

151) CSR(Corporate Social Responsibility)
기업이 주주의 이익뿐만 아니라 윤리관을 높여 보다 광범위, 고차원의 사회적 가치를 완수하고자 하는 이념. 법령준수, 수익확보와 납세, 주주 이익의 확보 등의 기본적인 기업이념으로부터, 기업정보의 개시, 종업원에 대한 배려, 환경에 대한 배려, 사회활동 참여로까지 확대되고 있다. 지금까지는 기업의 자발적인 활동이 중심이었지만, 법제화, 규격화의 움직임도 있다.

4-1 기본계획단계에서의 환경대응

기본계획단계는 프로젝트의 착수에 따라 토양오염 등의 물리적 조사와 환경법령 등을 조사하여 그 결과를 분석하고, 관계자, 특히 사업주체(발주자)가 환경문제에 대한 대처방향이나 방침을 구축하는 단계이다. 자연환경을 시작으로 시대성이나 입지지역의 특성, 사람들의 이해관계나 사회문화와 관련된 사회환경 등을 분석하여 관계자가 공통으로 인식할 수 있도록 종합적으로 정리하는 것이 필요하다.

현재에는 명확한 계획기법은 확립되어 있지 않으며, 전략적 환경영향조사기법(Strategic Environmental Assessment : SEA)[152] 등의 개발과 그 정착이 기대된다. 컨설턴트 등이 독자적인 기법을 가지고 업무에 종사하는 것이 일반적이다.

명확한 계획기법이 확립되어 있지 않지만 환경에 대한 대처는 이루어지고 있으며, 주민 · 행정 등의 외부요소가 제3자로서 관여하는 경우도 있다.

본서에서는 부지 선정시에 필요한 대응, 환경법령 등의 준수, 환경 커뮤니케이션, 문제해결(유해물질 등)을 설명한다.

부지 선정시 토양오염에 대한 대응

산업구조의 변화에 따른 공장의 증 · 개축, 인접지의 도시화 등에 의한 공장의 폐쇄와 그에 따른 재개발로 인해, 건설공사 현장에서는 중금속이나 휘발성 유기화합물에 의한 토양오염이나 지하수오염을 예상치 않게 직면하는 경우가 증가하고 있다. 또한 토양오염 대책법의 시행 등으로 토양오염에 대한 관심이 높아지고 있을뿐만 아니라, 오염에 대해 적절히 대응하는 것이 매우 중요시 되고 있다. 주변으로의 2차 오염 방지를 포함하여 토양오염 대책 공사를 진행시키기 위한 조사, 조치, 모니터링을 안전하고 확실하게, 그리고 경제적으로 진행하기 위한 검토와 본 공사에 대한 영향을 감소할 수 있는 조치 등을 검토해야 한다.

■ 토양오염 대책법[153]

유해물질에 오염된 토양을 직접 섭취하거나 오염된 토양으로부터 유해물질이 용해된 지하수를 마시게 됨으로써 인간의 건강에 악영향을 미칠 우려가 있다. 2002년 5월부터 토양오염의 상황파악과 토양오염에 의한 건강피해방지에 관한 조치 등 토양오염 대책을 실시하는 것

152) 전략적 환경영향조사
사업에 착수하기 전 단계에서 「정책계획 프로그램」을 대상으로 한 환경영향조사를 말하며, 사업에 앞서는 상위계획이나 정책 등의 레벨, 이른바 전략적 단계에서 환경배려에 대한 의사결정을 하기 위한 기법

153) 제2장 142 제약조건 P.44

을 내용으로 하는 「토양오염대책법」이 제정되었다. 사용이 폐지된 유해물질을 사용하거나 과거 특정시설과 관계된 공장 또는 사업장 부지였던 토지, 토양오염에 의한 건강피해가 발생할 우려가 있는 토지에 대한 조사를 실시해야 하고, 지역(地歴) 조사나 토양샘플링을 포함한 토양오염 상황조사, 지정구역의 지정 · 대장의 작성, 토양오염에 의한 건강피해의 방지조치 등에 관해 규정하고 있다.

이러한 조사나 방지조치는 토지소유자의 책임이므로 조언을 해야 할 CMr은 이러한 내용을 이해하고 있어야 한다. 도도부현 지사에게 보고할 의무가 있고, 자치제에 따라서는 독자적인 조례에 의한 추가규칙, 지도 등도 정해져 있다.

기타 조사

토양오염 문제와 같이 계획이 구체화된 단계에서는 건설 후보지의 해체 예정건물이나 부지에 환경문제가 될 수 있는 유해물질이 발견되어 문제가 되는 경우가 있다. 법규, 조례를 반드시 준수해야 하며 행정확인이나 전문가의 지시가 필요한 부분이 많다.

■ PCB 함유 기기

피부장해, 내장장해, 호르몬장해를 일으키는 유해 물질로서 트랜스 콘덴서, 열매체나 고온용 윤활유에 함유된 PCB가 잔존하는 경우가 있다. 또한 현재 상태에서는 폐 PCB 함유기기를 위탁처리할 수 있는 시설이 없기 때문에 보관 · 관리 등 제약이 많아 주의해야 한다.

■ 다이옥신(소각시설)

발암성 물질이며 소각로 관련시설의 해체 등에서 문제가 된다.

인근주민의 반대, 지자체의 규제 등에도 주의를 필요로 한다.

■ 석면(Asbestos)

폐암, 악성 피부종양 등을 발생시키는 유해물질로 내화피복이나 석면제품으로 사용되고 있는 것도 있어 주의가 필요하다.

환경법령 등의 확인과 외부 평가시스템

개발 및 건설행위에 따라 준수해야 할 법령뿐만 아니라 환경에 관한 법령도 다수 존재하므로 프로젝트마다 확인해야 한다. 여기에서는 환경대응에 있어 주된 항목인 환경영향평가와 에너지절약 관련 법률을 설명한다.

■ 환경영향평가(Environmental Impact Assessment)

환경영향평가(이른바 환경평가)란 토지형상의 변경과 공작물의 신설 및 이와 유사한 사업을 실시하는 사업자가 미리 그 사업에 의한 환경영향에 대해 적정하게 조사 · 예측 또는 평가하고 그 결과를 공표하여, 주민, 지사, 시읍면장의 의견을 수렴하고 환경보전에 대해 충분히 고려하여 이를 사업에 반영시키기 위한 제도이다. 주민 등 외부와의 환경정보를 교환한다는 점에서 후술하는 「환경 커뮤니케이션」의 일종이기도 하다.

환경영향평가법에 따른 환경영향평가는 항만 등의 사업에 적용된다. 지방공공단체가 독자적으로 대상을 규정하고 있는 것도 있다.

■ 에너지사용 합리화에 관한 법률

건물생애의 환경부하는 LCCO2(라이프사이클 이산화탄소 배출량)로 정량화하지만, 건물 운용단계에서는 에너지 소비가 매우 큰 비율을 차지한다. 또한 LCC의 경제성에 대한 영향도 매우 크기 때문에 일찍부터 그 저감을 목표로 해 왔다. 1980년에는 「에너지의 사용 합리화에 관한 법률(이하, 에너지절약법)」에 의해 에너지절약기준이 설정되었고 계속해서 갱신되고 있다. 이 법률에 의하면 일정규모 이상의 건물에 대해서는 「에너지절약계획서」를 작성하여 행정당국에 제출해야 한다.

에너지절약기준은 PAL(연간열부하계수)와 CEC(설비시스템의 에너지소비계수)라는 성능규정 수치가 지표로서 비교적 널리 보급되어 있다고 할 수 있다. 평가방법은 포인트법으로 불리는 규정도 운영되고 있다.

에너지절약을 실현하기 위해 ①건물의 열부하 억제 ②자연에너지 이용 ③설비시스템의 고효율화, ④효율적 운용이 고려된다. 지구 규모는 아니고 건물 및 주위 환경에 대한 영향검토라는 취지가 강하다.

환경 커뮤니케이션

환경대응에 있어서는 근린주민 대책을 포함한 외부와의 커뮤니케이션이 중요하다. 환경문제의 경솔한 대응으로 발생하는 문제들은 자산가치나 기업이미지 저하 등 기업경영의 근간과 관련된 리스크 중의 하나이다.

사업주체(발주자)는 원칙적으로 프로젝트 초기단계부터 「사업주체로서 프로젝트의 의도를 정확하게 공개한다」라는 적극적인 자세가 요구된다. 소극적인 대응만이 아니고, 환경대응에 대한 대처를 소개(환경PR)하는 등 적극적인 활동이 좋은 결과를 가져온다. 발주자의 의도나 프로젝트 상황에 따라 그 방법은 서로 다르며, 다양한 매체나 기회를 활용하는 등의 대응책이 있다. 전술한 환경영향평가도 환경 커뮤니케이션의 하나이다.

또한 사업주체(발주자)는 환경과 관련된 여러 문제가 발생하거나 발생이 예상되는 경우, 신중을 기하면서도 이해관계자에게 신속히 공표하고, 무엇보다도 이해관계자 간의 원활한 커뮤니케이션이 가능한 체제를 구축해야 한다.

환경 커뮤니케이션의 예

- 주민고지
- 주민설명회
- 기업 홈페이지, 신문, 발표 등을 통한 공표
- 지방공공단체와의 공해방지 협정의 체결
- 환경영향조사(EIA, 환경영향평가)

4-2 설계단계에서의 환경대응

설계는 운용단계를 포함한 프로젝트 전체의 환경부하에 큰 영향을 미치기 때문에 세계적으로 환경대응을 위한 설계에 관한 다양한 기법을 실천하고 있다. 이러한 기법의 포괄적인 사고방식, 평가기법, 공표된 지침 및 기술에 대해 설명한다.

DfE (Design for Environment) : 환경배려설계

환경에 대한 배려를 강조하는 설계기법을 총칭해 DfE[154](환경배려설계)라고 한다. 또한 얼마나 환경을 배려하여 설계되고 있는지를 시스템적으로 평가하기 위한 툴 자체를 가리키는 경우도 있다. 일반적으로 에코디자인, 그린설계 등으로 불린다. 해외에서 이미 확립된 툴 이외에도, 3-3 「LCC」(251쪽) 항에서 언급한 LC설계, 종래부터 사용되고 있는 에너지절약설계기법 등 다양한 기법이 있다.

이러한 특성으로 인해 원설계에 대한 환경평가를 실시하고 그 결과를 피드백하여 설계를 수정해 나가는 순서를 취하는 것이 일반적이다. 평가검토사항으로는 다음과 같은 항목을 들 수 있다.

154) DfX · DfE
DfX는 "X" 부분에 제품경쟁력을 높이기 위한 어떠한 중점을 둔 제품설계 개발기법을 총칭한다. DfX는 설계이외의 단계 즉, 제조, 배송, 사용, 보전, 폐기 등의 단계에서 임의의 성능을 향상시키기 위해 설계단계에서 제품에 실제 장착하는 작업이다. DfE도 환경에 초점을 맞춘 DfX의 한 분야이며, 에너지 소비, 폐기 등 환경문제 배려의 필요성에 따라 각종 기준에 적합한 설계를 실시하는 것이다. ISO(국제 표준화 기구)에서는 DfE, JIS(일본공업규격)에서는「환경적합설계」라고 부른다.

① 에너지절약 (설비기기 등의 사용 에너지 등)

② 장수명화 (건물기기 등의 장수명화, 적정사용 고려 등)

③ 자원절약, 에코머테리얼(Eco Material) (재생자원 이용, 사용량 최소화 등 자재에 관한 것)

④ 폐기물 절감 (재자원화, 사용량 최소화 등 폐기물의 절감에 관한 것)

⑤ 지역 환경과의 공생 (자연과의 공생)

이 밖에 경제성도 검토항목에 포함된다.

DfE 툴

DfE를 실시하기에 앞서 환경부하 등의 정량적 근거나 지표산출을 위한 다양한 기법이 만들어지고 있다.

건물에 대한 환경평가는 난방성능, 환기성능 등 주로 실내환경의 성능을 평가하기 위한 목적에서 출발했다. 출발 당시에는 거주성, 편리성의 향상을 목표로 한 것으로, 건물의 외부는 개방계라고 보고 환경부하에 대해서는 이를 고려하지 않았다. 그러나 1960년에 공해, 빌딩풍, 일조저해 등 주변 환경에 대한 영향이 고려되었다. 게다가 1990년에는 지구온난화 등의 환경문제가 표면화되어, 온실효과를 일으키는 가스인 이산화탄소(CO2), 프레온류(CFCS), 메탄(CH4), 아황화질소(N2O) 등의 발생량을 산출하여 환경에 대한 영향을 정량적으로 평가하게 되었다. 또한 일정 시점에서의 평가가 아닌 라이프사이클 평가를 실시하게 된 것도 큰 변화이다.

해외에서는 건설분야의 DfE 툴이 확립되어 있지만, 일본에서는 해당되는 사항이 없었기 때문에 종래 제품분야 베이스의 평가 툴인 LCA가 대용되었다. 최근에는 건축분야의 툴로 CASBEE의 개발이 진행되고 있다. LCA 및 CASBEE의 개요를 소개한다.

DfE의 주된 툴

제품분야 ——— LCA

제품분야 ——— BREEAM(영국)
- LEED(미국)
- ABGR(오스트레일리아)
- CASBEE(일본)

LCA (Life Cycle Assessment)

제품을 구성하는 원료의 채취로부터 재료입수, 제품제조, 사용, 폐기, 리사이클에 이르는 전 과정에 걸쳐 대상제품이 미치는 환경부하나 환경영향을 정량적으로 평가하기 위한 기법이다. ISO14040(LCA의 원칙과 구조)에는 모든 제품과 서비스를 대상으로 한 LCA가 국제규격으로 정해져 있다. 이러한 LCA는 분석하여 정보를 얻기 위한 기법이지만, 그 결과는 제조 등의 프로세스 최적화, 부재 선택, 계획의 개선안 수립 등에 이용할 수 있다. 또한 그 정보는 외부에 대해 어필하는 수단으로도 이용되고 있다.

LCA는 조사 대상의 라이프사이클 전체에 대해 CO_2를 비롯한 환경부하량 항목을 구하고(목록분석), 그 환경부하에 의해 발생할 수 있는 잠재적 환경영향량을 평가하며(영향평가), 나아가 이러한 분석 · 평가의 결과로부터 문제점을 검토하는 기법이다.

건물의 LCA는 일본건축학회, 건축연구소 등에서 연구하고 있으며 「건축의 LCA지침」(2003년 개정)등이 출판되어 있다. 일본건축학회가 제공하는 계산 소프트로 LCA를 계산할 수 있으며, 동시에 LCC도 구할 수 있다.

■ CASBEE : 건축물 종합환경성능평가시스템
(Comprehensive Assessment System for Building Environmental Efficiency)

건설분야는 대량의 자원 · 에너지를 소비하기 때문에 이러한 자원소비를 효과적으로 하기 위한 기술적 · 정책적 시스템의 필요성에 따라 국토교통성의 지원 아래 개발된 건축물의 환경성능 평가시스템이다. 이는 국제표준화기구(ISO)의 동향에도 부응한 것이다. 전술한 LCA에서는 건물 외부환경에 대한 부하를 평가하는 반면에, 이 시스템에서는 지속가능한 사회의 구축을 위해 건축물의 환경품질 · 성능향상을 보다 작은 환경부하로 실현하기 위한 지표를 제시하는 것이다.

대상분야는 에너지소비, 자원순환, 지역환경 및 실내환경의 4가지로 구분된다.

평가는 다음의 식으로 나타낸 BEE를 지표로 한다.

$$\text{BEE(건물의 환경 성능 평가)} = \frac{\text{Q (건축물의 환경품질 · 성능)}}{\text{L (건축물의 외부환경부하)}}$$

건축물의 외부 환경부하에 관해서는 전술한 LCA수치 등을 사용하게 되어 있으며, LCA의 방법론을 부정하는 것은 아니다. CASBEE에 의한 평가는 프로젝트 단계별로 평가방법이 다르며, 4가지 평가툴이 정해져 있다.

CASBEE - 기획(tool - 0) 기획단계의 내용을 평가

CASBEE - 신축(tool - 1) 신축시 설계내용을 평가

CASBEE - 기존(tool - 2) 기존 건축물을 평가

CASBEE - 개수(tool - 3) 개수시의 대처를 평가

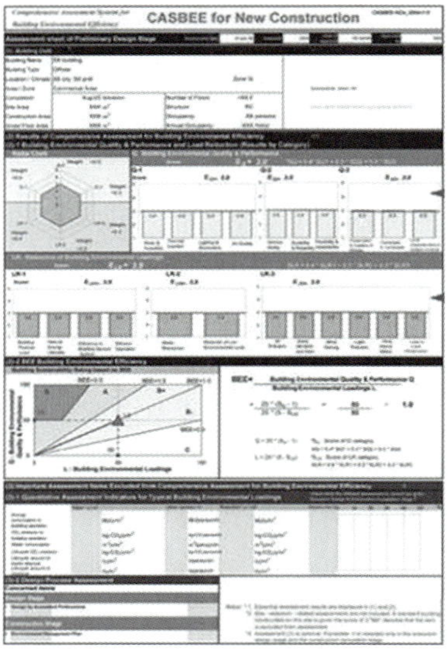

이러한 툴을 사용해 BEE가 큰 순서대로 S, A, B+, B- , C라고 하는 점수로 종합환경성능이 표시된다. 이외의 CASBEE의 그림은 이러한 평가를 그래프로 표현한 것으로 CASBEE 신축의 평가시트의 일부분이다. 또한 디자인 프로세스의 평가에는 매니지먼트(CM 등)에 관한 환경배려사항으로서 중요한 항목을 체크하는 란도 있다.[155)]

DfE 행정 지침

행정청으로부터 몇 개의 지침이 나와 있으므로 대상건물에서는 이것을 적용해야 한다. 국토교통성대신관방관청영선부에서 출간한 관청시설에 대한 「환경배려형 관청시설(그린청사) 계획지침」(1998년 3월), 주택에 관한 국토교통성 주택국의 통지 「환경공생주택 · 시가지 가이드라인에 대하여」(1993년 4월), 「그린진단 · 개선계획지침」(2001년 2월) 등이 있다.

■ 그린청사계획지침

환경배려형 관청시설(그린청사) 계획지침」은 환경에 미치는 영향을 LCCO2로 평가해 환경부하의 절감 특히, 지구온난화 대책 추진을 목표로 하고 있다. 쿄토의정서에 따라 효과가 큰 것부터 정부가 솔선하기 위한 실행계획으로 되어 있다. 구성은 ①주변 환경에 대한 배려 ②운용단계의 에너지절약 · 자원절약(부하의 억제, 자연에너지 이용, 에너지 유효이용) ③수명의 장기화 ④에코메테리얼(Eco-Materials)의 사용 ⑤ 적정사용 · 적정처리의 5가지 항목이다. 또한 2000년 12월에 기존 관청시설의 새로운 환경부하 저감기법인 「관청시설의 환경배려 진단 · 개수 계획지침 (그린진단 · 개수계획지침)」이 수립되었다. 이 지침은 효과적으로 기존 관청시설의 환경부하 감소를 실행하기 위한 환경배려 진단 · 개수 계획기법에 대해 기술한 것이다.

155) [건축물 종합환경성능평가시스템(CASBEE) 매뉴얼」 일본서스테이너블빌딩컨소시엄 편, 국토교통성 주택국 편집 협력 (건축환경성에너지기구, 2004년)을 참조.

4-3 건설기간 중의 환경대응

건설공사 기간 중에도 환경에 대해 고려해야 할 다양한 문제가 존재한다.

여기에서는 폐기물 대책, 유해물질 관리에 대해 개략적으로 설명한다.

건설부산물 대책

건설부산물은 건설공사에서 부차적으로 발생하는 물질이며, 재생자원 및 폐기물을 포함하는 것으로 정의된다. 또한 재생자원에 대해서는 「자원의 유효한 이용의 촉진에 관한 법률(리사이클법)」, 「건설공사와 관련된 자재의 재자원화등에 관한 법률(건설리사이클법)」, 폐기물에 대해서는 「폐기물의 처리 및 청소에 관한 법률(폐기물처리법)」등의 법률에 의해 규제된다. 또한 환경기본법 아래 일련의 법률의 기본적 토대가 되는 것으로 「순환형사회형성추진기본법」이 있다.

이러한 법령의 규제와는 별도로 목표를 설정한 대책이 명확히 수립되어 있고 순환형사회형성을 목표로 하고 있다. 이 대책의 일환인 건설리사이클추진계획 2002에서는, 「먼저 건설부산물의 배출억제, 다음에는 건설자재의 재사용을 실시한다. 이러한 조치를 실시한 후에 발생하는 건설부산물에 대해서는 재생이용(Material Recycle)을 실시하고, 재생이용이 기술적으로 곤란한 경우에는 환경부하의 정도 등의 관점에서 적절하지 않은 경우에는 열회수(Thermal Recycle)를 실시한다. 마지막으로 이러한 조치를 하지 않는 것에 대해서는 적정하게 처분하는 것으로 한다.」와 같은 건설부산물에 대한 원칙이 제시되어 있다. 또한 추진계획의 설정 목표치를 달성하기 위해서 구체적인 실시사항을 정리한 건설리사이클가이드라인이 공개되어 있다.

건설리사이클법의 기본방침에는 발주자의 역할에 대해, 시공자에게 명확히 지시하는 것, 건물을 장기 사용하는 것, 가능한 한 사용 재료를 리사이클재료로 선택하는 것 등의 방침이 있다.

한편, 폐기물 처리에 대해서는 폐기물을 배출하는 사업자가 그 사업 활동에 의해 발생한 산업폐기물을 스스로 처리해야 한다. 폐기물 처리의 방법으로 사업자가 스스로 처리시설을 만들어 처리하는 경우와 전문처리업자에게 위탁하여 처리하는 경우가 있지만, 폐기물처리법에서는 어느 경우에도 배출사업자가 최종 처분까지 적정히 관리하도록 정하고 있다.

■ 메니페스트 시스템

메니페스트란 Manifestus(분명히 한다)라고 하는 라틴어로부터 온 것으로, 목록 등에 기재해 명시하는 것을 의미한다. 배출사업자가 메니페스트를 교부하여, 수집, 운반, 처분 등을 실시하는 각 사업자가 운반차량마다 건설폐기물의 명칭, 수량, 종류, 형상, 하자, 운반업자명, 처분업자명, 취급상의 주의사항 등을 기재하고, 처리 종료 후에는 그 장표 사본을 배출사업자에게 반송하여, 폐기물 처리의 흐름을 파악하고 관리하는 구조이다. 건설공사의 경우, 배출사업자[156]는 주로 원시공자가 된다. 건설공사 이외에서 배출사업자는 배출하는 사업자이며, 이사 등으로 인해 발생하는 산업폐기물에 대해서는 사업주가 이 사업자들에게 메니페스트를 교부해야 한다.

유해물질관리

건설공사에 사용되는 위험물이나 독극물 등의 유해물질, 폐기물 중에서도 특별한 취급이 요구되는 것에 대해서는 적절한 관리체제가 필요하다.

■ 위험물 · 독극물

연료 등의 위험물은 소량이라도 소방법에 따라 적절히 관리해야 한다. 특히, 가연물과는 격리하여 보관하고 누설이나 유출에 대한 2차적 확산방지 대책(방유 제방 설치, 트레이 사용 등)을 취해야 한다.

이 외에도 강산, 강알카리, 반응성 물질은 적절히 처리하여 분리 보관하고, 독극물 취급시에도 신중하게 저장하여 분실 · 도난방지 관리를 철저히 하는 것이 중요하다.

4-4 건물의 환경성능 실현

완성 후의 시설이 발주자의 요구에 합치된 환경성능을 발휘하도록 설계, 시공되고 있는가를 검증하고, 최적의 환경성능상태로 조정되어 그 상태가 유지되어야 한다.

■ 빌딩최적화

에너지소비량과 실내환경의 관점에서 빌딩을 최적상태로 유지하는 것을 말한다. 모든 시스템이 정상적으로 작동해야 한다는 것이 전제이며, 불합리한 부분에 대한 검사 · 진단이 필요하다.

156) 배출사업자
분리발주의 경우에는 전문공사업자가 원청으로 배출사업자가 된다. 일괄발주의 경우, 종합공사업자가 배출사업자가 되는 것이 보통이지만, 전문건설업자가 배출사업자가 되어도 가능하다는 판례가 있다.

최적화에는 설계조건의 제약이 있다. 완성한 건물의 실제 운전데이터를 얻고 난 후에 재설계하여 효율을 향상시키는 것은 오히려 비용이 더 들어 비합리적이다. 따라서 계획설계단계에서 시뮬레이션을 통한 검증이 중요하다.

■ BEMS(Building and Energy Management System) : 빌딩에너지관리시스템

BEMS는 건물의 설비관리, 설비운전보수관리, 또는 건물 내부환경의 유지와 그로 인해 소비되는 에너지 · 물질을 관리하는 종합시스템으로서 시스템의 자동 운전관리, 에너지관리(에너지절약), 공조설비 등의 자동제어(소프트웨어 포함)가 포함된다. 센서나 컨트롤러 등의 자동제어장치의 하드부분도 포함되어 넓은 의미로 사용되는 경우도 있다. BMS(빌딩관리시스템)보다 광범위한 정의이며 BMS도 BEMS에 포함된다고 말할 수 있다.

4-5 환경과 경영

본절의 서두에 기술한 것처럼 환경문제는 기업 일부의 문제가 아니라 기업 전체의 문제가 되고 있다. 법령을 준수하는 것뿐만 아니라 적극적인 환경대책이 요구된다. 기업환경회계, CO^2배출의 삭감량, 폐기물의 배출억제량 등을 환경보고서에서 구체적인 숫자를 공표하는 기업도 있다.

이것은 기업이 사회에 대한 어카운터빌리티(Accountability)를 중요시하고 환경을 배려한 경영을 하고 있다는 것을 나타내는 것이다. 이러한 배려는 자발적인 자원 · 에너지절약과 연결되어 직접적인 경영비용 삭감과 연결되는 이점을 기대할 수 있는 측면도 있다.

환경매니지먼트시스템

기업이 환경을 배려한 경영을 실시하기에 앞서 환경에 관한 방침이나 목표 등을 스스로 정하여 실시하는 체제 · 절차 등을 「환경매니지먼트시스템」이라고 한다. ISO14001이 대표적인 시스템이라 할 수 있다.

■ ISO 14000 시리즈

ISO 14000 시리즈는 환경매니지먼트시스템, 환경감사, 환경레벨, 환경퍼포먼스평가, 라이프사이클 어세스먼트(Life Cycle Assessment)에 대해서 규정하고 있다. 이 중에서 ISO14001은 환경매니지먼트시스템에 대한 규격으로서 환경방침, 계획, 실시 및 운용, 점검 및 시정조치, 재검토사이클을 통해 계속적인 개선을 실시하도록 정하고 있다.

그린구입(購入)

그린구입이란 제품이나 서비스를 구입할 때 환경을 고려하고 필요성을 잘 생각해 환경부하가 가능한 작은 것을 선택하는 것이다. 그린구입은 소비생활 등 구입자 자신이 활동하는 환경에 좋을 뿐만 아니라 공급자인 기업에 환경부하가 작은 제품의 개발을 촉구하는 것으로 경제활동 전체를 개선할 수 있는 가능성을 가지고 있다.

국가 등의 공공기관이 솔선하여 환경물품의 조달을 추진함과 동시에, 그에 관한 적절한 정보제공을 촉진하여 수요의 전환을 도모하고, 지속적인 발전이 가능한 사회를 구축하는 것을 목표로 하며, 각 국가기관에 관한 것 외에 지방공공단체, 사업자 및 국민의 책무 등에 대해서도 순환형사회형성추진기본법의 개별법 중의 하나인「국가에의한환경물품등의조달추진등에관한법률(그린구입법)」이 제정되어 있다.

건물의 조달도 이 범위에 포함되어 국가발주 건물에서는 지정 품목을 일정 이상 구입해 공사에 적용하는 것이 의무화되어 있다. 의무화되어 있지 않은 다른 공공기관이나 민간기업도 일부에서는 이미 그린구입을 개시하고 있으며, 이것을 공사수행 중에 구체화할 것을 요구하고 있다.

환경보고서와 환경회계

환경보고서란 사업자(기업)가 환경보전에 관한 지침 · 목표 · 계획, 환경매니지먼트에 관한 상황, 환경부하절감을 위한 대처상황 등을 정리하여 일반적으로 공표하는 보고서이다. 상기의 그린구입 · 구매의 요건으로 보는 경우도 있다.

환경회계는 사업활동에 있어 환경보전을 위해 소비한 비용과 그 활동에 의해 얻을 수 있는 효과를 인식하여 가능한 한 정량적(화폐단위 또는 물량단위)으로 측정하여 외부에 전달하는 것이다. 이러한 환경회계정보는 기업의 내부이용에 머무르지 않고 환경보고서를 통해서 사회에 공표된다. 따라서 이러한 공개정보는 국제사회에 통용되는 것이어야 한다.

환경성에서「환경보고서 가이드라인」및「환경회계 가이드라인」을 출판하고 있으므로 이를 참조한다.

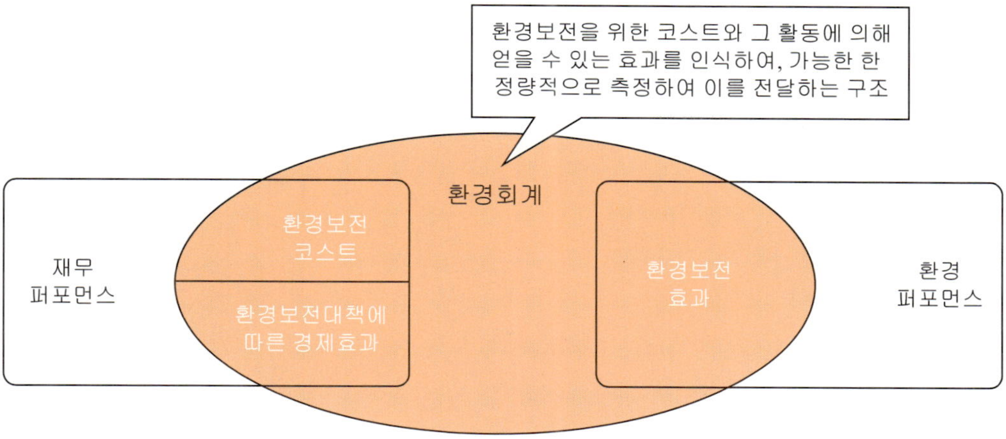

〈그림 3-16〉 환경회계의 개념

[참고 문헌]

(1) 환경성 홈페이지
(2) 국토교통성 홈페이지
(3) 일본건축학회 편저, 彰國社,「시리즈지구환경건축 건축환경매니지먼트」
(4) (社)日本電線工業會, 저압전력케이블류 및 통신케이블류의 규격
(5) (社)電氣設備學會, 코제너레이션 매뉴얼 - 계획에서 유지보전까지 -
(6) 미국 Department of Energy 홈페이지 : Project Management, Techniques & Commissioning Presentation
(7) 국토교통성 「건설리사이클추진계획2002」 2002년 5월

5 스케줄링

본서에서는 작업의 진행방식이라는 개념을 스케줄(Schedule)이라는 말로 표현하고 있다. 그 표현 결과는 공정표지만, 이것과 스케줄이라는 표현을 구분하지 않는다. 스케줄이라는 용어가 일반적인 것이지만 공정의 진행방식과 공정표를 구분하여 사용할 필요가 없다고 생각하기 때문이다.

스케줄링이란 스케줄(공정표)을 작성하고 그 스케줄을 운영 · 관리(매니지먼트)하는 것으로, 건설프로젝트를 수행하기 위해서 제외할 수 없는 것이다. 프로젝트는 실시해야 할 작업내용, 순서를 명확히 하여, 공구의 설정, 작업에 필요한 작업자, 재료, 공사용 기계, 가설자재, 작업기간, 승인기간 등을 정하여 스케줄을 계획하는 것으로부터 출발한다. 마스터스케줄, 설계스케줄, 인허가스케줄, 발주스케줄, 공사스케줄, 검사스케줄, 부위스케줄 등 여러 종류가 있으며, 년 · 월 · 주 · 일 · 시간 등 기간을 표시하는 단위도 다양하다. 본 장에서는 건설프로젝트를 대상으로 스케줄링의 기본적인 기법을 설명한다.

프로젝트의 스케줄링은 제2장에 설명되어 있고, 스케줄링의 IT화에 대해서는 1-5 IT기술(231쪽) 참조하기 바란다.

5-1 스케줄링 방법

스케줄링의 기본사항

스케줄링을 위해서는 다음 사항을 명확히 해야 한다.

■ 실시해야 할 작업항목과 범위

작업항목은 기획, 설계, 업체선정, 시공과 같이 폭넓은 분야에 걸쳐 있다. 이것을 각각 채택하여 스케줄링의 대상항목을 정의한다. 그리고 각 항목에 대해 실시해야 할 작업의 내용과 범위를 명확히 한다.

■ 워크패키지(Work Package)[157]

작업수행에 필요한, 노무, 자재, 기재(설비) 등의 자원을 명확하게 한다. 그리고 작업목표 달성을 위해 얼마만큼의 수량, 노무, 자재 등을 확보해야 할 것인지를 명확하게 한다. 특수한 인재가 필요한 경우도 있다. 또한 사용하고 있는 자원이 수급상의 문제로 인해 필요량을 확보하지 못할 경우도 있다. 이것들은 스케줄상의 큰 제약이 된다.

157) 워크패키지
WBS의 최하위의 작업 항목. P.210

■ 작업의 소요기간

작업의 소요기간은 작업에 부과된 총 작업량과 하루에 처리할 수 있는 작업처리능력에 의해 정해진다. 많은 작업자를 투입하면 작업기간을 짧게 할 수도 있지만, 작업장소가 협소한 경우에는 노동생산성의 저하로 연결된다.

과거의 사례를 참고하여 관계자가 납득할 수 있는 소요기간을 정하고 그에 대응한 투입 작업자의 인원수나 설비를 결정하는 것이 필요하다.

■ 작업의 순서관계

공정을 계획하기 위해서는 각 작업에 대한 선행작업과 후속작업을 명확히 해야 한다. 작업의 순서관계에는 작업순서 등 기술적 순서관계와 작업의 연속성 확보나 자원의 유효이용으로부터 정해지는 관리적 순서관계가 있다.

■ 스케줄의 제약조건

프로젝트를 진행시켜 나가기 위해서는 제약이 되는 사항을 명확히 해야 한다. 스케줄 작성을 담당하는 측에서 결정되지 않은 것은 모두 스케줄의 제약조건이 된다. CMr의 담당 외에 있는 각종 업무(예를 들면 토지취득, 설계 등)의 완료일정은 스케줄상의 제약조건이 된다. 발주자가 희망하는 준공일, 이사일, 영업개시일 등도 제약조건이 된다. 스케줄에 영향을 주는 이러한 제약조건을 밝혀내, 프로젝트 각 부분과의 관계를 분명히 하는 것이 필요하다. 또한 공사현장 주변의 지역행사 등의 일정도 공사일정을 계획하는데 있어서는 중요한 사항이 된다.

스케줄의 표현

스케줄은 프로젝트 운영의 기초가 되기 때문에 관계자가 모든 것을 숙지하고 있어야 한다. 관계자가 자신과 관련된 업무나 작업에 대해 그 전체를 이해하는 것은 상호협조에 용이하다. 이 때문에 스케줄 내용은 관계자가 이해하기 쉽도록 그림으로 표현하는 것이 바람직하다. 스케줄 표현방법에는 바차트와 네트워크가 많이 사용된다. 바차트는 〈그림 3-17〉과 같이 횡축에 일정을 취하고 종축에 작업을 표현한 것이고, 네트워크는 〈그림 3-18〉과 같이 작업간의 순서 관계를 나타내며 프로젝트의 진척상황을 표현하는 것을 주목적으로 개발된 방법이다.

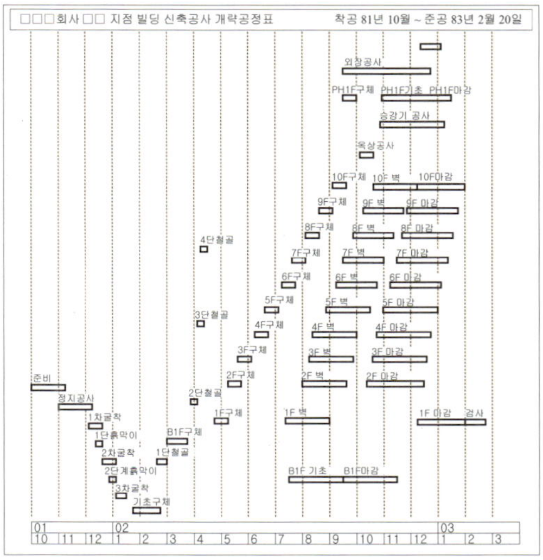

〈그림 3-17〉 바차트

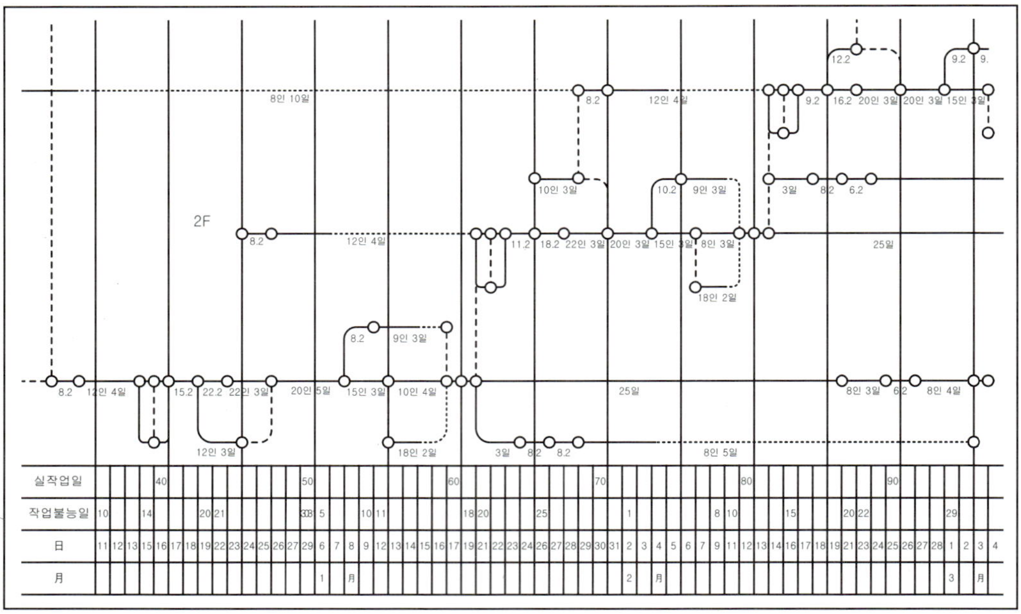

〈그림 3-18〉 네트워크도

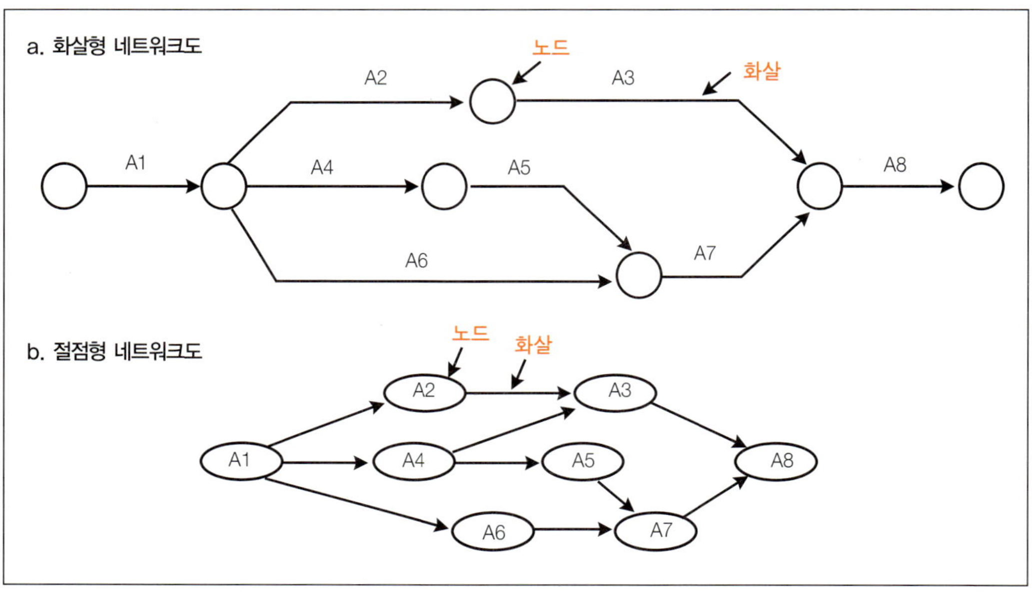

〈그림 3-19〉 화살형 네트워크도와 절점형 네트워크도

네트워크도에는 화살형 네트워크도(ADM)와 절점형 네트워크도(PDM)가 있다. 화살형 네트워크도에서는 작업을 화살로 표시하고, 작업간의 순서관계는 화살을 절점으로 결합해 나타낸다(그림 3-19-a. 참조). 절점형 네트워크도에서는 작업을 절점으로 표시하고 순서관계를 화살로 나타낸다. 이것은 프리시던스 다이어그램(PDM : Precedence Diagramming Method)이라고 불린다(그림 3-19-b. 참조)

바차트는 감각적으로 이해하기 쉬운 반면, 작업의 순서관계가 나타나지 않고, 특정 작업의 지연이 이후의 공정에 어떻게 영향을 줄지 알기 어려운 결점이 있다. 네트워크도는 작업의 순서관계를 명시할 수 있다는 이점이 있다.

소요기간의 설정(PERT)

공사에 포함되는 작업의 순서관계를 명확하게 정할 수 있다면 작업의 소요기간을 설정함으로써 각 작업의 개시일이나 종료일을 구할 수 있다. 소요기간은 해당 작업의 총 작업량 V, 1일 실시가능한 작업처리능력을 A로 하여, 다음 식 1에 의해 구할 수 있다.

D = V / A ------------------------ (식 1)

D : 소요기간 (일)

V : 총 작업량

A : 작업처리능력(작업량/일)

예를 들면, 면적 2,000㎡의 거푸집공사의 경우, 투입작업자 인원수를 20명으로 하고 작업가능면적이 10㎡/명이면, 1일의 작업처리능력은 200㎡가 되고, 소요기간은 2,000/200으로 10일이 필요하다. 각 작업의 소요기간은 위의 식으로 결정하지만, 다른 작업과의 진척 밸런스를 고려할 필요가 있다. 마감공정과 같이 많은 작업이 차례로 연속해서 진행되는 공정에서는 각 작업의 소요기간을 동일하게 하는 택트공정을 수립함으로써 작업자의 불가동(不稼動)을 줄이고 효율적인 공정을 편성할 수 있다. 소요기간을 산출하기 위한 충분한 자료가 없는 경우에는 과거의 실적이나 경험 등에 기초하여 추정하게 된다. 이 경우, 작업기간의 추정방법으로 PERT라고 불리는 3점 견적기법이 있다.

이 방법은 작업수행에 필요한 날짜를 비관치(최대 작업기간) b, 낙관치(최단 작업기간) a, 최대빈수 m에 의해 추정한다. 이 값은 〈그림 3-20〉에 나타냈듯이 베타확률분포의 형태를 하며, 이러한 수치에 근거하여 확률적인 근사해로서 작업소요일수의 기대치 D 및 그 표준편차 σ를(식 2, 식 3)에 의해 쉽게 계산할 수 있다.

D = (a + 4 m + b) / 6 ------------------------ (식 2)

σ = (b − a) / 6 ------------------------ (식 3)

D : 소요기간(기대치)

σ : 표준편차

a : 낙관치(최단 작업기간)

b : 비관치(최대 작업기간)

m ：최빈치(最頻値)

작업소요일수를 다소 여유를 가진 일정으로 계획하는 경우와 낙관적인 소요기간으로 계획하는 경우 두 가지가 있다. 전자의 경우는 공정에 불필요한 여유가 생기고 필요 이상으로 공사기간이 소요된다. 후자의 경우에는 모든 작업에 낙관적인 짧은 일수가 설정되어 있기 때문에 실제로 공사를 시작하면 공정은 점차 지연되게 된다. 이 때문에 작업기간은 가능한 한 기대치 D를 이용하는 편이 좋다. 불확정에 의한 일정지연이 예상되는 공정에서는 기대치에 여유를 추가해 소요기간을 정하는 것이 이후의 공정지연을 막을 수 있다.

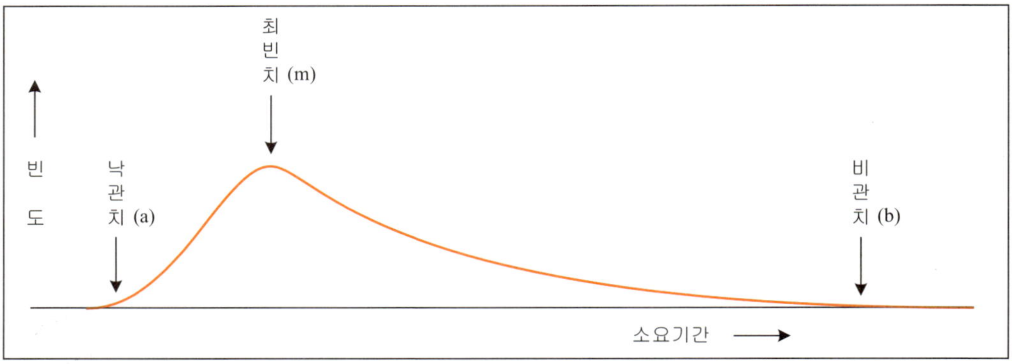

〈그림 3-20〉 소요 회수의 확률 분포와 3점 견적

최조(最早)일정과 최지(最遲)일정

일정을 계획하는데 있어서 중간관리일[158]이나 각 작업의 개시일정, 종료일정에는 지연이 허용되는 경우와 지연이 허용되지 않는 경우가 있다. 즉, 아래에 나타낸 최조일정과 최지일정이 있다.

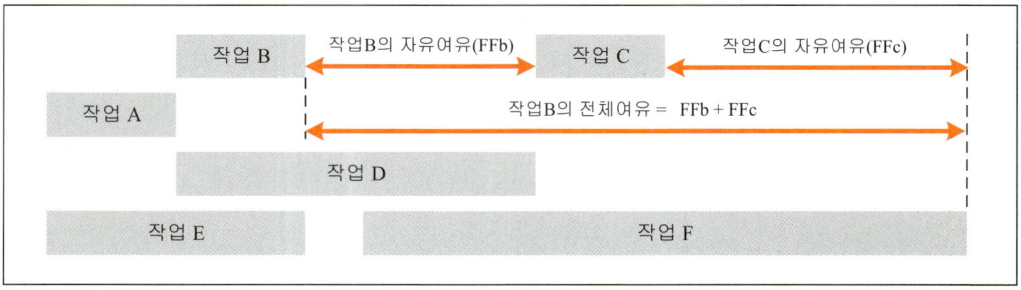

〈그림 3-21〉 스케줄의 내용을 나타내는 공정도

158) 중간관리일
절점이 되는 곳 또는 스케줄상에서는 절점이 되는 기일을 가리킨다.

■ 최조일정 : 작업을 개시(또는 종료)할 수가 있는 가장 빠른 일정

■ 최지일정 : 전체 공사기간을 늦추지 않는 범위에서 작업의 개시(또는 종료)를 늦출 수 있는 가장 늦은 일정

최조일정과 최지일정이 같은 경우, 이 작업은 크리티컬 패스(275쪽 참고) 상에 있어 늦출 수가 없다. 이 때문에 그 작업은 계획상, 관리상 중요한 작업이 된다. 최조일정과 최지일정의 차이를 전체여유(토탈플로트)라고 한다. 이 값이 정(+)인 경우는 그 기간 내에서 작업 종료일이 늦어도 공사기간에는 영향을 주지 않는다.

최조일정과 최지일정이 다른 경우에는 그 작업일정을 최조와 최지의 사이에서 결정할 수가 있다. 최조일정으로 작업을 개시하면, 작업 실시가 늦어도 최지종료일까지 종료하면 전체 공사기간은 늦어지지 않는다. 또한 완성된 작업개소에 대한 공사 인도까지의 양생도 장기간 소요되기 때문에 작업의 일정은 최조일정만으로 결정하는 것이 아니라, 최조일정과 최지일정 사이에서 결정되어야 한다.

또한 각 작업의 일정을 정하려면 작업에 필요한 노무나 기자재가 작업일 동안 연속 투입되도록 작업일정을 정하는 것도 필요하다.

참 고

■ **일본의 건설프로젝트에서 VE 적용**

이하의 용어는 스케줄을 수립하는데 자주 이용된다. 덧붙여, 〈그림 3-18 b〉는 절점형 네트워크도의 예이다.

EFT (최조완료시각):

EFT(n) = EST (최조개시시각)(n) + DR (작업일수)

LST (최지개시시각)

LST(n) = LFT (최지완료시각)(n) + DR (작업일수)

TF (토탈플로트)

토탈플로트란 프로젝트의 전체 공사기간에 영향을 주지 않고, 해당 작업의 개시일을 늦출 수 있는 여유기간을 말한다.

TF = LFT(n + 1) - EST(n) - DR (작업일수)

FF (프리플로트)

프리플로트란, 해당 작업이 가장 빨리 완료하여 다음의 작업을 곧바로 개시하여도 아직 여유인 일수.

FF = EST(n + 1) - EFT(n) = EST(n + 1) - EST(n) - DR (작업일수)

(n)은 순서를 표시한다. (n)은 현재 액티비티 순서로서, (n + 1)은 바로 다음의 액티비티의 순서를 나타낸다.

크리티컬패스

크리티컬패스란 토탈플로트가 0이 되는 작업의 흐름. 프로젝트 내에서 제일 시간이 걸리는 일련의 작업의 흐름을 나타낸다.

일정계산의 기초

최근에는 일정계산을 손으로 하는 일은 없어졌지만, 계산결과의 의미를 이해하기 위해서는 그 원리를 알아 둘 필요가 있다. 여기에서는 간단한 사례를 이용해 계산의 원리를 설명한다.

우선 손으로 일정계산을 실시하는데 있어서 종료일의 의미에 대한 주의사항을 기술한다. 개시일에 작업의 소요기간을 더하는 것으로 종료일을 구할 수가 있다. 그러나 산술계산에서는 그렇게 안 되는 것에 주의할 필요가 있다. 예를 들면, 1일째에 시작해 3일간의 작업에서는 계산상은 종료일이 1+3=4가된다. 그러나 실제 종료일은 3일의 저녁이다. 즉, 계산상 종료일은 실제의 종료일의 다음날이 된다. 이것은 일정 계산이 일(日)단위로 되어 있기 때문이다. 개시일부터 1을 공제한 후에 작업 기간을 더하는 방법도 있지만 손으로 계산할 경우에는 계산실수가 많아지기 때문에 피하는 것이 좋다. 아래의 일정계산 사례를 이용해 네트워크 계산방법을 설명한다. 우선, 최조일정(최조개시일과 최조종료일)을 계산한다.

- 〈그림 3-22〉 사례 1에서는 작업 A와 작업 B가 직렬로 연결되어 있다. 작업 A를 1일째에 개시(최조개시일) 할 수 있다면 최조종료일은 1+3=4일이 된다. 그리고 후속작업 B의 최조개시일은 작업 A의 최조종료일과 같은 4일이 되어 최조종료일은 4+5=9일이다.

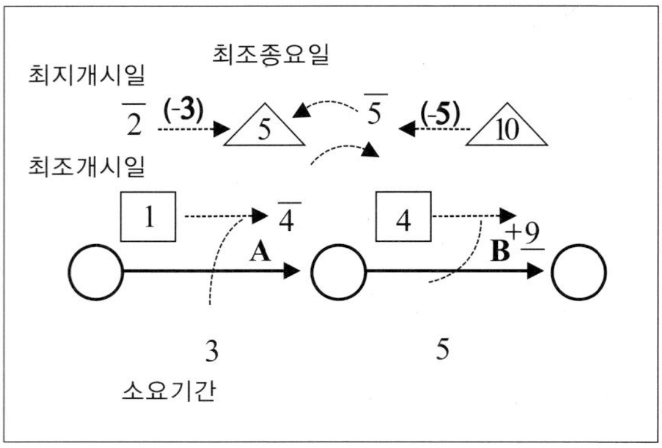

〈그림 3-22〉 일정계산 사례 1

- 〈그림 3-23〉 사례 2에서는 작업 A의 종료 후, 작업 B와 작업 C를 개시할 수 있는 공정을 나타내고 있다. 작업 A의 최조종료일은 5일이기 때문에 거기에 후속하는 작업 B 및 작업 C의 최조개시일은 같은 5일이 된다. 그 결과 작업 B의 최조종료일은 5+8=13일째, 작업 C의 최조종료일은 5+5=10일이다.

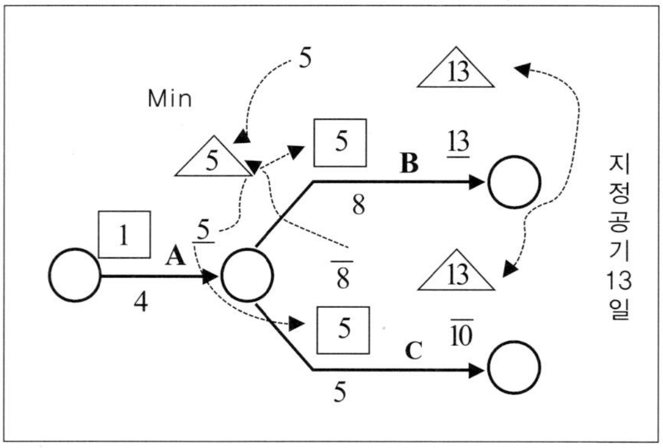

〈그림 3-23〉 일정계산 사례 2

- 〈그림 3-24〉 사례 3에서는 작업 A와 작업 B가 함께 종료하면 작업 C를 개시할 수 있는 것을 나타내고 있다. 이 때, 작업 A와 작업 B의 최조개시일이 동시에 1일째이

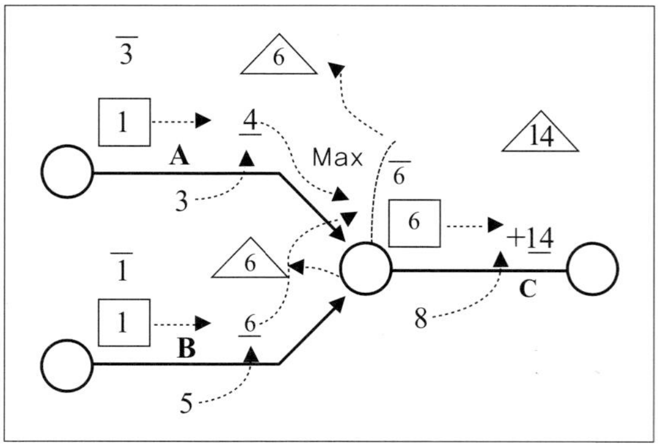

〈그림 3-24〉 일정계산 사례 3

면 최조종료일은 각각 4일과 6일이 된다. 양쪽 모두의 작업이 종료한 이후에 작업 C를 개시할 수 있으므로 작업 C의 최조개시일은 4일과 6일의 늦은(값이 큰) 쪽의 일정이 되기 때문에 6일째가 된다. 그리고 최조종료일은 작업 기간을 더해 6+8=14일이 된다. 다음에는 최지일정, 최지개시일, 최지종료일의 계산방법을 설명한다. 이 계산에서는 공정을 뒤로부터 앞쪽으로 일정계산을 진행시킨다.

- 〈그림 3-22〉 사례 1에서 작업 B를 10일에 종료시킬 필요가 있다고 하면, 그 최지종료일은 10일이 된다. 작업 B의 최지개시일은 10-5=5일로 계산할 수 있다. 작업 A는 작업 B가 5일에 개시할 수 있도록 끝낼 필요가 있기 때문에 최지종료일은 작업 B의 최지개시일과 같은 5일이 된다. 그리고 최지개시일은 5-3=2일이 된다.
- 〈그림 3-23〉 사례 2에서, 작업 B와 작업 C의 최지종료일을 13일로 하였다. 이 경우, 작업 B의 최지개시일은 13일부터 작업일수를 공제해 13-8=5날이 되고 작업 C는 같이 13-5=8일이 된다. 작업 A의 최지종료일은 작업 B의 최지개시일이 5일, 한편 작업 C의 최지개시일이 8일이기 때문에 그것들의 최지개시일의 빠른(값이 작은) 쪽의 일정인 5일이 된다. 그리고 거기에 기초하여 작업 A의 최지개시일을 구하면 5-4=1일이 된다.
- 〈그림 3-24〉 사례 3에서, 작업 C의 최지종료일은 14일이기 때문에 최지개시일은 14-8=6일이 된다. 그 결과, 작업 A 및 작업 B의 최지종료일은 같은 6일이 된다. 그리고, 작업 A의 최지개시일은 6-3=3일, 작업 B의 최지개시일은 6-5=1일이 된다.
- 〈그림 3-25〉 사례 4는 9개의 작업(A-I)에 대한 공정의 일정계산을 실시한 사례이다. 그림 중에서 점선으로 표시하고 있는 작업은 더미화살표(Dummy Arrow)이며, 작업기간이 제로의 작업이다. 작업을 나타내는 화살형의 양단의 결합점 번호가 같은 작업이 존재하는 경우나, 순서관계를 올바르게 가리킬 수 없는 경우에 더미를 사용한다.

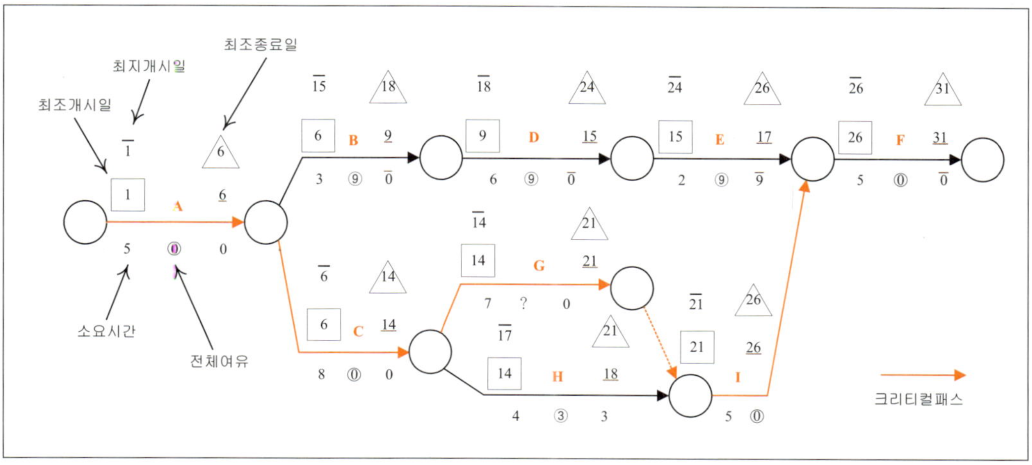

〈그림 3-25〉 일정 계산사례 4

5-2 스케줄링 기법

스케줄링을 실시하는데 있어 사용되는 개념과 용어는 기본지식으로 이해하고 있어야 한다. 수많은 기법이 있지만 여기에서는 건설프로젝트에서 사용되는 것을 개략적으로 설명한다.

■ 바차트 기법(Bar Chart)

5-1 「스케줄링 방법 – 스케줄의 표현」(270쪽)에서 설명한 것처럼, 횡축에 소요시간, 종축에 작업을 표현하여 프로젝트의 진척상황을 나타내는 것이다. 작업의 착수로부터 완료까지의 기간이 명확하게 되어 있어 시계열적으로 한눈에 알아보기 쉽고 감각적으로도 이해하기 쉽다. 반면, 작업의 순서관계가 표시되지 않는다. 특정작업의 지연이 이후의 공정에 어떻게 영향을 미칠지 알기 어려운 단점이 있다.

발명자의 이름을 사용하여 간트차트(Gantt Chart)라고도 불린다.

■ 네트워크 기법

네트워크기법은 1958년 미해군(U.S. Navy)의 PERT(Program Evaluation and Review Technique), 듀퐁(Dupont)사에 의해 CPM(Critical Path Method)으로 동시에 개발되었다. 이에 의해 공정을 절점과 화살표로 표시한 네트워크도로 나타내고 일정을 계산하는 기법이 확립되었다. 그 후, 이 기법은 자원배분이나 평준화 기법으로도 사용되었다.

CPM기법은 각 작업에 대해 통상의 소요기간과 특급의 소요기간 2종류를 설정하고, 각각에 작업비용을 부여한 다음, 최소의 공사비로 최단의 공사기간을 계획하는 기법으로 개발되었다. 그러나 현재 실무에서는 계산이 복잡하기 때문에 거의 사용되지 않는다. 그리고 PERT기법은 작업의 소요기간을 3점 견적(낙관치, 비관치, 최대빈수)으로 설정해 전체 공사기간의 불균형이나 확률분포를 계산하는 기법으로 개발되었다. 3점 견적에 의한 작업기간의 기대치를 계산하는 기법은 현재에도 이용되고 있지만, 이에 기초하여 전체 공사기간의 불균형을 추정하는 것은 그다지 사용되지 않는다.

현재는 화살표와 절점으로 공정을 표현해 일정계산을 하는 기법을 총칭해 네트워크 기법(또는 공정 네트워크 기법)이라고 부르고 있다. 그러나 관습적으로 지금까지도 총칭으로 CPM기법이나 PERT기법이라는 명칭이 사용되는 경우가 많다.

또한 최근에는 공정의 순서를 위에서 밑으로 기술하는 방법인 시공 프로세스차트(플로차트 기법)도 사용되기 시작하고 있다. 이것은 컴퓨터의 연산순서를 나타내는 플로우차트(flow chart)에 가까운 표현방법을 이용한다. 이 기법은 횡으로 되기 쉬운 공정표를 세로로 나열함으로 작업의 순서관계나 병행관계를 알기 쉽다는 장점이 있다.

■ 택트 기법

동종의 작업을 반복하여 실시하는 경우, 예를 들면 고층빌딩의 건설에 있어서 거푸집공사를 층마다 반복하는 경우에 작업의 소요시간을 일정하게 일치시킴으로써, 복수의 작업집단이 차례로 반복되는 작업을 실시하는 스케줄을 작성하는 기법이다.

하나의 사이클이 무너지면 전체에 영향을 미치기 때문에 공사기간을 준수하기 위한 관리가 필요하다. 그리고 반복작업에 의한 효과를 기대할 수 있으므로 사이클 시간 단축 혹은 노

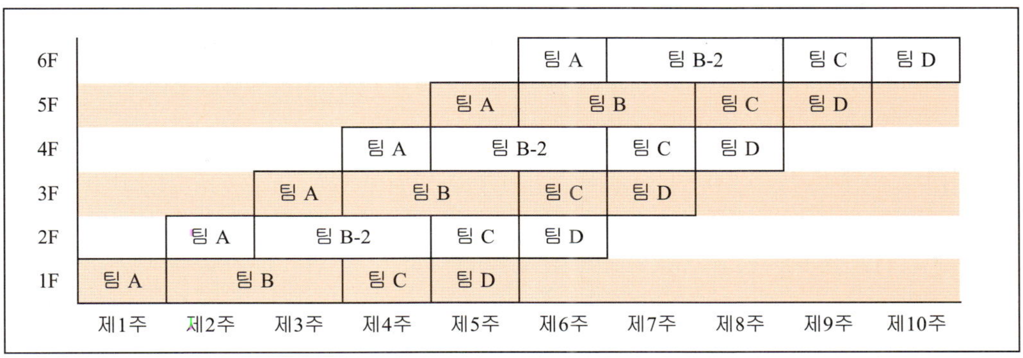

〈그림 3-26〉 택트 기법

무절감으로 나타난다. 현실적으로는 지연이 발생할 경우를 대비해 회복구조를 만들어 둘 필요가 있다.

■ 4차원 가시화 기법

3차원 CAD의 출현으로 실현된 기법이다. 상하 작업, 랩 작업 등이 발생하는 복잡한 작업에 대해 3차원 CAD 모델을 작성하고, 그 모델위에 작업시간의 순서로 위치 관계를 나타내어 시각적으로 파악할 수 있도록 한 것이다.

고속의 CPU와 다량의 메모리를 가진 고성능 컴퓨터가 필요하고, 데이터 작성에 긴 시간이 걸리는 것 등으로 인해 한정된 프로젝트에만 적용된다.

5-3 스케줄관리 기법

스케줄을 작성하는 것만으로는 의미가 없다. 작성한 스케줄에 따라 프로젝트가 진척되고 있는지 조사하여 필요에 따라 수정해야 한다. 이러한 스케줄매니지먼트 기법을 몇 개의 예로 설명한다. 스케줄링에는 관리 · 운영의 의미도 포함되어 있지만 여기에서는 작성한 이후에 초점을 맞추고 있다.

■ 크리티컬패스와 관리

크리티컬패스란 스케줄링에서는 일련의 작업 중에서 토탈플로트가 0이 되는 프로젝트[159] 중에서 가장 시간이 오래 걸리는 일련의 작업 흐름이다. 크리티컬패스 상의 작업이 늦어지면 전체 스케줄이 영향을 받게 된다.

토탈플로트의 계산치를 넘는 지연 때문에 전체 스케줄이 지연된다. 따라서 스케줄을 운영·관리하는데 있어서 매우 중요한 요소이다. 크리티컬패스는 구성된 작업에 대한 자원의 양, 작업의 질의 변경에 의해 변화한다.

또한 다른 요인에 의해 작업지연이 발생되어 지금까지의 크리티컬패스를 바꾸어 버리는 경우도 있다. 항상 어느 작업이 크리티컬패스에 있는지 확인할 필요가 있다. 또한 크리티컬패스가 아닌 작업의 플로트가 길어졌다고 해서 여유를 가지고 작업을 실시할 수 있다는 것을 의미하는 것은 아니다.

■ 자원분배기법

스케줄링에 따른 자원공급량의 변동을 적게 하고자 하는 기법이다. 자원공급의 한계로 인해 공급량에 맞춘 스케줄을 작성하는 경우와 평준화 그 자체를 목표로 하는 경우가 있다.

전자의 경우, 자원공급량이 스케줄의 제약조건이 되는 경우이다. 장외 반출·반입 제한, 해당 지역 내의 제한된 레미콘 공급, 좁은 장소에서의 작업 제한으로 투입노력에 제한이 있는 경우 등이다.

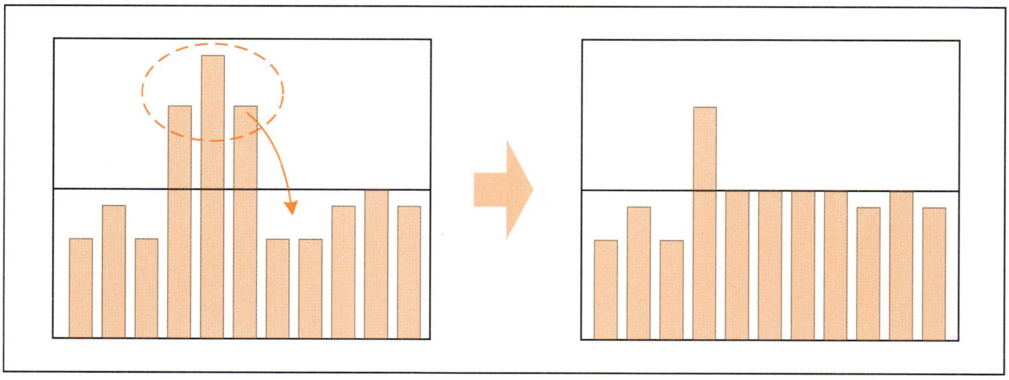

〈그림 3-27〉 평준화의 컨셉

159) 〈참고〉
스케줄에 이용되는 주요 용어. P.260

후자의 경우, 필요한 가설설비 규모의 계획, 양중계획 등을 실시하는 등 순조로운 현장운영을 실시하는 것을 목적으로 한다. 작업팀이 고정됨에 따라 학습효과를 기대할 수 있는 점도 큰 장점이다. 이 기법에서는 우선 각 작업을 최조개시일로 계획하고 단위기간당 필요자원량을 구하여 피크가 되는 기간의 작업을 평준화시켜 작업할 수 있도록 계획한다.

또한, 경우에 따라서는 동종의 작업을 병행하여 선행작업을 실시하고 예정을 앞당기는 계획을 할 수 있는 경우도 있다. 그래프로 시각화해 검토하는 경우가 많다.

■ S차트 기법

거래총액에 따라 관리하는 EVM의 경우, 거래총액곡선이 S자 모양이 되기 때문에 S차트 기법으로 불린다. 내용에 대해서는 1-2 EVM(223쪽)을 참조한다.

6 품 질

6-1 품질관리 기법과 이론

품질에 대해서는 JIS(일본공업규격), JAS(일본농림규격협회)의 업계기준, 국토교통성대신관방영선부감수 공공건축공사표준시방서와 같은 지방공공단체의 기준에 의해 요구품질의 표준 · 기준 등이 존재한다. 국제적으로도 마찬가지이다.

한편, 요구되는 품질을 제어, 보증 혹은 개선하기 위한 다양한 기법 · 이론이 개발되고 있으며, 이러한 기법을 적용하여 프로젝트의 품질을 확보하는 활동을 수행해야 한다. 본서에서는 품질관리의 기법과 이론의 일부를 소개한다. 상세한 내용에 대해서는 각각 많은 문헌이 있으므로 그것을 참조하기 바란다.

TQC (Tatal Quality Control)[158]

TQC는 기업의 전사적인 품질관리를 추진하는 것으로, 품질관리에 관한 다양한 기법을 종합적, 전사적으로 적용하고 종업원의 총력을 결집해 그 기업의 실력향상을 목표로 하는 것이다. 일본에서도 1960년경부터 제품이나 서비스의 품질을 유지하고 불량품을 없애기 위한 관리활동으로서 도입되어 일본제품의 품질향상에 공헌해 왔다. 현장의 관리자나 감독자와 작업자의 품질의식 고양과 품질관리활동 추진을 목표로 하는 소집단 활동인 QC서클 활동을 통해 일정 업무에 대한 PDCA(Plan, Do, Check, Action)의 관리사이클(Deming's cycle)이 추진된다.

〈표 3-2〉 QC 7가지 도구

명 칭	개 요
특성 요인도	원인과 결과를 정리한 그림
파레토도(누적도수분포도)	문제 등을 빈도별로 누적 분포시켜 코스트를 중점적으로 검토할 수 있음
막대그래프(막대모양도)	측정치 범위를 구간으로 나누고 대응하는 도수분포를 막대그래프로 나타낸 그림. 데이터의 출현 상태 모습을 추정하는 방법
관리도	데이터를 설정한 상한 또는 하한의 값을 갖는 범위 이내로 관리하는 통계적 기법
체크시트	미리 기입 항목을 설정한 용지를 가지고 데이터의 수집 · 점검을 실시하는 방법
산포도	2개의 변수를 횡축과 종축으로 두고 측정치를 표시하여 작성한 그림. 특성간의 관계를 파악하기 위한 방법
층별(層別)	특성, 조건 등이 유사한 것을 정리하여 다른 것과 구별하여 데이터를 취하는 것

160) 참고문헌
(1) 荒木睦彦「건설업의 TQC입문-총합적 품질관리」창국사, 1981
(2) 水野滋 감수「관리자 스태프 신QC 일곱가지 도구-QC기법개발부회편」일본과학기술연합, 1979

〈표 3-2〉 QC 7가지 도구

명 칭	개 요
연관도법	복잡하게 얽혀 있는 문제의 인과관계를 논리적으로 연결하여 관련 관계도를 작성하고 문제해결 방안을 찾는 기법
친화도법	막연하고 확실치 않은 문제 등을 단어 의미의 친화성에 의해 그룹화, 도식화하여 문제의 소재나 본질을 밝히는 기법
계통도법	연관도법 등으로 파악된 문제해결의 저해 요인을 타파하기 위해 달성 목적의 제약사항을 계통적으로 표현해 문제 해결수단을 명확화하는 기법
매트릭스도법	많은 목적, 수단 등을 행렬형식으로 늘어놓고 OX 등으로 상호관련 정도를 정리하는 기법
매트릭스 · 데이터 해석법	매트릭스도로 요소간의 관련성이 정량화되었을 경우의 수치 데이터 해석 방법
PDPC법(Process Decision Program Chart)	과정계획결정도로 불리며 일어날 수 있는 문제를 예상하여 그 문제가 발생했을 경우에 적용하는 또는 그 방향으로 궤도를 수정하는 기법
Arrow Diagram법	최적의 일정계획 수립과 효율적인 진척관리를 실시하는 기법

또한 〈표 3-3〉의 「QC 일곱가지 도구」또는 〈표 3-4〉의 「신QC 일곱가지 도구」등의 툴이 실천적으로 사용되어 왔고, TQC에 의해 건설 프로젝트의 불량발생을 방지하는 성과가 있었다. 현재는 TQM[161] 등으로 전환되고 있다.

ISO 9000 시리즈 (품질 매니지먼트 시스템)

ISO 9000 시리즈 품질 매니지먼트 시스템은 국제표준화기구 (ISO)의 「품질 매니지먼트 및 품질보증」기술전문위원회(위원회 번호 ISO/TC176)내에 설치된 「품질시스템」분과회(분과회 번호 SC2)가 작성한 「조직을 지휘 관리하는 체계적 활동」에 대한 규정으로 원문은 영어이지만 공식 일본어 번역(JIS Q 900)이 있다. 2000년 개정판은 다음 항목으로 구성되어 있다.

품질매니지먼트 시스템의 원칙으로 다음과 같은 8개 항목을 내세우고 있다.

a) 고객 중시

b) 리더십

c) 사람들의 참가

d) 프로세스 중심의 접근방식

e) 매니지먼트에 대한 시스템 어프로치

f) 지속적 개선

161) TQM(Total Quality Management) P.285

g) 의사결정시 사실에 근거한 어프로치

h) 공급자와의 상조 관계

품질시스템이라고 불리지만 너무 품질에 초점을 맞춘 요구사항이라기보다는, 제품을 만들기 위한 증거물로서의 문서화, 제품을 만든 후에 문제가 있을 경우의 식별(traceability), 설계나 검사 등의 활동기록으로서의 품질기록, 사내에서 다시 검토하는 내부품질감사, 물건을 만들어 가는 각 단계에서의 책임과 권한의 명확화 등을 실시하는 기법이다.

TQC는 기본적으로는 품질개선활동으로서 기업의 내부에 적용되는 것이므로 고객은 그 기업의 품질관리기법이나 품질보증체제가 어떠한 것인지, 어느 정도의 수준인지 알기 어렵다.

이에 반해 ISO9000시리즈는 기업의 품질매니지먼트 시스템을 국제적으로 정해진 기준에 의해 객관적으로 평가하는 것으로 제품이나 서비스의 품질보증을 어떠한 지침아래에서, 어떠한 관리체제에 의해 실시하고 있는지를 객관적으로 평가하는 고객을 위한 툴이라고 할 수 있다.

〈표 3-2〉 QC 7가지 도구

규격 번호	규 격 명	적 용
ISO9000	품질매니지먼트 시스템 - 기본 및 용어집 (Quality management system - Fundamentals and Vocabulary)	품질매니지먼트 시스템의 기본사항을 설명하고 품질매니지먼트 시스템의 용어를 규정하고 있다.
ISO9001	품질매니지먼트 시스템 - 요구 사항 (Quality management system - Requirements)	조직이 고객 요구사항 및 적용되는 규제 요구사항을 충족하는 제품을 제공할 수 있다는 것을 실증 하는 경우, 그리고 고객만족 향상을 목표로 하는 경우의 품질매니지먼트 시스템에 관한 요구사항을 규정하고 있다.
ISO9004	품질매니지먼트 시스템 - 퍼포먼스 개선 지침 (Quality management system - Guidelines for performance improvements)	품질매니지먼트 시스템의 유효성 및 효율을 고려한 지침을 제공하고 있다. 이 규격의 목적은 조직의 퍼포먼스의 개선수준과 더불어 고객 및 그 외의 이해관계자의 만족이다.
ISO19011	품질 및 환경 매니지먼트 시스템 감사 지침 (Guidelines on quality and environmental management system auditing)	품질매니지먼트 시스템 및 환경매니지먼트 시스템 감사 지침을 제공한다.

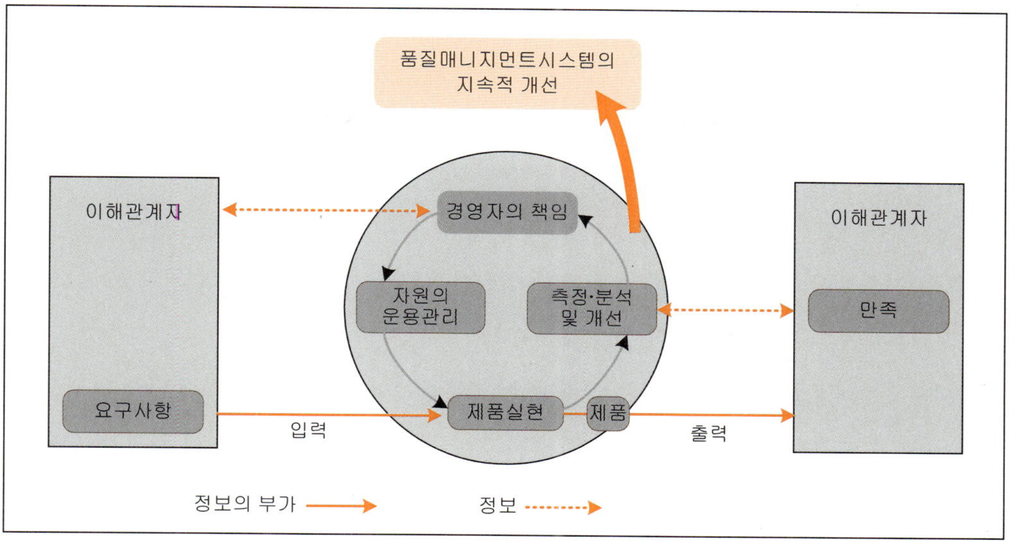

〈그림 3-28〉 ISO 9001(2000년판) 품질매니지먼트 시스템의 프로세스 모델

TQM (Total Quality Management)

TQM은 제품의 품질에 대해 원래 업무프로세스의 질, 경영의 질 등 질 향상을 추구하는 「질」관리방법이라 정의된다. 1990년대 미국에서 TQC를 기초로 재구축된 업무 · 경영전체의 질 향상 관리이론이다. 그렇지만 TQC의 연장이라고 하기 보다는 고객과의 관계를 포함한 경영전체를 고려하는 전략적인 개념이라고 할 수 있다. 명칭은 비슷하지만 TQC와 TQM는 근본적으로 다른 것이며 혼동해서는 안 된다. 그 성과는 일본에서도 연구되어 일본기업에 도입되고 있다.

TQM은 생산개선 뿐만 아니라 경영의 질 등 모든 품질요소를 포함하여 발주자와의 관계에 대해 개선하는 것이라는 점에서 차이가 있다.

① 경영자가 탑다운의 리더십을 가지고 전략적으로 진행한다.

② 다음과 같은 프레임을 평가하고 파악한다.

- 경영 간부의 리더십
- 경영의 사회적 책임
- 고객 · 시장의 이해와 대응

전략 수립과 발전

개인과 조직의 능력향상

고객 가치창조 프로세스 · 정보 매니지먼트

③ 이것을 기초로 PDCA사이클 등을 사용하여 지속적인 개선활동을 실시한다.

제창자나 사용자에 의해 다양한 사고방식이나 진행방식이 존재하고 있다는 점, 품질의 관리 또는 제어(Control), 보증(Assurance), 개선(Improvement) 등의 넓은 범위를 많은 비용으로 취급하는 이론이라는 점, 경영간부가 주도한다는 점 등의 이유로 본격적인 도입이 간단하지 않다.

일본의 건설산업에서는 품질 결정의 중점이 생산주체에서 설계주체로 이동하고 있으므로 TQM적인 개념에 친숙하다고 할 수 있다.

TQM에 ISO9000- 2000을 도입한 TQM 9000이라는 기법도 제창되고 있다.[162]

식스시그마 경영기법(6σ)

식스시그마 경영기법[163]이란, 품질 · 경영관리상의 미스 발생 목표수치를 3.4회/100만회라고 하는 지극히 적은 회수로 설정하여, 비지니스 · 프로세스의 개선을 도모하는 혁신기법이다. 탑다운으로 실시하는 기법이라는 점에서는 TQM와 같지만, 수치로 나타내는 품질 특성치만 취급하는 것으로 TQM와 구별되고 있다.

품질 특성치의 불균형 표준편차 즉, 의 분포가 넓어질수록 품질수준이 낮고, 좁아질수록 높다고 말할 수 있다. 고객에 대한 품질보증의 불균형을 식스시그마 경영기법의 범위에서 제어하는 것을 목표로 한다(그림3-29). 그 중에 사용되는 것이 「MAIC[164]」(Measurement-Analysis-Improvement-Control)로 불리는 개선사이클이다. 일본의 TQC를 기초로 하고 있기 때문에 「QC 7가지 도구」 및 「신QC 7가지 도구」와 유사한 기법을 사용한다. 프로젝트 리더들을 「블랙벨트(흑대)」라고 부르고 있는 것도 일본과 관련된 것으로 보인다. 식스시그마 경영기법의 특징 중의 하나는 책임자나 전임자의 임무수행 등을 철저히 하는 것으로 현상을 타파하고 개선을 추진하는 것에 있다.

두 번째는 고객의 소리와 경영에 미치는 영향의 크기를 가지고 개선의 우선순위를 결정하고

162) [참고 문헌] (재)사회경제생산성본부 「일본경영품질상 어세스먼트기준 가이드북」

163) 식스시그마 경영기법
일본에서 정착하고 있던 TQM(전사적품질관리)를 기초로 하여, 미국 모토로라사가 구미형의 탑다운 방식에 적용하여 개발한 것으로, GE사에서 큰 효과를 보았고 일본에서도 주목받게 되었다.

164) MAIC
M (Measurement) : 측정
A (Analysis) : 분석
I (Improvement) : 개선
C (Control) : (개선 결과의 정착을 위한) 관리
(GE사의 모델에서는 D(Define) 정의을 더해 DMAIC라고 한다.)

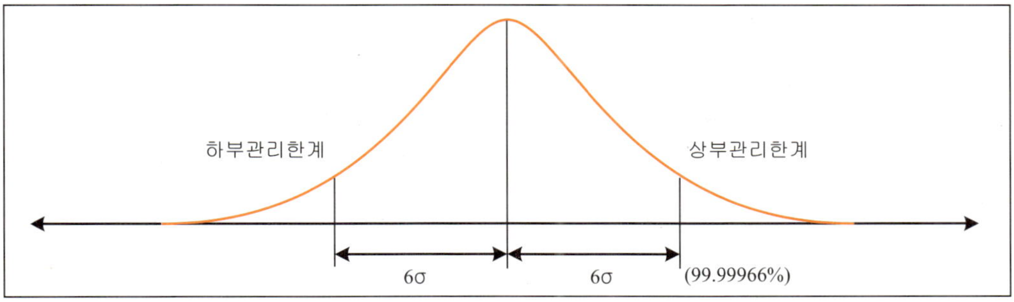

〈그림 3-29〉 품질 특성치에 따른 표준편차

개선의 효과를 금액으로 환산하여 표현하는 것이다. 식스시그마 경영기법은 일본에서도 소니 등이 받아들여 주목받았으며 다양한 문헌에 소개되어 있어, 여기에서는 간략하게 소개한다.

6-2 생산설계

최근 생산설계가 주목받고 있는 것은 다음과 같은 이유를 들 수 있다.

① 생산프로세스의 하류 측에서의 기술개량 · 개발이 치열하고, 시공단계에서 설계변경을 통해 그것들을 채용하는 케이스가 증가하고 있다는 점

② 그러한 기술을 한층 더 유효한 것으로 만들기 위해 설계단계에서 선행적으로 검토하고 조기에 확정해야 한다는 점

③ 의장 · 구조 · 설비의 각 설계안 중 설계를 실현하는 과정에서 설계와 시공의 부조화에 관한 문제가 많이 발생하였다는 점

④ 설계단계의 생산정보 과부족에 따라, 순조롭게 진행되는 프로젝트와는 반대로 예측이 적절하지 않아 문제에 직면하는 많은 프로젝트 사례를 통해 생산정보의 중요성이 인식되고 있다는 점

⑤ 현실적으로 설계와 시공의 검토과정이 연속적인 관계가 아니고 병행관계로 이루어지고 있다는 점

이러한 점으로부터 설계와 시공을 연결하는 통합화의 이념, 업무가 요구되고, 「생산설계」에 의해 설계와 시공을 통합하는 개념이 생겨났다.

■ 생산설계의 정의

생산설계는 활동하는 주체에 의해 그 용어와 의미가 다르다. 예를 들어, 어느 종합건설업자는 시공도 및 시공계획을 작성하는 것을 생산설계라고 하고, 다른 컨설턴트는 실시설계도 · 상세도와 시공도를 작성하는 것을 생산설계라고 한다. 또한 설계도에 근거하여 시공성

을 검토하기 위해서, 각 종합건설업자가 작성하는 도면 즉, 종합도 작성도 설계자의 업무라고 하는 사람과 종합건설업자의 업무라고 하는 사람으로 나누어진다. 게다가 생산설계라는 용어를 이용하지 않고 「개략시공계획」이라는 용어를 사용하는 경우도 있다. 이러한 다양한 해석이 있지만 일반적으로 합의된 생산설계의 정의는 다음과 같다.

「기능설계의 용이성, 경제성, 품질의 안정성을 접목하여 시공의 실현성을 도모하고 순서, 공정, 기계 등 생산라인의 개략 설계를 실시하는 것. 그 행위에는 생산에 유리한 구 · 공법의 선정, 치수 정밀도의 설정, 최적재료의 선택, 구조의 단순화 · 규격화 · 표준화, 시판품이나 규격품의 사용 등을 진행시키기 위해 건축물의 요소를 세부적으로 검토하여 설계하는 것」

이 정의는 후술하는 영국의 Buildability, 미국의 Constructability, Concurrent Engineering 등의 개념과 거의 동일하다.

Buildability

영국의 CIRIA(Construction Industry Research and Information Association)의 정의에 의하면 「Buildability」는 「완성된 건물에 요구되는 모든 것을 만족하는 것을 전제로, 건축물의 설계와 시공을 용이하게 하는 정도」이다. Stewart Adams[165]는 Buildability를 ①단순화, ②표준화, ③커뮤니케이션 3개의 기본원칙으로 요약하고, Buildability를 높이기 위해 기본설계단계와 상세설계단계에서 다음의 16가지 요소를 실시해야 한다고 주장한다.

Buildability를 위한 실천 사항

① 충분한 조사

② 설계단계에서의 현장 엑세스 검토

③ 설계단계의 자재 보관장소 검토

④ 지하공사의 공사기간을 최소화하는 설계

⑤ 상부 구조체 · 상수도 공사의 조기완료 가능한 설계

⑥ 적절한 재료의 사용

⑦ 적용 가능한 기능을 고려한 설계

⑧ 단순한 조립을 고려한 설계

⑨ 반복/표준화를 높인 계획

⑩ 가설 설비의 최대 이용

165) Stewart Adams, Practical Buildability, Butterworths, UK (1989)

⑪ 타당한 오차의 허용

⑫ 작업의 현실적인 순서관계 고려

⑬ 재작업 방지

⑭ 후속작업에 의해 손상을 방지하기 위한 계획

⑮ 안전한 시공을 고려한 설계

⑮ 확실한 커뮤니케이션

Constructability

미국의 CII(Construction Industry Institute)의 정의에 의하면 「Constructability는 프로젝트의 모든 목적을 달성하기 위해, 기획 · 설계 · 조달 · 현장작업에서 시공상의 지식과 경험을 최대한 이용하는 것」이다. 많은 프로젝트를 분석하여 Constructability에 대한 보다 구체적인 개념을 [Constructability Concepts File]에 정리하고 있다. C.Oglesby는 Constructability를 개선하기 위한 전략을 〈그림 3-30〉과 같이 설명하고 있다.

Constructability의 검토는 컨설턴트에 의한 경우가 많지만, CM방식에서는 CMr가 Constructability를 검토해야 한다.

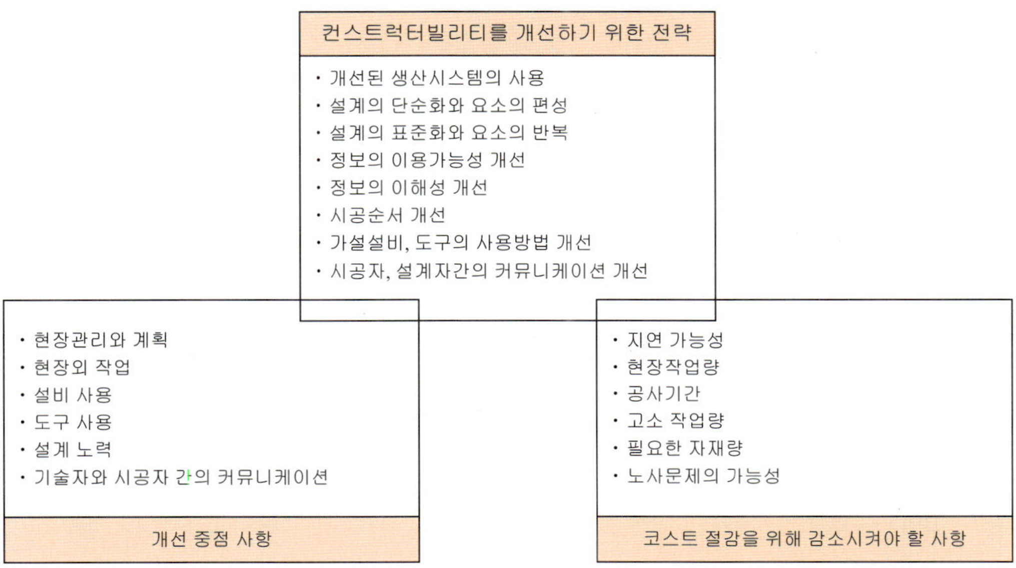

〈그림 3-30〉 컨스트럭트빌리티의 개념

166) C.Oglesby, Productivity Improvement in Construction, McGraw-Hill (1989)

동시공학(Concurrent Engineering)

동시공학(Concurrent Engineering)은 IT산업 등 제조업을 중심으로 해서 제품 설계분야를 중심으로 사용되는 용어로, 그 의미는 「제품 및 제품에 관계된 제조나 지원을 포함한 공정에 대해 통합된 동시적(Concurrent) 설계를 실시하려는 체계적인(Systematic) 접근법이다. 이 접근법은 품질, 코스트, 스케줄, 사용자의 요구를 포함한 개념에서부터 폐기에 이르기까지의 프로젝트 라이프사이클의 모든 요구를 개발자가 최초부터 고려하도록 의도된 것」이다

동시공학(Concurrent Engineering)의 목적은 소정의 요구품질을 만족하면서 제품을 시장에 내보내는 시간을 극히 단축시키는 것에 있다. 이 목적을 달성하기 위해 ①제품개발에 관련된 복잡하고 다방면에 걸쳐 있는 주체를 조직화하고, ②그들 사이의 커뮤니케이션을 도모하며, ③제품에 요구되는 내용을 정확하게 파악하고, ④제조 가능한 품질, 규격 · 기준 등으로 전개하며, ⑤설계, 제조, 기술 · 공정을 어떻게 편성할 것인지와 각 단계에서 이용가능한 모든 설계 · 계획 기술, 커뮤니케이션 기술 · 툴 등을 얼마나 활용할 것인가를 종합적으로 생각하는 것에 신규성(新規性)이 있다. 동시공학(Concurrent Engineering)의 최종 목적은 가능한 빨리 제품을 시장에 출시해 경쟁을 유리하게 전개하는 것이다. 따라서 제품의 기획부터 시장에 제품을 내놓을 때까지의 기간을 최대한 단축하려 한다.

건설프로젝트에 대한 건축주의 최종목적은 건설프로젝트를 완성하는 것이 아니라, 그 완성물을 사용해 사업 활동을 실시하고 그를 통해 이익을 얻는 것이다. 따라서 프로젝트를 가능한 신속하게 완성시켜 본래의 사업 활동을 개시할 수 있다면 그 만큼 이익을 얻을 가능성이 높아지기 때문에 프로젝트 공사기간을 단축시키는 것에 대한 기대는 대단히 높다.

제조업에서 도입하고 있는 동시적(Concurrent)인 사고방식은 건설산업이 오랜 기간 동안 숙명적으로 안고 있는 문제를 해결하기 위해 검토해 온 개념과 일치하는 부분이 많다.

즉, 건설산업의 설계 – 시공 통합 논의와 생산설계 논의의 내용은 서로 유사하다. 팀 설계, 동시 진행의 설계와 계획, 설계와 시공의 통합, 시공가능성을 위한 엔지니어링 등이 공통의 키워드이다. 건설프로젝트는 설계와 시공이 원칙적으로 분리되어 있고, 설계가 이미지 · 구조 · 설비등 각 전문 기술자에 의해 분할되어 있기 때문에 그러한 정합성의 확보와 시공 정보의 설계에 대한 피드백이 프로젝트의 최적화에 있어 중요하며 또한 풀어야 할 과제인 것이다.

■ 생산설계 담당자

그러면 생산설계의 담당자는 누구인가? 정의에 의하면 그 대부분은 설계측에서 실시해야

할 것이다. 여기서 설계측은 의장설계, 기능설계 담당자로 한정하는 것이 아니라 설계단계의 여러 주체가 실시해야 한다는 의미이다. 설계측과 시공측의 업무 분담범위 차이를 좀 더 연속적으로 그린 것이 〈그림 3-32〉이다. 횡축은 건설 생산프로세스의 개략을 종축은 개별 프로젝트를 나타내고 있으며, 구형으로 둘러싼 곳이 관련주체의 업무범위이다. P1프로젝트에서는 설계와 시공이 분리되어 설계단계에서 실시해야 할 업무가 생산설계를 포함해 거의 완료된 후에 종합건설업자가 시공계획을 개시하는 타입을 나타내고 있다.

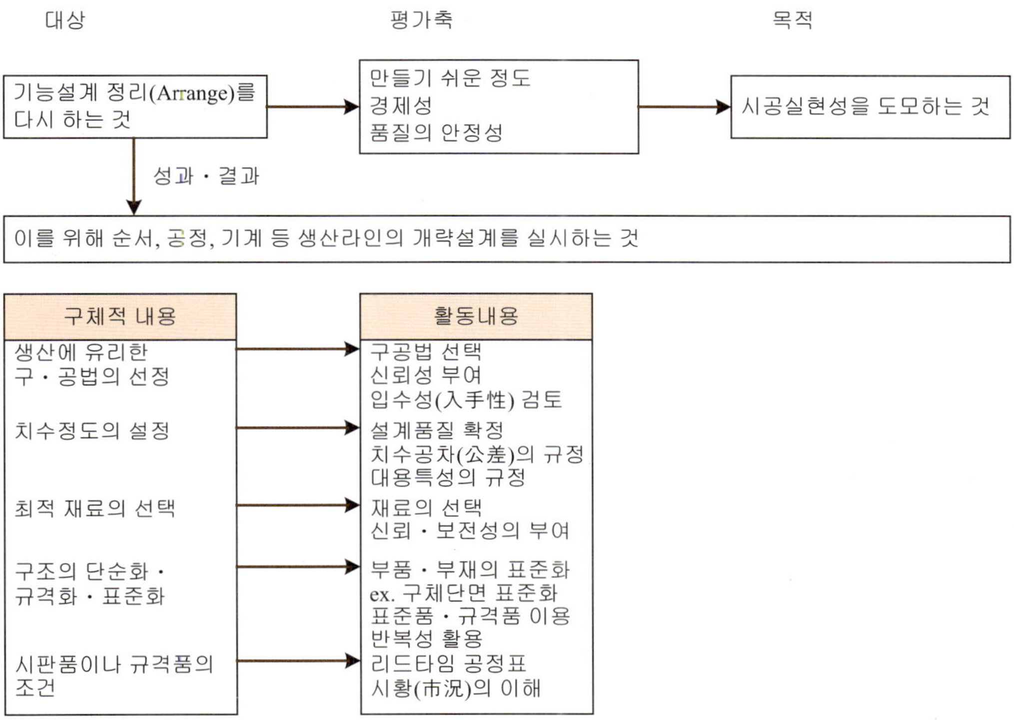

〈그림 3-30〉 컨스트럭트빌리티의 개념

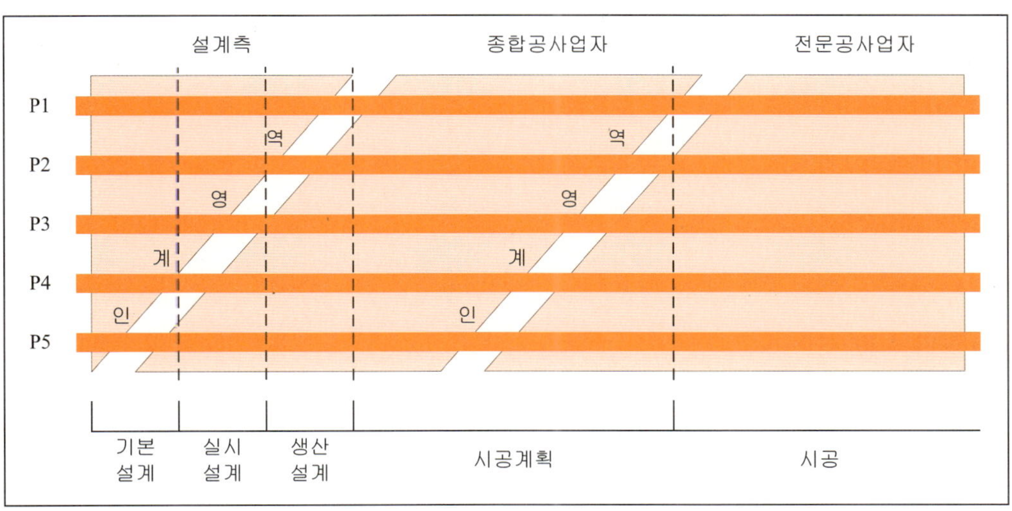

〈그림 3-32〉 프로젝트에 의한 업무범위의 다양함

반대로 P5는 기본설계의 일정 부분을 설계측에서 실시하고, 그 이후를 종합건설업자가 이어받아 업무를 수행하며, 시공계획 중간 후부터 전문건설업자에게 연결하는 타입이다. P2에서 P4는 그 중간적인 타입이다. 그림을 통해 설계측과 시공측의 업무인계 가능범위가 넓다는 것과 프로젝트에 따라 관계자 쌍방 능력에 의해 조정가능하다는 것을 알 수 있다.

■ 생산설계와 발주방식

생산설계는 발주방식에 따라 생산설계 실시자가 변화한다. 여기에서는 생산설계의 업무를 중점적으로 검토한다.

설계로부터 시공에 이르는 과정에서 행해야 할 업무는 〈그림 3-33-a〉의 6개의 업무로 구분된다. 여기에서는 구조설계, 설비설계 등 기능설계와 유사한 것은 모두 기본설계와 실시설계에 포함되는 것으로 한다. 또한 여기서 말하는 개략계획은 생산설계의 개략을 의미하며, 공사비와 공사기간의 개략적인 산출 등이 이에 해당한다.

〈그림 3-33-b〉에서 6개의 기본업무 중 기본설계, 개략계획, 실시설계, 생산설계가 실선으로, 시공계획과 시공은 점선으로 나타나 있다. 통상 전자를 담당하는 사람을 설계자라 하고, 후자를 담당하는 사람을 시공자(종합건설업자)라고 부른다. 이러한 범위의 각각을 계약단위로 생각하면, 이 그림은 전형적인 설계와 시공이 분리된 형태를 나타내고 있어, 실선 범위의 업무를 하나의 설계자 또는 하나의 조직에서 수행하는 것이 원형이다. 소규모공사, 단독주택공사 등에서는 현재에도 행해지고 있다. 그러나 대부분의 경우, 코스트 개산을 적산사무소에 외주하거나 상세도를 외부 설계사무소에 외주하고 있으며 설계업무의 일부가 분업화·외주화되어 있다.

〈그림 3-33-c〉는 분담 관계의 원형으로부터 생산설계의 업무가 분리된 것이다. 계약상 제외되어 있다기보다는 설계측에서 생산정보를 충분히 파악·이용할 수 없는 상황이기 때문에 이 업무가 사실상 실시되고 있지 않는 현상을 나타낸 것이다. 설계업무의 일부 외주화 등은 〈그림 3-33-b〉와 같다.

생산정보의 미비를 보충해야 하는 현실에서는 〈그림 3-33-d〉의 형태가 다수 존재한다. 이것도 계약상 생산설계를 지원하는 조건이 아닌 지명공사이기 때문에 공사계약에 앞서 설계자가 각종 생산에 대해 협의、지원을 요구하는 것이다. 〈그림 3-33-f〉는 '설계+시공'의 형태를 나타내고 있다.

〈그림 3-33-g〉는 기본설계를 실현시키기 위해서 개별조직의 설계자가 실시설계를 수행하는 것이다. 대규모공사나 디자인 중시형 공사 등에서 사용된다.

〈그림 3-33-h〉는 실제로 공사를 실시하는 사람 이외에 생산기술면의 설계를 독립적으로

담당하는 주체 즉, CMr이 생산설계나 조정매니지먼트의 업무를 담당하게 된다.

생산설계와 CMr 역할의 중요성이 여기에 나타나 있다고 할 수 있다

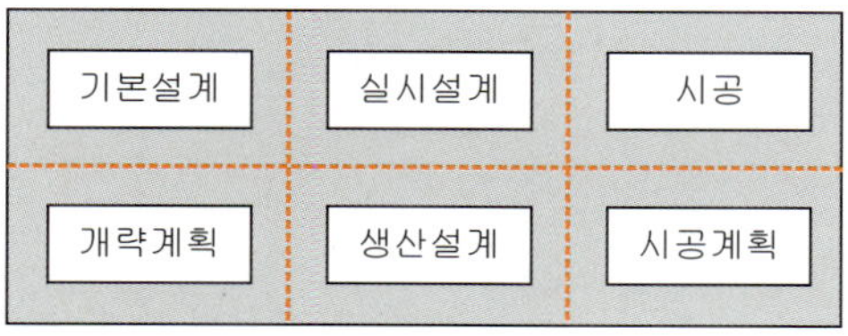

〈그림 3-33-a〉 6개의 기본업무

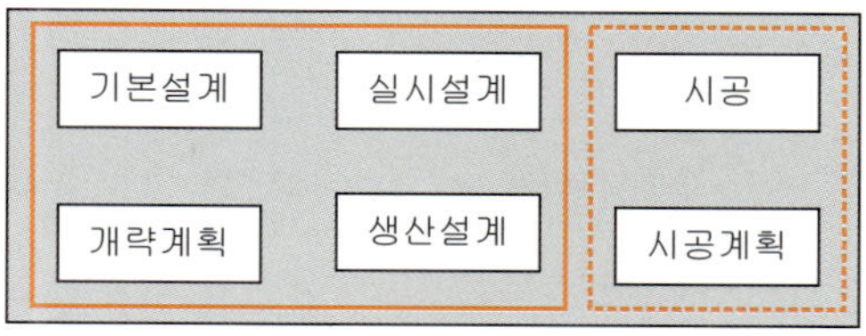

〈그림 3-33-b〉 분담관계의 원형

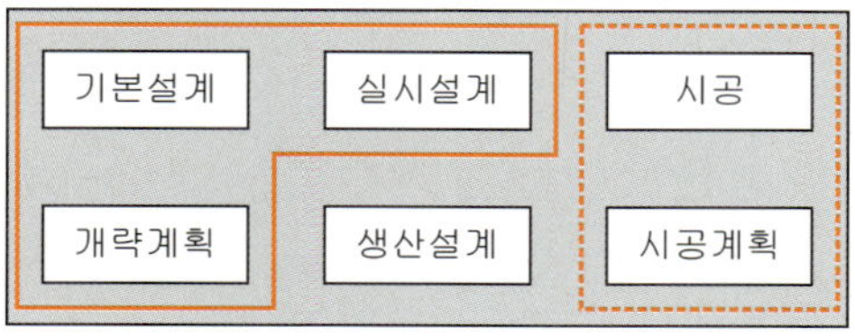

〈그림 3-33-c〉 분담관계의 원형

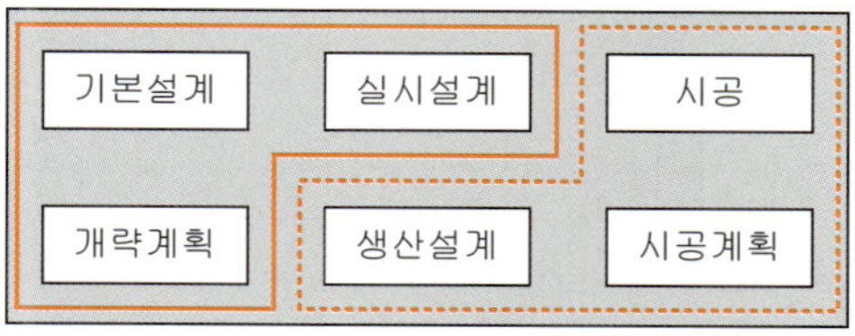

〈그림 3-33-d〉 시공측의 지원 : 지명공사

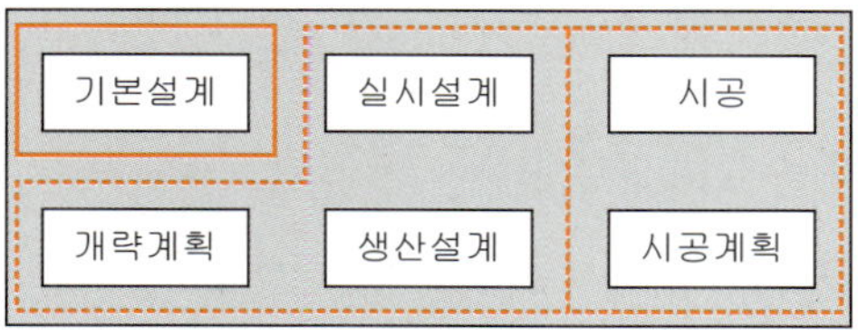

〈그림 3-33-e〉 시공측의 상류업무수행 1
: 실시설계 + 시공

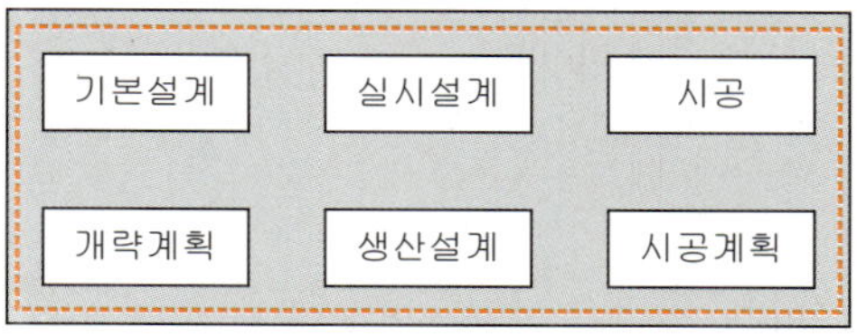

〈그림 3-33-f〉 시공측의 상류업무수행 2
: 실시설계 + 시공

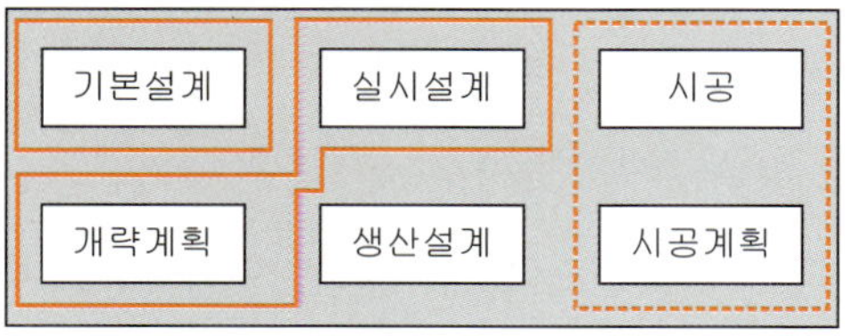

〈그림 3-33-g〉 설계업무의 분업

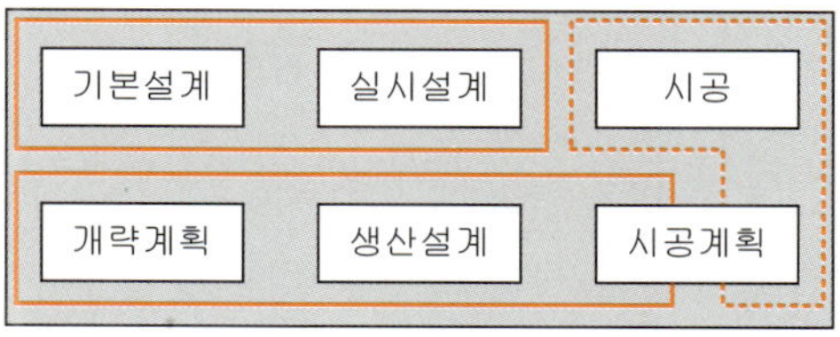

〈그림 3-33-h〉 신조직의 탄생 : CM형

7 리스크

7-1 리스크

리스크란 다음 사항을 조합하여 고려하는 것이다.

- 어떤 사상(事象)이나 상태에 의해 어떠한 영향이 초래될 것인가?
- 어떤 사상(事象)이나 상태가 어느 정도의 확률로 발생할 것인가?

불확실 혹은 미지의 사상이나 상태를 〈그림 3-34〉와 같이 구분할 수 있다.

사상·상태	영향	발생확률
리스크	예측가능	예측가능
불확실	예측가능	예측불가능
미지	예측불가능	예측불가능

〈그림 3-34〉 리스크와 불확실한 사상 및 상태와의 차이

영향에 대해서는 위기(손실)와 기회(이익)의 두 가지 관점에서 파악할 수 있다.

리스크는 다양한 관점에서 분류할 수 있다. 다음은 몇 가지의 분류방법을 기술한 것이다.

■ 학문적 관점에서의 분류

1	**투기적 리스크**	**순수 리스크**
	비즈니스 리스크라고도 말하며, 손실과 이득의 기회가 동시에 있는 리스크	손해만 발생하고 이득의 기회가 없는 리스크
	• 기업의 전략과 관계된 리스크 • 금융시장이나 세제상의 리스크 • 규제와 관계된 리스크 • 거래처의 신용과 관계된 리스크 • 국가나 지역의 고유 리스크	• 자연재해와 관계된 리스크 • 사고나 과실과 관계된 리스크 • 자의적(恣意的)공격에 관계된 리스트
2	**정적 리스크**	**동적 리스크**
	자연재해나 사람의 고의?과실에 따라 발생하는 리스크	사회 · 경제 · 기술 등의 변화와 관련하여 발생하는 리스크

■ 학문적 관점에서의 분류

<table>
<tr><th colspan="6">사고 · 재해 리스크</th></tr>
<tr><th colspan="3">자연재해</th><th colspan="3">사고</th></tr>
<tr><td colspan="3">• 지진
• 풍수해
• 낙뢰
• 가뭄
• 설해</td><td colspan="3">• 화재, 폭발 • 정전, 가스사고
• 환경 오염물질의 유출 • 통신사고
• 산재피해보상보험, 교통사고
• 건축물 붕괴 • 선박, 항공기사고
• 제품사고</td></tr>
<tr><th colspan="6">경영 리스크</th></tr>
<tr><th colspan="2">법무 리스크</th><th colspan="2">재무 리스크</th><th colspan="2">노무 리스크</th></tr>
<tr><td colspan="2">• PL • 임원 책임
• 리콜 • 독금법(獨禁法)위반
• 환경오염
• 내부 거래
• 지적소유(재산)권</td><td colspan="2">• 투자실패
• 물가변동
• 불량채권
• 파생금융채권
• 기업매수
• 채권리스크</td><td colspan="2">• 노동쟁의, 고용문제
• 경영자, 종업원의 부정
• 과로사, 자살, 응급
• 기밀누설, 퇴직,
• 연금채무</td></tr>
<tr><th colspan="6">정치 · 경제 · 사회 리스크</th></tr>
<tr><th colspan="2">정치 리스크</th><th colspan="2">경제 리스크</th><th colspan="2">사회 리스크</th></tr>
<tr><td colspan="2">• 전쟁, 혁명, 내란
• 무역마찰
• 수출규제
• 국가수용
• 규제강화, 규제완화</td><td colspan="2">• 환율변동
• 금리변동</td><td colspan="2">• 소비자 파워
• 기업테러
• 해킹
• 소문, 유언비어, 험담</td></tr>
</table>

■ 손해에 의한 분류

재물리스크	배상리스크	휴업리스크	인적리스크

7-2 리스크 매니지먼트

리스크 매니지먼트는 리스크가 반드시 존재한다는 사고방식을 가지고 가능한 많은 리스크를 표면화시켜 분석ㆍ평가하고 그에 대응하는 일련의 매니지먼트 프로세스이다. 리스크 매니지먼트의 주요 프로세스는 〈그림 3-35〉와 같다.

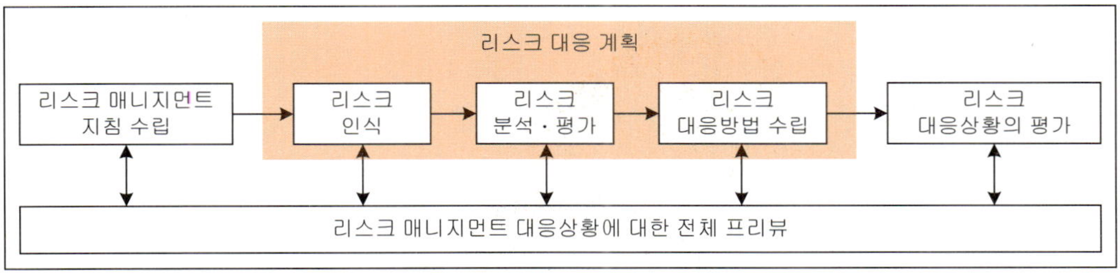

〈그림 3-35〉 리스크 매니지먼트 대응상황에 대한 전체 프리뷰

건설 프로젝트에서는 이러한 일련의 프로세스를 프로젝트 전기간동안 계속적으로 수행할 필요가 있다. 프로젝트의 리스크는 프로젝트 라이프사이클에서 그 성격이 변화하기 때문이다.

일반적으로 프로젝트 초기단계에서 잠재적 리스크가 가장 많으며, 이것은 프로젝트의 진행에 따라 감소한다. 그 반대로 리스크가 발생했을 경우에 미치는 영향은 프로젝트 초기단계에서는 작고 프로젝트의 진행에 따라 서서히 증대해 나간다. 또한 리스크가 미치는 영향 자체도 변화한다. 예를 들어, 건설프로젝트 발주단계에서 계약이 이루어지기 전과 후에는 동일한 리스크일지라도 그것이 발생했을 경우의 영향에 대처하는 것에는 변화가 생긴다.

7-3 리스크 대응계획 프로세스

우선, 프로젝트 전기간을 통해 발생할 가능성이 있는 리스크를 인지(特定)하는 것이 필요하다. 리스크 인지는 리스크가 프로젝트에 어떠한 영향을 미치는지, 그리고 리스크가 어떠한 특성을 가진 것인지를 프로젝트 관계자들로부터 명확한 공통인식을 얻기 위한 프로세스이다.

리스크의 특징

우선, 프로젝트 전기간을 통해 발생할 가능성이 있는 리스크를 인지(特定)하는 것이 필요하다. 리스크 인지는 리스크가 프로젝트에 어떠한 영향을 미치는지, 그리고 리스크가 어떠한 특성을 가진 것인지를 프로젝트 관계자들로부터 명확한 공통인식을 얻기 위한 프로세스이다.

■ 리스크 분류

리스크가 프로젝트에 어떠한 영향을 미치는지를 파악함에 있어, 과거 프로젝트 정보는 중요한 기초자료가 된다. 사전에 리스크 분류표로 정리하는 것이 유효하다.

건설 프로젝트에서 일반적인 리스크의 영향은 다음과 같다.

- 자산(투자)가치의 향상/절감/재검토
- 예산의 초과/축소/재검토
- 스케줄의 변경/단축/지연
- 설계나 공사의 변경/재시도
- 설계나 공사의 중단/중지
- 계약의 중단/중지/재검토
- 고객만족도의 향상/저하
- 유지관리의 재검토
- 운영 · 영업의 중단/중지/재검토

■ 리스크의 인지방법

명확하게 리스크를 인지하기 위해서 프로젝트 관계자를 모아 브레인스토밍을 실시하면 효과적이다. 프로젝트 관계자들이 리스크에 대해 공통적으로 인식하도록 만들 필요가 있다.

그리고 전문가 의견 히어링 등의 방법으로 수집하는 것도 고려할 수 있다. 또한 아래의 방법을 이용하여 대상 범위의 검토를 분명하고 효율적으로 진행할 수가 있다.

- 대조표
- SWOT (강점 · 약점 · 기회 · 위협) 분석
- 특성요인도

리스크의 분석 · 평가

리스크의 분석 · 평가는 특정한 리스크에 대해서 통계나 확률적인 기법을 이용하여 그 영향을 정량적으로 예측 · 평가하고 프로젝트 의사결정자가 합리적인 판단을 할 수 있도록 하기 위한 프로세스이다.

■ 정량적인 리스크 예측 · 평가방법

정량적인 리스크 예측 · 평가는 리스크의 발생확률과 발생에 의한 영향 정도를 수치화해 산출하는 것이다. 리스크의 정량적 예측 · 평가를 위해 일반적으로 사용되는 확률분포는 〈그림 3-36〉에 나타낸 베타분포나 삼각분포를 포함하여 일반분포, 정규분포, 대수정규분포 등이 있다.

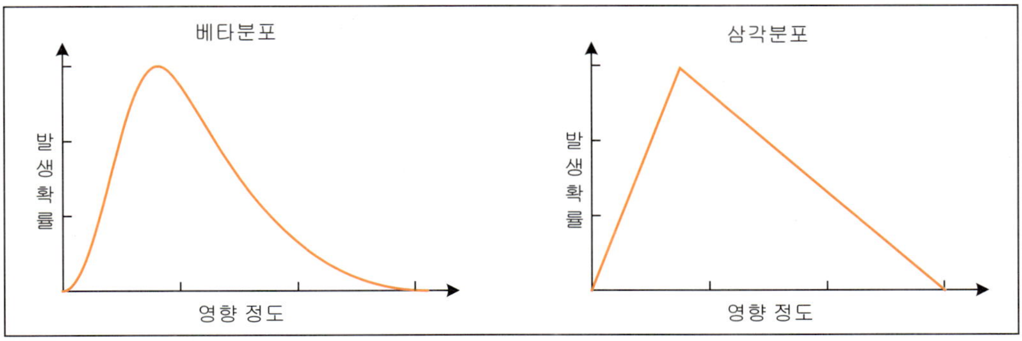

〈그림 3-36〉 정량적인 리스크 예측 – 평가를 위한 확률분포

또한 스케줄의 예측 · 평가를 위한 시뮬레이션 방법으로는 **5-1** 스케줄링 방법 「소요시간의 설정(PERT)」 (270쪽)에서 소개된 3점 견적기법 등이 있다.

리스크의 예측 · 평가를 비용으로 환산하는 것으로 기대금액(Expected Monetary Value : EMV)에 의한 분석기법이 있다. 기대금액은 다음 수식으로 구할 수 있다.

기대금액 = 발생확률 × 영향의 정도 (금액)

기대금액은 〈그림 3-37〉에 나타낸 디시전트리(decision tree)로 도식화하여 적정한 판단을 통해 도출해 낼 수 있다.

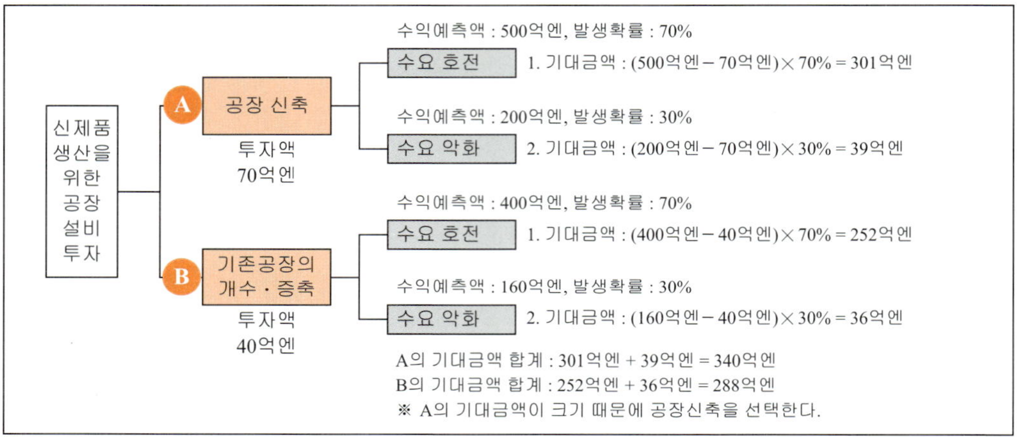

〈그림 3-37〉 디시전트리 도식화의 예

리스크 대응방법 수립

리스크 대응방법을 수립하기 위해서는 프로젝트 목표에 대해서 기회(이익)가 되는 것은 그 발생확률과 영향이 최대가 되도록 처리하고, 반대로 위기(손실)가 되는 것은 그 발생확률과 영향이 최소가 되도록 하거나 그 영향을 기회로 바꿀 수 있도록 처리해야 한다.

■ 리스크 대응방법 수립을 위한 사고방식

인지된 리스크마다 다양한 대응방안이 고려된다. 리스크 매니지먼트의 관점에서 가장 중요한 것은 리스크를 무시해서는 안 된다는 것이다.

여기에서는 위기(손실)를 가져오는 리스크 대응방법을 수립하기 위한 일반적인 사항을 기술한다.

■ 회피

프로젝트 전체를 재검토하여 리스크를 회피할 수 있는 프로젝트 진행방식으로 변경하는 등의 대응을 취한다.

■ 전가

보험가입 등의 대응방법을 취한다.

■ 저감

리스크의 발생확률과 영향 정도에 적합한 범위 내에서 미리 대응책을 취한다.

■ 분산

대규모 프로젝트에 공동기업체(Joint Venture)를 구성하는 등의 대응을 취한다.

■ 수용

유효한 대응책이 없는 리스크에 대해서는 허용가능한 범위의 코스트나 스케줄의 여유를 미리 대비하는 대응을 취한다.

제 4 장

Construction Management 사 례

민간공사에는 외국계기업이나 대기업 개발자를 중심으로 많은 CM사례가 있다. 공사금액으로 환산하면 2조엔 정도의 프로젝트에 다양한 형태로 CMr이 관여되어 있다.
공공공사에서도 수는 적지만 사례가 있다. 국토교통성 매니지먼트기술활용방식 시행평가검토회의 논의에 따라 시행된 사례도 포함되어 있다.

본서에서는 몇 개의 민간사례와 매니지먼트기술활용방식 시행평가검토회의 시행프로젝트인 토목공사를 소개하고자 한다. 사례의 제목과 도입문은 편집자 책임으로 기술하였으며, 사례 본문은 제공자의 의사를 존중하여 원문 그대로 실었다. 따라서 이 사례는 적용기술 및 용어가 반드시 본서의 내용과 일치하지 않는다. 참고할 경우 이 점에 유의하기 바란다.

민간공사사례 1

복합상업빌딩의 코스트 매니지먼트업무를 중심으로 한 Pure CM

발주자가 CM회사에 코스트매니지먼트를 중심으로 한 종합 매니지먼트형의 Pure CM업무를 위탁한 사례. 시공체제 패턴은 종합건설회사의 시공매니지먼트 기능을 활용하면서 설비공사 등을 분리한 Pattern 2에 해당한다.

CM	Agent형 CM방식
공사	종합건설회사에 의한 시공 매니지먼트형 분리발주방식

[건물개요]

■건물용도
점포 · 사무소 복합빌딩
B1-2F 점포, 3-9F 임대오피스

■구조 · 규모
지하 RC조 · 지상 S조, 지하 1층, 지상 9층

■연면적
약 8,000㎡ (약 2,425평)

■기타 외장재
알루미늄커튼월 1면, ALC패널 3면

■ 프로젝트의 배경

CM회사의 특징

본 프로젝트의 CM회사는 철도사업 및 부동산 사업을 실시하고 있는 발주자조직으로부터 엔지니어 중심으로 파생된 B사에서 코스트매니지먼트와 관련된 업무를 주로 하는 Agent형 CM을 실시하고 있다.

CM도입과 CM회사 선정 경위

부동산 사업을 수행하는 A사는 이전부터 건설프로젝트의 코스트에 대한 불투명성이 문제였다. 그 때문에 코스트를 포함한 프로젝트의 타당성 및 합리성에 대한 설명책임,(Accountability)를 수행해야 하는 과제가 있었다. 또한 점포에 대한 복합상업시설로서의 상품가치 확보 및 향상도 하나의 과제였다. 이러한 과제에 대해서 코스트매니지먼트를 중심으로 한 CM업무를 외부에 위탁하게 되었다.

A사는 CM도입의 계기가 된 과제에 대한 대응과 함께 아래와 같은 구체적 효과를 기대하면서, 부동산 사업에서 발주자로서의 업무경험을 보유하고 다수의 프로젝트에서 매니지먼트 업무실적이 있는 B사를 본 프로젝트의 CM회사로 선정하였다.

- 프로젝트 초기단계에서부터 정밀도 높은 코스트 매니지먼트 실시
- VE 및 도면검토에 의한 설계도서의 완성도 향상
- 시공자선정에서 적절한 경쟁입찰 실시
- 설계자, 시공자, 점포 및 점포 내장공사

■ 프로젝트 조직개요

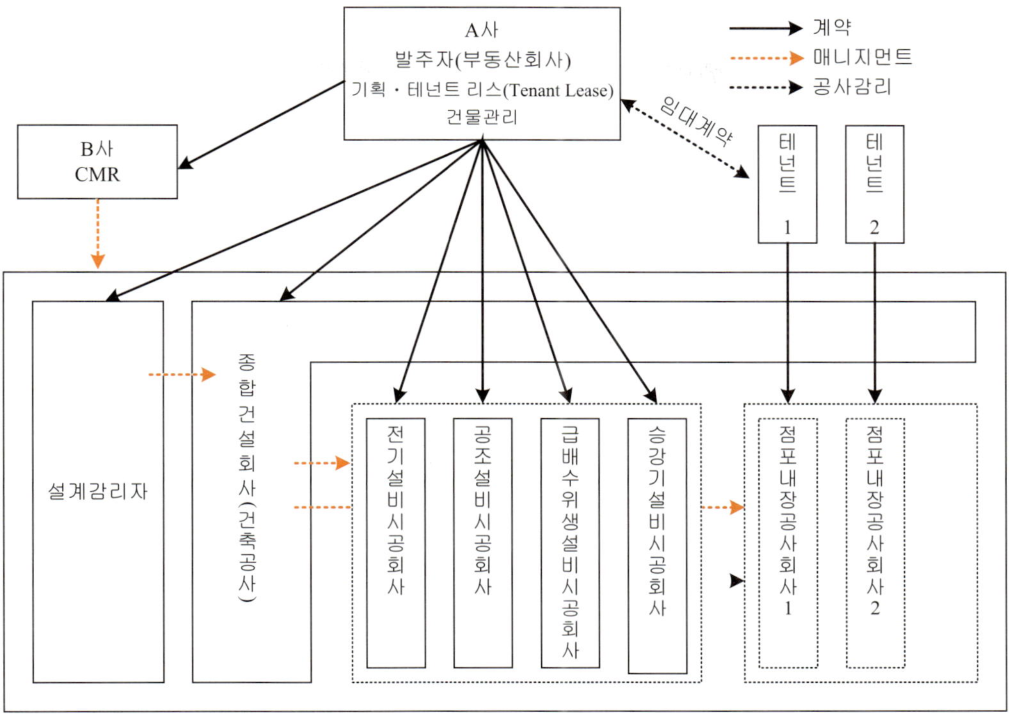

관계자들과 프로젝트 관계자 사이의 조정업무를 위한 인적자원의 보완

■ 프로젝트 업무 개요

① 기본계획 단계

◆사업계획에 대한 조사, 내용 확인

발주자의 사업계획안에 대해 주변사례 및 유사 사례를 조사, 분석하였다.

◆기본계획안의 작성

발주자에 대한 히어링(Hearing) 조사 등에 의해 사업의도나 건물에 관한 기본적인 요구사항을 추출하고, 법령상의 각 조건이나 부지조건 등을 확인한 다음, 설계조건으로 정리하여 기본계획안을 작성하였다.

◆마스터스케줄의 작성

사업계획 추진을 위한 마스터스케줄을 작성하였다(그림 4-1).

◆각 단계에서의 프로젝트 조직구성, 정보전달 방법 제안

프로젝트 각 단계에 대한 프로젝트 조직의 편성 및 정보전달 기법에 대해 제안하였다. 본 프로젝트에서는 정보전달에 관해 즉시성, 동시성이 뛰어난 전자메일 메일링리스트를 이용해 정보를 공유하는 제안이 실시되었다.

◆설계자 선정 지원

설계자 선정에 대해서는 설계자가 작성해야 할 도면이나 자료 등의 제출물 및 설계자가 실시해야 하는 상세한 설계 업

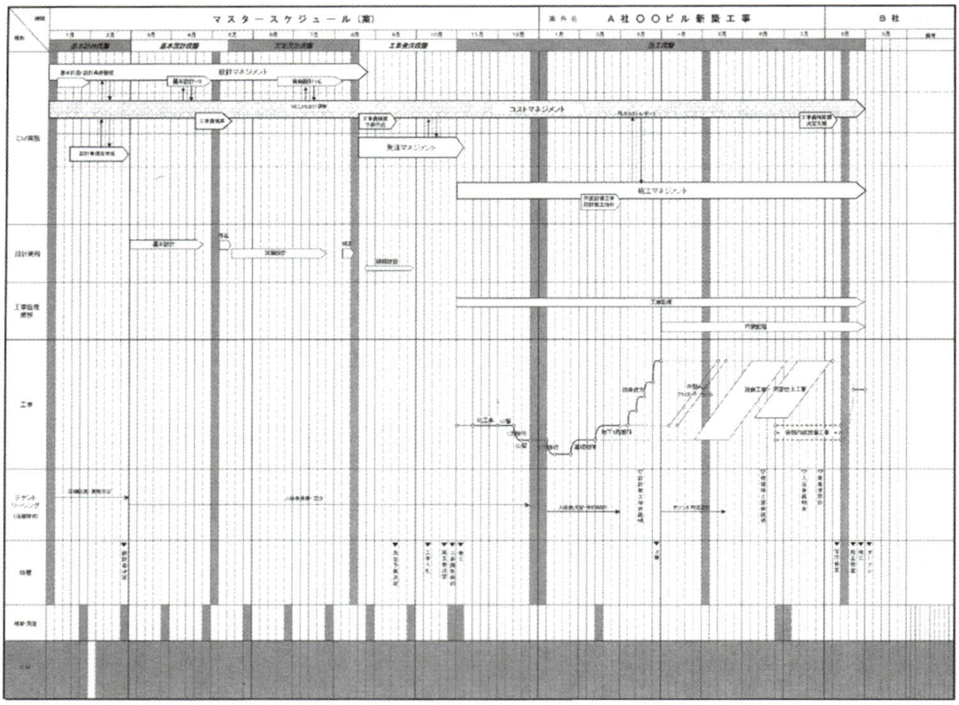

〈그림 4-1〉 마스터 스케줄

무내용을 정해, 입찰 요구서로 정리하고 복수의 설계사무소에 입찰참가요청을 실시하였으며, 주로 다음과 같은 심사항목에 의한 설계자 선정을 지원하였다.

- 기본계획안에 대한 설계자의 제안 내용과 완성도
- 설계자의 조직구성 및 각 담당자의 설계 실적
- 본 프로젝트에 대한 설계자의 자세
- 설계업무 보수
- 히어링(Hearing)

◆ **설계자의 설계업무위탁계약 지원**

② 기본 설계 단계

◆ **프로젝트 회의 주최**

◆ **기본설계에 대한 매니지먼트**

발주자의 의사결정 지원, 설계조건 정리, 설계자에게 시공성이나 코스트에 관해 조언하였다.

또한 기본적인 점포와의 공사구분 설정방침, 필요 기간, 설비에 대한 조언도 이뤄졌다. 게다가 VE가 실시되어 대안채택의사결정지원 및 VE에 의한 기본설계내용 변경 후의 설계도서에 대한 심사를 수행하였다.

◆ **공사발주방법 및 발주구분의 검토**

A사의 요청으로 코스트의 투명성을 향상시키기 위해 일괄발주가 아닌 분리발주를 채택하였다. 공사발주구분은 아래와 같이 5개로 분할하고, 각 공종에 대해 응찰 희망자를 폭넓게 인터넷상에서 모집하는 전자입찰을 검토하였다.

①건축공사, ②전기설비공사, ③공기조절

설비공사, ④급배수위생설비공사, ⑤승강기 설비공사

◆공사비개산 코스트매니지먼트

개산견적에 의한 공사비는 초기비용과 더불어 프로젝트의 LCC(Life Cycle Cost)분석에 의한 VE제안 등에 대해 비교, 검토하였다.

3 실시설계단계

◆프로젝트 회의 주최

◆실시설계에 대한 매니지먼트

발주자의 의사결정 지원, 설계자에 대한 시공성이나 코스트에 관한 조언을 하였다. 또한, 사업예산을 유지하기 위해서 계속적으로 VE에 의한 공사비 조정이 이루어졌다. 또한 실시설계의 최종단계에서는 공사발주를 위한 설계도서의 완성도를 높이기 위해 설계도서를 면밀히 검토하였다.

◆점포 내장공사와 관련된 매니지먼트

점포 내장공사의 내용(내장 · 설비 등)을 예상하여, 점포 내장공사에 대한 공사구분안을 작성하였다. 또한 점포 내장공사에 대한 설계와 시공지침 초안을 작성하였다.

◆분리발주와 관계된 매니지먼트

분리공종 중 건축공사의 비중이 크기 때문에 현장 매니지먼트의 합리화를 위해 건축공사의 시공자를 주관사로 하여, 현장 전체의 매니지먼트와 기타 공종과의 조정을 위임하였다.(종합건설업자에 의한 시공매니지먼트형 분리발주방식)

또한 종합도 등의 설계조정, 가설 등의 현장운영이나 공사구분을 명확하게 하기 위해

	工事項目	①幹事	②電気	③空調	④衛生	⑤EV	別途	備考
1. 共通項目								
1	各工事区分上の各種官庁申請届出	○	○	○	○	○		関連工事別
2	地鎮祭						○	
2	地鎮祭 補助·協力	○						
3	上棟式						○	
4	竣工式						○	
5	竣工式 補助·協力	○						
6	統括安全衛生管理(統括安全衛生責任者·元方安全衛生管理者の配置、安全設備の設置、維持管理)	○						労働安全衛生法88条関連
7	工事別安全衛生管理(各工種安全衛生責任者の配置)	○	○	○	○	○		関連工事別
8	全体工程作成及び総合工程調整	○						
9	各工事別月間工程表の作成、施工幹事会社への報告·調整		○	○	○	○		
10	施主·行政中間及び竣工検査対応	○	○	○	○	○		関連工事別
11	施主·行政中間及び竣工検査対応とりまとめ	○						
12	竣工検査手直し対応	○	○	○	○	○		関連工事別
13	竣工検査手直し対応とりまとめ	○						
14	工事品質管理及び自主検査、自主検査報告	○	○	○	○	○		関連工事別
15	自主検査報告とりまとめ	○						
16	瑕疵対応	○	○	○	○	○		関連工事別
17	共通仮設工事(工事全体及び複数工種にかかる仮設·安全設備)	○						
18	外部仮囲い、入口ゲート	○						
19	工事用看板(建築基準法による確認、道路占用許可証、道路使用許可証)	○						
20	工事用看板(労災関係)	○						
21	工事用看板(建設業の許可、労災保険関係成立票)	○	○	○	○	○		関連工事別
22	作業員休憩所(②~⑤職員用に30㎡程度、②~⑤作業員用に30㎡程度)	○						
23	仮設トイレ 2箇所	○						
24	内部足場材料(ピティ、脚立+足場板)	○						
25	内部足場架設·撤去	○	○	○	○			関連工事別
26	EVシャフト内内部足場(EV施工用も含む、材工、撤去共)	○						
27	外部足場(材工、撤去共)	○						
28	直接仮設工事(各工事の仮設·安全設備)	○	○	○	○	○		関連工事別
29	仮設計画·計画図作成及び全体調整	○						
30	資材置き場の調整	○						
31	揚重計画と設置と使用等総合調整	○						
32	ロングスパンエレベーター(仮設リフト6m程度)の架設、撤去	○						
33	ロングスパンエレベーター運転	○	○	○	○	○		関連工事別
34	場内駐車場の手配設置計画調整	○						
35	場内以外の駐車場の手配	○	○	○	○	○		関連工事別
36	足場計画·計画図作成及び役所届け	○						
37	内外足場設置及び内部足場足場材手配	○						
38	各階平面·立面·内部展開 総合図作成	○						
39	総合図作成協力	○	○	○	○	○		関連工事別
40	各階天井伏図作成	○						
41	各階天井伏図作成協力、確認		○	○	○			関連工事別
42	施工図確認調整	○	○	○	○	○		関連工事別
43	施工図調整及び取りまとめ	○						
44	各工事別詳細施工図	○	○	○	○	○		関連工事別
45	竣工図の作成	○	○	○	○	○		
46	竣工図取りまとめ	○						
47	敷地全体の整理整頓、清掃							
48	各工事区分の[illegible]							

〈그림 4-2〉 공사구분도

상세한 공사구분표가 작성되었다(그림 4-2). 그 다음에는 도서의 정합성(整合性)을 확인하였다.

4 공사발주단계

◆발주자의 공사예산 설정지원

공사발주단계의 설계도서(견적도)에 근거해 수량 적산서의 작성 및 공사비의 견적, 분리공종별 발주자의 공사예산(입찰시의 상한가격)의 설정을 지원하였다.

◆입찰사무대행

입찰요청서, 입찰용 설계도서, 수량적산서(BOQ)등 입찰에 필요한 자료를 작성 및 정

리하였다. 또한 다수의 응찰자를 모집하기 위해 전자입찰을 도입하여, 인터넷을 통해 응찰자의 모집과 지명, 응찰자와의 커뮤니케이션(입찰자료 배부, 질의서 수령, 회답서 배포, 응찰자의 견적서 등 수령)을 발주자 대행으로 수행하였다.

◆응찰자의 심사

심사에 대해서는 견적금액 뿐만 아니라 재무내용, 현장 대리인의 경력, VE제안 등을 평가대상으로 하였다. 최종적으로 상위 몇 개 회사에 대해 히어링(Hearing)을 실시해 그 결과를 근거로 낙찰자를 결정하였다.

◆공사발주금액의 결정

채용된 VE에 의한 금액조정을 거쳐 공사발주금액을 결정하였다. 또한 발주자의 예산관리를 위하여 예비비를 정하였다.

◆공사도급계약 체결 지원

계약도서(공사계약을 위한 도면 · 질의회답서나 채용된 VE에 근거하여 입찰시점에서 수정한 설계도서)와 공사도급계약서의 내용을 확인하였다.

◆협정서의 체결

공사를 원활하게 진행하기 위해서 발주자 · CM회사 · 공사감리자 · 시공자간의 협정서를 작성하고, 협정 체결을 지원하였다.

⑤ 공사단계

◆정보전달과 관련된 매니지먼트

정보전달의 방법이나 룰(Rule)의 설정 및 프로젝트 관련자에게 내용을 전달하였다.

◆일정관련 매니지먼트

마스터스케줄에 근거하여 각 공사관계자의 일정을 조정하였다.

[공사시공]

각 발주구분에 따른 공사일정, 제작도나 시공도, 시공요령서의 작성일정, 각 점포공사의 일정

[공사감리]

발주자의 승인일정, 제작도나 시공도, 시공 요령서의 확인 · 승인일정, 각 검사일정, 점포 내장설계자의 설계일정

◆코스트 매니지먼트

공사기성고 및 설계변경, 추가공사비, 예비비의 관리를 실시하였다. 또한 공사준공단계에서는 공사비 정산액의 결정을 지원하였다.

◆공사감리자와 관련된 매니지먼트

설계에 관한 시공자의 질의에 대해서 공사감리자와 시공자의 조정이 이루어졌다. 또한 공사감리보고서, 각각의 검사결과보고, 내장감리업무 등에 대해 확인하였다.

◆점포내장공사와 관련된 매니지먼트

점포 내장공사에 대한 설계시공지침을 작성하고 설명회를 통해 그 내용을 철저히 전달하였다.

◆CM업무보고서 제출(발주자에 대한 업무보고)

CM업무 실시상황을 월차 및 준공시에 CM업무보고서로 작성하여 제출하였다.

◆시주검사(施主檢査)의 입회

주요 검사나 준공검사시 발주자를 지원하기 위해 입회하였다.

민간공사사례 2

발주자의 자사 오피스빌딩 건설에서 Pure CM에 의한 11가지 발주구분의 실현

자사 오피스빌딩 건설을 위한 종합매니지먼트형의 CM업무사례.

건설 프로젝트의 기획단계부터 설계 · 발주 · 공사 그리고 완성 후의 운영관리단계에 이르기까지 다방면에 걸친 폭넓은 CM업무가 종합적으로 실시되었다.

CM	Pure CM방식
공사	11개 워크패키지 분리발주방식

[건물개요]

■건물용도
본사 기능을 가지는 사무소 빌딩

■구조 · 규모
지하 RC조+지하 SRC조, 지상 S조
지하 1층, 지상 13층

■총건평
약 19,200㎡ (약 5,800평)

■기타 외장재
금속 커튼월 2면, PC 커튼월 2면

■ 프로젝트의 배경

CM 도입

오늘날 기업이 자사 빌딩을 건설하는 것은 투자금액이 크기 때문에 투자에 대한 최대효과 즉, 「Cost Performance」를 강하게 요구하고 있었다. 발주자가 CM방식을 사용한 배경에는 품질과 코스트의 조화를 확인한 다음 필요한 판단을 해 나가고자하는 것이었으나 건설비용의 불투명성을 시정하고 본래의 품질가치를 확인하고자 하는 이념(理念)이 존재했기 때문이다. 또한 계획 초기단계에서 최종단계까지 일관된 종합적 통제가 없으면 소기의 목표는 달성되지 않는다는 신념(信念)도 가지고 있었다.

기본방침

이로 인해 CMr이 목표로 한 기본방침은 아래와 같다.

① 조화롭고 고품격의 시설(facility) · 디자인(건물 자체만이 아닌 환경이나 운영을 포함한 종합시설로서의 계획)을 보다 낮은 비용으로 실현한다.

② 발주자 입장에 대한 제3자적 존재로서 건설프로세스 전반의 공정성 · 타당성을 검증해 발주자에 대한 설명책임(Accountability)을 달성한다.

이러한 기본방침에 따라 CMr은 건설프로젝트 전반에 걸쳐 종합적이고 폭넓은 매니지먼트를 실시하여, 최종적으로 기본방침을 거의 만족하는 성과를 달성하였다.

■ 프로젝트 업무개요

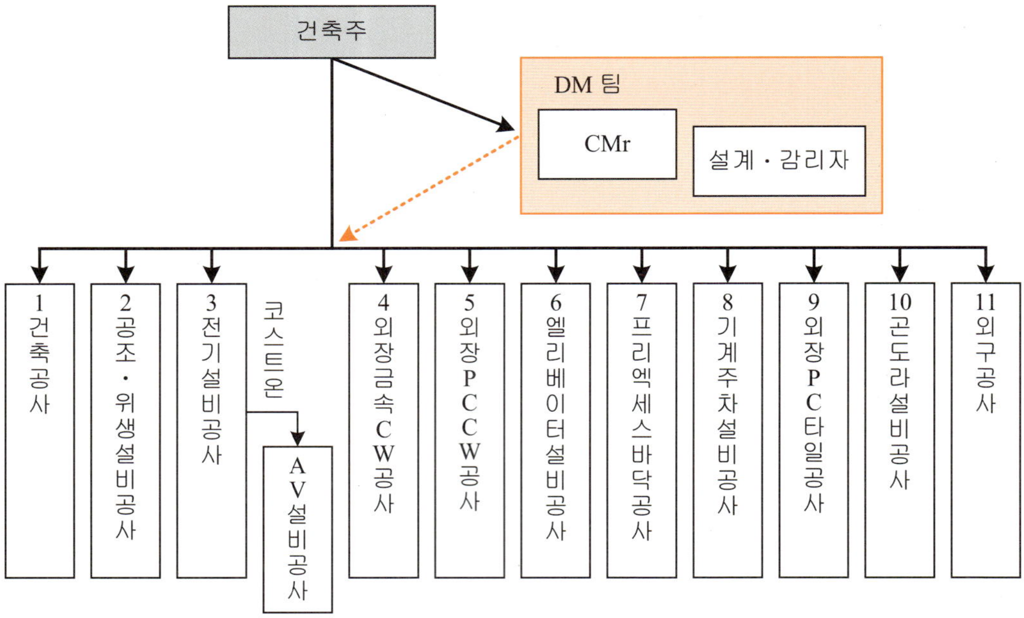

각 단계별 CM업무내용은 다음과 같다.

■ 프로젝트 업무개요

① 기본계획 단계

◆프로젝트 목적과 목표의 설정

기본계획단계에서는 프로젝트의 성공도를 높이기 위해 프로젝트 실시 「목적」과 달성해야 할 「도달목표(품질 · 코스트 · 스케줄)」를 명확하게 설정하는 것에서부터 CM업무가 시작되었다. 특히 품질과 코스트의 목표를 정할 때, 이 양자를 균형적인 형태로 설정하는 작업에 고도의 기술을 필요로 한다.

◆건물 각 부분의 사양과 등급구분

본 프로젝트에서는 건물의 마감이나 구조 · 설비의 각 부분의 사양을 몇 단계의 등급으로 나누어 표로 나타내고, 발주자의 의향을 확인하면서 그 요구품질을 브리핑시트에 정리하였다.

◆코스트 플래닝

이것을 기초로 설계자는 기본계획을 준비하고, CMr은 코스트 플래닝(통계적 분석처리)을 실시하여 목표 코스트를 설정하였다. 전체 코스트의 80%를 차지하는 요소가 계획의 초기 단계에서 정해져 기본사양 설정과 코스트 플래닝은 매우 중요한 작업이었다고 할 수 있다.

② 기본설계 단계

기본설계단계에서는 기본설계 내용을 제3자의 입장에서 검증하는 업무와 병행하여, CM시뮬레이션과 CM시스템 구축의 2개 작업을 실시하였다. 여기서 말하는 CM시뮬레

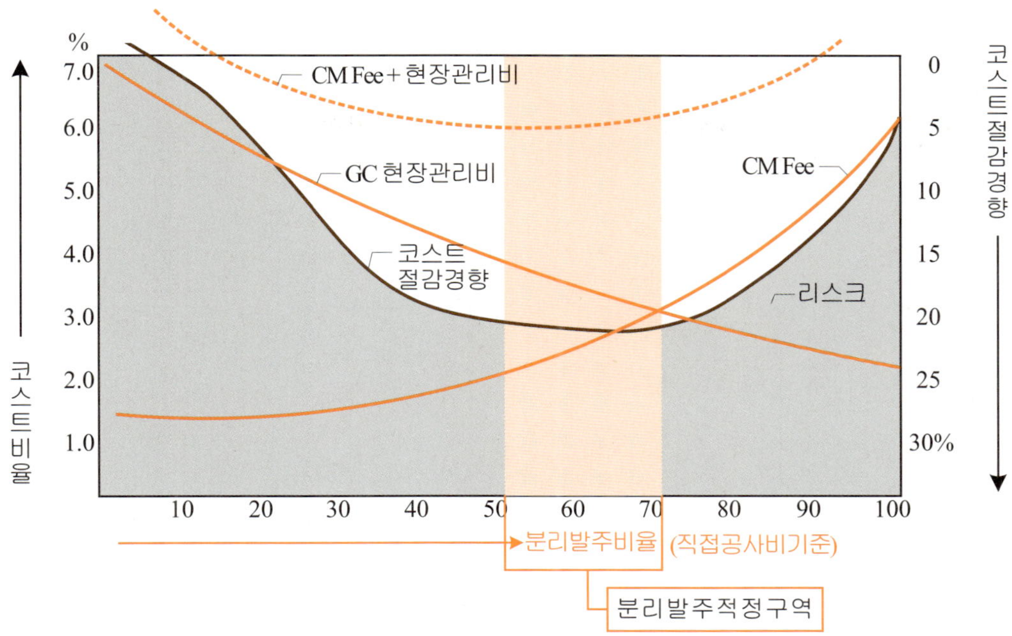

〈그림 4-3〉 CM시뮬레이션에 의한 분리발주 검증

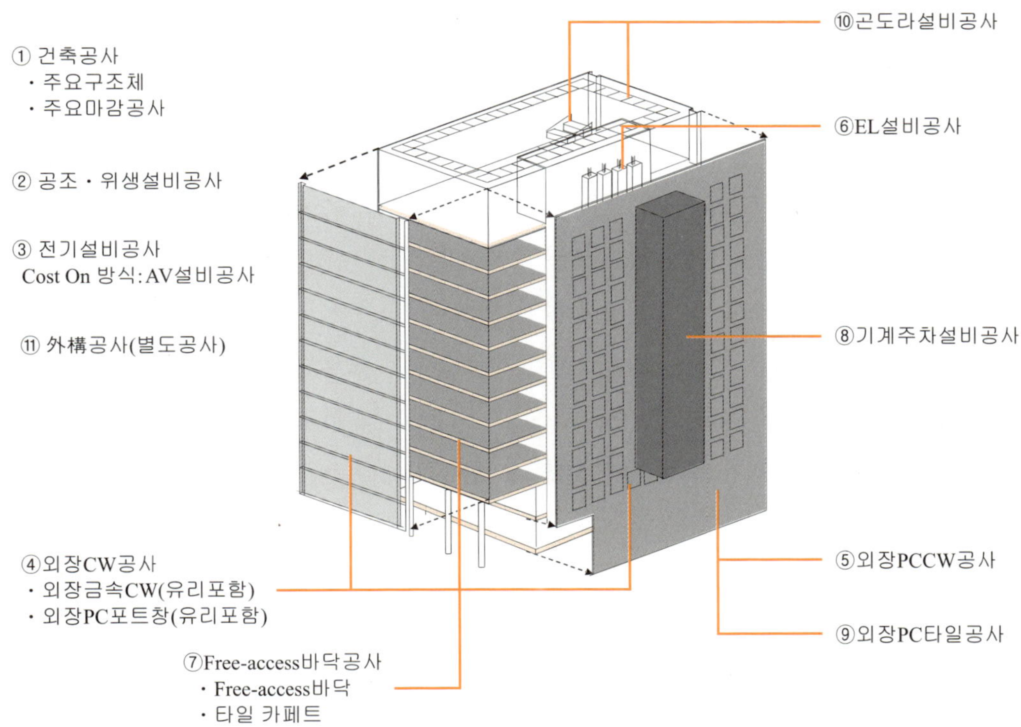

〈그림 4-4〉 CM발주방식의 공사구분에 의한 11개 패키지 구분

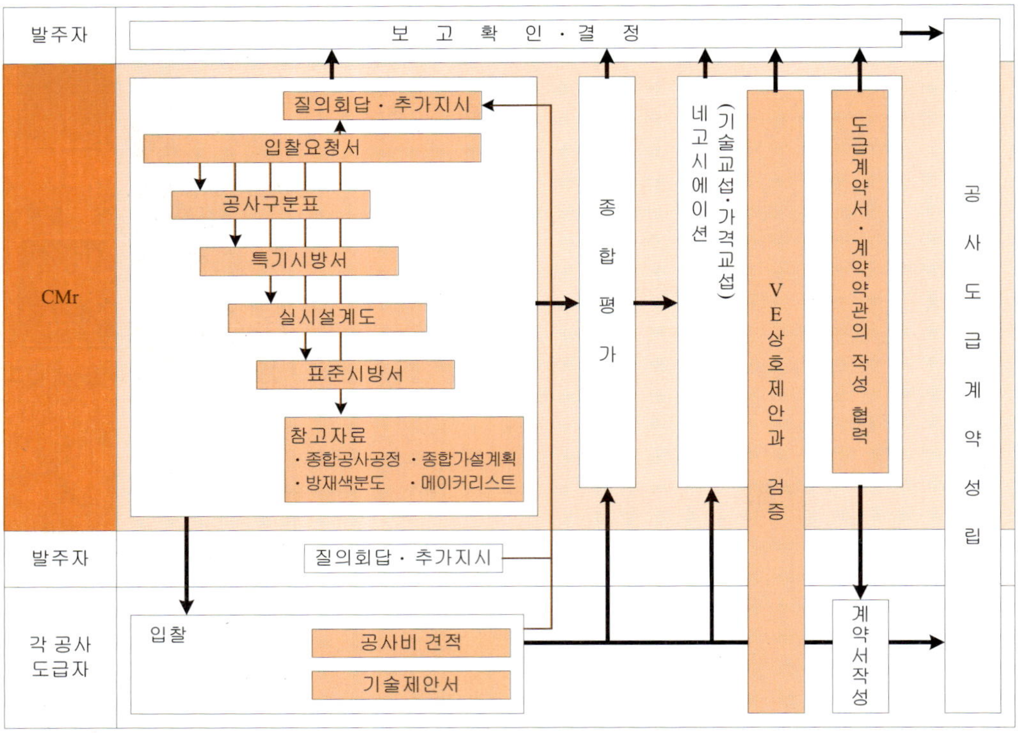

〈그림 4-5〉 발주방식 체계

이션이란 CM방식의 실현 가능성이나 유효성을 검증하는 것이다.

계획 당초부터 CM방식이나 분리발주가 설정되어 있던 것이 아니고, CM방식을 선택하는 것이 발주자의 의향에 합당한지 또는 분리발주를 실시할 경우에 CMr을 담당하는 CM회사의 매니지먼트 능력을 판단하여 어느 정도의 분리발주가 적당한지 등을 조사 · 분석한 다음 최적의 방법을 찾았다.

기본계획과 기본사양을 기초로 개략공사비를 산정하여 코스트 메리트와 리스크 회피의 관점에서 여러 가지 패턴으로 시뮬레이션을 실시하고, 조달코스트 비교 · CM 대가 · 일괄도급방식의 현장관리비 · 리스크 발생예상액의 각 요소를 그래프화(그림 4-3)하고 그 상관관계를 정량적으로 나타냈다. 이러한 검증결과, 10~14패키지로 공사를 분리하는 것이 가장 효과적이라는 결론을 도출하였으며, 이것에 최종적인 정밀조사를 더해, Pure CM방식에 의한 11개의 워크패키지로 분리하였다.(그림 4-4)

③ 실시설계 단계

실시설계단계에서는 구축한 CM시스템을 실제의 설계 작업 프로세스에 포함시켜 발주방식을 체계화하고 발주(입찰)도서를 정비하는 업무를 수행하였다. Pure CM 분리발주방식을 채용한 경우에는 종래의 일괄발주방식에서 실시하는 설계도서의 편집방법에 추가하여 다음과 같은 요구가 부과되었다.

1)분리공사 각각의 역할분담 · 책임범위를 정확히 기술하여 구분한다.

2)실시설계도서(시방서 · 실시설계도) 상호간의 정합성을 정확히 한다.

이러한 정보가 부족하거나 불합리하면 공사단계에서 다양한 리스크의 발생원인이 된다. 이것을 최대한 회피하고 분리발주에 적합한 형태로 하기 위해 다음과 같은 기법으로 실시설계도서에 CM시스템을 포함시켰다.

①평면상세도 · 천정상세도의 의장 · 구조 · 설비 · 전기 정보의 복합 검토

②Proposal 방식에 의한 설계협력체제 확립

③성능규정 표시에 의한 발주체제 정비

④상세한 공사 구분표 정비

⑤CM종합공사공정표 · CM종합공사계획도 정비

⑥종합도 작성 제도의 정비

또한 실시설계도서와 함께 발주(입찰)시 중요시되는 입찰요청서(견적특기요청서)를 조합시키고 프로젝트 참여자의 역할이나 책임범위 및 각종 상호결정 사항을 상세히 기록한 다음, 발주도서의 정비가 이루어지고 발주방식의 체계화가 진행되었다.(그림 4-5)

4 공사발주 단계

발주단계에서는 우선적으로 입찰참가업자의 신뢰나 시공능력 등에 의한 평가 리스트를 작성해 각 패키지 공사마다 몇 개 회사를 선별한 후에 입찰을 실시하였다. 입찰시에 중요시되었던 것은 Cost Performance이며, 기술제안 종합평가 견적방식의 채용에 의해 단순한 견적가격뿐만이 아니라 거기에 포함되어 있는 품질내용과 실제 공사에 사용할 수 있는 기술제안내용을 포함하여 종합적인 평가를 실시하여 경쟁을 촉구시켰다.

그리고 이러한 평가를 기초로 각 업자와 협상이 진행되었지만, 그 교섭내용은 생산방식이나 공사공법의 합리화 · 효율화를 비롯하여 저가의 유통경로 소개, 가설비나 공익비 · 각종 비용의 상세한 견해 확인에 이르기까지 다각적인 방향으로 면밀하게 행해졌다. 또한 VE제안에 대해서도 설계자 · 후보자 · CMr이 각각 제안을 수렴하고, 이것을 CMr이 평가하고 발주자의 항목선정을 거쳐 채용하였다.

최종적으로 공사총액은 계획 당초에 설정된 목표 코스트에 도달했지만 한편으로 이 내역은 각 패키지 공사의 도급업자 자신이 통상 예상하는 리스크 대책비용의 대부분을 배제한 결과이기도 하다. 따라서 공사단계에서 CMr의 리스크 매니지먼트 기술이 더욱 중요하게 되었던 것이다.

5 공사 단계

◆ 회의체의 주재(主宰)와 정보관리

- CM종합정기회의 · CM정기회의 · 빌딩운영관리 회의의 주재
- 분과회의 · 공사 연락서(連絡書)의 정보 관리

CMr은 주요한 회의체(CM종합정기 、CM정기회의)를 주재하고, 분과회의 、공사연락서(工事連絡書)를 포함하여 공사의 모든 정

보를 일원적으로 종합 · 파악함과 동시에 시공상의 각종 조정을 종합적으로 수행한다. 이러한 회의체에서는 계층(hierarchy)구조가 형성되어 현장에서 문제가 생겼을 경우, 그 중대성이나 경중에 따라 몇 개의 회의체에서 해결책을 마련하는 합리적인 문제해결 시스템이 정비되었다. 또한, 제출 자료의 플로우를 정비하고 각종 연락서, 각종 공정표, 기성고보고 등의 서류를 모두 CMr의 서식으로 배포하여 자료의 공통화를 꾀하고 메일을 이용한 정보전달시스템을 만들어 정보의 공유화도 추진하였다. 분리발주에 의한 시공에 대해서는 정보의 엇갈림에 의한 문제가 중대한 리스크 발생 요인이 되므로 정보관리는 매우 중요한 요소이다.

◆ **품질확인**

- 공사감리 상황의 확인
- 품질보증체제、현장시공체제의 확인

◆ **공정관리**

- 종합도 · 구체도의 스케줄 관리

시공은 크게 종합도 작성을 포함한 생산계획 실시공사 검사 · 조정의 3단계가 있으며, 크고 작은 여러 가지 공종이 이 사이클에 의해 반복되면서 서로 연결되는 것이 시공의 전체형태이다.

본 프로젝트에서는 이렇게 연결된 공종들을 정연하게 매트릭스로 관리하는 시스템이 정비되어 실행되었다. 그 중에서도 생산계획 전반의 조기정리를 중요시하여 종합도를 신속하게 정리하는 작업을 최고 중요항목으

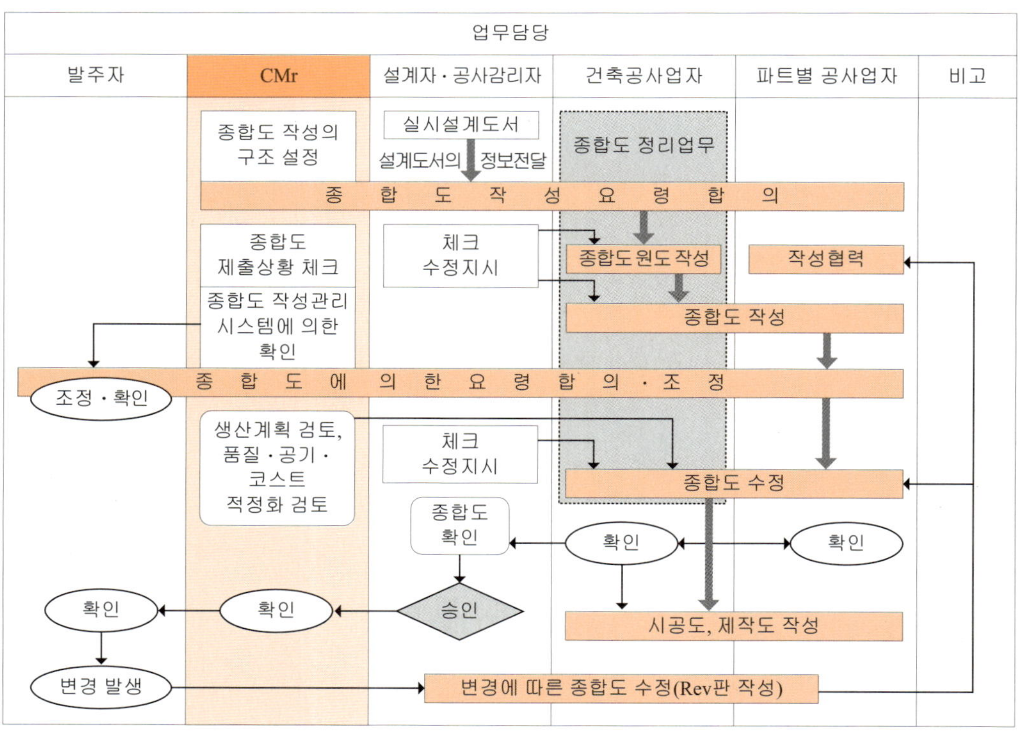

〈그림 4-6〉 종합도 작성 플로우

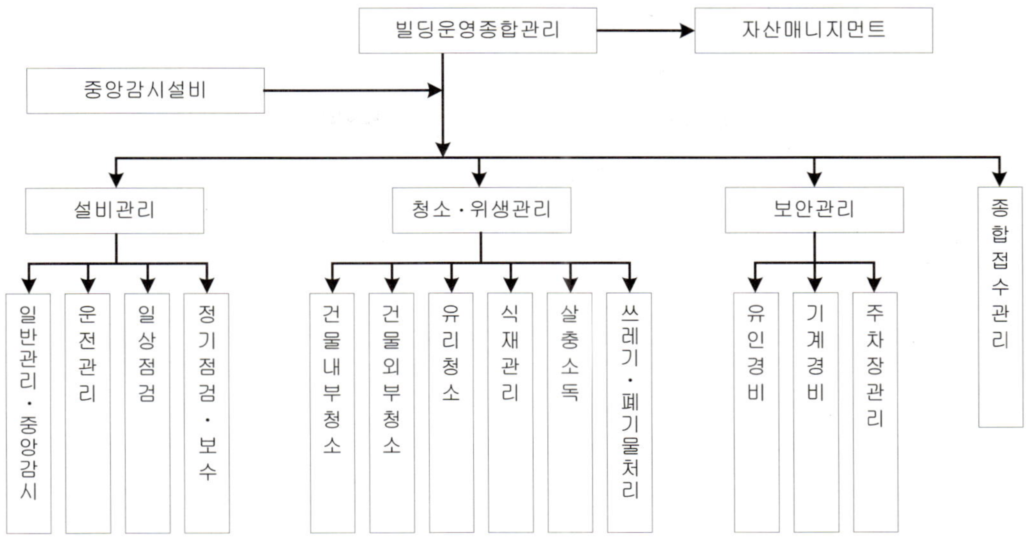

〈그림 4-7〉 빌딩운영관리시스템 흐름도

로 정하였다.

종합도는 각 분리 패키지공사에서 작성하는 제작도 · 시공도에서 공통이 되는 도면의 역할뿐만 아니라 계획 상세 내용에 대해 발주자에게 최종 확인의 장(場)으로서의 역할도 동시에 수행하였다. 이 종합도의 기능이 잘 발휘되면 현장 효율성도 높아져 작업변경이나 리스크 발생을 감소하고 억제할 수 있다.

종합도 작성에는 공사참여자 상호의 협력이 필요하며, 본 프로젝트에서는 사전(실시설계단계에서 시방서에 표기)에 그 작업 시스템이 면밀하게 정비되었고(그림 4-6), 진척관리가 엄밀하게 수행되었다.

- 생산계획공정의 조정 관리
- 실시공정의 조정 관리(종합공정 · 월간공정도 · 주간공정)
- 준공 전 검사 · 시운전 등 스케줄 관리

◆ 코스트 관리

- 계약 코스트 추가변경 코스트의 사정 관리
- 공사단계 VE의 상호 제안과 검증
- 공통가설 · 현장공익비(現場共益費) 등의 조정 관리

◆ 완성 인도에 관한 정리

- 빌딩운영 관리방법의 정리
- 장기수선계획의 정리
- 완성 인도에 관한 항목 정리

⑥ 완성후 단계

운영관리단계의 CM업무는 1, 2년째의 각 패키지 공사의 하자담보검사를 포함하여 반년마다 정기점검 실시, 완성 후의 추가 공사비 사정이나 품질확인 등을 실시한다.

또한 빌딩운영관리에 관한 업무도 포함되어 수행되었다. 다만, 이것은 완성 후에 시

작된 업무는 아니고, 설계단계부터 CMr이 빌딩운영관리체계나 기법을 상세하게 정비해 설계도서에 포함시키는 작업이 선행하여 진행되었다. 그리고 공사단계에서는 중앙감시 · 자동제어설비 = 빌딩 · 매니지먼트시스템 = 빌딩운영관리기법의 일체적인 융합이 〈그림 4-7〉과 같이 도모되었고, 각 공사의 장기수선계획 등을 정리한 후, 빌딩관리회사에 인계하는 작업도 수행하였다.

CMr이 건설비 · 관리비 · 수광열비 · 장기수선비 등 건물전체 측면의 LCC(Life Cycle Cost)를 발주자에게 제시함으로써, 발주자가 완성 후에 실시해야 하는 프로퍼티 매니지먼트(Property management)를 가능케 한다.

민간공사사례 3

코스트 적정화와 품질확보를 위해 Pure CM방식을 적용한 오피스 리뉴얼

35년이 지나 노후화된 오피스 빌딩. 지금까지의 지명발주와 달리 CM업무를 외부에 위탁하여 코스트의 적정화 · 투명화를 지향한 오피스빌딩 리뉴얼 사례.

CM	CM분리발주방식 [건축/기계설비/전기설비의 3사 분리발주]
공사	급탕실, 화장실을 중심으로 한 공용부분의 리뉴얼공사 (내부마감 철거 · 신설, 위생기구 등의 갱신, 배관 · 덕트의 갱신, 전원 신설 등)

[건물개요]

■건물용도
사무소

■구조 · 규모
SRC조 지상 10층, 지하2층, 옥탑3층

■총건평
약 1,200 ㎡ (약 364평)

■기타 외장재
계획수립, 시공자 경쟁입찰 3개월
(99년 11월 ~ 00년 1월)
시공 약 9개월(00년 2월-10월)

■ 프로젝트의 배경

A사는 사무소빌딩을 중심으로 다수의 건물을 보유한 부동산회사이다. 개수(改修)공사를 발주한 실적이 풍부하고 사내에 건설전문 담당자도 있다. 해당빌딩에 대해 지금까지 주요한 개수(改修)공사는 원시공의 종합건설업자에게 설계 · 시공을 지명발주하는 경우가 많았다.

준공 후 35년이 지나 노후화, 진부화(陳腐化)현상으로 인해 세입자(tenant)로부터 설비 등에 대한 개선요청이 높아졌으며, 신축빌딩의 급증과 더불어 세입자 유치 등을 위한 경쟁력 강화, 매력도 향상이 급선무가 되었다.

◆CM도입과 CM회사 선정 경위

위와 같은 이유로 A사는 사무소빌딩으로서의 기능 유지, 부가가치 향상을 목적으로 하여 보다 기능적이고 매력적인 공용부분을 만들기 위해 리뉴얼을 수행하고자 하였다. 한편 A사 내부에서는 최근의 어려운 경영환경으로 인해 이전보다 까다로운 코스트관리가 요구되었으며, 노후화에 따른 장기적인 운용에 관해서 보다 많은 검토가 필요하였다. 또한 현재 사용중인 빌딩이므로 시공시 세입자에 대한 특별한 고려가 필요하였다.

이러한 환경에서 코스트의 적정화 · 투명화와 품질확보를 위해 외부전문가인 B사에

■ 프로젝트 조직개요

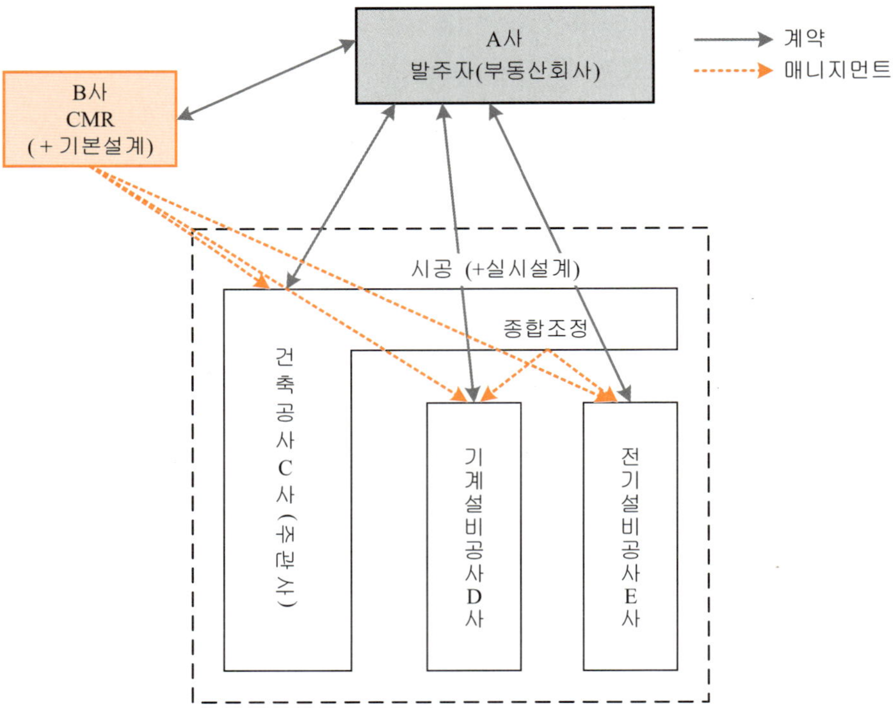

CM업무를 위탁하였다. CM업무를 외부에 위탁함으로써 원시공자인 종합건설업자에게 지명발주를 전제로 하지 않고, 코스트 절감과 품질향상, 시공에 대한 관리, 사내담당자의 인적자원의 보완 등 다양한 측면에서 제3자에게 지원 · 정보제공을 요구한 것이다.

■ 프로젝트 업무개요

1 기본계획 단계

◆기본계획안 지원

현 단계에서는 A사 사내의 담당자가 주체가 되어 세입자의 요구사항 등을 영업적 관점 및 기술적 관점에서 코스트, 공사내용, 시공방법 등에 대해 검토를 실시하고 기본계획을 정리하였다. CMr은 A사의 기본계획 수립단계에서 주로 기술적 관점의 조언과 기본계획 정리 지원 등을 수행하였다.

◆프로젝트 회의 출석

A사 주최로 프로젝트 담당자 회의가 개최되어 CMr이 출석하였다. A사의 기술, 영업, 빌딩관리 등 각 담당자가 참여하여 리뉴얼 내용에 관한 의견교환이 이루어졌다.

◆기본계획 작성

A사의 기술담당자가 주체가 되어 기본계획을 작성하였다. 작성에 있어서 세입자의 요구사항 중 화장실, 급탕실의 리뉴얼이 가장 중요한 과제라는 공통된 인식 아래 주된 사양, 공사범위, 각 플로어의 개략공정 등이 검토되었다. CMr은 현황조사를 실시한 뒤, 비용대비 효과의 최적화 관점에서 A사 요구

사항에 대한 구체적인 계획과 방법, 공사개요 정리, 공사범위나 개략사항을 검토하였다.

◆ 마스터스케줄 작성

A사가 주체가 되어 개략공정을 감안해 마스터 스케줄을 작성하고 CMr은 개략공정 검토 등에 대해 A사를 지원하였다.

◆ 예산수립

A사의 기술담당자가 주체가 되어 당 프로젝트의 예산을 수립하였다. A사 담당자는 자사 보유의 타 건물의 실적에서 개략공사비를 산출하여 예산안을 검토하고, CMr은 과거의 업무실적이나 실제 코스트 등의 관점에서 이를 지원하였다.

◆ 발주방식 검토

CMr은 발주방식을 검토하여 발주방식을 제안하였다. 설계에 대해서는 「발주자 측에서 설계실시」, 「설계사무소에 위탁」, 「건설회사에 설계 · 시공 발주」라는 3가지 안을 검토하였고, 리뉴얼의 특색과 규모, A사의 요구품질 확보를 감안하여, CMr이 발주자를 대행해 기본설계를 실시하고 시공자가 실시설계를 실시하는 것으로 하였다.

시공에 관해서는 경쟁원리를 도입하기 위해, 원시공자인 종합건설업자의 참여에도 불구하고 경쟁입찰을 실시하였다. 일괄발주방식 외에 분리발주방식, 코스트온(Cost on)방식이 검토되었으며, 아울러 분리발주방식을 채용하는 경우의 공사구분에 관해서도 논의되었다. 본 단계의 논의를 근거로 하여 공사발주방식 · 발주구분의 상세검토는 다음 단계에서 실시하기로 하였다.

② 기본설계 · 공사발주단계

본 단계에서는 기본계획을 근거로 CMr이 기본설계도서를 작성하고, 이에 기초하여 경쟁입찰에 의해 시공자를 선정하였다. 공사비의 투명화를 목적으로 설계도서나 BOQ(수량적산서)에 대한 설계내용, 리뉴얼 특유의 시공조건, 공사구분의 정확화 · 명확화가 이루어졌다.

◆ 프로젝트 회의 출석

CMr이 프로젝트 회의를 주최하여 A사 담당자, CMr이 출석하였다. 프로젝트 회의에서 CMr이 작업진척상황 보고 등을 실시하였고 발주방식 등에 대해 논의하였다.

◆ 기본설계도서 작성

CMr이 기본설계도서를 작성하고 A사가 이를 승인하였다. 기본설계에 대해 CMr은 기본계획 외에 A사의 요구사항을 도출하고 현지조사나 기존 준공도 등의 자료를 근거로 현장파악을 실시하였다. 리뉴얼공사이기 때문에 설계도서 작성에 대해 기존의 준공도 등을 유용하게 활용하는 등 합리화를 꾀하였다. CMr은 발주자 요구품질 확보, 공사비 절감, 공사내용의 명확화라는 점을 고려하여 설계도서로서 도면과 A사의 표준공사특기시방서에 근거하여 공사특기시방서를 작성하였다.

◆ 마스터스케줄 재검토

기본계획 단계에서 작성된 마스터스케줄에 대해 CMr은 공사공정의 상세검토 등 재검토를 실시하여 A사의 승인을 받았다. 공정에 관한 기본계획에서는 각 플로어를 단계적으로 개별 시공하는 것으로 되어 있었다. 본 단계의 검토에서 CMr은 공사비의 절감과 세입자 불편 감소 측면에서 공사기간을 합리적으로 단축하기 위해 A사에 복수의 층을 동시에 시공하는 단축 공정안을 제시하였다. A사는 공사기간 단축에 따른 문제점으로 시공순서나 자재 · 폐기물 반출입, 일시적인 기술적 문제나 세입자 대응 등의 문제를 지적하였고, CMr은 이를 해결하기 위해 A사와 함께 협의 · 검토하여 단축 공정안을 포함시킨 시공계획안을 수립하였다.

③ 실시설계 · 공사발주단계

◆발주방식의 검토

공사발주방식은 CMr이 작성한 복수의 안에 대해 검토하였으며, 코스트 투명성 확보 등을 목적으로 분리발주방식을 적용하기로 하였다. 공사의 내용 · 규모를 고려하여 건축 · 기계설비 · 전기설비의 3개 공종으로 분리(각사가 실시설계)하고, 건축공사 시공자가 주관사가 되어 현장 전체의 공정관리, 안전관리를 포함한 종합조정업무를 실시하였다. 기계설비, 전기설비는 기간(基幹)설비의 갱신이 따르기 때문에 분리발주의 메리트가 크다고 판단한 것이다. 경쟁입찰에 관해서는 폭넓은 시공자 모집과 효율화 등의 관점에서 각 공종에 대해 전자입찰을 실시하여 시공자를 선정하였다.

◆입찰 상한가격 설정

CMr은 기본설계도서를 근거로 공사비개산을 실시하고, A사 예산과 비교하여 설계내용 등을 최종 조정하였다. 조정을 거친 적산결과를 A사에 제시하고 승인을 받아, 각 공종의 입찰 상한가격으로 정하였다.

◆수량적산서(BOQ)의 입찰 도서작성 · 정리

CMr은 입찰요청서 및 수량적산서(BOQ) 등을 작성하여 기본설계도서와 함께 입찰도서로 정리하였다.

BOQ를 개시(開示)를 함으로써 공사비의 투명화와 경쟁입찰의 조건정비, 실시설계 및 시공단계의 설계변경에 따른 공사비 정산기준 설정과 동시에 전체 응찰자가 반복적으로 수량적산을 실시하여 코스트 및 노력의 절감이 이루어진다. 이 외에 CMr은 분리발주 공종간의 책임 분계점을 명시한 공사구분표, 가설계획안 및 마스터 공정안 등을 기초로 시공계획안을 작성하였다.

◆시공자 경쟁입찰의 실시

CMr은 A사를 대행하여 시공자 선정을 위한 전자입찰의 응찰자 모집, 입찰도서 교부, 현장설명, 질의응답, 응찰자 대응 등 입찰사무 전부를 실시하고, 견적심사 외에 기술면, 경영면, 기술제안내용 등의 견적심사를 실시하여 A사에 제출하였다.

◆시공자의 선정 · 계약

경쟁입찰을 거친 최종 후보자에게 대해 A사 및 CMr이 히어링(Hearing)을 실시하였으며 CMr의 견적심사결과와 A사 검토결과에 따라 건축은 C사, 기계설비는 D사, 전기설비는 E사로 시공자가 결정되었다. CMr은 공사도급계약서의 검토 외에 계약견적서나 설계도서 등의 계약도서를 정리하여 A사와 각 사와의 공사도급계약체결을 지원하였다. 또한 분리발주공사의 원활한 실시를 목적으로 A사, CMr, 시공자의 3사에 의한 협정서를 체결하고, CMr이 문안을 작성하는 등 협정서 체결을 주도하였다.

◆정보전달시스템의 구축

CMr은 시공단계의 승인이나 정보전달의 규칙을 정하여 A사, 시공자 3사의 전체 관계자에게 인지시켰다. 다수의 관계자로 인해 정기회의 외에 인터넷 전자게시판, 메일링리스트, 개별메일, 전화 등을 활용한 정보전달 · 공유의 효율화 · 고도화를 도모하였다.

④ 공사시공단계

본 단계에서는 분리발주 3사(건축=주관사 C사, 기계설비 D사, 전기설비 E사)에 의해 실시설계를 거쳐 시공하였다. CMr은 A사를 대행하여 기성고 관리, 추가 · 변경공사에 대한 대응 등의 코스트관리와 품질관리, 안전관리, 공정관리를 확인하였으며, A사가 이를 승인하였다.

◆정기회의 출석

주관사인 C사가 주최하는 정기회의가 개최되어 발주자 A사, CMr, 시공자 3사가 출석하였다.

◆설계 감수

분리발주 3사가 실시설계를 실시하고 CMr이 A사를 대행해 확인한 후 A사가 승인하였다. 실시설계에 앞서, CMr은 현장조사를 주최하고 기존의 준공도 외에 입찰시에 교부된 기본설계도서, 수량적산서(BOQ), 특기사양서, 시공계획안 등에 근거하여 각 시공자에게 발주내용 · 의도, 설계요구내용을 설명하였다. 또한 각 시공자가 작성한 실시설계도서에 대해 발주내용, 의도의 반영, 요구품질을 확인하고 A사와 조정한 후, 각 시공자에게 수정을 지시하였다.

◆세입자 대응

착공에 앞서 A사 관리담당자가 주도하여 빌딩내 전 세입자에 대한 인사와 설명을 실시하고, CMr은 A사를 지원하였다. CMr은 주관사인 C사를 중심으로 각 시공자의 협력을 받아, 세입자 설명자료를 작성하여 A사의 설명회에 참여하였다. 이 후 각 플로어의 시공에 즈음하여 A사 주도로 해당층 및 상하층 세입자에 대한 설명이나 정전 · 단수작업 등을 고지하고 세입자의 클레임 대응 등에 대해 CMr이 지원하였다.

◆착공시 대응

착공에 앞서, CMr은 각 시공자가 제출한 착공계, 현장대리인계, 현장조직표 등을 확인 · 정리하여 A사에 제출하였다. 또한 빌딩의 입퇴관(立退館) · 작업시간이나 각종 허가원 등에 대해 A사 빌딩관리 담당 관리부와 협의하여 운용방법을 정리하고, 각 시공자에게 지시하여 철저히 인지시켰다. 또한 설계자 C사 및 주관사인 C사를 중심으로 각 시공사에 긴급연락망 작성을 지시하고 전 관계자에게 철저히 인지시켰다.

◆공정관리

착공에 앞서, 주관사인 C사가 마스터공정

을 작성하고, CMr과 A사가 확인하였다. 분리발주 3사는 설계단계에서 CMr이 작성한 마스터공정에 근거하여 각 공종의 공사공정을 검토하였고, 기계설비공사 담당인 D사는 새로운 공사기간 단축방안을 제안하였다. 주관사인 C사의 주도로 조정을 거쳐 C사가 마스터공정을 작성하였다. 이후, 동일한 과정을 거쳐 월간 · 주간공정이 작성되었고 정기회의를 통해 CMr과 A사가 이를 확인하였다. 또한 CMr은 필요할 때마다 시공상황을 확인하여 작업시간、작업순서 등에 관해 지시하고 조정하였다.

◆ 품질관리

시공 각사가 제출한 시공도, 제작도, 재료승인원, 시공요령 등에 대해, CMr은 시공각사에 대해서 내용、요구품질의 확인 · 조정을 실시한 후, A사의 승인을 받았다. 이외에 시공 각사의 각종 검사내용 · 방법 등 관리항목을 확인, 지도하였으며, 주관사인 C사에 의해 각 분리발주 공종간의 분쟁 조정을 확인하고 착공후의 설계변경 내용을 확인하였다.

◆ 안전관리

CMr이 작성한 가설계획안에 근거하여 주관사인 C사는 종합가설계획을 작성하였고, CMr이 이를 확인하였다. CMr은 각 시공사에 대해서 자재적재장소의 운용방법, 가설울타리, 화기(火氣) 대책 등에 대한 내용 및 요구사항에 대해 지시 및 확인하였다. 또한 작업원 명부나 건강진단, 각종 교육내용을 기재한 안전서류의 정비 및 현장 비치를 지시하고, 정비상황 내용을 확인하였다.

◆ 코스트관리

CMr은 각 시공사가 매월 작성하는 기성고표에 대해 사정하여 A사에 보고했다.

또한 설계변경 내용에 관해서 매번 각 시공자로부터 견적을 받아 사정 및 가격을 협상하고, 증감금액을 파악하여 A사와 각 시공사간의 공사비 정산을 지원하였다.

◆ 준공시 대응

CMr은 준공기간에 이르러 각 시공사에 대해 자체 검사내용과 방법을 수시로 확인하고 지도하였다.

CMr에 의한 검사 후, CMr은 A사의 발주자 검사에 입회하여 지적 · 시정을 지시한 후, 각 시공사로부터 시정일시 · 방법을 보고받아 수시로 시정내용을 확인하였다. 또한 각 시공사에게 준공도서의 내용과 부수 등을 지시하고, 이를 확인、정리한 후 A사에 제출하였다.

토목공사사례 1

품질확보와 코스트절감을 목표로 하여 Pure CM방식을 적용한 자동차전용도로 교차로(JCT) 공사

자동차전용도로 교차로(JCT) 공사에 대한 공사계약의 적정한 이행을 확보하기 위해 필요한 공사 착수 전, 또는 각 시공 단계의 매니지먼트 업무를 Pure CM방식으로 수행

■ CM업무 개요

본 업무는 자동차전용도로 JCT(교차로) 공사의 시공에 있어 공사계약의 적정한 이행을 확보하기 위해 필요한, 공사착수 전 그리고 각 시공단계에서의 원활한 사업진행과 시공감리에 의한 품질확보, 코스트감축을 목적으로 매니지먼트 업무를 Pure CM형으로 실시한 사례이다.

매니지먼트 업무 흐름은 〈그림 4-8〉과 같다.

■ CM업무 발주배경

주택지에서의 JCT(교차로)공사로서 2년간의 한정된 공사기간 내에 협소한 용지에 다공구의 공사를 수행해야 하기 때문에 원활한 공사간 조정과 시공품질의 확보가 요구

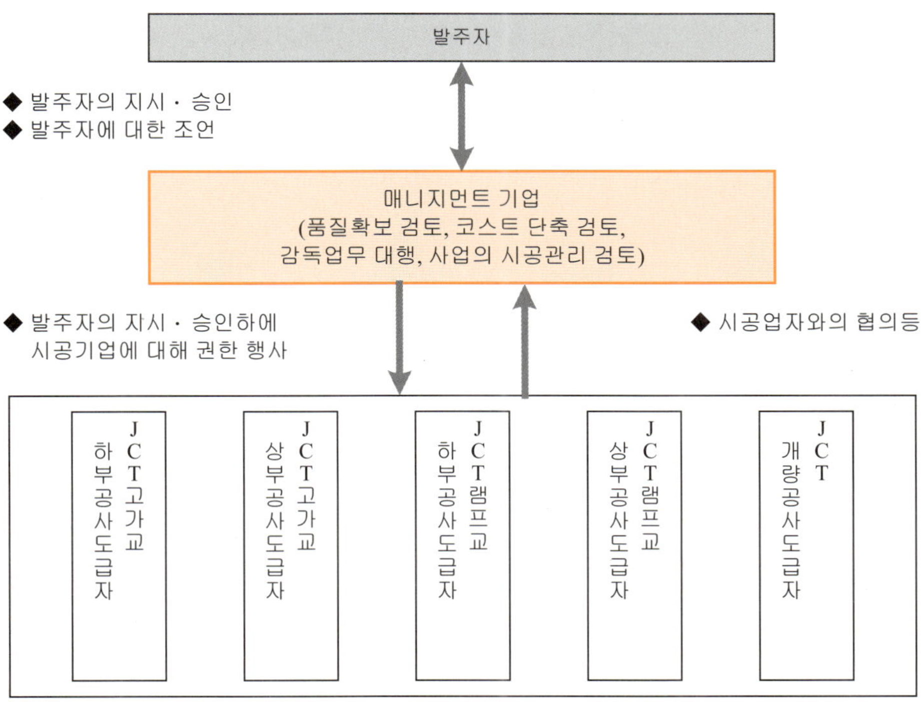

〈그림 4-8〉 매니지먼트 업무 흐름

되었다.

이 때문에 민간의 매니지먼트 기술을 도입하여 코스트 · 품질 · 공사기간을 확보함과 동시에 시공사로부터 독립된 CMR에 의해 사업집행의 투명성을 확보하는 것을 목적으로 하였다.

■ CMR 선정

CMR은 공모형 제안(Proposal) 방식에 의해 선정되었다.

업무를 실시할 수 있는 기업요건은 각 공사도급기업 및 상세설계를 실시하는 기업의 독립성, 정비국의 토목관련 건설컨설턴트 자격자명부에 등록되어 있을 것, 그리고 매니지먼트 업무를 수행할 수 있는 기술자집단을 조직할 수 있는 것 등이다.

CMr의 요건은 교량 상 · 하부공사에 대한 국내 또는 해외의 PM/CM업무를 경험한 자, 교량 상 · 하부공사에 대한 설계 및 시공감리 업무를 경험한 자로, 관리기술자 · 주임기술자 중 1명 이상은 기술사의 자격을 가지고 있어야 한다.

CMr 선정은 참가표명서 접수, 선정위원회의 기술제안서 제출자 선정, 기술제안서 접수, 히어링(Hearing) 실시, 선정위원회의 업무위탁자 선정, 계약의 순서로 실시되었다.

■ CM계약

본 CM업무를 이행하기 위해서 발주자와 CMR 사이에 현장기술업무위탁계약서가 체결되었다. 또한 본 CM업무의 범위 · 내용 · 당사자의 책임과 권한을 규정하기 위해 매니지먼트 업무위탁 특기시방서가 설계도서의 일부를 구성하고 있다. 특기시방서에 규정된 CM업무범위는 〈그림 4-9〉와 같다.

■ CMR의 책임

CMR이 선관주의의무를 소홀히 하여, 본 업무의 소임을 적정히 이행하지 않아 물적 손해, 인적피해, 공사지연 등이 발생했을 경우, 그에 대한 책임을 진다. 불이행의 내용은 발주자의 지시 · 승인에 근거하지 않고

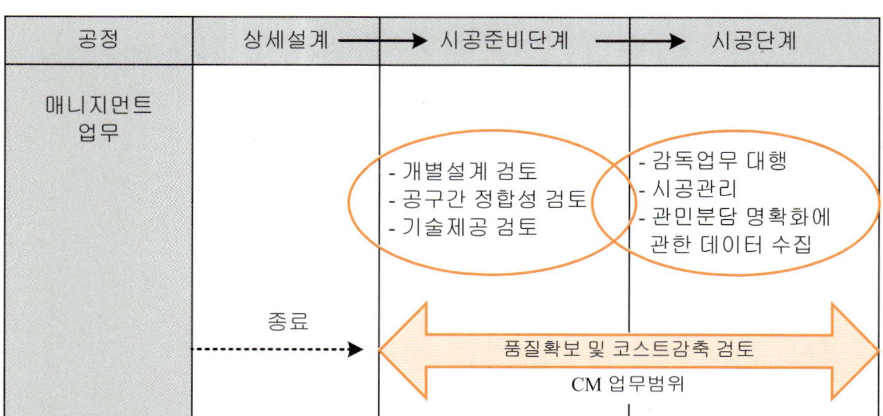

〈그림 4-8〉 매니지먼트 업무 흐름

시공자 등에 권한 행사, CMR의 판단실수나 잘못된 지시에 의해 손해의 발생, CMR의 이행지연에 의해 시공이행에 지장이 생겼을 경우 등이다.

해당 불이행에 의해 손해배상이 발생한 경우, CMR에게 배상금액을 청구함과 동시에 지방지분국(地方支分局) 소장의 공사도급계약과 관련된 지명정지(指名停止) 등 조치요령에 따른 처분이 가해진다.

■ CM 업무내용

시공 준비단계와 시공단계로 구분하여 각 업무내용을 규정하고 있다.

시공 준비단계에서는 품질확보와 코스트 절감의 검토가 요구되었다.

◆품질확보 검토

검토는 개별설계에 대한 교량 · 일반 구조물 · 도로 각각의 상세 설계도서의 각 설계항목의 타당성 검토, 대상공구 내의 동종설계와의 정합성 검토 등으로 구분할 수 있다.

◆각 공구업자에 대한 기술제공에 의한 코스트 절감 검토

CMR은 발주자에게 최선이라고 생각되는 코스트절감방안을 검토하여 필요한 자료를 작성하고, 조사직원에게 보고하도록 특기시방서에 명시되어 있다.

검토는 신기술 · 신공법 등의 가능성, 시공방법의 고려, 공사수주기업의 우수분야 이외의 기술제공이나 인접공사와의 비교 · 조정으로 구분할 수 있다.

시공단계에서는 원활한 사업집행 · 시공관리에 의한 품질향상과 코스트절감의 검토가 요구되었다.

◆원활한 사업집행을 위한 감독업무 대행

계약이행 확보, 시공상황 확인, 원활한 시공확보 등을 확실히 하기 위해 발주자의 감독업무를 대행한다.

◆사업의 시공관리에 의한 품질향상과 코스트절감의 검토

공정관리 · 기성관리 · 품질관리 · 안전관리의 각 관리항목에 대해 발주자의 감독업무를 대행하고, 공사 시공자에게 적절한 지시와 조언을 한다.

◆각 시공단계의 관민(官民)구분의 명확화에 관한 데이터 수집

대외조정, 업무중복, 관계기관이나 현지조정과 관련된 업무 등에 대해 관민구분의 명확화에 관한 데이터를 수집한다.

■ CM업무위탁비

CM업무위탁비는 직접비(직접인건비+직접경비)와 제경비 등(일반관리비+이익)으로 구성된다.

직접경비에는 자동차손료 · 연료비, 복리후생비 · 노동재해보험료, 사무용품비 · PC 사용료, 여비 · 교통비 · 통신비, 기타 잡비 등이 포함된다.

코스트 절감효과가 있는 검토와 제안을 실시할 경우에는 업무위탁비, 할증보너스 등의 업무위탁비를 증액하지 않지만, 업무성적평정에서 점수가산의 인센티브 조항이 있다.

토목공사사례 ❷
수년간에 걸친 대규모 댐 공사에서 Pure CM방식 매니지먼트 업무

국토교통성 지방정비국이 발주하는 댐공사의 시공에 대해 공사의 효율적인 시공과 품질관리 및 확실성 · 안전성이 높은 현장관리 실시를 목적으로, 수년간 진행되는 시공단계에서 Pure CM방식의 매니지먼트기술활용방식(이하 「감리시행업무」라고 한다)을 댐 건설사업에서 처음으로 시행한 사례.

■ 감리시행업무 개요

대상 공사는 국내에서도 그 수가 많지 않은 대규모 록필(Rock-fill)댐 공사로서 CMR은 발주자의 입장에서 분리발주공사의 시공조정 매니지먼트, 기술평가 등의 기술관리 매니지먼트, 코스트절감 제안 등을 실시하였다. 감리시행업무는 각 분리공사의 발주와 동일한 시기에 별도 CMR의 제안(proposal)을 선정하여 종합공사도급기업과 설계컨설턴트에 의한 설계공동체 1개사가 지정되었다.

발주자는 공사도급자와 도급공사계약을 체결하고, CMR과는 감리업무위탁계약(CM업무위탁계약)을 체결하였다(그림 4-10).

또한 실제 업무에서 감리시행업무는 댐 본체공사감리시행업무로, CMR은 매니지먼트 시행업무실시자로 불린다.

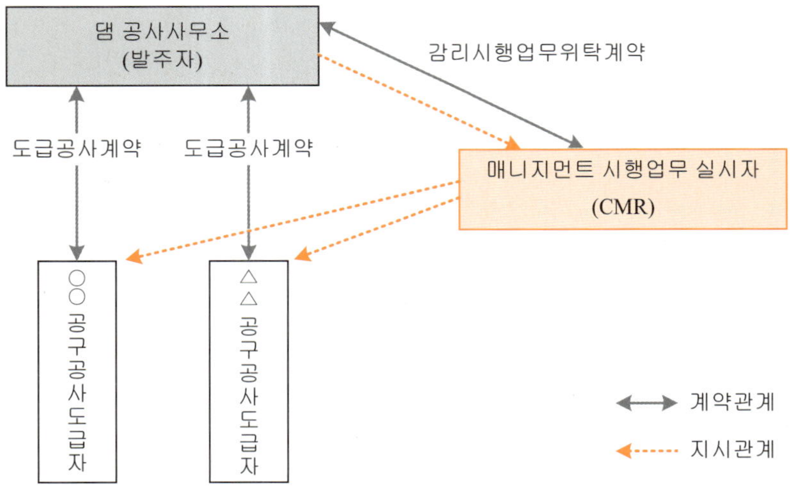

〈그림 4-10〉 발주자 · CMR · 공사도급자의 관계

■ 감리시행업무 발주 배경

건설기술의 관점에서 양호한 댐 부지의 감소에 따른 저품질 재료의 활용기술이나 관리기술의 향상 및 원석산 확보의 어려움으로 인해 효율적인 재료채취기술이나 관리기술의 향상이 요구된다.

공사발주방식의 관점에서 일괄공사발주방식에 비해 분리발주방식은 전체 시공의 일체화를 확보하기는 어렵지만, 코스트 구조가 명확하여 각 공사간의 기술적 과제를 표면화하기 쉽고, CMR을 포함해 각 공사도급자 사이의 기술적 경쟁력과 긴장이 유지되기 용이하다는 장점을 기대할 수 있다.

또한 공사분리발주방식에서는 민간 매니지먼트 기술을 활용함으로써 전체 시공의 일체성을 확보한 다음, 보다 확실하고 효율적인 시공추진이 도모되었다.

■ CMR 선정

CMR은 공모형 proposal 방식에 의해 선정되었다.

참가표명서 제출기업 요건은 컨설턴트 업무 참가자격, 규정된 규모 이상의 댐공사의 시공관리 또는 실시설계를 포함한 시공계획 업무실적이 요구되었다.

또한 배치예정 기술자 요건은 규정된 규모 및 실무경험 이상의 댐공사 시공관리 혹은 시공계획업무 실적, 기술자격은 지정부문의 기술사 자격이나 댐공사 총괄관리기술자 자격이 요구되었다.

■ CMR 선정

CMR은 공모형 proposal 방식에 의해 선정순서는 참가표명서 접수, 기술제안서 제출자 선정통지, 기술제안서 접수, 히어링(Hearing) 실시, 지정 통지, 입찰, 계약체결의 단계로 실시되었다.

■ 감리시행업무계약

본 감리시행업무의 감리업무위탁계약서, 계약서 및 업무 설계도서의 내용에 대해 통일된 해석과 운용을 위해 감리업무시방서가 작성되었다. 업무 항목별로 발주자, CMR, 공사도급자의 역할과 의사결정·승낙 순서가 명시되어 있다. 다음은 특징적인 계약 항목을 나타낸 것이다.

◆ 분리발주공사와 관련된 공정조정

CMR은 각 공사도급자가 제출한 자료를 대조 조사하고, 공사도급자 사이의 조정 및 협의를 실시하고 그 결과에 대해 지시한다. 그 후에 대조 조사, 조정, 지시사항을 발주자에게 보고한다(그림 4-11).

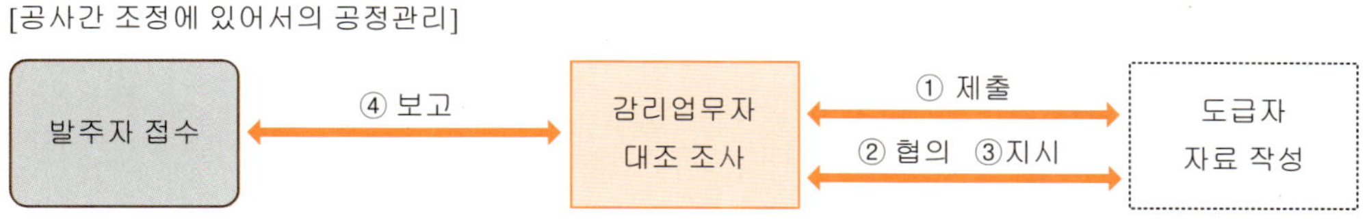

〈그림 4-11〉 분리발주공사에서 발주자, CMR, 공사도급자 사이의 역할과 지시관계

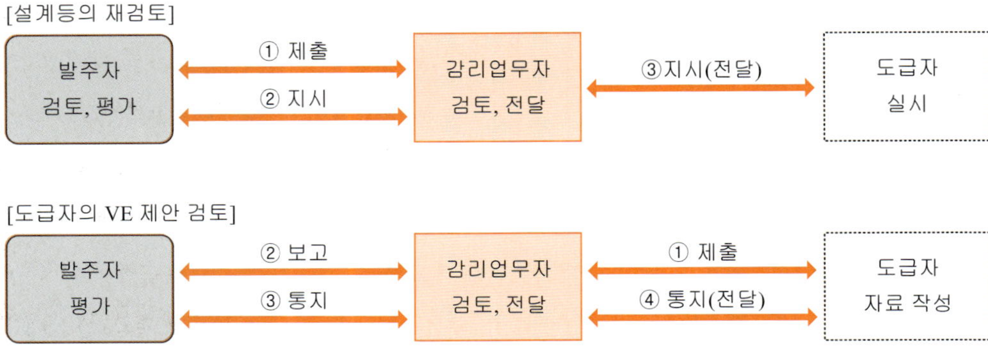

〈그림 4-12〉 주요업무항목에 대한 발주자, CMR(감리업무자), 공사도급자간의 역할과 지시관계

◆ **주요 업무항목에 대한 발주자, CMR, 공사도급자간의 역할과 지시 관계**

공사도급자의 서류제출이나 입회의뢰처, 공사도급자에 대한 지시자는 기본적으로 모두 CMR로 일원화하여 지휘체계의 혼란을 방지한다.(그림 4-12)

◆ **코스트 절감제안과 관련된 인센티브 조항**

도급공사대금의 절감을 가능하게 하는 안이 적용되어 도급대금액이 절감되었을 경우, 발주자가 이와 관련하여 별도로 발주한 검토업무비용을 제외한 액수의 10분의 1에 해당하는 금액을 코스트절감 관리비로 가산되어 감리시행업무위탁비가 변경된다.

◆ **발주자 또는 CMR이 부담해야 할 배상책임**

발주자 및 CMR의 채무불이행책임 및 배상청구에 대해 규정하고 있다. CMR의 책임에 대해서는 다음 항에서 설명한다.

◆ **시공 매니지먼트 프로그램의 구축 및 운용**

CMR은 업무를 정확하게 수행하기 위해 시공 매니지먼트 프로그램을 구축하고 운용한다.

■ CMR의 책임

CMR이 선관주의 의무를 소홀이 하여 업무의 본지(本旨)에 따른 이행을 하지 않아 물적손해, 인적손해, 공사지연 등이 발생했을 경우에는 책임을 진다.

채무불이행의 내용은 ①발주자 또는 감독직원의 지시 · 승인에 근거하지 않고 공사도급자에게 권한을 행사하여 손해가 발생한 경우, ②감리업무자의 판단실수, 잘못된 지시로 인해 손해가 발생한 경우, ③감리업무자의 이행 지연으로 인해 시공이행에 지장이 생겼을 경우로 규정되어 있다.

또한 책임에 따른 조치로는 ①채무불이행에 따른 손해배상이 발생할 경우 CMR에 청구할 것, ②공사도급계약과 관련된 지명정지 등의 조치요령이다.

■ 감리시행업무내용

업무의 주요내용은 재료평가 등의 기술관

리, 분리발주공사와 관련된 시공조정, 코스트절감과 관련된 제안, 감독직원이 지시하는 것이다.

◆ **재료평가등의 기술관리**

전체공사공정의 Follow-up, 시공계획서의 대조조사, 기초굴착 · 재료채취 · 성립공 · 홍수토 · 기초처리 등의 공사 품질관리, 제방(堤?)의 조닝 등의 구조 및 계약 후 VE 제안에 대한 검토, 공사의 환경 대책검토 등

◆ **분리발주공사와 관련된 시공조정**

분리된 공사간의 시공 공정조정, 각 공사의 시공 공정조정, 공사의 정보공유시스템 조정을 포함한 문서관리 등

◆ **코스트절감과 관련된 제안 및 감독직원의 지시사항**

이러한 업무내용을 매니지먼트 기술의 시점에서 보면 아래와 같다.

- CMR은 발주자에게 실제 업무에서 이뤄지는 시공 매니지먼트 프로그램을 제시한다. 여기에는 감리방침 · 목적 · 업무항목 등이 있으며, PM기법을 기초로 한 감리매뉴얼이 구축된다.
- CMR은 각 공사도급자가 제출하는 시공계획서를 공정, 품질, 리스크 등의 관점에서 대조 · 조사하여, 양 공사간의 시공계획의 정합성을 취한다. 문제가 있는 경우에는 공사도급자에게 추가 자료를 청구할 수 있고, 중대한 문제가 있는 경우에는 그 취지를 발주자에게 보고하여 공사 리스크의 감소를 꾀한다.
- 공사입회를 실시하여 품질관리시험 등의 결과를 평가한다. 예를 들어, 기초암반으로 부적당한 암반이 발견되었을 경우, 기초 암반으로서의 적부평가, 그에 따른 굴착심도의 판단, 열화방지를 고려한 시공방법 등을 제안한다.
- CMR은 현장에서 이용가능한 주재료와 당초설계를 재검토하여 코스트절감 제안을 실시한다.
- CMR은 생태계, 기상조건, 소음 · 진동 · 탁수(濁水) 등의 환경부하증가, 품질저하, 공사기간지연 등의 시점에서 예상되는 리스크항목을 추출하여 대책안을 사전 검토함으로써 리스크 발생시에 시의적절한 리스크 처리를 도모한다.
- CMR은 공사진척을 Follow-up하고 공정지연의 요인을 파악하여 주간 · 월간 시공공정협의에서 전체공정을 조정한다.
- 커뮤니케이션 관리로서 CMR은 사무소 내부에 LAN, 인터넷, 안전대책, ASP서비스 등으로 구성되는 「정보공유시스템」구축을 계획하여 전자화문서 · 디지털 현장사진 · 데이터를 발주자와 공유하여 업무의 효율화를 도모한다.

■ 감리시행업무위탁비

감리시행업무 위탁비는 ①코스트(직접비) + ②요금(제경비) + ③코스트절감제안과 관련된 인센티브로 구성된다.

- 직접비 : 직접인건비 + 직접경비
- 제경비 : 일반관리비 + 적정이윤

CMR은 기본적으로 현장에 상근하며, 공모시에 참고견적을 산출하기 위해 CMR의 근무기간과 기술자단가가 미리 제시된다. 따라서 직접인건비는 근무기간 기술자단가로 산출된다. 그리고 코스트절감 제안이 적용되었을 경우에는 인센티브 조항에 따라 인센티브가 가산되어 업무위탁비가 변경된다.

토목공사사례 ❸
CMR이 국제 프로포잘(Proposal)로 공모한 한국 고속도로 건설프로젝트

세계 최초로 시도되는 3차원 케이블 자정식 도로 철도병용 현수교와 접근부 교량으로서 한국의 대규모 국가사업에서 신기술 도입을 위해 일본의 컨설턴트가 해외에서 CM업무에 참여한 사례.

■ CM 업무개요

본 프로젝트는 한국의 수도권과 인천 서해상의 영종도·용유도에 위치한 인천 신국제공항을 연결하는 약 41km의 인천국제공항 고속도로 건설이다. (그림 4-13) 이 중 해상구간(4.4km)의 교량은 세계 최초로 시도되는 3차원 케이블 자정식 도로 철도병용 현수교와 접근부 교량으로 대규모 국가사업이다. 사업은 당초에 전액 국고자금으로 계획되었지만, 1994년 8월에 민자유치법이 국회에서 제정되어 1995년 3월, 민자유치대상사업으로 선정되었다. 같은 해 11월 한국의 민자 제1호 사업(BOT 방식)으로 고시되어 사업을 주관하는 건설교통부와 신공항고속도로주식회사(SPC) 사이에 1995년 10월, 상기의 사업시공에 관한 협약서(실시협약) 체결 후, 사업실시(사업기간 1996년 4월~2000년 12월)에 대한 CMR을 국제 Proposal로 공모한 것이다.

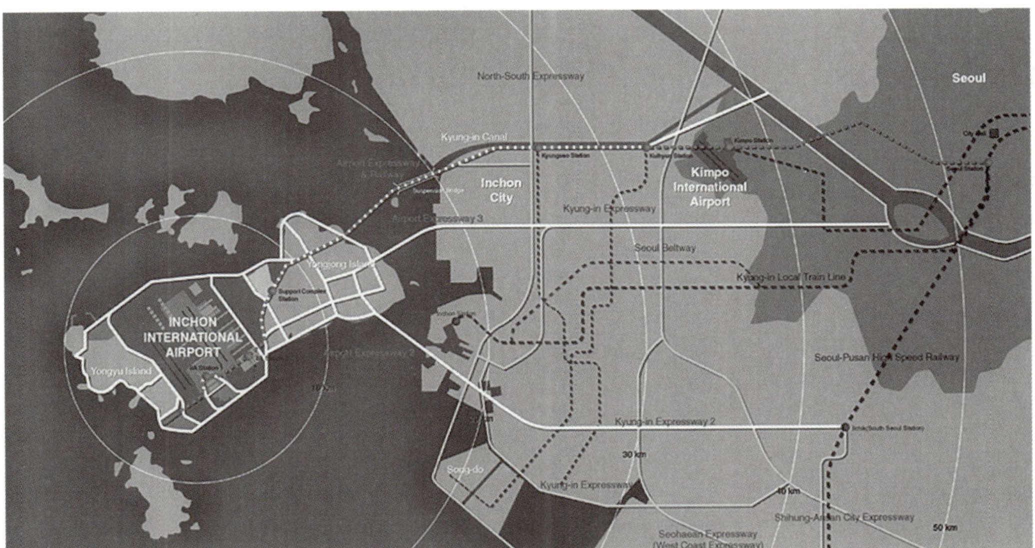

〈그림 4-13〉 위치도

■ CM 업무 발주 배경

한국에서는 1980년대부터 90년대에 걸쳐 국내 빌딩과 교량의 붕괴 등이 다발적으로 발생함에 따라 품질확보를 위해서 90년대 초반부터 감리제도(CM제도)를 본격적으로 도입하였다.

한국의 CM제도는 건설기술관리법 제2조(정의)에서 "건설사업관리"라고 규정되어 있으며, 「건설공사에 관한 기획 · 타당성조사 · 분석설계 · 조달 · 계약 · 시공관리 · 감리평가 · 사후관리 등에 관한 관리업무의 전체 또는 일부를 수행하는 것」이라고 정의되어 있다. 즉, 한국의 CM은 말하자면 PM(프로젝트 매니지먼트)의 개념에 가깝다고 할 수 있다.

구미의 CM과 유사한 시공부분의 감리에 관해서는 1994년부터 실시된 "책임감리제도"가 있어 공사 전체에 대해 책임감리를 실시하는 "전면책임감리"와 공사의 일부에 대해서 책임감리를 실시하는 "부분책임감리"로 분류되어 있다.

본 업무는 이러한 제도 하에서 "전면책임감리"로 수행하는 것이다.

2001년 1월에 개정된 건설기술관리법 제2조에 의하면 "책임감리"란 시공감리(품질관리 · 시공관리 · 안전관리 등에 대한 기술지도와 '검측감리'를 하는 것)와 관계법령에 따라 발주기관의 감독권한을 대행하는 것을 말하며, 별도로 정해져 있는 "설계감리"는 포함하지 않는다. 그러나 본 업무의 "책임감리"의 정의는 제도개정의 과도기 적인 측면에서 "전면책임감리"에 계약상 "설계감리"의 책임도 부가되었다.

■ CMR 선정

해상교량의 건설에 적극적으로 신기술을 도입하기 위해 국제 프로포잘(Proposal)로 공모되었다. 그 결과, 일본의 컨설턴트가 주(主)가 되고 한국의 컨설턴트를 부(副)로 하는 JV(Joint Venture)로 결정되었다. 이것은 일본의 컨설턴트가 해외 CM업무에 책임감리로서 본격적으로 참여한 첫 번째 프로젝트였다.

■ CMR 계약

계약은 한국도로공사와 일본의 컨설턴트 간의 「수도권 신공항고속도로 영종대교 시공관리 및 감리용역계약서」에 의해 체결되었다. 계약서는 29개 조항(A4/100페이지 분량)으로 되어 있으며, 다음과 같은 항목으로 규정되어 있다.

용어정의/ 과업범위/ 용역수행방법/ 용역대가/ 용역대가 지불방법 및 조건/ 감사/ 당사자의 책임/ 책임과 보증/ 보험/ 세금/ 용역결과의 소유권/ 소유권 이전/ 양도 및 하청/ 사용 언어 및 단위/ 적용법령/ 중재/중지 및 해약/ 수정 및 연장/ 보안/ 특허권 침해/ 이행보증/ 승인/ 통지/ 대표자 지정/ 협력/ 훈련 및 기술이전/ 용역과업의 내용/ 계약기간/ 계약의 발효/ 부록/ 용역과업의 범위/ 표준급여 관리지침/ 용역 계약금액 내용/ 훈련 기술이전 계획/ 컴퓨터 설치지침

등이다. 그리고 계약에 인센티브 조항은 없지만, 벌칙 규정으로서 발주자는 공정지연에 대해 다음의 지연페널티를 청구할 수 있다고 명시하고 있다.

지연보상금액 = 완공되지 않은 용역의 연차계약금액×지연 날짜×0.25%

■ CMR의 입장과 권한

감리업무를 수행할 수 있는 주체는 한국감리협회에 등록 · 신청된 감리전문기술자(외국인을 포함)이며, 이러한 업무는 사회적으로도 잘 인지되어 있다. 업무를 실시하는 감리원의 입장과 권한은 한국건설감리협회가 정한 "감리업무수행지침서"에 의해 아래와 같이 정해져 있다. 감리원은 발주자에게 예속되지 않고 발주자와의 계약에 의해 독립적으로 발주자의 감독권한을 대행한다.

감리원은 품질관리, 시공관리, 안전관리 및 공정관리 등에 대한 기술지도를 실시하면서 해당공사가 설계도서 및 기타 관계서류의 내용대로 시공되고 있는지를 확인하여, 건설기술관리법령에 따라 발주자의 감독권한을 대행한다.

감리원은 성실, 친절, 공정, 청렴결백하게 그 업무를 수행해야 한다.

감리원은 건설공사의 품질향상을 위해서 기술개발 및 보급에 전력을 다하지 않으면 안 된다. 또한 본 프로젝트의 관련 조직간의 개요는 그림 〈4-14〉와 같다.

◆ **건설교통부(MOCT)**

본 사업을 관장하는 주무관청으로서 ㈜신공항고속도로와 실시협약을 체결하여 한국도로공사에 공사의 시공관리 · 감리권한을 위탁한다.

◆ **신공항고속도로주식회사(NIF)**

건설교통부와의 실시협약에 기초하여 사업시공자의 의무와 권한을 포괄적으로 계승하는 법인(SPC)이며, 사업의 발주 · 건설, 준공 후의 운영 및 유지 관리를 실시할 의무 및 권리를 가진다.

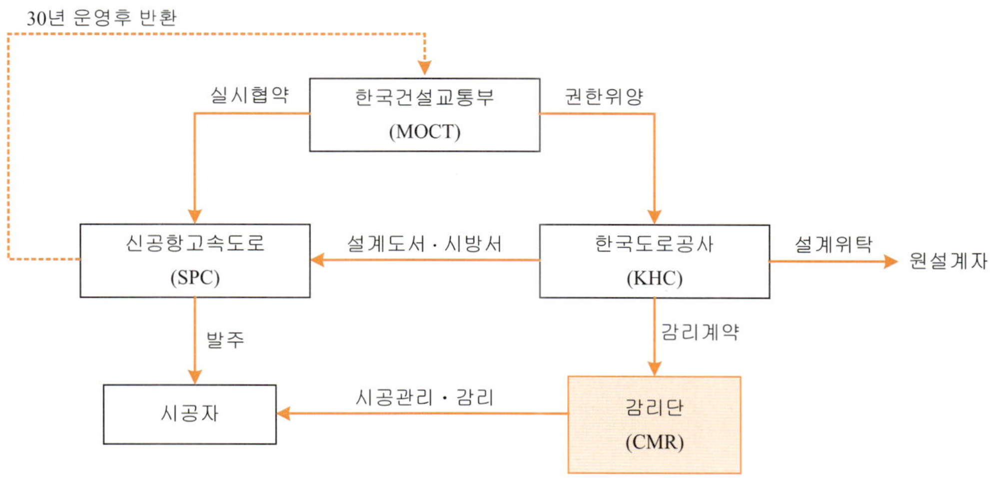

〈그림 4-14〉 관련 조직구성

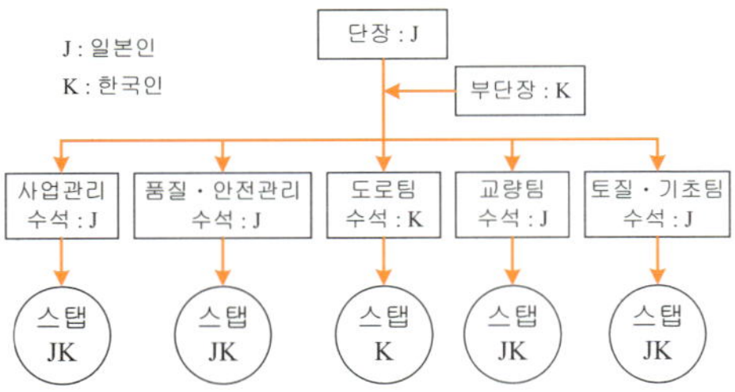

〈그림 4-15〉 CMR의 구성

◆ 한국도로공사(KHC)

사업의 실시협약에 의해, 건설교통부로부터 사업건설의 감독권한을 위탁받아 시공관리 · 감리용역계약에 근거하여 감리전문회사(영종대교감리단)를 관리 · 감독한다.

◆ 시공자

신공항고속도로주식회사로부터 공사 시공을 도급받은 한국의 4개 건설업자.

◆ 영종대교 감리단(CMR)

한국도로공사와 체결한 시공관리 · 감리용역계약에 근거한 책임감리제도에 의해 KHC의 대행자로서 시공자에 대한 시공관리 · 감리를 실시한다.

한국에서도 일반적으로는 설계를 담당한 컨설턴트는 감리업무에 참가할 수 없지만, 본 감리단은 공사의 특수성으로부터 설계를 담당한 컨설턴트로 구성되었다.

또한 일본인 8명(미국인 1명 포함), 한국인 9명(6명은 행정관련)으로 시작하여, 최고 전성기에는 18명 및 40명(합계 58명)의 대규모 조직이 되었다.

감리단 조직은 다소의 변경이 있었지만, 기본적으로는 〈그림 4-15〉 와 같다.

■ CM 업무의 내용

본 업무계약은 발주자의 감독권한을 대행해 전면책임감리업무의 수행을 그 내용으로 하는 것으로서 기본적으로는 감리업무수행지침서(한국건설감리협회)에 따라 수행되었다. 그러나 별도로 한국도로공사와 체결한 시공관리 · 감리계약에서는 보다 높은 책임 및 내용이 요구되었다. 특히 설계 검토 및 공정관리에 대한 책임이 추가되어 시공관리 · 감리용역 계약책임으로, '감리자는 추가적인 대가없이 원설계도서, 변경 설계도서, 추가로 설계되는 부속시설 등의 설계검토 및 확인에 대한 책임을 진다. 또한 설계 결함에 대한 검토에 의해 어떠한 지연도 발생해서는 안 되며, 사전 및 사후 진도관리에 대한 책임을 진다.' 라고 하여 방대한 설계도서 검토, 공사 중 시공계획서 검토 및 승인, 공정 모니터링 및 Follow-up 등이 주요 대처 과제였다.

감리단의 현장관리 업무는 주로 다음과 같은 사항이었지만, KHC, NIF, 감리단, 시공자 사이의 권한과 책임은 다양하고 복잡한 형태(보고, 협의, 지시, 승인 등)로 운영되었다. 건설행정지원, 사업관리통제, 문서관리, 설계관리, 시공관리, 품질관리, 안전관리, 계측관리, 환경관리, 보안, 하청관리, 기성 준공검사, 기술이전 훈련(국내, 국외) 등 주요작업의 흐름은 아래와 같다.(그림 4-16 ~ 4-20)

원설계의 검토 및 보완

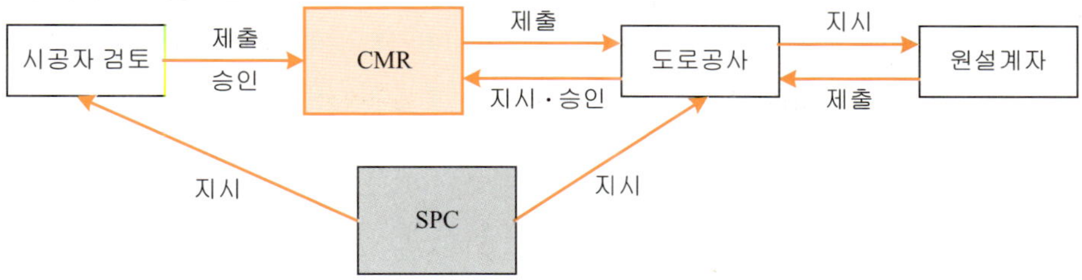

〈그림 4-16〉 원설계의 검토 및 보완

공정검토·관리

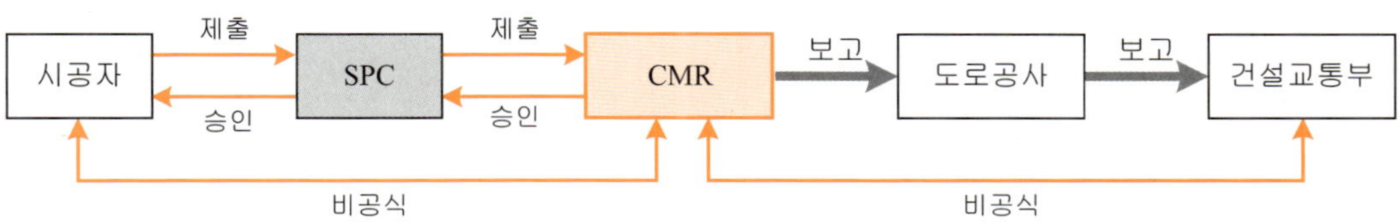

〈그림 4-17〉 공정관리 프로세스

시공도·제작도의 검토·조사

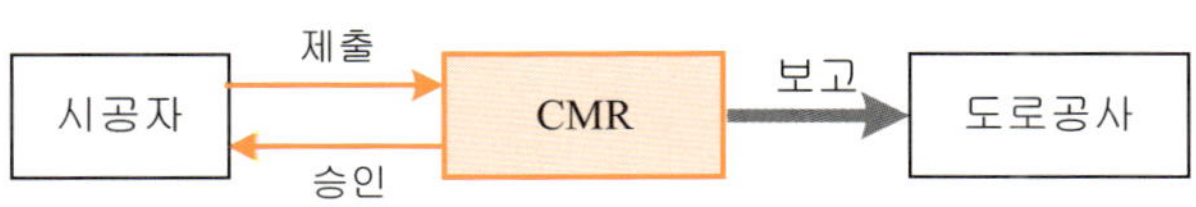

〈그림 4-18〉 시공도·제작도 작성 대조조사 프로세스

시공계획서

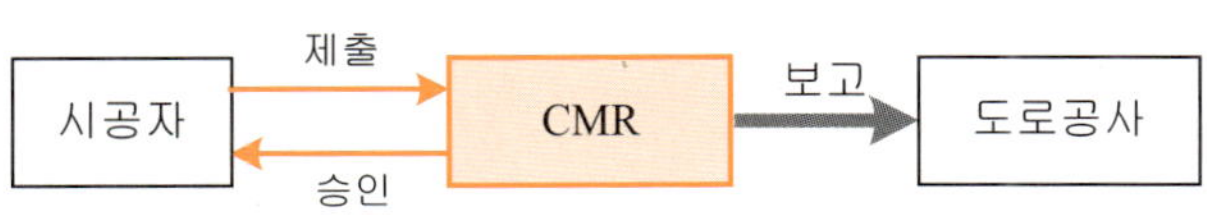

〈그림 4-19〉 시공계획서 작성 프로세스

설계변경(구조변경, 수량변경, 물가변동 등)

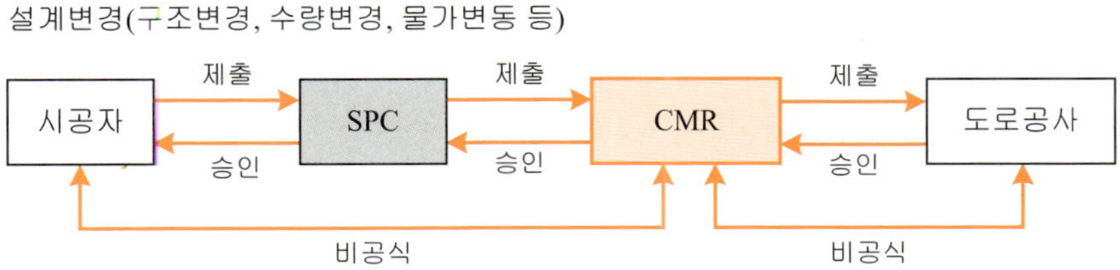

〈그림 4-20〉 설계변경 프로세스

■ CM 업무위탁비

업무위탁비는 아래의 항목으로 구성되어 있다. 또한 본 업무에는 특별한 인센티브 조항은 규정되어 있지 않다.

- 실기준임금(감리원 등급에 의한 규정)
- 급여가산금(실기준임금에 승수비율(사회보장 · 제보험 · 연금 · 휴가 등 경비)을 포함한 것)
- 제경비(기준임금에 115%의 제경비 할증률을 적용한 금액)
- 기술료(기준임금과 제경비 합계 금액의 21%)
- 이익(실기준임금, 급여가산금, 제경비의 합계에 고정이윤할증(약 10%)을 곱한 것)
- 주재비(기준임금의 30%)
- 직접경비(용역수행에 직접 관련된 모든 직접비)

또한 계약기간이 장기이기 때문에 물가변동에 의한 가격조정조항이 부가되어 있다.

토목공사사례 4

3개 공구로 나누어 발주된 지방공공단체 대규모 우회도로의 관리업무

산간지역에 건설되는 우회도로사업.

험난한 지형에 대규모 구조물이 다수 계획되는 본 사업에서는 현의 토목사무소가 발주하는 설계, 조사 업무를 통일된 지침이나 기본방침에 근거해 설계를 실시하고, 3개 공구로 구분되어 발주되는 공사의 각 공정을 원활하게 조정하기 위한 매니지먼트를 실시하는 것이 목적이다.

■ CM 업무개요

대상이 되는 우회 도로 공사는 약 4.1km의 지역 고규격 도로(地域高規格道路)이며, 교량 11개(총연장 약 1.4 km), 터널 2개소(총연장 약 1.0km)가 포함된다.

CM업무 실시형태는 〈그림 4-21〉과 같다.

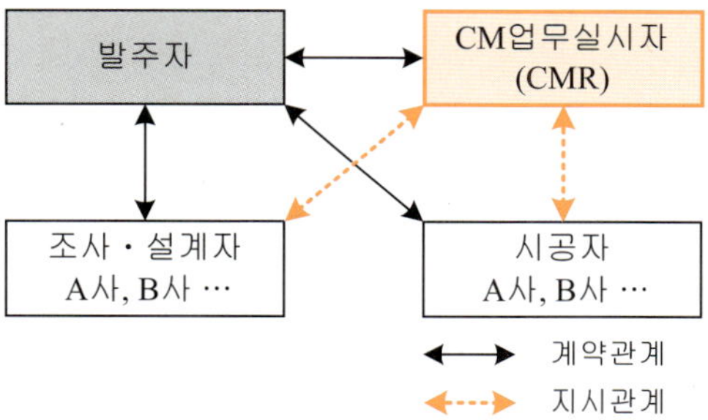

〈그림 4-21〉 실시형태

■ CM업무 발주배경

◆설계단계에서의 필요성

대상 설계업무는 터널, 교량, 도로 구조물 등 다방면에 걸쳐 작성하는 공정관리 계획에 의해 설계 상세내용의 조정, 측량 및 지질조사의 조정, 시공방법, 환경대책 등을 수립할 필요가 있다.

지질조사에 대해서는 예비설계 및 상세설계단계를 거쳐 보다 상세한 지질 데이터에 대해 수 킬로에 걸치는 구간의 조사결과를 효율적으로 정리하여 통일시켜 나타내는 것과 동시에, 다음 단계의 조사 및 내용에 대해 경제적이고 효과적인 제안을 실시할 필요가 있다.

또한 구조물의 설계에 대해서도 각 공구에서 제안한 공법, 해석기법에 대해 정리하고 경제성과 환경을 고려하여 해당공사에 적용되는 공법 등을 적절히 통일시킬 필요가 있다.

◆시공단계에서의 필요성

3개 공구로 나누어 공사를 실시하므로, 각 공구의 크리티컬 공정을 특정(特定)하면서 사업의 전체 공정을 수시로 검토하여 원활한 진척을 도모할 필요가 있다.

또한 관계기관, 현지협의 등의 공정조정 등을 정확하게 실시할 필요가 있다. 이러한 조건에서 직원수에 한계가 있는 사무소를 지원하여, 수주자의 생각을 조정하는 한편, 해당 공사에서 부수적으로 발생되는 관련공사에 대한 기술적인 제안을 실시하는 것도 요구되었다.

■ CMR 선정

CMR은 일반적인 지명경쟁입찰방식에 의해 선정되었다.

■ CM계약

CM업무계약은 특기시방서에 따라 계약내용을 규정하여 실시되었다. 특기시방서에는 「복수의 업무 전체의 매니지먼트를 실시하여 사업의 원활한 운영지원을 실시하는 것」으로 표기되어 있다.

■ CMR의 책임

조사 · 설계업무와 같은 위탁업무형태이며, CM업무에 의한 CMR로서의 특별한 책임에 관한 규정 등은 명기되어 있지 않다.

■ CM업무내용

본 업무는 다년간에 걸쳐 실시되며 실시내용은 다음과 같다.

◆ 공정관리지원

- 각 공사의 공정조정, 공사기간 단축에 자료가 되는 설계 등을 재검토하고, 전체 공정계획 단축을 실현해 사업효과의 조기발현을 완수하였다.
- 관계기관, 현지협의 등을 적절한 시기에 실시하여 사업을 원활히 진행하였다. 특히, 가옥이전, 보상 등 협의를 실시하는 것이 원활한 사업진행에 직결되었다.

◆ 예산관리지원

- 매년 발주할 필요가 있는 조사, 설계항목 등을 제안하는 것과 동시에, 필요한 수량을 조사하고 대략의 예산을 파악하였다.
- 이를 기반으로 사업전체 예산을 조사하고 설계의 진척에 맞추어 적절하게 파악해 적정한 예산배분을 계획하였다.
- 매년도의 계획에 근거해, 개산 사업예산계획을 재검토하고, 다음 해의 예산 요구를 지원하였다.

◆ 기술관리지원

- 실시된 다양한 조사나 설계를 통일된 방침 및 기준에 근거해 실시하기 위해서 설계기준(안)을 작성하였다. 구체적으로 교량상세설계기준(안), 터널상세설계기준(안)을 작성하여 사업전체의 정합성 및 품질확보를 도모하였다.
- 시공에 관한 기본사항을 정리하여, 본 노선의 기본적인 생각 및 방침을 작성하였다. 구체적으로는 시공관리기준(안), 코스트절감에 관한 기본방침(안), 경관보전에 관한 기본방침(안)을 정리하여 코스트절감과 품질향상을 도모하였다. 특히, 해당 도로에는 고배합콘크리트 등에 의한 교량건설이 계획되어 있어 콘크리트 구조물의

품질관리 중요성이 높았다.

- 폭주하는 관련 조사 및 설계와 관련된 사항, 공정을 조정하는 것과 동시에 다음 사항에 대한 협의 및 조정을 실시하여 원활하게 사업을 진행하였다.
  - 설계와 관련된 조사(지질조사 등) 간 조정
  - 관계기관과의 협의 스케줄 조정
  - 시공계획(공사용 진입도로, 공정계획 등) 조정
  - 설계 인접부의 구조, 정합성 등 조정

◆ 협의자료작성지원

- 계획 도중에 잔토량이 증가하여 토사장 후보지의 지형, 지질, 토지이용상황 및 토사운반 경로 등을 상세히 검토하여 계획을 실시함과 동시에 현장에 대한 협의용 자료를 작성하여 원활히 실시하였다.
- 구간전체에 대한 표지, 정보판, 신호기 등의 배치계획을 실시하는 것과 동시에, 협의용 자료를 작성하여 원활한 협의를 실시하였다.
- 설치할 시설이 이미 확정되어 있는 상세설계에 대한 영향을 최소화하여 계획을 수립함으로써 설계변경을 최소화하였다.

◆ 시공에 의한 환경영향대책 검토

- 시공으로 인해 수질, 동식물, 대기, 소음 등의 자연환경, 생활환경에 미치는 영향이 우려되었다. 이 때문에 공사 초기단계에서 향후 발생할 수 있는 환경문제를 예상하고 동시에 대책공법의 사례 등을 정리하여 현장 지원자료를 작성하였다.

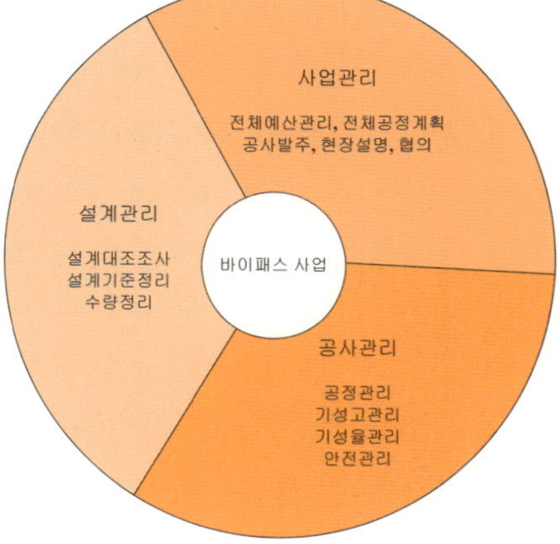

〈그림 4-22〉 사업 · 공사 · 설계의 관리

◆ 원활한 공사진척을 위한 시공사례 수집

- 타 현장에서 발생한 공사 변경사례를 수집, 정리하여 해당 현장에서 유의해야 할 사항을 정리하고 시공자에게 주지시킴으로써 변경방지에 기여했다.

◆ CM업무 지원용 시스템의 개발

- CM업무를 실시하였을 때의 정보를 일원화하기 위해서 지원용 시스템을 구축하였다.

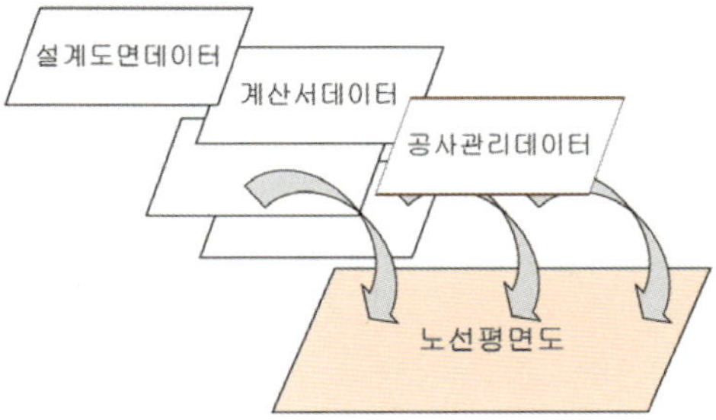

〈그림 4-23〉 일원적인 정보관리

• 본 시스템은 대상이 되는 노선의 위치도를 기본으로 하여, 각층마다 사업관리, 설계관리, 공사관리 등에 관한 정보를 분류하여 정리하고 PC상에서 일원적인 관리를 실시하는 것이 가능하도록 했다.

• 공사로 인한 민원, 시공상의 문제에 대한 정보(문제 발생장소와 그 내용 및 해결책)에 대해서도 GIS상에서 마킹이나 계층보존이 가능한 시스템을 부가하였다.

이러한 CM업무 지원시스템을 활용함으로써 아래와 같은 이점을 얻을 수 있었다.

- 사업을 추진하는데 있어 여러 가지 정보를 일원적으로 관리할 수 있다.
- 일원적인 정보관리를 통해 문제 발생시, 보다 신속한 대응이 가능하다.
- 모든 정보를 각 계층에 따라 정리하기 때문에 담당자간 인계가 용이하다.

◆ 발주자–도급자–CMR간의 정보네트워크 범위구축

• 발주자와 도급자(설계사, 공사도급사) 및 CMR 사이에 〈그림 4-24〉와 같은 정보 네트워크를 구축했다.

- 이 정보네트워크에서는 무선통신을 이용하고 발주자의 호스트컴퓨터에 각 업자가 접속 가능한 클리어링하우스(Clearing House)를 설치하여 정보의 공유를 도모했다.
- 이를 통해서 CMR은 발주자와 도급자의 정보를 수시로 수집하는 것이 가능해져 CM업무의 효율화 및 사업전체의 정보교환이 원활히 이루어졌다.

■ CM업무 위탁비

CM업무 위탁비는 통상의 조사 · 설계업무와 직접인건비, 직접경비, 제경비, 기술경비로 구성되어 있으며, 공사의 코스트가 절감되었을 경우에도 증액되지 않는다.

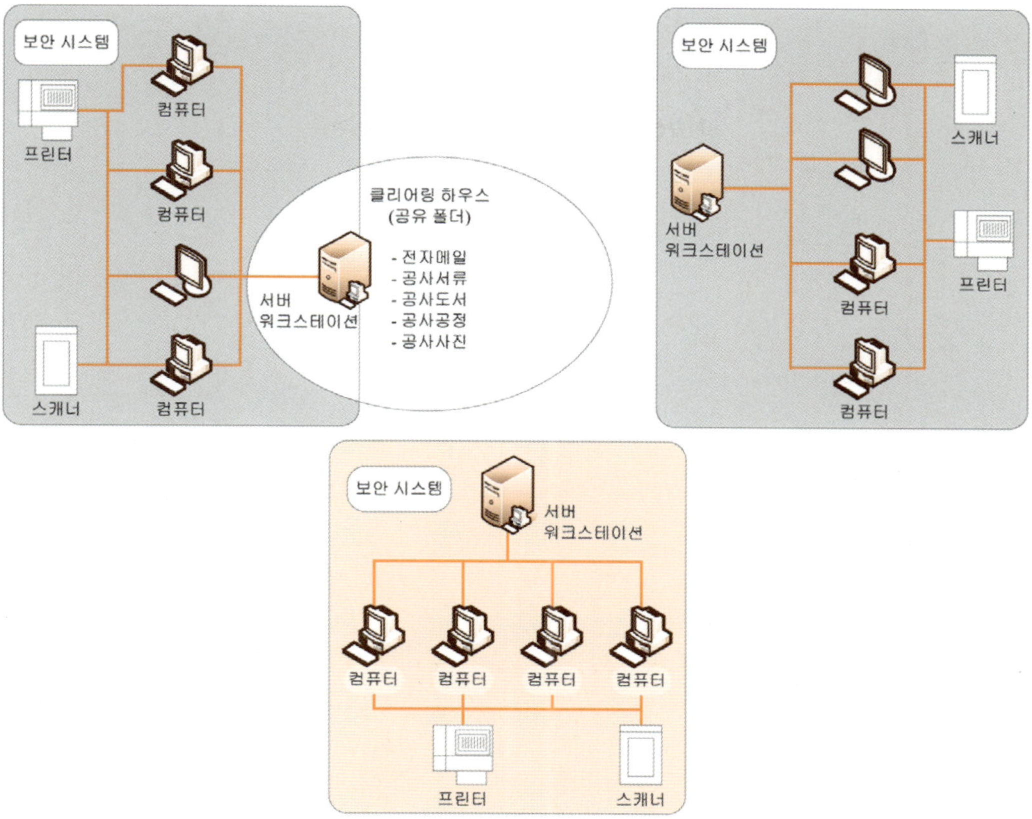

〈그림 4-24〉 정보네트워크

부 록

1. CM업무에 대한 보수
2. PMBOK과 비교
3. 발주방식의 선택
4. CM 역사
5. CM방식에 관한 보고서
6. 일본 건설매니지먼트협회
7. 관련단체
8. 관련용어

부록 1 CM업무에 대한 보수

CM업무 보수에 대해서는 국토교통성이 중심이 되어 작성한 CM방식도입촉진방책조사보고서(2003년 (재)건설업진흥기금) 및 이 보고서를 기초로 정리한 「지방공공단체의 CM방식 활용메뉴얼시안」등 어느 정도 공공성을 확보할 수 있는 자료를 인용한다.

1 CM업무의 보수에 대한 사고방식

CMr업무는 설계자나 시공자의 업무와는 독립된 것으로 CM업무 대가는 설계비나 공사비와는 별도로 계상해야 한다. CM업무 대가는 업무내용에 따라 다르다. 구미에서는 기본설계단계부터 시작되는 표준적인 CM업무 대가는 총 사업비의 2~5%정도로 하고 있다.

2 CM업무의 대가 산출방법

CM업무의 대가수준 및 산출은 CMr이 제안하고 발주자가 이를 검토하여 합의하는 순서로 진행된다.

■ 구성

CM업무 대가는 다음 식으로 나타낼 수 있다.

CM업무 대가 = 1) 직접인건비 + 2) 직접경비 + 3) 간접경비 + 4) 특별경비 + 5) 이익

■ 산출방법

CM업무 대가 중, 직접인건비, 직접경비 및 특별경비는 적산하여 산출하고, 간접경비는 직접인건비에 일정비율을 곱하여 산출한다. 다음은 전술한 CM업무 대가항목 및 산출방법이다.

1) 직접 인건비

CM업무에 직접 종사하는 자의 인건비로 급여, 제수당, 상여, 퇴직급여, 법정보험료 등이 대상이 된다. 산출은 CM업무에 직접 종사하는 사람, 각각의 작업단위, 혹은 시간단위의 인건비에 CM업무 수행에 소요된 각각의 일수, 혹은 시간수를 곱하여 산출한 금액을 합산한다.

2) 직접경비

CM업무를 수행하기 위해 직접 필요한 경비로 인쇄 제본비, 복사비, 출장비, 교통비, 협력

컨설턴트에 대한 외주비용, 어플리케이션 사용료를 포함한 컴퓨터 비용 등이 대상이다. 산출은

- 과거 프로젝트의 실적 · 경험치
- 상기 대상비용의 예상 실비를 적산

과 같이 공사감리나 수량산출, 적산과 같은 유사업무의 기준 등에 의해 구할 수 있는 각 대상비용을 합산한다. 그리고 직접인건비, 직접경비의 대상이 되는 CM업무는 종합조정업무, 품질관리업무, 코스트관리업무, 공정관리업무, 안전관리업무, 환경관리업무 등이다.

3) 간접경비

CMr 업무를 제공하는 회사가 회사를 관리 · 운영하기 위해 필요한 일반관리비 및 인건비, 복리후생비, 수선유지비, 사무용품비, 통신교통비, 건물임대료, 연구조사비, 개발비, 연수비, 감가상각비 및 보험료 등이 대상이다. 직접인건비 산출금액에 일정한 비율을 곱하여 산출한다.

4) 특별 경비

특별경비는 지정된 출장여비, 특허사용료, 기타 특별히 의뢰하는 경우에 필요한 경비를 합산한 것이다. 산출은 적산에 의해 구한다.

1. 직접인건비			
기본구상단계			
CMr (A 클래스)	엔/인 총계	인-계	엔
CMr (B 클래스)	엔/인 총계	인-계	엔
CMr (보조자)	엔/인 총계	인-계	엔
기본계획단계			
CMr (A 클래스)	엔/인 총계	인-계	엔
CMr (B 클래스)	엔/인 총계	인-계	엔
CMr (보조자)	엔/인 총계	인-계	엔
기본설계단계			
CMr (A 클래스)	엔/인 총계	인-계	엔
CMr (B 클래스)	엔/인 총계	인-계	엔
CMr (보조자)	엔/인 총계	인-계	엔
실시설계단계			
CMr (A 클래스)	엔/인 총계	인-계	엔
CMr (B 클래스)	엔/인 총계	인-계	엔
CMr (보조자)	엔/인 총계	인-계	엔
공사발주단계			
CMr (A 클래스)	엔/인 총계	인-계	엔
CMr (B 클래스)	엔/인 총계	인-계	엔
CMr (보조자)	엔/인 총계	인-계	엔
공사단계			
CMr (A 클래스)	엔/인 총계	인-계	엔
CMr (B 클래스)	엔/인 총계	인-계	엔
CMr (보조자)	엔/인 총계	인-계	엔
	계		엔
2. 직접경비			
			엔
3. 간접경비			
			엔
4. 특별경비			
			엔
5. 이익			
· 소계			엔
· 소비세			엔
· 합계			엔

〈그림 1-1〉 CM업무대가 구성

5) 이익

CM업무를 제공하는 기업의 적정이익을 말한다. 다만, 일본의 관습상 이익의 상당액은 간접경비에 계상되는 것이 일반적이다.

■ 보상

민간 건축공사에서는 보상(인센티브 · 보너스)이 활용되는 경우도 있지만, 공공공사에 적용할 것인가는 향후 검토되어야 할 사항이다. 보상은 CMr의 업무수행 결과로 인해 품질이나 코스트, 공사기간 등에 대한 관리목표치를 달성하거나 상회할 경우에 지불되는 것으로, 업무 제공자의 프로젝트 업무수행에 대한 의욕향상을 위한 기법으로 구미에서는 일반적으로 시행되고 있다. 코스트관리에 대한 보상을 정하는 경우에는 어느 시점의 견적예산을 기준으로 할 것인지를 명확하게 할 필요가 있다. 그리고 코스트를 절감하기 위해 품질의 저하가 없도록 점검절차를 확립해야 한다.

• 프로젝트 전체의 조직계획과 CMr의 업무내용 및 대응체제와의 정합성

• 프로젝트 전체의 스케줄계획과 CM업무 스케줄과의 정합성

프로젝트의 이해관계자간에 우발적으로 발생한 클레임, 분쟁에 대한 대응이나 준공 후에 행해지는 회계검사원의 감사에 대비한 서류작성, 소관관청 등에 관한 대응업무를 외부에 위탁하는 경우에는 전문적인 지식과 특수한 작업을 필요로 하기 때문에 통상업무와는 별도로 검토하여야 한다.

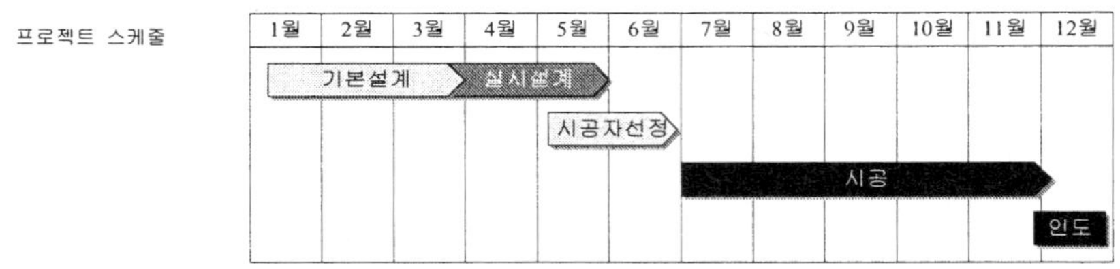

a. 업무일수의 산정

담당자명	직명													합계	평균 참여율
A	CMR책임자	1.0	1.0	0.5	0.5	1.0	1.0	0.5	0.5	0.5	0.5	1.0	1.0	9.0	3.96%
B	CMr	18.0	19.0	20.	21.0	17.0	20.0	20.0	16.0	19.0	20.0	20.0	18.0	228.0	100.00%
C	건축기술자	9.0	9.5	10.0	10.5	8.5	10.0	10.0	8.0	9.5	10.0	10.0	9.0	114.0	50.00%
D	설비기술자	4.0	4.0	4.0	4.0	6.0	1.0	1.0	1.0	1.0	1.0	2.0	4.0	36.0	15.79%
	합계	32.0	33.5	34.5	36.0	30.5	370	31.5	26.5	30.0	31.5	33.0	32.0	387.0	
	소정 근무일수	18.0	19.0	20.0	21.0	17.0	20.0	20.0	16.0	19.0	20.0	20.0	18.0	228.0	

b. 직접인건비와 간접경비 및 이익을 포함한 단가 제시

담당자명	직명	직접인건비일액
A	CMr책임자	150,000
B	CMr	100,000
C	건축기술자	80,000
D	설비기술자	80,000

c. 직접인건비와 간접경비 및 이익을 포함한 금액의 산정

												(천엔)
2,990	2,810	2,875	3,015	2,530	2,950	2,875	2,315	2,735	2,875	2,950	2,670	33,590

d. 직접경비의 산정

														(천엔)
인쇄비·교통비 등 잡비		300	300	300	300	300	1,000	100	100	100	100	100	300	3,300
외주비	수량적산													1,000
	시공도 작성													4,300
	합계	200	300	300	300	300	6,000	100	100	100	100	100	300	5,600

〈그림 1-2〉 CM업무 대가 산출표의 예

참 고

■CM업무 대가 결정방식

CM업무의 대가를 결정하는 방식은 다음과 같이 2가지가 있다.

· 정액 : 업무의 내용 범위가 사전에 확정되어 있는 경우에 일괄 확정가격을 협정하는 방식

· 실비정산 : 발주자가 필요로 하는 업무를 수행하기 위해 실제로 투입된 비용을 적산하는 방식

어느 방식이든 스케줄이나 코스트 등 달성 목표치를 설정하고 성공보수로써 보상을 지불하는 조건을 포함할 수 있다. 또한 직접경비 부분만을 실비정산으로 하는 방식이나 대가 전체를 공사비에 대한 요율(%)로 결정하는 방식 등 여러 형태가 실제로 사용되고 있다. 민간사례에서는 우선, 발주자의 의뢰에 대해서 CMr이 대가를 제안하고, 그것을 기초로 협의를 거쳐 발주자와 CMr이 합의하는 형태가 일반적이지만, 정해져 있는 것은 아니다.

■CM업무 대가 계산

현재 일본에서 사용되는 간접비 산출을 위한 직접인건비에 대한 비율은 보통 1.5~2.5배 정도로 알려져 있다. 〈그림 1-2〉는 민간에서 사용되고 있는 CM업무 대가 산출표의 예이다. CM업무를 수행할 기술자를 예상하고, 그 예정기술자가 업무를 수행하는 시간을 공정에 맞추어 계산하여, 이 기간동안의 예정기술자의 직접인건비를 계산한다.

부록 2 PMBOK®와의 비교

매니지먼트 원론으로 널리 알려져 있는 PMBOK®(Project Management Book of Knowledge : 프로젝트매니지먼트 지식체계)와 본서에서 규정하고 있는 CM을 비교, 설명한다.

1 CM업무의 보수에 대한 사고방식

본서는 건설프로젝트를 대상으로 한 매니지먼트가이드이다. 분야를 특정하지 않은 PM지식 체계로서 미국의 PMI®(Project Management Institute)에서 발행한 PMBOK®가 있다. PMBOK®에서는 「프로젝트매니지먼트는 프로젝트의 요구사항을 충족시키기 위해 지식, 기술, 툴 및 기법을 프로젝트 활동에 적용하는 것이다」라고 정의하고 있다.

전형적인 대상은 다음과 같다.

- ■ 업무범위, 시간, 비용, 리스크 및 품질 요구
- ■ 다양한 요구와 기대를 가진 프로젝트 이해관계자
- ■ 특정한 요구사항

또한 PMBOK®에서는 프로젝트매니지먼트 프로세스를 아래의 5개 군으로 체계화하였으며, 각각은 단일 혹은 복수의 프로세스로 구성되어 있다.

- 시작 프로세스군 : 프로젝트와 각 단계를 인가(認可)한다.
- 계획 프로세스군 : 목표를 정의하여 구체화시키고, 프로젝트 목표를 달성하기 위해 취할 수 있는 일련의 활동중에서 최선의 것을 선택한다.
- 실행 프로세스군 : 계획을 실행하기 위한 인력이나 다른 자원을 조정한다.
- 관리 프로세스군 : 계획과의 차이를 검출하기 위해 진척을 정기적으로 감시 · 측정하고 필요한 경우에 시정조치를 실시하여 프로젝트 목표를 확실히 달성할 수 있게 한다.
- 종결 프로세스군 : 프로젝트를 정식으로 승인하고 종료한다.

상기 프로세스군과 관련된 것은 Plan-Do-Check-Action의 사이클이며, 프로젝트매니지먼트 군은 프로젝트의 각 단계, 예를 들어 설계단계, 시공단계 등 각 단계의 업무수행기간 동안 서로 중복되어 발생한다.

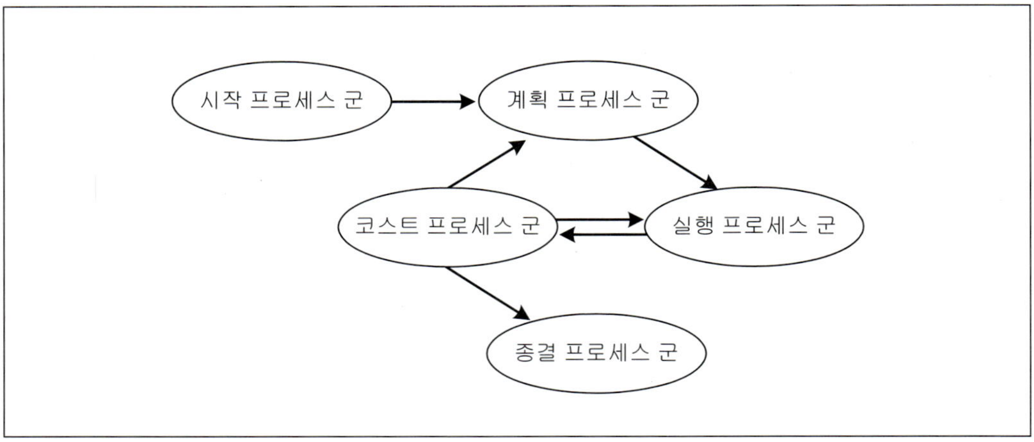

〈그림 2-1〉 프로젝트 매니지먼트의 프로세스

PMBOK®의 지식체계는 다음 9개의 지식분야로 구성되어 있다.

- 프로젝트 통합 매니지먼트
- 프로젝트 범위 매니지먼트
- 프로젝트 시간 매니지먼트
- 프로젝트 비용 매니지먼트
- 프로젝트 품질 매니지먼트
- 프로젝트 인적자원 매니지먼트
- 프로젝트 커뮤니케이션 매니지먼트
- 프로젝트 리스크 매니지먼트
- 프로젝트 조달 매니지먼트

2 본서(CM가이드북)의 매니지먼트 체계

PMBOK가 제조업이나 IT 등도 포함한 일반적인 프로젝트에 대한 지식체계를 정립하고 있는데 비해, 본서에서 정의하는 컨스트럭션 매니지먼트 체계는 PMBOK의 지식체계를 기초로 하지만 건설프로젝트에 특화된 지식체계이다.

본서에서는 7개의 지식체계로 매니지먼트를 분류하고 있지만, PMBOK에서는 9개로 분류하고 있다.

본서와 PMBOK의 매니지먼트의 관계를 〈그림 2-2〉에 나타냈다.

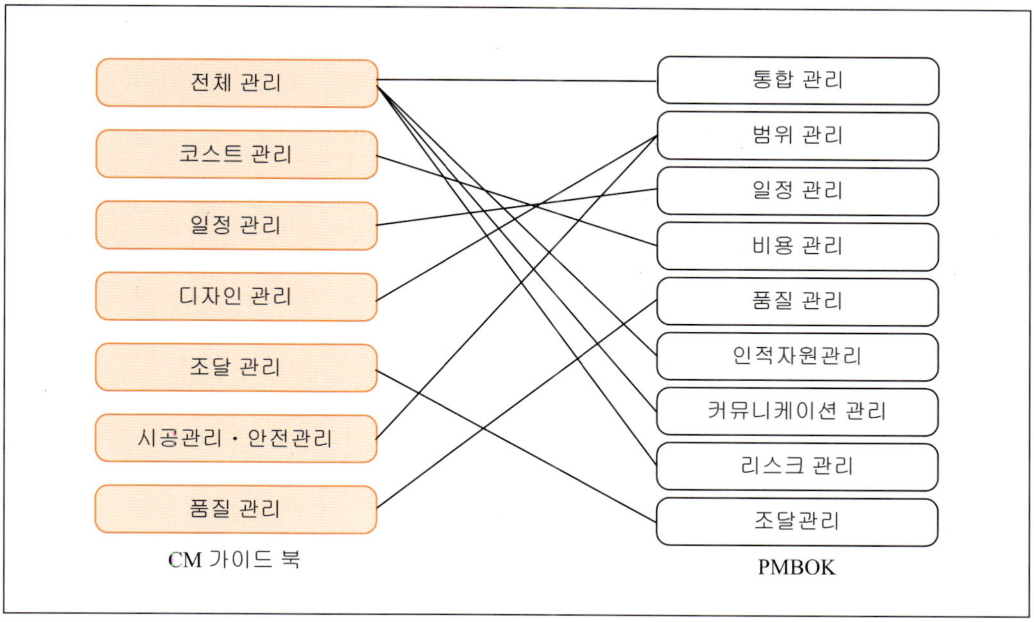

〈그림 2-2〉 본서와 PMBOK의 매니지먼트의 상관관계

부록 3 발주방식의 선택

본서의 제1장에서는 컨스트럭션 매니지먼트를 소개한 것 이외에도 Pure CM을 설명하였다. 또한 본서는 CM방식으로 업무를 수행할 때의 가이드북으로서, CM방식 이외의 발주방식은 설명하지 않고 않다. 부록에서는 건설산업의 발주방식 중 CM방식의 상대적 위치에 대해 설명한다.

1 발주방식의 선택

발주방식은 다음 세 가지 요소로 구성되어 있다.

- 입찰방식(Tendering)
- 계약방식(Contract)
- 프로젝트발주방식(Procurement)

이러한 세가지 요소의 조합에 따라 다양한 발주방식이 생성된다. 발주방식의 선택은 건설 프로젝트의 특징이나 발주자 요구사항에 큰 영향을 받는다. 일본의 주된 발주방식은 지명경쟁 또는 일반경쟁에 의해 선택된 업자와 도급계약을 체결하고, 설계시공분리발주나 설계시공일괄발주를 실시하는 2가지 종류가 있다. 그러나 구미에서는 다양한 발주방식이 적용되고 있다. 다음은 영국의 발주방식 분류를 기초로 한 검토내용을 기술한 것이다. 그리고 발주방식은 일반적인 용어지만, 본서에서는 입찰방식, 계약방식, 프로젝트 실시방식이 조합된 것으로 보고 이를 구분하여 정의한다.

■ 입찰방식 (Tendering)

발주방식에 있어서 설계자나 시공자의 선정 프로세스를 의미하여, 입찰방식에는 지명경쟁, 일반경쟁, 2단계경쟁입찰 등이 있다.

■ 계약방식 (Contract)

발주자의 리스크 부담의 정도를 나타낸다.

계약방식이란 총액도급계약, 최고한도액보증첨부계약(GMP), 단가계약 등 이른바 도급금액을 결정하는 방법을 의미한다.

■ 프로젝트 실시방식 (Procurement)

프로젝트의 Value for Money를 높이기 위한 방법. 프로젝트 실시방식이란 설계시공분리발주방식, 디자인빌드(Design-Build), CM(컨스트럭션 매니지먼트) 방식 등 프로젝트 수행방법을 의미한다.

프로젝트 실시방식은 다음과 같은 분류한다.

■ 종래의 방식(전통적인 프로젝트 수행방식 : 설계시공분리발주방식)

가장 많이 이용되고 있는 방법으로 설계와 시공을 분리하는 방법이다. 적용되는 입찰방식에 따라 다음과 같이 분류할 수 있다.

① Single Stage Tender – 완전한 도면에 근거한 시공자와의 계약

② Two Stage Tender – 기본설계단계에서 시공자 후보와 계약하고, 시공자가 그 후의 도면작성을 지원하고 완성된 도면으로 최종적인 시공자를 결정하는 계약방법.

이 발주방식은 건설 프로젝트에 서투른 발주자를 포함하여 모든 발주자가 사용할 수 있다. 다만, 패스트트랙(fast track)과 같은 공기단축이 필요한 공사에는 적합하지 않다.

■ Design-Build 방식(설계시공일괄발주방식)

하나의 회사 또는 다른 조직의 설계자와 시공자가 하나의 그룹이 되어, 설계와 시공을 실시하는 방식을 말한다. 일본에서는 많은 제네콘(General Contracting)[167]이 내부에 설계자를 고용하여 공사를 수행하고 있기 때문에 적용된 사례가 많다. 구미형 디자인빌드의 설계자와 시공자의 JV(Joint Venture)나 컨소시엄 방식이 일반적이며, 엄밀하게는 내부적으로 설계자를 고용하는 형식의 일본의 설계시공일괄발주방식 또는 리스크를 고려한 방식인 PM 구조 등과는 다르다.

도급자는 발주자가 제공하는 요구내용이나 개략도면으로 계약하기 때문에 리스크 부담이 커지기 쉽다. 또한 도중의 설계변경은 코스트를 상승하게 하는 등의 특징을 가진다.

Design-Build의 유형으로는

① Develop and Construct

발주자가 설계자를 고용하여 기획(Concept)이나 기본계획까지 진행하고, 그 후의 설계와 공사는 도급자의 책임으로 한다.

167) 제너럴 컨트랙팅(General Contracting)

종합도급계약을 이행하는 자를 General Contractor라 한다. 일본의 GC는 구미의 GC와 비교하여 규모, 도급범위의 넓이 등에서 특수하게 생각되는 경우가 많으며 Gene-Con이라고 표시한다. 다른 나라의 GC는 일본의 GC와 같은 포괄적인 서비스를 제공하는 경우는 거의 없다. 그러한 차이에 기초하여 다른 나라의 발주방식과 일본의 발주방식을 비교할 때에 혼동하지 않도록 주의할 필요가 있다.

② Package Deal

도급자가 간략한 설계로 일괄하여 공사를 완료할 수 있는 형식이다. 이 형식은 공장이나 창고 등에 적절하다. 이 발주방식은 건설 코스트의 확정이나 패스트트랙을 원하는 발주자나 건설 프로젝트의 경험이 부족한 발주자에게 바람직하다. 다만, 발주자 요구가 확정되지 않은 경우, 복잡한 건물이나 디자인을 중시하는 프로젝트에는 바람직하지 않다.

■ 매니지먼트 피 방식(Management Fee (MC, CM))

프로젝트 초기단계부터 설계자와 시공자를 각각 따로 지명하고, 설계측에 시공자의 노하우를 초기부터 도입하는 것으로 프로젝트의 투자가치를 높이려는 방법이다. 이때 시공자는 매니지먼트 컨트랙터(Management Contractor)라고 불리며 실제 공사는 전문공사업자(Works Contractor)가 실시한다. 매니지먼트 컨트랙터는 피(fee)를 기초로 업무를 수행한다. 이 프로젝트 실시방식은 설계가 완전하게 종료하기 전에 공사를 시작할 수 있다는 장점을 가진다.

매니지먼트 피(fee) 방식의 형태는 다음과 같다.

① 매니지먼트 컨트랙팅(Management Contracting)

전문공사업자는 매니지먼트 컨트랙터의 지휘 하에 업무를 수행한다. 매니지먼트 컨트랙터는 발주자로부터 공사비를 지급받아 하도급자에 해당하는 전문공사업자(Works Contractor)에게 지불한다.

② 컨스트럭션 매니지먼트(Construction Management)

컨스트럭션 매니지먼트는 트레이드 컨트랙터(Trade Contractor)가 직접 발주자와 계약하여 일을 진행시키는 것이다. 매니지먼트 컨트랙터는 피(Fee)를 기초로 패키지 컨트랙터의 매니지먼트를 수행한다.

매니지먼트 피 방식은 대기업 발주자나 복잡한 프로젝트, 패스트트랙이 요구되는 프로젝트 등 생산정보가 필수적인 프로젝트에 적합하다. 반면에 건설프로젝트 발주실적이 적은 발주자나, 건설전에 코스트 확정이 필요한 프로젝트, 시공자에게 리스크 부담을 요구하는 발주자에게는 적합하지 않은 방법이다.

■ PFI/BOOT

Private Finance Initiative(PFI)나 Build-Own-Operate-Transfer(BOOT)는 민간자금이나 민간노하우를 활용하여 공공프로젝트의 건설, 운영 등을 효율적으로 실시하는 방법이다. 일반적으로 프로젝트의 도급자는 설계자, 시공자와 함께 부동산관리회사, FM회사나 은행 등의 자금제공자가 참여하는 팀으로 구성된다.

PFI는 책임분담의 명확화에 대한 문제와 30년 이상 장기간의 계약으로 인해 발생하는 문제 등 여러 가지 과제를 안고 있다.

이상과 같이 다양한 발주방식이 사용되고 있으며, 일본에서도 다양화 되어가는 발주자 요구에 대응할 수 있는 구조를 확립할 필요가 있다. 이 때문에 각종 발주방식의 장점과 단점을 CMr이 올바르게 파악하여 발주자에게 적절한 정보를 제공할 것이 요구된다.

2 프로젝트 발주방식과 리스크의 관계

리스크는 기본적으로 프로젝트 발주방식에 따라 발주자와 도급자 사이에서 결정된다. 예를 들어, Design-Build 방식은 도급자의 리스크가 크고, CM방식은 발주자의 리스크가 크다. CM방식은 리스크가 크지만 그렇다고 고비용이 되는 것은 아니다. 발주자가 리스크를 부담한 만큼, 시공자의 리스크비용이 축소되어 결과적으로 공사비용이 줄어들게 되고 유연성이 향상되는 등 발주자의 편익도 증가한다. 반면에 Design-Build 방식은 시공자의 리스크 부담이 크고, 시공자가 결정한 금액에서 이익을 내기 쉬운 반면, 발주자에게는 CM방식에 비해 고비용이 될 가능성이 높다.

일반적으로 발주자 리스크가 클수록 가격은 낮아지는 경향이 있고, 작을수록 가격은 높아지게 된다.

이러한 관계를 다음 〈그림 3-1〉에 나타냈다.

CMr은 프로젝트 발주방식에 따른 리스크 부담이 다양하다는 점을 이해하여 발주자에게 적절한 프로젝트 발주방식을 제안해야 한다.

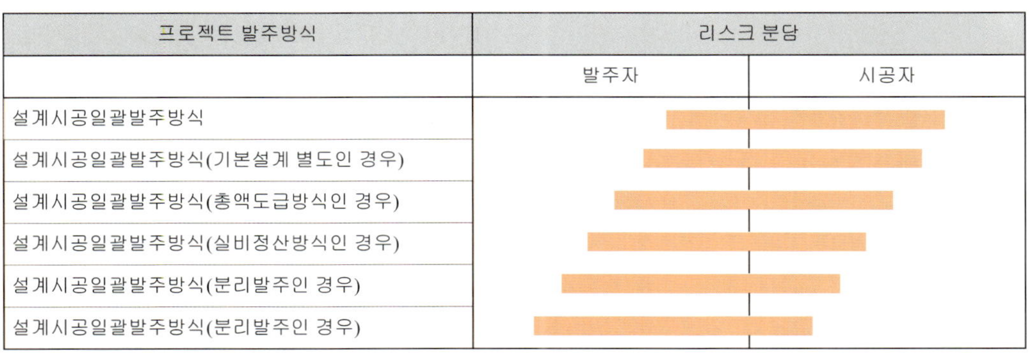

〈그림 3-1〉 프로젝트 발주방식과 리스크 분담 관계

부록 4 CM의 역사

CM의 발상지인 미국과 미국의 동향을 빠르게 도입한 영국의 역사를 이해하는 것은 향후 일본에서 일어나게 될 변화의 방향을 예측하는 지표가 될 수 있다. 미국이나 영국에서는 CMr의 업무내용, 제공방법 등이 시대적 배경, 기술혁신 등의 영향을 받아 지속적으로 변해 왔다. CM 방식이 겨우 뿌리내리기 시작한 일본의 상황도 살펴봄으로써 일본의 CMr이 어떻게 변화, 혹은 진화해 나갈 것인지를 생각해 보고자 한다.

1 미국의 CM

■ 초 기

CM방식의 선진국인 미국에서도 CM의 정의는 통일되어 있지 않다. 예를 들면, CMAA(Construction Management Association of America), AIA(American Institute of Architects), AGC(Associated General Contractors of America) 등의 건설전문단체에서도 각각 독자적인 해석을 하고 있다. 또한 PM(Project Management) 방식과 같은 의미로 파악할 수 있는 경우도 있기 때문에 여기에서는 CM방식을 「건설프로젝트의 매니지먼트 방식」이라고 해석했으며, 건설생산의 역사 및 사회적 배경과 경제적 배경, 일본의 문화나 상(商)관습과 다른 점 등을 고려하여 미국의 CM역사를 설명한다.

미국의 대표적인 CM전문단체인 CMAA는 [An Owner's Guide To Construction Management]에서 CM 방식은 특정한 발주계약방식이 아니고, 건설프로젝트의 모든 단계에 적용가능한 전문적 매니지먼트 기술(집필자 역)이라고 평가하고 있다. 즉, 시대의 변화와 다양한 발주자 요구에 맞추어 진화한「종래의 방식을 대신하는 프로젝트 조달방식(Alternative project delivery method)」이라는 의미이다.

건설프로젝트의 리스크 관점에서 미국의 CM역사를 고찰하면, 책임과 권한의 명확화가 중시되는 계약사회에서 프로젝트 관계자(발주자 · CMr · 설계자 · 시공자 등) 사이의 코스트 · 품질 · 스케줄 등의 리스크 부담 비율과 우선순위를 사회상황, 경제상황, 기술혁신 등의 변화에 따라 고객만족도 향상을 위해 노력해 온 프로젝트 조달방식 다양화의 역사라고 할 수 있다.

■ 20세기 이전

구미(유럽과 미국)에서는 마스터빌더(master builder)가 전통적으로 설계 · 시공의 담당자였지만, 15세기 이후 교회건축 등에서 설계와 시공의 분리가 발생하였다. 미국에서는 1857년 AIA가 설립됨에 따라 설계와 시공의 직능이 완전히 분리되었다. 마스터빌더가 그동안 담당해 왔던 설계 및 시공에 관련된 매니지먼트기술도 설계, 시공의 분리와 함께 완만하게 분리되었다.

■ 1900년대부터 1950년대까지

산업혁명에 따른 기술혁신은 미국에서도 제조업 등의 매니지먼트기술이 진보되었고, 테일러(Frederick Taylor)에 의한 생산성 향상이나 간트(Henry Gantt)에 의한 바차트 개발의 발단이 되었다. 건설 프로젝트에서 설계자와 시공자는 새로운 기술(공기조화 · 승강기 · 커튼월 · 전화 등)을 가진 제조자 · 전문공사업자와의 협력에 따른 새로운 매니지먼트기술이 요구되었다. 공사계약에 있어서 실비정산방식(Cost plus fee) · 석유플랜트건설에 있어서의 프로젝트조달방식 · 맨하탄 계획에 있어서의 플래닝(planning) 기법 등의 시도는 건설프로젝트에 있어서 매니지먼트방식의 선구적 사례라고 생각된다.

■ 1950년대

2차례에 걸친 세계대전에 의한 군수산업의 수요는 미국의 매니지먼트기술에 한층 더 진보를 가져왔다. PERT(Program Evaluation and Review Technique) · CPM(Critical Path Method) 등의 스케줄 관리기법은 그 후에도 건설산업에 영향을 미치고 있다.

건설 프로젝트에서는 설계시공분리의 원칙에 근거한 설계 · 입찰 · 시공방식에 의해 설계자와 시공자가 매니지먼트기술을 실천하고 있었다.

■ 1960년대

NASA의 아폴로계획으로 대표되는 군사 · 우주산업은 네트워크 EV(Earned Value) VE(Value Engineering), WBS(Work Breakdown Structure) 등의 새로운 관리기법을 개발하였고, 현재의 프로젝트매니지먼트의 기초를 확립하였다. PMI(Project Management Institute)도 이 시기에 설립되었다.

일반적으로 CM방식이 이 시기에 건설프로젝트에 도입된 것으로 판단된다. 산업의 급속한 발전으로 건설프로젝트가 대규모화 복합화 되면서 종래의 프로젝트 관계자(발주자 설계자 시공자 등)에 의한 프로젝트 관리범위와 능력에 한계가 생겼다. 또한 노동자부족 건설비상승 등으로 인한 인플레이션 문제가 심각하게 되었다. 그 결과, 건설프로젝트의 예산초과 품질저하 공정지연 등은 코스트관리 품질관리 스케줄관리에 대한 발주자의 불만을 초래하였다.

패스트트랙 방식은 발주자의 불만에 대응하기 위한 프로젝트조달방식으로, 공사발주단위를 세분화하여 전체 설계종료 이전에 세분화된 단위에 필요한 인허가를 취득하여 순차적으로 시공하는 방식이다. 설계와 시공의 프로세스를 중복시킴으로써 공사기간의 단축 설계에 대한 시공정보의 피드백이 가능하다. 이 방식은 CMr이 도급자가 아닌 발주자의 대리인의 입장에서 코스트관리 품질관리 스케줄관리를 실시하여 코스트의 투명성과 스케줄의 최적화를 실현하였다.

뉴욕의 월드트레이드센터 건설공사는 CM for fee에 의한 패스트트랙 방식의 대표적인 프로젝트이다. 공사발주단위를 100개 이상으로 분할하여, 공사기간 단축과 공사비 절감의 효과를 실현한 이 프로젝트는 미국 CM 역사에 있어서 중요한 이정표가 되었다.

■ 1970년대

미국연방조달청(General Service Administration)은 1960년대 후반부터 패스트트랙방식을 일부 실시하였고, 1970년대 전반에는 가이드라인을 작성하여 CM방식(CM for fee)을 정식으로 도입하였다. 그 후, 연방정부기관뿐만 아니라 각주의 정부기관이 발주하는 공공건설 프로젝트에 CM방식을 보급하여 민간건설프로젝트에 정착되기에 이르렀다.

CM방식의 보급에 의해 CM직능이 확립되고 CM업무환경이 정비됨과 동시에 대학교육에서도 CM전문과정이 연달아 개설되었다.

■ 1980년대

글로벌화 정보혁신 고객중심 기업조직변혁 등의 비즈니스 환경의 변화에 의해 군사 우주산업에서 발전한 매니지먼트기술이 프로젝트매니지먼트로서 일반적으로 폭넓게 수용되었다. 퍼스널컴퓨터의 보급과 함께 프로젝트매니지먼트 소프트웨어도 보급되었고 PMI에서도 프로젝트매니지먼트 지식체계(PMBOK: Project Management Body of Knowledge)를 발행하였고, 자격제도(PMP: Project Management Professional)도 창설하였다.

비즈니스 환경이 다양화됨에 따라 1970년대 후반에는 패스트트랙 방식의 폐해도 나타났다. 세분화 발주에 의한 프로젝트 운영은 CMr의 능력과 자질이 프로젝트 성공여부에 크게 영향을 미치기 때문에 프로젝트 종료시까지 공사비가 미확정되거나 설계와 시공간의 불충분한 조정으로 인한 업무혼선과 품질저하, 스케줄조정의 미숙에 의한 공정지연 등 발주자의 불만도 고조되었다. 이러한 코스트 · 품질 · 스케줄에 수반된 리스크는 결과적으로 발주자에게 부담이 되어 분쟁처리업무도 증대되었다.

이러한 발주자 불만에 대해서 CMr이 공사비의 상한액(GMP : Guaranteed maximum

Price)을 보증하여 발주자 리스크의 일부를 부담하는 CM방식이 도입되었다. 일반적으로 CM at Risk방식으로 분류되지만, 계약상으로는 실비정산방식(Cost plus fee)에 해당된다.

■ 1990년대 이후

미국의 프로젝트조달방식은 더욱 다양화되어 가고 있다. 책임의 일원화(Single Responsibility)를 키워드로 하는 디자인빌드방식이 종래방식을 대신하는 프로젝트 조달방식의 하나로 정착되었고, CM방식은 새로운 발주자요구에 의해 계속 진화하고 있다.

CM for fee방식은 단일건설프로젝트에서 동일 발주자에 의한 복수의 프로젝트군으로, 그리고 대규모이고 복잡한 건설프로젝트의 발주자를 대상으로 하는 등 그 업무가 확대되고 있다. 이러한 업무를 프로그램 매니지먼트라고 부른다. 책임일원화의 관점에서 디지인빌드와 함께 프로젝트 조달방식에 대한 발주자의 다양한 요구(공사비상한보증에 의한 코스트관리 중시 · 설계와 시공을 포괄하는 책임일원화 중시 등)에 적합하다고 여겨진다.

2 영국의 CM

■ 초 기

1980년대 초까지 영국의 발주방식은 설계시공분리의 일괄발주방식이 주류였다. 일반적으로 JCT[168] 표준계약서(BOQ 수량명세의 유/무, 개산수량서식 등)가 이용되어 실시설계 완료 후에 입찰을 하여 시공자를 결정하고, 설계자가 발주자의 대리인으로서 감리업무를 실시하였다.

영국에서 CM방식이 최초 적용된 사례는 1970년대 후반부터 1980년대 전반에 걸쳐 St. Martin Properties(택지조성업자)에 의해 행해진 London Bridge City 개발 프로젝트[169]이다. CMr는 뉴욕에 본사가 있는 Leher McGovern사로, 건설 전체의 계획을 실시하고 영국의 Laing Management사가 매니지먼트 컨트랙터(MCR)로서 실질적인 공사관리를 하였다. 그러나 CM방식의 본격적 보급은 80년대 후반부터이다.

168) JCT
The Joint Contracts Tribunal Ltd.의 약어로 영국의 설계 · 공사 · 법률관계자로 구성된 민간공사계약 작성 단체.

169) London Bridge City 개발 프로젝트

영국의 CM역사는 1980년대 초에 영국에서 독자적으로 보급해 온 매니지먼트컨트랙트)(MC[170])와 1980년대 후반에 미국에서 도입된 CM for fee방식의 두 단계로 나눌 수 있다. 다음은 각각의 경위와 실태에 대해 설명한다.

■ 1980년대 : MC방식의 발전과 쇠퇴

영국의 건축 인허가는 도시계획법에 따른「개발허가」와 건축기준법에 근거한「건축확인허가」의 두 단계로 구분되어 있다. 이에 의해 개발허가취득 후 공사를 착공하고 상세설계, 시공단계에서 차례로 건축확인 및 허가를 얻는 것이 가능하다.

MC방식은 개발허가 취득과 조기 일괄승인절차의 적용을 전제로 하여, 설계와 시공을 병행하여 진행하고 대폭적인 공사기간단축을 위해 설계변경의 자율성을 증가시켰다. 영국의 Bovis Construction사는 1920년부터 Marks & Spencer's의 점포를 실비정산방식으로 시공하고 있었다.[171] 1980년대가 되면서 전국의 대형점포를 시작으로 보다 많은 프로젝트를 MC방식으로 시공하였다.

1980년대 중반부터 영국의 부동산 붐에 의해 조기착공 · 완성이 가능한 MC방식은 택지조성업자에게 적극적으로 받아들여져, 많은 민간상업시설이나 공항, 대형복합빌딩 등에 적용되었다. 그 결과, 일반건설회사가 MC업무에 대한 새로운 메뉴를 추가하였고, 건설시장은 혼전 양상을 나타냈다. 그러나 공공공사 및 소규모의 단순한 민간건물에서는 종래대로 일괄발주방식이 계속 적용되었다.

신규진입한 MCr 조직에 의한 건설 붐의 결과, MC방식 본래의 목적과 실제 현실 사이에 괴리가 생겨 다양한 문제가 표면화되었고, 이로 인해 발주자 측에서 MC방식의 적용을 재고하려는 움직임이 나타나기 시작하였다. 부동산 붐의 마지막에 해당하는 1987년 블랙먼데이 이후, MC방식은 거의 사용되지 않게 되었다. 1990년에 영국 레딩대학(University of Reading)이 발간한 조사 보고서에서 MC방식 적용사례의 문제점을 기술하고 있다. 주요 문제점으로 지적된 것은 다음과 같다.

170) MC(Management Contract)
실비정산방식의 At Risk형 CM에 가까우며 설계초기단계에서 발주자는 매니지먼트 컨트랙터(MCr)와 요금 베이스로 계약하여 직접공사비는 오픈북 방식으로 MCr가 입찰 · 평가를 실시하고, MCr는 발주자가 승인한 전문공사업자(trade contractor)와 직접 계약하고 공사 전체를 종합적으로 관리한다.

171) 공사중인 Marks & Spencer's (1933년)

- MC방식 적용함으로써 발주자에게 전가되는 리스크를 충분히 인식하지 못하였다.
- MCr은 법적으로 컨설턴트도 도급자도 아닌 어중간한 존재였다.
- MC방식에 적합한 표준계약서가 정비되지 않는 상황에서 많은 공사가 수행되었다. (JCT의 MC표준계약서는 1989년에 초판이 발행되었다)
- MCr와 전문공사업자 사이에서 일부 불명확한 결정을 하여, 결과적으로 발주자의 코스트 부담 증가와 불신을 높이는 계기가 되었다.
- 전문공사업자에게 엄격한 지불조건(거래총액사정, 유보금 등)을 적용한 결과, 발주자에게 금리부담을 추가하는 형태의 코스트 증가요인이 되었다.
- 낮은 설계완성도, MCr의 경험 · 관리능력 · 책임감의 결여, 발주자의 판단/승인 지연 등에 의한 설계변경 증가, 공사기간지연, 품질저하 및 코스트 증가가 발생되었다.
- 전문공사업자에게 대폭적인 리스크 전가(공사지연책임, 하자담보, 가설공사, 기자재 · 마감재 보양, 업자간의 클레임 처리 등)를 한 결과 과다한 경쟁문제가 발생했다.

■ 1980년대 후반 ~ 1990년대 : MC로부터 CM으로 변천

1980년대 중반부터 런던금융가에서는 외국기업의 자본투자에 대한 비판이 일어나, 브로드게이트나 도크랜드 등의 대규모 개발프로젝트가 차례로 계획되었다. 그러나 단기간에 완성시키기 위해 MC방식을 적용하는 것은 MCr 업자의 처리능력에 한계가 있었기 때문에 미국의 CM방식을 도입하여 MC의 경험을 근거로 한 영국의 건설상황과 일치되는 CM for fee 방식이 제안 · 적용되었다.

CMr은 설계자, 적산사(QS)와 함께 컨설턴트 팀의 일원이 되었고, 발주자는 CMr을 통해 대규모의 복잡한 프로젝트를 직접 관리할 수 있게 되었지만, 전문공사업자와 직접 계약을 체결하였기 때문에 발주자의 관리업무는 종래의 도급방식이나 MC방식보다 비약적으로 증대되었다.

영국 CM방식의 특징은 전문공사업자의 발주구분을 들 수 있다. MC방식은 다수의 전문공종(Work Package)으로 세분화하여 발주하였지만, CM방식은 MC방식의 문제점을 개선하여 보다 큰 패키지(가설, 기초, 지하구조, 지상구조, 외장, 내장, 설비, 외장 등)로 분할하고, 각각의 패키지를 하도급 받은 전문공사업자(Trade Contractor)는 복수의 전문공종업체와 하도급계약을 맺어 실시설계 및 시공에 대한 기술지원을 실시하면서, 소규모 종합건설업자 입장에서 각 이행범위를 수행하는 형태가 되었다. CMr은 발주자, 설계자 및 패키지별 전문공사업자와의 조정에 전념하고 공사전체를 종합관리하였다. 경영적으로 견실하고 기술력과 관리능력이 높은 전문공사업자에게 발주함으로써 전문적인 도급업자가 탄생하였으며, 이에 따라 CM방식의 신뢰성이 높아졌다. 특히, 가설공사를 전문으로 실시하는 Logistic Trade Contractor가 새롭게 등장하여 업종간의 간격을 좁히는 역할을 하고 있다.

또 하나의 특징은 상업임대빌딩 프로젝트에서 구체 · 외장을 선행한 다음, 세입자요구에 근거하여 내장마감을 실시하는 쉘 & 코어방식을 사용하는 CM방식을 적용한 것이다. CMr은 건축주 입장에서 본체공사를 담당하고 세입자 공사도 관리할 수 있게 되어, 계약적으로도 유연하게 대응할 수 있는 체제가 되었다.

■ 2000년대 : CM의 현황

2001년 영국의 CM계약 발주실적을 보면 10건(총 발주건수의 0.4%)으로 1998년의 19건(0.8%)에 비해 발주건수에서는 감소경향을 보인다. 그러나 공사금액은 4억엔이 증가되었고 주로 100억엔을 초과하는 공사에 집중되어 있어, CM방식이 대형프로젝트로 시장을 확대하고 있음을 추측할 수 있다.

현재 영국의 CM방식은 건설업무에 정통한 소수의 발주자에 의해 반복적으로 사용되고 있으며, 그 대상은 대형의 복잡한 건물, 불확정요소가 높은 장기에 걸친 프로젝트, 대형점포나 공동주택과 같이 같은 종류의 건물이 연속된 경우 등으로 한정되어 있다. 그리고 동일한 CM팀을 계속하여 투입하는 반복효과 및 조달의 장점, 품질이나 공사기간에 대한 신뢰성이 높이 평가되고 있다. CM방식을 적용함으로써 설계팀은 본래의 설계업무에 전념할 수 있게 되었으며, CMr과 전문공사업자가 조기에 참여함으로써 실시설계정보를 조기에 반영하는 것이 가능해졌다.

계약에 관해서는 MC방식의 JCT표준계약서를 근간으로 발주자와 CMr(C/CM) 및 전문공사업자간(TC/C)간의 CM표준계약서와 CM가이드가 2002년에 JCT에서 발간되었다. 전문공사업자와의 계약은 공사비 · 공사기간의 변경조항이 첨부된 일괄도급 베이스가 대부분이며, 공사기간과 코스트에 대해 발주자와 사전 합의한 후에 정식계약에 이르는 경우가 많다. CM방식에서 전문공사업자의 관리 책임범위와 리스크가 통상적인 하도급공사계약에 비해 높지만, 발주자 · CMr의 이해 하에 조기에 투입됨으로써 전문능력을 보다 유효하게 발휘할 수 있는 장이 마련되어, 클레임이나 경쟁의 문제는 MC방식에 비해 감소하고 있다. 발주자의 요청에 의해 GMP나 공사기간 내에 완성을 조건으로 한 CM at Risk 계약도 일부에서 증가하고 있다.

CM업무 합리화를 위해 최근에는 일부의 CM회사에서 인터넷을 활용한 전자상거래 · 지불처리도 도입되고 있다.

[참고 문헌]

(1) RICS "A survey of building contracts in use during 2001"
(2) The Reading University Report 1990
(3) A Code of Practice in Construction, project Management
(4) Real Estate in Corporate Strategy
(5) JCT Construction Management Guide. 2002
(6) Building 20 July 1990: Building 18 January1991
(7) Building 29 March 1996; Building 27 November 1998
(8) Building PROCUREMENT December 1996; Building 11 May 2001 Estates Gazette 16 March 2002
(9) Estates Gaxette 16 March 2002

3 일본의 CM

■ 1970년대부터 1980년대까지

일본에서 CM에 대한 논의와 발전은 1970년대 초, 미국에서 CM이 본격적으로 전개되었던 시기로 거슬러 올라간다. 당시 건설성, 관련단체, 업계단체, 건설회사는 많은 조사단을 미국에 파견하였으며 새로운 관리방식인 CM에 주목하였다. 그러나 CM은 미국과 같은 계약사회에서는 발전할 수 있으나 일본의 계약관행과 관습 하에서는 도입하기 어렵다는 결론이 주류였으며, 일본의 종합건설업자, 엔지니어링 기업은 해외 프로젝트에서는 CM방식을 실시하였지만 일본 내에서 구체적인 CM적용은 1980년대 후반까지 볼 수 없었다.

버블기에 접어들 무렵, 특히 대기업의 종합건설업자는 프로젝트가 급격하게 대규모 · 복잡화되고, 보다 많은 건설수요에 효율적으로 대응하기 위해서 종래의 시공체제를 재검토하게 되었으며, 필연적으로 CM방식에 주목하게 되었다. 대기업 종합건설업자는 재빠르게 CM전문부문을 설치하여 CM방식을 자사 개발프로젝트에 시행하는 등 CM에 대한 관심이 높아졌다.

■ 1990년대

그러나 1990년대 초, 버블경제 붕괴에 의해 건설투자는 급속히 냉각되어 CM에 대한 관심이 크게 줄어들었다. 한편 공공공사에 대한 입찰제도 개혁 논의가 진행되었고, 1992년 중앙건설업심의회의 답신에서 새로운 발주방식으로 건설공사의 종합관리방식(CM방식)을 검토할 것이 제안되었다. 1993년에 건설성이 지명경쟁입찰에서 일반경쟁입찰로의 이행을 표명했을 무렵, 건설코스트의 감축, 투명성의 확보가 건설산업의 큰 과제였다. 또한 1993년의 미 · 일 건설협의의 개정안에서 미국정부는 선진국인 일본이 CM방식을 도입하지 않은 것을 진입장벽으로 지적하였다. CM제도의 도입 및 CM방식 시험프로젝트의 실시를 일본정부에 강력하게 요구하며 제재조치를 언급하게 되었다.

한편, WTO 국제조달기준에 따르기 위해 1994년 1월에 일본정부는「공공공사의 입찰 · 계약수속의 개선에 관한 행동계획」을 발표하여, 발주의 적정화를 도모함과 동시에 국제조달기준에 근거한 조달을 한다는 것을 표명하여 미국정부의 제재조치를 피하였다. 1995년에는 건설행정의 장기적인 전망을 집대성한「건설산업정책대강」이 정리되었으며, 그 중 CM은「CM 방식에 관해서는 적절한 사업의 선정, CM업무의 금전적 평가, 발주자와의 역할분담 등에 대해 시급하게 검토한다. 향후 건설산업에서 독립된 분야가 될 수 있으므로 사용자, CM 업태의 본연의 자세에 대해서도 검토를 진행한다」고 언급되었다.

일본건축학회에서는 1993년에 PM특별연구위원회를 설치하여 대학 · 관련단체, 기업의 전문가가 모여, PM 및 CM에 관한 활발한 논의를 하였다. 1995년 일본건축적산협회에서「BSI 코스트 스쿨」을 개설하여 PM, CM에 대한 폭넓은 지식을 소개하는 강좌를 마련하였다.

1990년대 후반에는 설계사무소나 종합건설업자 등에서 조직적인 CM을 실시하는 기업이 나타나게 되었다. 또한 기업 내의 시설부문이나 시설관리에 관련된 회사가 큰 관심을 보이기도 하였다. 해외로 진출한 건설기업도 CM뿐만 아니라 PM서비스의 제공을 표방하는 기업이 증가하여 외국계기업을 중심으로 일본에서 실적을 쌓았다.

또한 이러한 경향에 따른 전문건설공사업자의 조달방식이 주목받게 되었다. 이것은 분리발주입찰을 실시하면서도 최종적으로는 일식도급방식으로 발주하는 것으로서 이미 보급기에 있던 코스트 온 방식과 같이 일본 특유의 건설생산방식이 되었다.

게다가 1999년 건설성과 통산성은 동시에 PM 대처방안을 발표하였고, 건설성은 프로젝트매니지먼트연구회를 발족한 후, 공공사업에 PM기법의 도입비전을 제시했다. (재)첨단건설기술센터는 PMI 도쿄지부 설립을 지원하였다. 통산성(현 경제산업성)도 1999년부터 PM 도입에 대한 조사연구를 거쳐「프로젝트 & 프로그램 매니지먼트 표준가이드북」을 발행하였으며 표준가이드북에 근거한 자격시험을 2002년에 시작하였다. (재)엔지니어링진흥협회는 1980년대부터 해외의 PM에 관한 연구를 계속하였고, 1998년에 JPMF(일본프로젝트매니지먼트포럼)를 시작하고 PM의 계몽 · 보급에 노력하고 있다.

일본건축가협회에서는 건축가의 업무에 관한 검토와 고객만족에 대한 조사를 거쳐, 1998년「CM가이드라인」을 발행하였으며 건축가의 CM업무관계를 정의하여 2002년「PM가이드라인」을 발행하기에 이르렀다.

또한 1999년에는 프로젝트매니지먼트학회가 발족되어 다양한 업종에서 PM에 관한 학술연구를 하고 있다.

■ 2000년 이후

2000년이 되면서 국토교통성에서는 CM방식연구회를 발족시키고 해외조사를 거쳐, 2002년에 「CM방식활용가이드라인」[172]을 발행하였다. 그 후 「CM방식도입촉진방책연구회」를 설립하였다. 2001년에는 일본컨스트럭션매니지먼트협회(일본CM협회)를 발족하고 CM의 직능단체로서 그 활동을 시작하였다. 국토교통성은 (재)건설업진흥기금에 위탁해 「CM방식도입검토위원회」를 설치하였으며, 일본CM협회의 협력을 받아 지방공공단체의 CM방식 도입을 검토한 후, 2003년에 「지방공공단체의 CM방식활용매뉴얼시안」을 발행하여, CM방식의 촉진을 도모하고 있다. 또한 일본CM협회에서는 2002년에 CM자격자제도에 대한 검토를 착수하였고, 2003년 3월에는 「(잠정)일본CM협회인정 컨스트럭션매니저」의 선정작업을 거쳐, CM자격자 제도의 본격적인 운용준비에 착수하였다.

172) 부록 5-1 CM방식활용 가이드라인 P.362

부록 5 CM방식에 관한 보고서

「부록 4. 일본의 CM역사 2000년 이후」에 기술한 것처럼 국토교통성은 CM방식에 관한 각종 연구회를 발족시키고 그 방향과 위치를 모색해 왔다. 결과적으로 「CM방식활용 가이드라인」, 「CM방식도입촉진방책 조사보고서」 및 「지방공공단체의 CM방식활용 매뉴얼시안」이 작성되었다. 이러한 내용을 이해하는 것은 일본의 CM흐름을 파악하는데 중요하기 때문에 여기서 그 개요를 설명한다.

1 CM방식활용 가이드라인

「CM방식활용 가이드라인」 (이하「가이드라인」)은 2002년 2월 국토교통성에서 CM방식의 원활한 보급을 위해 CM방식의 내용, 과제 등을 정리하고, CM방식 활용의 기본적인 지침을 목표로 하여 만든 것이다.

1990년대 초, 미 · 일 건설교섭을 계기로 일본의 입찰 · 계약제도가 크게 재검토되어 일반경쟁입찰의 도입, 공사이행보증제도의 도입, 공사완성보증인제도의 폐지 등의 개혁이 실시되었다. 이 시기에 CM방식을 공공건설공사에 도입해야 한다는 논의가 활발하게 진행되어, 1992년 11월 중앙건설업심의회에서 「CM방식을 즉시 도입할 수 있는 상황이 아니긴 하지만 대폭적인 검토가 필요하다」고 하여 처음으로 CM방식을 언급하였다.

그 후 1993년에 동 심의회 건의, 1995년의 「건설산업정책대강」, 1996년의 「공공공사 품질조사위원회보고」등에서 CM방식 검토 필요성이 지적되었다. 민간건설공사에서는 1990년대부터 외국계기업이나 대기업택지조성업자를 중심으로 CM방식을 활용하려는 움직임이 있었지만, 국토교통성은 발주자 행정의 입장에서 사업자선정, 보수적산 등 제도적 측면의 정비가 충분하지 않다는 이유로 공공건설공사의 CM방식도입에 대해 소극적인 자세를 취해 왔다.

국토교통성은 CM방식의 원활한 보급을 위해, 2000년 12월에 학계 및 관련업계의 대표로 구성된「CM방식연구회」를 설립하였다. CM방식이 향후 일본의 건설생산 · 관리시스템으로 정착되기 위해서는 발주자, 설계자, 시공자 등이 CM방식에 대한 공통의 이해와 문제의식을 가지고 CM방식을 효과적으로 적정하게 활용하는것[173]이 중요하다고 생각했기 때문이다. 가

173) 부록 4-3 일본의 CM P.359

이드라인은 이 연구회의 논의를 근거로 국토교통성에서 검토한 후 개발한 것이다.

가이드라인에서는 「CM방식(CM for fee)은 발주자의 보조자 · 대리인인 CMr(컨스트럭션 매니저)이 기술적으로 중립성을 유지하면서, 발주자 관점에서 설계 · 발주 · 시공 등 각 단계의 설계검토나 공사발주방식의 검토, 공정관리, 품질관리, 코스트관리 등 각종의 매니지먼트 업무의 전부 또는 일부를 실시하는 것」이라고 정의하였다.

한편, 이와 병행하여 토목공사를 중심으로 2001년 3월부터 민간 매니지먼트기술을 활용하기 위한 새로운 입찰 · 계약방식을 적용한 공사가 발주되었고, 이 공사의 평가 · 보완과 더불어 새로운 시행 프로젝트를 실시하기 위해 「매니지먼트기술 활용방식 시행평가 검토회」를 설치하였다.[174)]

1 지방공공단체의 CM방식활용 매뉴얼 시안

「CM방식활용 가이드라인」에 기술되어 있는 대로 국토교통성에서 2002년 2월에 공표한 「CM방식활용 가이드라인」은 CM방식 활용의 기본적인 지침으로, 실제 CM방식의 보급을 위해서는 이 가이드라인을 기초로 하여 발주자, 설계자, 시공자 등이 활용할 수 있는 실무 매뉴얼을 정비할 것이 요구되었다. 이러한 상황에서 (재)건설업진흥기금에서는 2002년 2월에 「CM방식도입촉진방책연구회」를 설치하고 국토교통성을 포함하여 관계자의 협력을 받아 지방공공단체가 발주하는 공공건축공사를 대상으로 CM방식 도입촉진을 위한 본연의 자세에 대한 조사연구와 CM방식 활용에 기여할 수 있는 매뉴얼을 작성하였다.

여기에서는 이상의 경위로 작성된 「지방공공단체의 CM방식활용 매뉴얼 시안」의 정착, 검토체제 및 해당 매뉴얼 작성검토업무를 수행한 일본 CM협회(이하, CMAJ)의 논의를 근거로 그 개요를 설명한다.

■ 2개의 연구회와 3개의 성과물

「지방공공단체의 CM방식활용 매뉴얼 시안」은 2개의 연구회 및 3개의 성과물에서 찾아볼 수 있다.

174) 제4장 – CM사례 중 토목공사에 대한 사례는 이 매니지먼트기술 활용 방식 시행평가 검토회의 검토에 따른 시공 사례이다.

2개의 연구회는 다음과 같다.

2000년 12월 설치 CM방식연구회 2002년 2월 설치 CM방식도입촉진방책연구회

3개의 성과물은 다음과 같다.

2002년 2월 작성 CM방식활용가이드라인(이하, 가이드라인) 2002년 12월 작성 CM방식도입촉진방책조사보고서(이하, 조사보고서) 2002년 12월 작성 지방공공단체의 CM방식활용매뉴얼시안(이하, 매뉴얼시안)

가이드라인은 CM방식연구회의 성과물이며 조사보고서 및 매뉴얼시안은 CM방식 도입촉진방책연구회의 성과물이다(부록 그림 5-1).

전제 1	대상 프로젝트	CM방식 활용형의 공공건축공사
전제 2	대상 발주자	외부지원이 필요한 지방공공단체
전제 3	예상 CM방식	CM for fee방식
전제 4	CM방식을 도입하는 프로젝트 단계	기본설계단계부터
전제 5	CM방식에서 예상하는 공사 발주형태 (시공체제)	종합공사업자 일괄
		설비공사를 분리하는 경우
		건축공사를 분리하는 경우
전제 6	CM업무 담당 주체	종래 업무에 집착하지 않음

전술한 것처럼 「CM방식연구회」의 목적은 일본내에서 CM방식 활용시의 기본적인 지침을 수립하는 것으로, 그 성과인 가이드라인에서는 건설시장 및 CM방식의 종류를 제한하지 않고 광범위한 과제에 대해 기본적인 논의를 정리하고 있다.

한편, 「CM방식도입촉진방책연구회」는 6개의 전제(표 5-1)를 마련하여 검토대상을 한정하고 있으며, 그 성과물인 조사보고서 및 매뉴얼시안도 지방공공단체의 공공건축공사로 한정하여 구체적으로 검토하고 있다.

가이드라인, 매뉴얼 시안, 조사보고서의 각 문서는 재단법인 건설업진흥기금이 운영하는 홈페이지의 CM방식도입촉진방책연구회 성과보고 웹사이트에서 열람 또는 다운로드할 수 있다(그림 5-1). (http://www.yoi-kensetsu.com/cm/index.html)

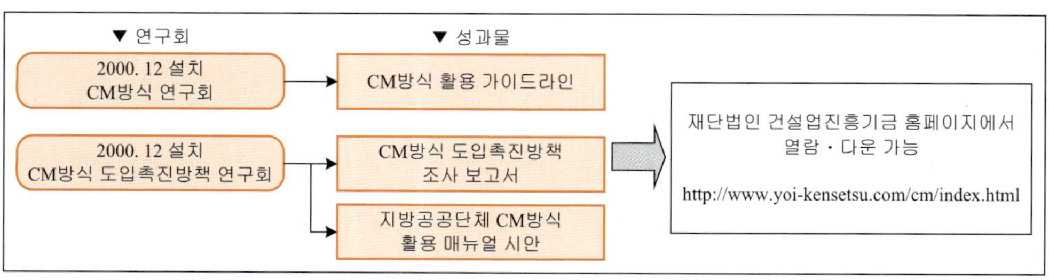

〈그림 5-1〉 2개의 연구회와 3개의 성과물과 관련된 문서의 열람 및 다운로드 장소

부록 6 일본 컨스트럭션매니지먼트협회

일본CM협회는 CM생산방식과 CMr의 직능을 확립하고, 이를 보급시킬 목적으로 설립된 협회이며 CMr의 윤리규정 제정, 자격제도의 제정운영 등 많은 자발적인 회원의 협력에 의해 폭넓게 활동하고 있다. 본서의 집필도 교육, 양성의 일환이라는 목적이 있다.

1 설립

일본CM협회는 건설분야의 회원 상호간 협력에 의해 컨스트럭션 매니지먼트의 발전과 보급을 목표로 하며, 컨스트럭션매니저의 자질과 기술력을 향상시키고 공공의 복지에 기여하는 것을 목적으로 2001년 4월 16일에 설립되었다. 회원수는 법인 29사, 개인 735명, 학생 3명, 특별 1명(2004년 8월 현재)이다. 회원은 설계자, 시공자, 종합건설업자에 한정하지 않고, 발주자나 컨설턴트, 건축 · 토목에 제한 없이 여러 분야에서 참여하고 있다.

2 협회 조직

일본CM협회는 각종 위원회를 설치하여 CM 보급을 위해 노력하고 있다.

홈페이지(http://www.cmaj.org/index.html)

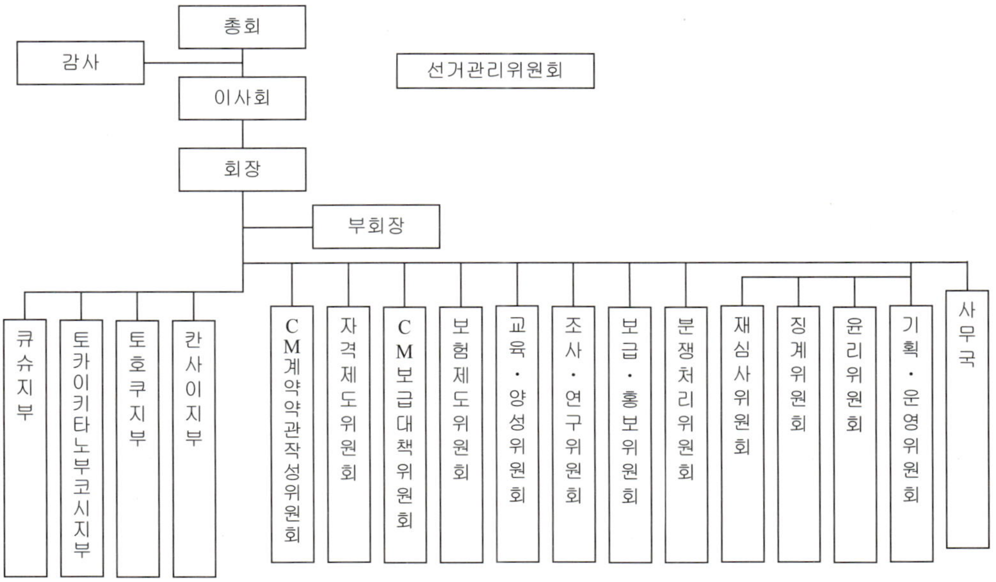

〈그림 6-1〉 일본CM협회 조직도(2004년 9월 현재)

3 기본이념

일본CM협회에서는 다음과 같은 기본이념을 정해 회원의 활동규범으로 삼고 있다.

일본CM협회는 '건전한 건축생산시스템의 재구축'과 '윤리관을 지닌 전문가 육성'을 목표로 활동함으로써 CM의 건전한 발전을 도모하고, 본 협회에 대한 사회적 신뢰를 얻기 위해, 여기에 기본이념을 정한다.

[목적]

1. 일본CM협회는 건설분야에서 CM기법의 발전과 보급을 목표로 하고 회원 상호간 협력할 것을 선언한다.

[활동 규범]

2. 일본CM협회는 회원이 CM업무를 수행하는데 있어서 준수해야 할 윤리를 정한다.
3. 일본CM협회는 CM에 관한 학술 · 예술 · 기술 교류의 장으로서 학술 단체적 기능과 CM보급 · 발전을 목표로 하는 실무적 협회기능을 겸비한다.
4. 일본CM협회는 CM의 보급 · 발전뿐만 아니라 건설생산시스템의 다양한 발전에 공헌한다.

[사회와의 관계]

5. 일본CM협회는 관련 단체와 제휴, 사회와의 교류에 의무를 다하며 열린 협회를 목표로 한다.

[운영]

6. 일본CM협회는 항상 정보공개에 노력하며 투명성이 높은 활동 및 조직을 운영한다.
7. 일본CM협회는 회원의 자유로운 활동을 존중한다.

4 윤리규정의 제정

회원이 CM업무를 수행함에 있어 준수해야 할 윤리를 정하여, 회원이 수행하는 CM업무의 건전성을 확보하고 CM업무에 대한 사회적 신뢰를 얻는 것을 목적으로 윤리규정을 정하였다.

일본 컨스트럭션매니지먼트협회 윤리규정

2002년 6월 5일 제정

제1장 총 칙

(목적)

제1조 본 규정은 본회 회원(이하 회원이라고 한다)이 컨스트럭션매니지먼트 업무(이하 CM업무라고 한다)를 수행함에 있어 준수해야 할 윤리를 정하고, 회원이 수행하는 CM업무의 건전성을 담보하여 CM업무에 대한 사회적 신뢰를 얻는 것을 목적으로 한다.

(적용 범위)

제2조 본 규정은 회원에 적용한다.

제2장 윤 리 강 령

(신의성실)

제3조 회원은 신의에 따라 성실하고 공정하게 CM업무를 실시한다(신용 유지).

제4조 회원은 신용을 유지함과 함께 품위를 높이도록 노력한다.

(과학적 판단)

제5조 회원은 CM업무를 수행함에 있어 이익에 사로잡히는 일 없이 과학적 판단에 소홀함이 없어야 한다.

(전문적 지식의 유지)

제6조 회원은 CM업무에 관한 전문적 지식의 유지 향상에 노력한다.

제3장 일 반 규 율

(광고 선전)

제7조 회원은 CM업무에 관해서, 품위 · 신용을 해치는 방법 또는 내용의 광고나 선전을 해서는 안 된다.

(위탁의 권유)

제8조 회원은 부당한 목적 또는 품위 · 신용을 해치는 방법으로 CM업무위탁을 권유하거나 유발해서는 안 된다.

(위탁자의 대가)

제9조 회원은 CM업무의 위탁 또는 소개를 하는 것에 대하여 사례 또는 대가를 지불해서는 안 된다.

(법령 등의 준수)

제10조 회원은 CM업무를 수행하는데 있어 위법한 수단을 이용해서는 안 된다.

제11조 회원은 위법행위를 조장하거나 이러한 행위를 이용해서는 안 된다.

(사회질서에 반하는 사업의 참가)

제12조 회원은 사회질서에 반하는 사업을 경영하고 혹은 이에 참가하거나 이러한 사업에 자기의 이름을 이용해서는 안 된다.

제4장 위탁자와 관계에 대한 규율

(비밀 유지)

제13조 회원은 CM업무를 수행하면서 알게 된 위탁자의 비밀을 정당한 이유 없이 외부에 누설하거나 이용해서는 안 된다(이해관계 등의 고지).

제14조 회원은 CM업무를 수행함에 있어 프로젝트관계자와의 이해관계 등 위탁자와의 신뢰관계를 해칠 우려가 있는 사정이 있을 때는 위탁자에게 그 사정을 알려야 한다.

(수탁 취지의 명확화)

제15조 회원은 CM업무를 수탁하는 것에 따라 수탁의 취지, 내용 및 범위를 명확하게 하도록 노력해야 한다.

(적정 타당한 보수의 명시)

제16조 회원은 CM업무의 수탁에 즈음하여 적정하고 타당한 보수금액 또는 산정방법을 명시하도록 노력해야 한다.

(위탁자와의 분쟁협의)

제17조 회원은 위탁자와의 신뢰관계를 유지하여 분쟁이 생기지 않도록 노력함과 동시에, 만일 분쟁이 생겼을 경우에는 할 수 있는 한 일본CM협회의 분쟁조정에 의해 해결하도록 노력해야 한다.

제5장 다른 회원과의 관계에 대한 규율 (명예의 존중)

제18조 회원은 서로 명예와 신의를 존중해야 한다(회원에 대한 불이익행위 등).

제19조 회원은 다른 회원의 비방·중상 또는 정당한 업무관행 혹은 신의에 반하는 행위 등 다른 회원에게 불이익을 주는 행위를 해서는 안 된다.

(다른 회원의 CM업무에 대한 개입)

제20조 회원은 다른 회원이 이미 수탁한 CM업무에 정당한 이유없이 개입해서는 안 되며, 위탁자의 희망에 의해 그 CM업무에 협력하는 경우에는, 다른 회원과 위탁자와 사이의 신뢰관계를 존중하도록 노력해야 한다.

(다른 회원의 참가)

제21조 회원은 이미 수탁한 CM업무에 대해 위탁자가 다른 회원의 참가를 희망할 때는 정당한 이유 없이 이를 반대해서는 안 된다.

(회원 간의 분쟁)

제22조 회원은 회원간의 CM업무에 관해서 분쟁이 발생했을 경우, 협의는 일본CM협회의 분쟁조정에 의해 원만한 해결이 되도록 노력해야한다.

제6장 회원 이외의 CM업무 제공자와의 관계에 대한 규율

(회원 이외의 CM업무 제공자와의 관계)

제23조 회원은 회원 이외의 CM업무 제공자와의 관계에 대해서도, 제5장에서 정하고 있는 다른 회원과 관련된 규율을 준용하고 준수하도록 노력해야 한다.

제7장 프로젝트 관계자와의 관계에 대한 규율

(프로젝트 관계자로부터의 이익 공여)

제24조 회원은 CM업무에 관련된 설계자, 시공자 등 프로젝트 관계자로부터 이익의 공여 혹은 접대를 받거나 이를 요구해서는 안 된다.

제8장 일본CM협회와의 관계에 대한 규율

(법제도의 준수)

제25조 회원은 건축기준법, 건축사법, 건설업법 등 CM업무에 관련된 법령 이외에 일본CM협회가 정하는 회칙 등을 준수해야 한다.

제9장 본 규정에 위반했을 경우에 관한 규정

(본 규정에 위반했을 경우의 조치)

제26조 회원이 본 규정에 위반했을 경우의 조치는 별도로 정한 윤리위원회 규정 및 징벌 규정에 의하여 처리한다.

제10장 보 칙

(위임)

제27조 본 규정에 정한 것 외에 회원의 윤리에 관해 필요한 사항은 이사회의 의결을 거쳐 회장이 따로 정한다.

부칙

본 규정은 2002년 6월 5일부터 실시한다.

다만, 제5장 제22조의 「분쟁조정」 및 제9장 제26조의 「윤리위원회규정」 및 「징벌규정」은 제10장 제27조의 규정에 근거해 각각 규정될 때까지는 「윤리규정검토위원회」라고 바꾸어 읽는 것으로 한다.

5 잠정자격자의 선정

회원 중에서 뛰어난 과거의 실적이나 지식을 가진 자에게 잠정자격을 부여하는 것으로, CM전문직능의 명확화와 CM자격제도의 원활한 운영을 목적으로 2003년 4월 22일에 잠정자격자 33명을 선출하였다. 이러한 잠정자격자가 중심이 되어 본서의 작성이나 CM자격의 도입을 추진하고 있다.

6 자격시험제도의 도입

2004년부터 CM자격제도를 창설하여 CM업무의 보다 건전한 발전을 위한 기반을 확립하기 위한 활동을 하고 있다.

■ 자격제도의 목적

1) 일본에서 CM직능의 적절한 발전 · 보급에 기여한다.

2) CM직능을 목표로 하는 자의 지침이 된다.

3) CM에 관한 교육가이드에 기여한다.

4) CM시장의 적정한 발전에 기여한다.

■ 자격시험의 종류

1) CCMJ(Certified Construction Manager of Japan)

건설전문가로서 경험을 가진 자에게 지식시험과 능력시험을 실시하여, CM업무를 수행할 수 있는 자를 인정한다.

2) ACCMJ(Assistant CCMJ)

지식시험을 실시하여 CM업무를 실시하는데 필요한 지식을 가진 자를 인정한다.

■ 자격시험의 개요

시 험 일 : 매년 말 (2004년도 시험은 2005년 3월 20일자로 예정되어 있음)

시험기간 : 1일간

시험방식 : 오전 지식시험 (택일식 : 원칙적으로 4지선다형 택일)

오후 능력시험 (기술식 : 단문과 논문의 복합)

7 연 혁

2000년 4월 16일	일본CM협회설립
2001년 11월 24일	관서지부설립
2002년 6월 5일	윤리규정제정
2002년 10월 9일	기본이념제정
2002년 11월 1일	동 지부설립
2002년 12월 12일	(잠정)「일본CM협회 컨스트럭션매니저」잠정자격자선정위원회 규칙제정 (2003년 4월 24일 잠정자격자발표)
2003년 1월 10일	분쟁처리규정 제정
2003년 6월 5일	징벌규정 제정
2004년 3월 16일	북해도 키타노부코시 지부설립
2004년 9월 10일	큐슈지부 설립
2005년 3월	자격시험제도 도입(예정)

부록 7 관련 단체

CM선진국인 미국과 영국의 CM단체 및 일본의 관련단체를 소개한다.
일본CM협회는 이러한 단체와 협력하여 일본의 건설산업내에서 활동하고 있다.

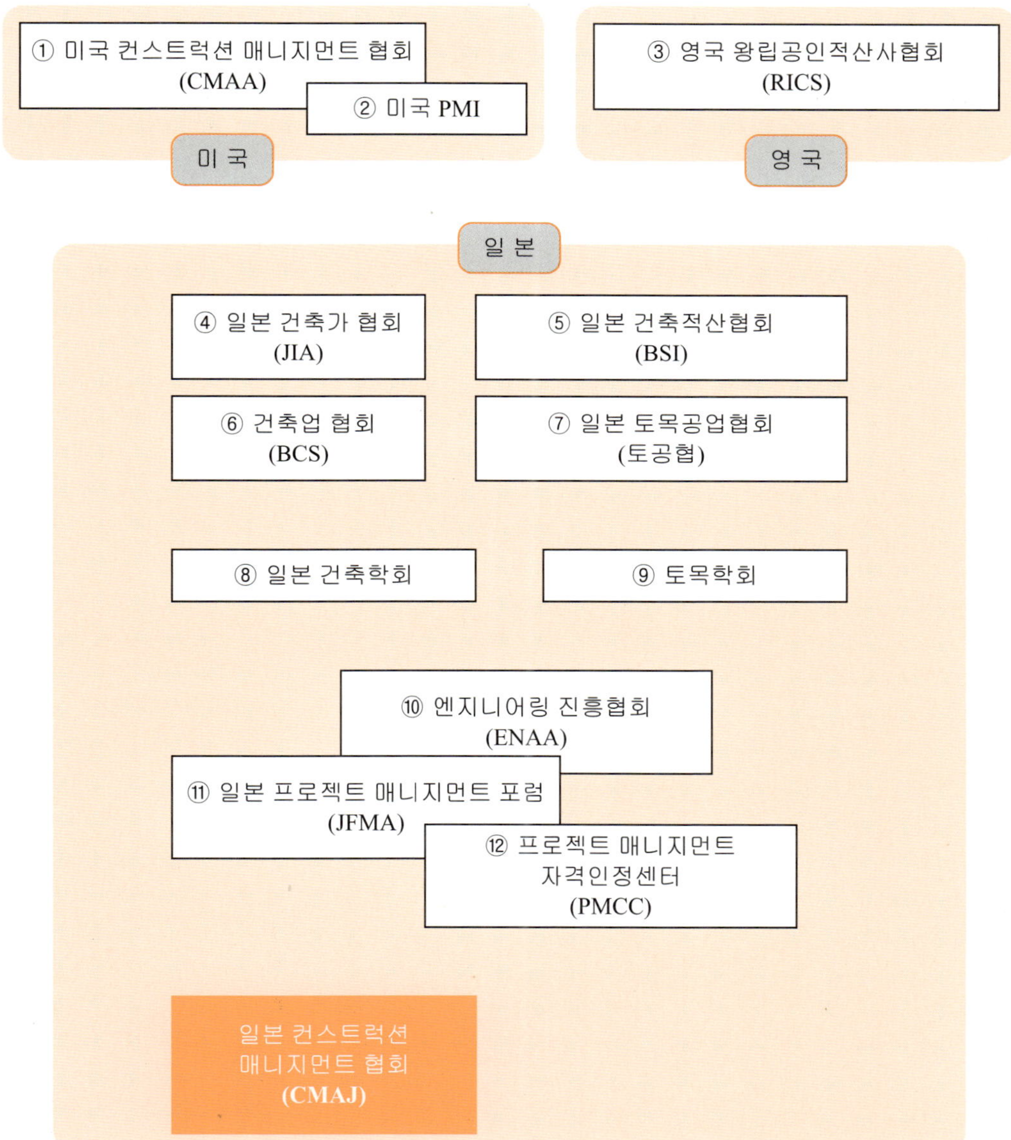

<table>
<tr><td>법인 명칭</td><td>미국 컨스트럭션매니지먼트협회(CMAA)
(Construction Management Association of America)</td></tr>
<tr><td>소재지</td><td>7918 Jones Branch Drive Suite 540 McLean,
VA 22102 USA
TEL : + 1-703-356-2622 FAX : + 1-703-356-6388
URL : http://cmaanet.org</td></tr>
<tr><td>설립연도</td><td>1982년</td></tr>
<tr><td>회 원</td><td>단체 2,000명 (2003년 현재)</td></tr>
<tr><td>지 부</td><td>지부 21개
(Arizona, Chicago, Colorado, Gateway Regional, Houston, Mid-Atlantic, Metro New York/New Jersey, Minnesota Construction Association, National Capital, New England, North Carolina, North Texas, Northern California, Pacific Northwest, San Diego Regional, South Atlantic South/Central Texas, South Florida, Southern California, Southern New England, Southern Nevada)</td></tr>
<tr><td>목 적</td><td>미국 건설업계의 컨스트럭션매니지먼트에 대한 이해, 기술향상, 발전을 목표로 한다.</td></tr>
<tr><td>사 업</td><td>1) 회의개최
2) 직능개발 프로그램
3) 출판
4) 자격인증
5) 마케팅 및 보급 촉진</td></tr>
<tr><td>조 직</td><td>회장 등 집행위원 10명, 이사 14명.</td></tr>
<tr><td>기관지</td><td>“CMAdvisor”</td></tr>
<tr><td rowspan="3">CM관련</td><td>〈소관 자격〉
컨스트럭션매니저인정자격제도(CCM:Certified Construction Manager)</td></tr>
<tr><td>〈출판물〉
CM서비스 표준, CM표준계약서, 계약관리기법, CM fee에 관한 조사 등</td></tr>
<tr><td>〈사업 활동〉
매년 9월경에 연차 대회(약 3일) 개최</td></tr>
</table>

법인 명칭	미국 PMI®(Project Management Institute)
소재지	Four Campus Boulevard Newtown Square, PA 19073?3299 USA TEL : + 1-610-356-4600 FAX : + 1-610-356-4647 URL : http://www.pmi.org
설립연도	1969년
회원	회원수 100,000명 이상(125개국)
지부	지부 200개(45개국)
목적	세계적으로 주도적인 프로젝트매니지먼트 비영리 단체로, 프로젝트매니지먼트의 전문성 촉진과 성장을 목적으로 한다.
사업	1) 프로젝트매니지먼트에 관한 교육 2) 커뮤니티 WEB 사이트 운영 3) 프로젝트 매니지먼트 업계표준 수립 4) 세미나 개최 5) 자격인정 6) 연구 7) 출판 등
조직	이사15명. 세계 최초로 설립된 프로젝트 매니지먼트 전문직업인 단체로서, 프로젝트매니지먼트의 자격인정을 실시하고 있다. 회원구성은 항공, 자동차, 건설, 엔지니어링, 금융, IT 등 많은 업종으로 구성되어 있다. 인정자격인 PMP 취득자는 전 세계적으로 52,443명, 일본은 2,362명(2002년 12월 현재)에 이른다.
기관지	"PM Network" (월간) "Project Management Journal" (계간)
CM관련	〈소관 자격〉 PMP®(Project Management Professional)
	〈출판물〉프로젝트매니지먼트에 관한 서적, 교재 등 다수. • Project Management Body of Knowledge(PMBOK)(1987년) • A Guide to Project Management Body of Knowledge (PMBOK Guide) (1996년) • PMBOK Guide 2000 Edition (2000년)
	〈사업 활동〉 연 1회의 심포지엄 외 연구회의 등 개최

법인 명칭	영국왕립공인적산사협회 (RICS) (Royal Institution of Chartered Surveyors)
소재지	12 Great George Street, Parliament Square London, SW1P 3 AD, United Kingdom TEL : +44-870-333-1600 FAX : +44-20-7334-3811 URL : http://www.rics.org
설립연도	1868년
회원	약 110,000명(세계 120개국)
지부	지부수 불명
목적	토지측량, 부동산, 건설, 환경과 관련된 직능단체. 높은 수준의 교육 · 훈련, 엄격한 윤리규정과 기준을 통한 소비자보호, 정부나 자치체 등에 조언, 정보 · 연구, 출판 등을 목적으로 한다.
사업	1) 예술작품이나 앤티크 평가 2) 부동산 임대 및 매매, 건물 자산평가 3) 발주자에 대한 부동산 · 건설서비스 4) 건설매니지먼트서비스 5) 부동산 관련 분쟁 등의 해결 6) 부동산 환경평가 7) 퍼실리티 매니지먼트 8) 측 량 9) 기계 등의 동산 평가 10) 부동산 관련 매니지먼트서비스 11) 광물자원 평가 12) 부동산 이용 관련 플래닝서비스 13) 프로젝트매니지먼트 14) 주거시설 평가 15) 지방의 거리풍경보존 16) 모든 평가서비스
조직	회장 등 임원 9명과 다음과 같은 위원회가 있다. • 경영회의(Governing Council) • 전략 · 예산위원회(Strategy and Resources Board) • 정책위원회(Policy committees - 분쟁처리, 교육, 윤리 등) • 직능위원회(Faculty Boards - 측량, 건설, FM 등 16 분야)
기관지	
CM관련	〈소관 자격〉 MRICS(Member of RICS): Chartered Surveyor Tech RICS(technical member of RICS): Technical Surveyor FRICS(Fellow of RICS): MRICS 중 특히 우수한 자
	〈사업 활동〉정보 공개

법인 명칭	사단법인 일본건축가협회 (JIA) (The Japan Institute Architects)
소재지	우 150-0001 토쿄도 시부야구 진구마에 2-3-18 건축가회관 JIA관 TEL : 03-3408-7125 FAX : 03-3408-7129 URL : http://www.jia.or.jp
설립허가 연월일	1987년 6월 15일
설립허가관청	국토교통성 주택국 건축지도과
회원	직능이념과 자율정신에 근거하여 건축설계감리업무를 전업으로 하는 자 및 그 협동자 · 협력자로 일정한 실무경험과 식견을 갖춘 자 및 관공청 · 교육연구기관 · 민간회사의 동등의 실무경험과 식견을 가진 자람. 정회원수 4,928명(2003년 7월 1일 현재)
지부	지부수 10개(삿포로 · 센다이 · 토쿄 · 나고야 · 카나자와 · 오사카 · 히로시마 · 코우치 · 후쿠오카 · 기노완)
목적	건축가의 직능이념에 근거하여 건축가의 자질 향상 및 그 업무의 진보, 개선을 도모하는 것으로 건축물의 질 향상 및 건축문화 창조발전에 공헌하고 공공복지 증진에 기여한다.
사업	1) 건축물의 질 향상에 이바지하기 위한 시책 실시 2) 도시건축에 관한 조사연구 3) 건축설계감리업무 기준 제정 4) 회원의 자질, 기술의 향상 및 건축가의 육성에 관한 시책 실시 5) 건축문화의 향상에 이바지하는 국제교류의 추진 6) 건축가와 그 조직에 관한 법제 조사 · 연구 7) 건축행정의 협력 및 제언 8) 기관지 · 잡지 발행, 도서간행 및 자료수집 9) 기타 본회의 목적을 달성하기 위한 중점 사업
조직	담당이사 아래 상설위원회, 특별위원회, 실행위원회 등이 있음 특별위원회로서 건축가자격제도 추진위원회, 계속직능연수(CPD) 평의회, 설계자 선정법 추진회의 등이 있다(2003년도).
기관지	「건축가 Architects」
CM관련	〈소관 자격〉없음
	〈출판물〉 • JIA-PM가이드 라인 (2002년 9월 발행) • JIA-CM가이드 라인 (1998년 3월 발행) • 건축가의 업무 · 보수(개정판)(2002년 9월 발행)
	〈사업 활동〉 건축가자격제도를 제안추진 중 JIA 계속 직능연수(CPD) 규칙에 의해 활동 중

법인 명칭	사단법인 일본건축적산협회 (BSI) (The Building Surveyor's Institute of Japan)
소재지	우 105-0014 토쿄도 미나토구 시바 3-15-12 선라이즈미타빌 7 F TEL : 03-3453-9591 FAX : 03?3453-9597 URL http://www.bsij.or.Jp
설립허가 연월일	1975년 7월 15일
설립허가관청	국토교통성 주택국 건축지도과
회원	정회원 개인 2,771명, 법인 89명, 특별 45명(2002년말 현재)
지부	지부수 7개 (홋카이도 토호쿠 칸토 · 토카이 · 호쿠리쿠 · 칸사이 · 쥬코쿠 · 시코쿠 · 큐슈) 출장소 4개(야마가타 · 아키타 · 니가타 · 와카야마)
목적	건축적산업무의 개선과 건축적산기술자의 기술적 수준 및 사회적 지위 향상을 도모하고 일본의 건축생산발전에 기여한다.
사업	1) 건축적산기술의 진보, 개선에 이바지하는 각종 조사연구 2) 적산기준, 건축코스트 등에 관한 각종 조사연구 3) 건축적산 교육의 확립 및 건축적산기술자의 양성 및 인정 4) 건축적산 및 관련 업무에 관한 조사연구 5) 건축적산사무소의 업무에 관한 연구 6) 국내 · 외 관련 단체와의 협력 7) 기타 본회의 목적을 달성하기 위해 필요한 사업
조직	이사 · 감사 27명
기관지	「건축과 적산」
CM관련	〈소관 자격〉건축적산자격자
	〈출판물〉 관민합동의 건축공사 건축수량적산연구회(사무국: (재) 건축코스트관리시스템연구소, (사) 일본건축적산협회) 에 의한 '건축수량적산기준', '건축마감 코스트의 기초지식', '건축적산텍스트' 등
	〈사업 활동〉 1996년부터「BSI · 코스트스쿨(프로젝트매니저코스)」를 개설 (개강 기간 약 1년간) 정보 공개 : 협회 홈페이지에서 사업보고서 등 공개

법인 명칭	사단법인 건축업협회 (건축협, BCS) (Building contractors Society)
소재지	우 104-032 토쿄도 츄오구 하초보리 2-5-1 동경건설회관 8F TEL : 03-3551-1 118　FAX : 03-3555-2463 URL : http://www.bcs.or.jp
설립허가 연월일	1984년 4월 3일
설립허가관청	국토교통성 종합정책국 건설업과
회원	전국적으로 영업하는 종합건설업자 회원수 75사(2004년 6월 현재)
지부	지부수 1개(칸사이 지부)
목적	건축업에 관한 기술진보와 경영합리화, 건축업과 관련된 제도의 확립 및 개선 등에 관한 사업을 실시하고, 건축업의 건전한 발전을 도모하고 사회공공의 복지증진에 기여한다.
사업	1) 건축업의 경영 및 기술과 관련된 조사 · 연구 2) 건축업과 관련된 문제에 대해 건축업계 의견조정 관련하여 각종 단체와의 연락, 협조 3) 건축업 관련 제도의 확립 및 개선에 대한 검토, 의견수렴 및 실현 추진 4) 건축업 관련 행성시책 협력 5) 건축업에 관한 정보 및 자료수집, 제공 6) 건축업에 대한 국민의 올바른 이해 촉진 7) 우수건축에 대한 연차표창 실시 8) 건축을 전공하는 학생의 학비 보조 9) 기타 본회의 목적을 달성하기 위해 필요한 사업
조직	이사회 – 상설 6개 위원회, 특별위원회 – 부회 · 전문 부회 · 연구회 등 • 우수건축표창위원회 – 매년 「BCS상(건축업 협회상)」표창 • 홍보위원회 – 「築く」, 「BCS소식」발행 • 생산위원회 – 설계, 시공, 설비, 품질관리, IT, 안전 등 • 제도위원회 – 법령 · 계약, 도시 · 주택, 적산, CM 등 • 환경위원회 – 환경, 부산물 등 • 기술연구위원회 – 기술연구, 공동연구 등 • 특별위원회 – 법 개정 대응(2001, 2002년), 자격제도 대응
기관지	「築」(연 4회) 「BCS소식」
CM관련	〈소관 자격〉없음
	〈사업 활동〉 외부위원회 등과의 대외교류에 대해, 종합건설업을 대표하는 단체로서 위원참가는 다수. (재) 건설업진흥기금 「CM방식 도입촉진방책 연구회」위원, JIA 세미나, 건축학회에서의 강사참가 등)
	〈정보 공개〉 협회 홈페이지에 활동보고서 공개(일부정보 회원에 한정됨)

법인 명칭	사단법인 일본토목공업협회 (토공협) (Japan Civil Engineering Contractors' Association)
소재지	우 104-0032 토쿄도 츄오구 하초보리 2-5-1 동경건설 회관 6F TEL : 03?3552-3201 FAX : 03-3552-3206 URL : http://www.dokokyo.or.jp
설립허가 연월일	1949년 4월 28일
설립허가관청	국토교통성 종합정책국 건설업과
회원	전국적으로 사업을 경영하는 한편, 동경도내 본점 또는 지점을 둔 토목공사업자 회원수 166사 (2003년 7월 1일 현재)
지부	지부수 9개(삿포로 · 센다이 · 니가타 · 토쿄 · 나고야 · 오사카 · 히로시마 · 타카마츠 · 후쿠오카)
목적	토목업에 관한 기술의 진보와 경영의 합리화에 노력하여 사회 공공의 안녕과 복지를 증진한다.
사업	1) 하천, 산림, 가교, 도로 공사 등에 대한 시공기술의 새로운 개량 2) 각종의 토목공사에 관한 시공방법, 시공기술의 조사연구 수탁 3) 국민의 안녕과 복지와 긴밀한 관계가 있는 하천, 제방, 산림, 교량, 도로, 노선의 보전에 대한 일반 대중의 계몽 4) 업무상 필요한 정보의 교환, 기술, 경영방법의 조사연구 및 통계 자료수집 및 이러한 자료의 보고, 배포 5) 기술자의 양성 또는 재교육 실시 6) 기타 본회의 목적을 달성하는데 필요한 사업
조직	이사회 – 상설 6위원회, 부회 · 전문 부회 · 연구회 등 • 총무위원회 · 공공공사위원회 · 계약제도연구위원회 • 적산연구위원회 · 안전 · 노동위원회 · 자재대책위원회 • 토목공사기술위원회 · 환경위원회 · 경영기획위원회 • 홍보위원회 · CALS/EC특별위원회 • 건설비의 감축에 관한 특별위원회
기관지	「CE건설업계」 (월간지)
CM관련	〈소관 자격〉 없음
	〈사업 활동〉 • 매니지먼트기술 활용방식 등의 시행흐름 (2002년도) • 매니지먼트기술 활용방식 등 새로운 입찰 · 계약 방식에 관한 검토를 계속 실시 (2003년도)

법인 명칭	법인명칭 사단법인 일본건축학회 (Architectural Institute of Japan)
소재지	우 108-8414 토쿄도 미나토구 시바 5-26-20 TEL : 03-3456-2051 FAX : 03-3456-2058 URL : http://www.aij.or.jp
설립허가 연월일	1905년 1월 19일
설립허가관청	문부과학성 연구진흥국 학술연구 조성과
회원	개인 · 법인 약 36,000명
지부	지부수 9개(홋카이도 · 토호쿠 칸토 · 토카이 · 호쿠리쿠 · 킨키 · 쥬코쿠 · 시코쿠 · 큐슈) 출장소 : 35개
목적	회원 상호협력을 통한 건축에 관한 학술 · 기술 · 예술의 진보, 발달을 꾀한다.
사업	1) 조사연구와 그 진흥 2) 연구발표회의 개최 3) 회지 · 논문집 및 연구 성과 등의 간행 4) 문헌 · 자료의 수집 및 활용 5) 교육의 진흥 및 기술지도 6) 강연회 · 강습회 · 전람회 · 견학회 등 개최, 기타 홍보활동 7) 내외 교류 8) 실적표창 9) 건축회관 운영 10) 기타 본 학회의 목적 달성에 필요한 사업
조직	이사회 아래 상설연구위원회 (학술추진, 재료?시공, 구조 등)외, 회무관계, 특별조사, 표창관계, 특별연구 등에 관한 각종 위원회.
기관지	「건축 잡지」
CM관련	〈소관 자격〉 없음
	〈출판물〉 • PM소위원회 활동보고와 일본 PM시장의 현상(2000년) • 건축 프로젝트의 발주방식의 다양화(2001년) • 각종 단체의 PM/CM 약정(2002년) • PM에 의한 코스트관리의 가능성(2002년)
	〈사업 활동〉 상설연구위원회 중 건축경제위원회에 프로젝트매니지먼트소위원회가 있으며, PM원론, PM실시방식 검토, 버추얼 PM실험, 어카운터빌리티 등 각 워킹그룹이 있다.
	〈정보 공개〉 협회 홈페이지에 사업계획서, 수지보고서 등 공개

법인 명칭	사단법인 토목학회 (Japan Society of Civil Engineers)
소재지	우 160-0004 토쿄도 신쥬쿠구 요츠야 1번지 TEL : 03-3355-3442 FAX : 03-5379-0125 URL : http://www.jsce.or.jp
설립허가 연월일	1914년 11월 24일
설립허가관청	문부과학성 연구진흥국 학술연구 조성과
회원	정회원(개인) 33,926명, 학생회원 5,896명, 정회원(법인) 705명 특별회원 737명, 합계 41,264명(2002년 11월말 현재)
지부	국내 지부수 8개(홋카이도 · 토호쿠 · 칸토 · 츄부 · 간사이 · 중국 · 시코쿠 · 서부) 해외 분회 3개(영국 · 대만 · 한국)
목적	토목공학의 진보 및 토목사업의 발달, 토목기술자의 자질향상을 도모하고 학술문화의 진전과 사회발전에 기여하는 것을 목적으로 한다.
사업	1) 토목공학에 관한 연구발표회, 강연회, 강습회 등의 개최 및 견학시찰 등의 실시 2) 회지 외 토목공학에 관한 도서, 인쇄물 간행 3) 토목공학에 관한 조사, 연구 및 장려, 지원 4) 토목공학에 관한 학술, 기술 평가 5) 토목공학에 관한 계발 및 홍보활동 6) 토목공학의 발전에 이바지하는 국제 활동 7) 토목관련 정보, 도서, 기타 자료의 수집 · 보관 및 사회에 정보 제공 8) 토목도서관 운영 및 관리 9) 토목공학에 관한 건설 및 자문에 대한 답신 10) 기타 목적을 달성하기 위해서 필요한 일
조직	이사회 아래 조사연구, 총무, 기획 등의 각 부문에 각종 위원회 설치
기관지	「토목학회지」
CM관련	〈소관 자격〉없음
	〈출판물〉 「건설매니지먼트원론」 「The Principles of Construction Management」
	〈사업 활동〉 조사연구부문에 건설매니지먼트위원회가 있다.
	〈정보 공개〉 협회 홈페이지에 사업계획서, 수지보고서 등 공개

법인 명칭	재단법인 엔지니어링진흥협회 (ENAA) (Engineering Advancement Association of Japan)
소재지	우 105-0003 도쿄도 미나토구 니시심바시 1-4-6 TEL : 03-3502-4441 FAX : 03-3502-5500 URL : http://www.enaa.or.jp
설립허가 연월일	1978년 8월 21일
설립허가관청	경제산업성
회원	191사(2003년 8월 현재)
지부	없음(재단본부, 지하개발이용연구센터, 석유개발환경안전센터)
목적	사회경제의 발전에 적응하는 엔지니어링기술을 기조로 하여, 관련 기술, 학술체계의 확립을 꾀하는 것으로 엔지니어링산업의 건전한 발전에 이바지하고 국민경제의 발전에 기여하는 것.
사업	(재단본부 – 엔지니어링에 관한 각종 사업) 1) 모든 관리기술 및 인재의 육성방법 등 조사연구 2) 각종 표준 정비 3) 조사, 정보수집 4) 기술적 과제, 시스템구축 등 조사연구 5) 프로젝트의 창출, 추진 6) 국제교류 및 협력 7) 연수사업 등 실시 및 세미나 개최 8) 협회사업의 성과보급 9) 기타
조직	이사회 아래 재단본부에는 국제협력, 정보조사, 인력자원관리, 프로젝트매니지먼트 등의 각종 위원회
기관지	「Engineering」 (연 4회)
CM관련	〈소관 자격〉 없음 〈사업 활동〉 PM과 관련하여, 엔지니어링산업의 경영기반 및 기술적 기반정비의 일환으로서 PM기법의 연구 및 프로젝트매니저 육성용 교재 작성 등을 실시하고 있다. 프로젝트매니지먼트위원회에 PM관련 테마를 조사 · 연구하는 워킹그룹이 있다. 또한, 프로젝트매니지먼트강습회(2003년 5월~9월, 11월~2004연 2월 PMI · 의 PMP · 자격 갱신에 필요한 PDU 취득 대상 강좌) 등을 주최하고 있다. 경제산업성으로부터 PM의 조사 · 연구를 위탁받아 1999년도부터 3년간 PM도입개발위원회를 설치하여 새로운 일본형 PM지식체계의 개발과 PM자격제도의 검토를 실시하였다. 〈간행물〉 각종 조사연구활동의 보고서 등

법인 명칭	일본프로젝트매니지먼트포럼 (JPMF) (Japan Project Management Forum)
소재지	우 105-0003 토쿄도 미나토구 니시심바시 1-4-6 (재)엔지니어링진흥협회내 TEL : 03-3539-4320 FAX : 03-3502-4464 URL : http://www.enaa.or.jp/JPMF/
설립허가 연월일	1998년
회원	1,344명(2003년 5월 현재)
지부	없음
목적	프로젝트매니지먼트를 직업으로 하는 자 및 프로젝트매니지먼트에 관심을 가진 자, 이들을 지원하는 법인 · 단체가 모여, 편찬 · 연구 · 경험 교류 등의 활동을 하는 것으로 다음을 목적으로 한다. (1) 일본프로젝트매니지먼트 능력향상을 꾀하고 국제적으로 활동할 수 있는 인재를 육성한다. (2) 일본의 프로젝트매니지먼트에 있어서의 경험과 지식의 체계화를 추진한다. (3) 프로젝트매니지먼트를 다양한 분야에 적용, 보급을 꾀하고 일본국가산업의 생산성 향상에 이바지한다. (4) 프로젝트매니저의 전문가로써 사회적 지위 확립을 꾀한다. (5) 프로젝트매니지먼트의 학문적 발전을 위해, 대학이나 학회와의 협력관계를 구축한다. (6) 대외의 프로젝트매니지먼트 관계자와 인적 네트워크를 형성한다.
사업	1) 정례회의 기획 · 개최 2) 강습회의 기획 · 개최 3) PM심포지엄의 기획 · 개최 4) 저널(기관지)의 발행 및 인터넷 · 홈페이지 개설 5) 프로젝트매니지먼트 지식 체계화와 교재 정비 6) 관심분야별 연구회(SIG : Specific Interest Group) 기획 · 개최 7) 지역별 예회(지부)의 기획 · 개최 8) 기타 프로젝트매니지먼트에 관한 조사연구 실시 9) 국내 및 해외의 프로젝트매니지먼트 관련 단체와의 교류 10) 프로젝트매니지먼트 자격에 관한 검토와 인정시험 실시 11) 프로젝트매니지먼트의 계발 · 보급 활동
조직	(재)엔지니어링진흥협회의 재단본부 하부기구이며, 회원총회, 간사회, 부회, 사무국이 설치되어 있다.
기관지	「JPMF 저널」
CM관련	〈소관 자격〉 없음
	〈사업 활동〉 연 1회의 PM심포지엄을 개최하는 것 외에, PMP?시험 대응 강좌, PM공개강좌 등을 실시하고 있다.

법인 명칭	특정비영리 활동법인 프로젝트매니지먼트 자격인정센터 (약칭 PMCC) (Project Management Professionals Certification Center)
소재지	우 105-0003 토쿄도 미나토구 니시심바시1-4-6 TEL : 03-3502-4405　FAX : 03-3539-1741 URL : http://www.pmcc.or.jp
설립허가 년월일	2002년 4월
설립허가관청	동경도
회원	해당법인의 목적을 지지하는 개인, 기업 또는 단체 정회원 60개 기업, 10개 단체, 27명의 개인(2003년 7월 현재)
목적	PM의 지식과 실천능력의 획득, 연찬(硏鑽)에 열의와 의욕을 가진 불특정 다수에 대하여 PM자격의 인정, 교육 실시, PM에 관한 지식 보급에 관한 사업 등을 실시하는 것으로, PM 실천자의 육성과 기업, 단체 및 자치체등의 경영활동에 있어서 PM의 보급을 도모하고 일본산업의 국제경쟁력강화 및 활력있는 경제사회의 발전 등 공익의 증진에 크게 기여한다.
사업	1) PM 자격시험 · 인정 등 인재육성사업 2) PM에 관한 보급 · 계발사업 3) 국내외 PM관련 단체와의 교류 및 협력사업 4) 기타 법인의 목적을 달성하기 위해서 필요한 사업
조직	경제산업성으로부터 PM의 조사 · 연구가 위탁된 (재)엔지니어링진흥협회에 의한 PM도입 개발위원회의 설치, 새로운 일본형 PM지식 체계의 개발과 PM자격제도의 검토를 거쳐, 시험실시기관 · 자격인정 기관으로서 설립되었다. 이사 · 감사 30명이 있으며, PM자격시험위원회, PM자격인정위원회등이 있다.
CM관련	〈소관 자격〉 프로젝트매니지먼트스페셜리스트(PMS) 프로젝트매니지먼트레지스타드(PMR) 프로그램매니지먼트아키텍트(PMA)
	〈사업 활동〉 경제산업성으로부터 (재)엔지니어링진흥협회에 위탁된 PM 조사연구성과인 일본형 PM실천지식체계인 'P2M(프로젝트 & 프로그램 매니지먼트)표준가이드북' 을 기초로 한 활동. 2002년도부터 PMS자격시험을 개시하여, 2003년도부터 PMR자격시험, 2004년도부터 PMA자격시험을 실시.

부록 8 용 어

본서에 사용되고 있는 용어를 설명한다. CM방식이 종래의 건설산업에 없었던 새로운 방식이기 때문에 낯설거나 이해하기 어려운 단어가 다수 사용되고 있다. 본서에서는 가능한 원어의 용법 · 의미를 존중한다. 이 중에는 일본에서의 사용방법이 본래의 사용과 다른 것, 일반적으로 사용되고 있는 번역이 본래의 의미와 느낌이 다른 것도 있으므로 주의해야 한다. 적절한 번역을 할 수 없는 경우에는 한마디로 표현하지 않고 문장으로 설명한 것도 있다.

용 어	설 명
AHP	Analytical Hierarchy Process, 계층화의사결정법. AHP는 일대일비교를 통해 전체 가중치를 계산하여 최적 해를 결정하는 기법이다. 제3장 1-4 참조
ASP	Application Service Provider 어떤 서버에 설정되어 있는 프로그램을 인터넷이나 인트라넷을 통해 사용할 수 있는 어플리케이션.
BEMS	Building and Energy Management System (빌딩에너지관리시스템) 건물의 설비관리, 설비운전보수관리 혹은 건물내부환경의 유지 및 소비되는 에너지 · 물질의 관리를 실시하는 종합적인 시스템. 제3장 4-4 참조
CASBEE	Comprehensive Assessment System for Building Environmental Efficiency (건축물종합환경성능평가시스템) 건설분야는 대량의 자원 · 에너지를 소비하기 때문에 이 소비를 효과적으로 하기 위한 기술적 · 정책적 수단이 필요하여, 국토교통성의 지원을 받아 개발된 건축물환경성능평가시스템. 제3장 4-2 참조
CMr · CMR	Construction Manager 본서에서는 개인, 기업을 불문하고 「CMr」로 표기하였다. 회사조직을 나타내는 경우는 「CM회사」등으로 표기하고 있다. 본서는 컨스트럭션매니저라는 직능에 대한 가이드북이다. 구미에서는 CM방식을 「CM」으로 사용하지 않고 문맥으로 판단하고 있다. CMr과 CMR로 혼란을 일으키기 쉬우므로 「CMr」이라고 표기를 통일하였다.
CMr모집요청서 (RFP)	발주자가 CMr을 모집하기 위해서 작성하는 문서. RFP(Request for Proposal)
CM at Risk	발주자의 리스크부담이 적은 일괄발주방식과 CM for fee의 중간적인 형태로, 코스트의 투명성을 확보하면서 발주자 리스크를 경감하는 CM at Risk 방식이 있다. CM at Risk는 CMr이 공사비최고한도액보증 (GMP : Guaranteed Maximum Price) 등의 특약을 첨부하여 발주자의 코스트와 공사기간의 리스크를 줄이는 대신, CMr 스스로 리스크를 부담한다는 의미이다. 부록 3-2 참조.
CM업무위탁 계약서	발주자와 CM업무수탁자인 CM회사의 명칭, 계약기간, 위탁금액 등 CM업무의 기본적인 내용을 규정하고, 발주자와의 합의를 확정한 문서.
CM업무위탁계약 약관	CM업무 위탁계약에서 수급자, 발주자 사이의 결정을 미리 표준적인 약정으로 명시한 문서.
CM업무위탁서	각 사업별 CM업무 위탁계약에서 CM의 실질적인 업무를 정한 문서.

용 어	설 명
CM업무계획서	CMr의 업무와 프로젝트 운영방침 · 계획 등을 기술한 문서. CMr이 프로젝트를 추진하는 기본이 된다.
CM업무종료 보고서	프로젝트 관계자에게 CM업무 활동내용을 정기적으로 보고하는 것과 동시에, 발주자에게 프로젝트 진척보고를 하는 것이다. 프로젝트의 실적보고도 있다.
CM업무설명서	기본계획단계에서 작성하여 각 단계에서 갱신하는 프로젝트 기본계획서. CM업무계획서를 기초로 한 것으로, 프로젝트 목적, 각 관련자의 역할, 업무내용, 업무범위 등을 명확하게 하기 위한 서류이다.
CM업무제안 (RFP)	CMr이 자신의 능력으로 프로젝트에 대한 자세 등을 제안하는 문서. RFP(Request for Proposal)
CM업무보고서	발주자에 대한 업무보고. 프로젝트 관계자에게 CM업무의 활동내용을 정기적으로 보고하는 것과 동시에, 발주자에게 프로젝트의 진척보고를 하는 것이다.
CM방식활용 가이드라인	2002년 2월 6일자로 국토교통성에서 발간한 CM방식 활용에 대한 기본적인 지침. 발주자, 설계자, 시공자등이 CM방식에 대한 공통의 이해나 문제의식을 가지고, CM방식의 효과적이고 적절한 활용을 목적으로 국토교통성에서 2004년 12월에 「CM방식연구회」를 설치하여 조사 · 연구한 성과물이다. 부록 5-1 참조.
CPM기법	CPM : Critical Path Method(크리티컬패스기법) 각 작업에 대해 통상의 소요기간과 특급의 소요기간의 두 종류를 설정하여 각각의 작업비용을 산정한 다음, 최소의 공사비로 최단의 공사기간을 요구하는 기법. 네트워크의 기법의 한 유형.
DB방식	Design Build방식 하나의 회사 또는 조직이 설계와 공사를 일괄하여 실시하는 방식이다. 부록 3 참조.
DCF법	Discounted Cash Flow 방법 여러 해에 걸친 현금흐름(cash flow)을 작성하는 경우, 시간적 가치를 고려하여 장래의 가치를 할인하여 현재가치로 환산하는 방법.
DfX · DfE	DfX는 "X"에 제품경쟁력을 높이기 위한 어떠한 목표를 정한 제품설계 · 개발기법을 총칭하는 것이다. DfX는 설계 이외의 단계 즉, 제조, 배송, 사용, 보전, 폐기 등의 단계에서 임의의 성능을 향상시킬 수 있는 구조를 설계단계에서 제품에 실제 적용하는 작업이다. DfE는 환경에 목표를 둔 DfX의 한 분야이며, 에너지소비, 폐기 등의 환경 문제에 대응하여 각종 기준에 적합한 설계를 실시하는 것이다. ISO(국제표준화기구)에서는 DfE, JIS(일본공업규격)에서는「환경적합설계」라고 한다. 제3장 4-2 참조.
EMV	Expected Monetary Value 리스크 정량화 방법의 하나로 각 리스크의 영향도(손실, 이익)에 불확실성(발생확률)을 곱하여 이를 합산한 것, 즉 리스크의 기대치를 산정하는 방법.
ERP	Enterprise Resource Planning 통합기간업무시스템 사람, 물질, 자금 등의 경영자원을 일원적으로 관리하여, 유용하게 활용하려는 경영개념이다. 또한 이러한 개념을 실현하기 위해 IT를 기반으로 한 시스템을 말한다. 재무 · 경리소프트, 인사소프트, 재고관리소프트, 고객관리소프트로부터 밸런스스코어카드 등의 경영 툴(tool) 등을 포함한 대형 시스템이다. 대기업에서는 이미 도입된 곳도 있다.
EVM	Earned Value Management 프로젝트 상황을 정량적인 기준에 의해 계획과 실적의 차이를 측정하고, 프로젝트가 계획대로 실행되고 완료되도록 관리하기 위한 하나의 방법론.
IDEF	Integration Definition for Function Modeling IDEF는 기업활동의 다양한 특성을 간단 명료하게 하는 한편, 정확하게 분석하여 전달하는 기법이며 도표화 기술이다. 표현하려고 하는 특성마다 번호(예 : IDEF3 등)를 부여하여 정리한다. 이 중 IDEF0는 활동이나 행동을 모델링하는 기법이다.
ISO9000 시리즈	ISO(International Organization for Standardization)가 제정한 품질관리 및 제품의 품질 보증에 관한 국제규격.

용 어	설 명
J-REIT	부동산투자신탁시장. REIT(리츠)는 Real Estate Investment Trust의 머리글자로 일본의 REIT라고 하는 의미로 J가 붙었다. J가 없는 경우에는 미국의 시장을 의미한다. 투자자로부터 모은 자금으로 투자법인이 부동산을 취득하고 이를 운용한 수익을 투자자에게 분배하는 구조. 도쿄증권과 오사카증권시장이 설립되어 있다. 제3장 2-3 참조.
JV	JV(Joint Venture) 공동기업체 직역하면 공동기업체가 된다. 일본건설공사에 관한 공동기업체로는 경상공동기업체와 특정공동기업체가 있다. 프로젝트 실시시에 구성되는 특정공동기업체는 법인격을 갖지 않는 조합적인 조직으로 편성되어 구성원인 기업이 공동으로 프로젝트를 실시한다. 또한 구성원이 일체가 되어 공사를 수행하는 갑종과 공구 · 공종 등을 분할하여 담당하는 을종이 있다. 구성원 각자가 연대책임을 진다. 구미의 JV는 을종에 가까운 형태가 많으며, 그 책임범위를 계약으로 규정한다. 갑종에 가까운 것은 Jointly and Severally(연대책임에 가까운 의미의 관용구)로 책임을 지는 파트너십의 형태이다. 구미의 JV와 일본의 JV의 의미는 반드시 일치하지 않으므로 이를 정확히 이해할 필요가 있다.
LCA	Life Cycle Assessment (라이프사이클 어세스먼트) 제품을 구성하는 원료의 채취로부터 재료입수, 제품제조, 사용, 폐기, 재활용에 이르는 모든 라이프사이클 단계를 범위로 하여 대상제품이 미치는 환경부하나 환경영향을 정량적으로 평가하기 위한 기법. 제3장 4-2 참조.
LCC	Life Cycle Cost 제품의 생애비용. 본서에서는 건물의 생애비용으로 기술하고 있다. 제3장 3-3 참조.
PDCA 사이클	계획(Plan) · 실시(Do) · 확인(Check) · 실행(Action)의 관리 사이클.
PERT 기법	Program Evaluation and Review Technique CPM와 같은 시기에 개발된 네트워크 작성기법으로 크리티컬패스를 계산하는 것도 동일하다. PERT는 액티비티의 소요기간을 설정하기 위해서 비관치, 낙관치, 최대빈도수를 산출하여 이를 추정한다. 제3장 5-2 참조.
PFI	Private Finance Initiative 「민간자금등의 활용에 의한 공공시설등의 정비촉진에 관한 법률(PFI법)」에 의해 공공시설 등의 건설, 유지관리, 운영 등을 민간의 자금, 경영능력 및 기술적 능력을 활용하여 실시하는 기법이다.
PM	프로젝트매니지먼트 지식체계 가이드에서는 프로젝트의 요구사항을 만족시키기 위해 지식, 기술, 기법을 프로젝트 활동에 적용하는 것으로 정의하고 있다. 건설산업에만 사용되는 것은 아니다. CM은 건설프로세스에 PM을 적용하는 것이라고 할 수 있다. 일본에서 PMr은 발주자가 본래 실시해야 할 업무에 보다 광범위하게 관여하여 활동한다. CMr은 설계 및 시공 프로세스에서 발주자 입장에서 보다 깊이 관여한다는 인식이 일반적이다.
PMBOK	The Project Management Body of Knowledge 프로젝트매니지먼트 지식체계 가이드. 미국 프로젝트매니지먼트협회(PMI : Project Management Institute)가 제창하는 프로젝트매니지먼트를 위한 표준적인 지식체계
SPC	Special Purpose Company (특정목적회사) 자산의 원보유자로부터 매입하여 자금조달을 위한 증권발행, 양수자산에 관한 신용보완, 투자자에 대한 수익배분이라는 특별한 목적을 위해 설립된 회사. 본서에서는 부동산투자 등에 관련된 사항을 설명하고 있기 때문에 「자산의 유동화에 관한 법률(신SPC법)」의 특정목적회사를 SPC로 취급하고 있지만, 일반적으로는 상법상의 특별목적회사와 구별하지 않고, 둘 모두를 SPC라고 하는 경우도 많으므로 주의가 필요하다

용 어	설 명
SPT	Special Purpose Trust(특정목적신탁) SPT는 특정자산의 원보유자로부터 자산을「신탁양도」받아, 그 신탁수익권(증서)을 원보유자에게 교부한다. 원보유자 자신의 신탁수익권을 투자자에게 판매한다는 점에서 SPC와 다르다. 제3장 2-3 참조.
TQC	Total Quality Control 기업의 전사적인 품질관리를 추진하는 것으로 품질관리에 관한 다양한 기법을 종합적으로 인가하고 전사적으로 적용하여 종업원의 총력을 결집하고 기업의 실력향상을 목표로 하는 기법. 본서에서는 TQM(Total Quality Management)과 구별하여 사용하고 있다. 다만, QC활동이라는 표현은 따로 구별하였다. 제3장 6-1 참조.
TQM	Total Quality Management 업무프로세스의 질, 경영의 질 등 제품의 품질 향상을 추구하는「품질」관리 방법 제3장 6-1 참조.
VE	Value Engineering 가치공학으로 번역되고 있다. 비용과 기능의 관계를 체계적으로 연구하여 보다 높은 효과를 얻기 위한 방법론. 제3장 3-2 참조.
VFM	Value for Money PFI사업 실시를 위한 기준이 되는 VFM은「지불금액에 대해 가장 높은 가치의 서비스를 공급한다」라는 의미이다.
WBS	Work Breakdown Structure 프로젝트 전체를 보다 정확하게 관리할 수 있도록 원가요소로 분해한 것 제3장 1-1 참조.
WTO	WTO : World Trade Organization 세계무역기구 GATT(관세와 무역에 관한 일반협정) 우루과이라운드 합의에 근거하여 1995년 1월에 발족한 조직. 세계무역의 질서유지를 목적으로 현재 140개 이상의 나라 · 지역이 가입되어 있다.
아행(ア行)	
어카운터빌리티	Accountability Account는 원래 수를 센다고 하는 의미로 회계상 타인의 재산이나 자금관리를 맡은 사람이 완수한 내용을 회계보고로서 증명하는 것을 Accountability라고 한다. 이 개념이 회계분야뿐만 아니라 널리 사용되고 있다. 즉, 어떠한 위탁관계로부터 생기는 설명책임이 Accountability이다.
액티비티	Activity 프로젝트를 실행하는 단위작업. Activity에는 예정된 소요시간, 예산, 자원에 관한 필요사항이 결정되어 있다.
Arrow형	스케줄을 표현하는 네트워크의 기법. 화살표위에 액티비티를 표기하고 결합점을 이용해 전후관계에 있는 액티비티를 연결시킨다. 애로우다이어그램법(Arrow Diagramming Method).
안전배려 의무위반	사용자의 지시 아래 노동자가 노무제공을 위해서 장소, 설비 혹은 기구 등을 사용해 노무를 제공하는 과정에서 노동자의 생명, 신체 등이 위험으로부터 보호되도록 배려해야 할 의무
일위 대가표	토목공사에서 주로 사용되는 단가의 상세설명서. 또는 단위대가표라고 부르기도 한다.
일반경쟁입찰방식	불특정 다수의 응모자를 대상으로 하는 경쟁입찰방식을 말한다.
인센티브	Incentive CMr이 업무를 제공한 결과로 품질이나 코스트, 공사기간 등의 목표치를 달성 또는 초과했을 경우에 지불되는 것으로, 업무제공자의 프로젝트 수행에 대한 의욕향상을 위한 기법. 계약서에 명확하게 명시한다.

용 어	설 명
카행(カ行)	
하자	인도물의 결함 등을 말한다. 민법 634조 「일의 목적물에 하자가 있을 때, 주문자는 도급자에 대해 상당한 기한을 정해 그 하자의 보수를 청구한다」에 의해 도급계약자에게 하자담보책임이 있다.
가설계획	현장사무소, 작업원장소 등의 가설건물, 시공에 사용하는 전기, 수도, 하수도 등의 가설비 또는 안전도구설비 등 직접적인 성과물로서 남지 않는 가설비의 계획. 교통계획, 흙막이계획, 배수계획, 양중계획 등의 직접공사에 관련되는 가설물의 계획을 포함한 의미로 사용되는 경우도 있다.
관심표명	설계자나 시공자를 선정할 때, 입찰에 참가할 의사가 있음을 표명하는 것.
킥오프미팅	Kick-off Meeting 새롭게 추가된 프로젝트 관계자를 참여시켜 개최하는 최초의 미팅을 말한다. 설계자 선정 후에 설계자를 포함하여 최초로 행해지는 회의나 시공자 선정 후에 시공자를 참여시켜 최초로 개최되는 회의를 의미한다.
경쟁입찰방식	업무나 공사의 견적금액 제시를 요구하고, 최저가격을 제시한 업체를 선정하는 방식.
업무책임분담표	업무와 그 업무에 관한 책임관계를 나타낸 표를 말한다. 또한 각 업무에 대해 보조적 역할 · 지원적 역할을 함께 표현하기도 한다.
크리티컬패스	Critical Path 토탈플로트가 0이 되는 작업의 흐름. 프로젝트에서 가장 시간이 오래 걸리는 작업들의 흐름을 의미한다.
경비상환	프로젝트에 소비한 경비를 정산 후에 상환하는 것을 말한다. 본서에서는 단지 가설비 등의 경비상환을 의미한다. 예를 들어, 어느 공사현장 내에 복수의 도급공사가 있는 경우, 다른 공사에서 준비한 가설시설을 이용하는 경우가 있다. 이 경우 준비한 측은 자신의 경비로 다른 공사의 가설 사용료나 유지비를 부담하게 된다. 본서의 경비상환은 이와 같이 발생하는 경비에 대한 상환을 의미한다.
계약 후 VE방식	시공단계에서 시공방법 등에 대한 기술제안을 받는 계약방식. 공공공사에서 사용되고 있다.
현장설명	입찰 또는 견적 참여자에게 도면 및 시방서에 나타난 것에 대해 현장의 실제에 대한 설명 및 교통, 전력, 용수, 기타 시공과 관련된 사항에 대한 현장상황을 설명하는 것. (참가자가 모두 참여하는) 설명회 개최와는 구별하고 있다.
현장설명서	설계업무의 현장설명서는 설계업무 입찰 등에 참가하는 자에게 발주자가 해당 설계업무의 계약조건을 설명하기 위한 서류를 말한다. 현장설명서는 설계시방서에 포함된다. 또한 설계시방서는 계약서와 함께 계약도서가 된다. 본서에서는 필요에 따라 프로젝트 설명서에서 필요사항을 추출하여 작성하고 있다.
갑을병공사	ABC공사라고도 한다. 세입자 공사 등에서 복수의 사업주체가 관여하는 경우, 설계주체나 공사주체 등의 편성에 의해 구분되는 각 공사를 구별하기 위해 관습적으로 이용되는 용어로서, 프로젝트에 따라 그 정의가 다르다. 예를 들어, 세입자 공사에 대해, 오너측의 설계에 의한 오너의 공사를 갑공사, 세입자 측의 설계에 의한 오너의 공사를 을공사, 세입자 측의 설계에 의한 세입자의 공사를 병공사라고 부른다.
구 · 공법	구조형식 및 시공방법 모두를 포함하는 건설용어.
공사도급계약	발주자와 시공자 사이에 주고받는 계약을 말한다. 건설업법 제24조에 의해 보수를 받고 건설공사의 완성을 목적으로 하는 계약을 도급계약이라 한다.
공사감리자	발주자의 직속 또는 위탁에 의해 공사가 설계도서대로 실시되고 있는지를 감독 · 확인하는자. 복수인 경우, 법적으로는 대표 책임자를 가리킨다.
공사감리보고서	공사감리보고서는 건축사법 제20조 제2항의 규정에 의해 공사감리자가 발주자에게 공사감리결과를 보고하기 위해 작성한 서류이며, 건축사법상 5년간 보존의무가 있다.
공사비 개산서	CMr이나 설계자가 산출한 공사비의 개산을 나타낸 것.

용 어	설 명
공사보고서	시공자가 발주자에게 공사가 완성된 것을 보고하는 서류로, 각 시공자가 작성하여 CMr이 모든 공사보고서를 정리한다.
공사보험	공사현장에서 불확실성 또는 돌발적인 사고로 발생한 물적손해를 보험으로 충당하는 것이다.
공사예산서	공사비개산서의 산출결과에 대해 발주자와 협의한 후, 그 후의 코스트관리 등에 사용하는 서류.
공모형기술제안 프로포절	불특정 다수의 응모자 중에서 최저가격자를 선택하지만, VE안 등 가격 이외의 제안요소를 추가하여 업체를 결정하는 방식을 말한다.
코퍼레이트 파이낸스	프로젝트 자금조달방법의 하나로 프로젝트를 운영하는 모체 조직인 기업이 출자자의 융자에 대한 채무보증이나 손실보상 등을 부담하여 자금을 조달하는 방법. 기업의 신용에 의해서 조달되기 때문에 프로젝트에 내재한 사업리스크를 출자자 자신이 전면적으로 부담한다.
코스트+요금(fee) 방식	원가(코스트)와 매니지먼트의 요금(fee)을 분리하여 지불하는 방식.
코스트 매니지먼트	프로젝트의 예산을 작성하고 그 예산대로 프로젝트를 완료시키기 위하여 프로젝트를 운영하는 매니지먼트.
코스트 온 (cost on) 방식	발주자, 원도급자, 하도급자의 3자(설계자가 참가하는 일도 있다)가 하도급 공사금액과 원도급의 관리경비를 결정하여, 계약하는 일본 특유의 방식으로 일종의 「Cost+Fee방식」
개별 시설서류 심사 방식	설계업무의 공정계획, 설계팀의 구성, 설계자의 경력 · 작품 등에 관한 자료 제출을 요구하고, 필요에 따라 면접 · 발표를 한 후, 이것을 심사하여 설계자를 선정하는 방식
커뮤니케이션 시스템	회의체 운영방법 · 회의록 · 문서관리 · 정보시스템의 이용방법 등 관계자 사이의 의사전달 · 정보관리 등에 관한 공통의 결정체계를 말한다.
컨커런트 엔지니어링	Concurrent Engineering IT산업 등 제조업에서 제품설계분야를 중심으로 사용되는 용어로, 그 의미는「제품 및 그와 관련된 제조나 서포트를 포함하여 공정에 대해 통합된 Concurrent한 설계를 실시하려는 체계적인 접근법」이다.
컨스트럭터빌리티	Constructability 미국의 CII(Construction Industry Institute)에서는 '프로젝트 목적을 달성하기 위해 기획 · 설계 · 조달 · 현장작업 단계에서 시공상의 지식과 경험을 최대한 이용하는 것' 으로 정의하고 있다.
사행(サ行)	
사업계획서	발주자가 사업을 구상했을 때에 작성하는 사업성검토를 위한 계획서 또는 이와 유사한 문서. 본서에서는 이것을 총칭해 사업계획서라 한다.
사업비	사업을 실시하는데 필요한 비용으로, 공사비에 포함된 토지취득비용, 설계비용, 세금, 금융비용 등을 포함한다.
자질평가방식	QBS (Qualification Based Selection) 방식 설계자를 선정하는 경우에 복수의 후보자에게 선정의 평가근거가 되는 각종자료를 제시하도록 요구하고, 선정기준에 따라 후보자를 좁혀, 발표나 대표 작품의 검토, 사업자 · 유지관리자의 의견을 청취한 후, 최적격자와 보수협의를 실시하여 선정하는 방식을 말한다.
사전협의	개발행위에 대해 개발허가 전에 관할관청의 관리자와 협의 또는 동의를 확보하는 것. 본서에서는 도시계획법과 관련된 사전협의로 제한하여 사용하지는 않았다.
사전심사	PQ(Pre-qualification) 설계자나 시공자 선정시 발주자 또는 CMr이 기술, 자금조달, 가격 등을 포함하여 구체적이고 상세하게 검토하고 후보자를 선정하여 쇼트리스트를 작성한다. 사전심사는 이러한 추출작업을 말한다.
사전조사	설계착수 전에 제약조건을 조사하는 것. 본서에서는 도시계획법과 관련된 사전조사에 제한하여 사용하지는 않았다.
식스시그마 경영기법	Six Sigma(σ) 품질 · 경영관리상의 미스발생 목표수치를 3.4/1,000,000회라는 지극히 적은 수로 설정하여 비즈니스 프로세스의 개선을 하는 개혁 기법. 제3장 6-1 참조.
실비정산방식 (업무 보수)	설계자나 CMr의 업무대가 지불방법으로 업무 소요비용에 의해 대가를 산출하는 방식.

용 어	설 명
실비정산방식(공사비)	공사에 필요한 비용으로 도급대금을 산출하는 방식. 구미의 경우 「코스트+요금(fee) 방식」이라고 한다.
지명형 기술제안 프로포절	지명한 참가자 중에서 최저가격자를 선택하지만, VE안 등 가격이외의 제안요소도 추가하여 특별히 업체를 결정하는 방식을 말한다.
지명경쟁입찰방식	지명된 참가자로 제한하여 경쟁입찰을 실시하는 방식을 말한다.
쇼트리스트	Short List 설계자나 시공자 선정시, 다소 완화된 자격 조건에 의한 다수의 후보자리스트(Long List)로부터 엄격한 조건에 의해 후보자를 좁혀 가는 프로세스 또는 그 결과인 후보자 리스트. 표에 기입된 이름의 행수를 줄인 것을 쇼트리스트라고 부른다.
신의성실의무	"인간의 사회공동생활은 상호 신뢰와 성실한 행동에 의해 원활히 영위되어야 하는 것이다"라는 생각에 근거하여, 권리의무의 법률관계 이행에서도 동일한 행동을 취할 것을 요구하는 법리를 신의성실의 원칙(신의)이라고 하며, 법과 도덕의 조화를 꾀하기 위한 중요한 개념으로 민법 제1조 제2항에 규정되어 있다. 이것을 수행할 의무를 말한다.
일정관리	소정 기간내에 프로젝트를 완료시키기 위해 어떻게 프로젝트를 운영해 나가야 하는가에 대한 매니지먼트이다.
스테이크홀더(이해관계자)	Stakeholder 프로젝트의 참여자나 이해관계자. 발주자, 설계자, 공사감리자, 시공자, CMr 뿐만 아니라 자재공급자, 융자자와 관공청, 지역사회까지 포함된다.
생산계획서	본서에서는 시공을 포함한 생산프로세스 전체를 포함한 계획의 의미로서 생산계획서라는 용어를 사용하였다. 따라서 기본설계단계에서부터 갱신을 거듭하여 시공에 적용해 나갈 수 있도록 만드는 것을 의미한다. 시공자가 작성하는 시공계획서와 의도적으로 구별하여 사용한다.
생산설계	기능설계의 용이성, 경제성, 품질의 안정성을 조정하여 시공의 실현성을 계획하는 것. 이를 위해 순서, 공정, 기계 등 생산라인의 개략설계를 실시하는 것. 구체적으로 생산에 유리한 구공법의 선정, 치수정밀도의 설정, 최적재료의 선택, 구조의 단순화 · 규격화 · 표준화 · 시판품 및 규격품의 사용 등을 위해 건축물의 요소에 대해 세부적으로 검토하여 설계하는 것을 말한다. 제3장 6-2 참조.
성능발주	발주자가 요구하는 성능수준을 분명히 하여 충족시켜야 할 수준을 상세히 규정하여 발주하는 방식을 말한다. 사양에 대해 상세하게 규정하는 것이 아니므로 수주자가 제시된 요구수준을 충족하는 범위내에서 자유롭게 제안하는 것이 가능한 방식.
시공계획서	시공자가 시공체제, 안전관리체제, 시공스케줄, 품질관리방법, 가설물, 기계 배치, 자재 반입경로, 시공순서, 방법 등의 계획을 표현한 도서를 말한다. 본서에서는 CMr이 작성하는 생산계획서와 구별하고 있다.
시공자모집요청서	견적서 혹은 제안서를 제출하는 시공자가 프로젝트의 내용을 정확하게 이해하고, 시공자 선정을 위한 정보를 적절히 제시할 수 있도록 CMr이 작성하는 서류. 제안서작성요청서 : RFP(Request for Proposal) 견적서작성요청서 : RFQ(Request for Quotation) 또는 Instruction to Tender등과 구분하여 사용하는 경우도 있지만, 본서에서는 구별하고 있지 않다.
시공도	설계자가 작성하는 설계도서(의장도, 구조도 및 시방서)에 근거하여 시공자가 시공을 위해 필요에 따라 작성하는 도면을 말한다.
시공성	시공의 용이성. 건물의 설계가 시공에 용이한 정도. 제3장 6-2참조.
시공체제대장	하도급, 재하도급 등 공사시공을 하도급 받은 모든 업자명, 각 업자의 시공범위, 각 업자의 기술자 이름 등을 기재한 대장.
시공 매니지먼트	발주자의 프로젝트에 대한 기대나 요구를 설계도서에 기초하여 공사할 때, 어떻게 프로젝트를 운영하여 품질을 확보하고 공사를 안전하게 할 것인지에 대한 매니지먼트.
설계 · 시공일괄 발주방식	하나의 회사 또는 다른 조직의 설계자와 시공자가 하나의 그룹으로서, 설계와 시공을 실시하는 것을 말한다. 입찰시에 설계안 등의 기술제안을 받아 설계와 시공을 일괄 발주한다. 부록 3 참조.

용 어	설 명
설계 · 시공분리 방식	설계와 시공(공사)을 설계자와 시공자로, 각각 다른 회사에 발주하는 방식. 부록 3 참조.
설계하자	설계상의 오류에 의해 발생한 하자.
설계경기방식	설계자 선정시 복수의 설계자로부터 구체적 설계안을 제출받아 가장 우수한 설계안을 선정하여 설계자를 선정하는 방식.
설계업무위탁서	설계자와 계약시에 해당 프로젝트의 설계업무내용을 명시한 문서. 계약서 및 계약약관과 함께 사용된다.
설계자모집요청서	견적서 혹은 제안서를 제출하는 설계자가 프로젝트의 내용을 정확하게 이해한 후, 설계자 선정에 필요한 정보를 적절히 제시할 수 있도록 CMr이 작성하는 서류. 제안서작성요청서 : RFP(Request for Proposal)
설계사양서	설계도서 중 도면에 나타낼 수 없는 것을 문장 · 수치 등으로 표현한 것으로, 품질 · 성분 · 성능 · 제조나 시공 방법, 부품이나 재료 메이커, 시공업자 등을 지정하는 것.
설계변경	이미 결정된 설계도서의 일부를 변경하는 것. 일반적으로 공사도급금액의 변경이 수반된다.
설계제약조건	설계자가 설계를 실시할 때에 발주자의 요구와 함께 설계자가 고려해야 하는 입지환경이나 법 · 시간 · 비용 등에 관한 제약조건 등을 포함한 여러 가지 조건.
선관주의의무	「선량한 관리자로서의 주의의무」의 약어이며, 위임계약에 의해 일을 맡은 사람은 본래의 수임사항을 처리하는 것과 별도로 이 의무를 진다(민법 644조). 이 의무가 무엇인가에 대해「이러이러하다」라는 구체적인 내용을 갖는 것이 아니고,「사람으로부터 신뢰를 받아 일을 맡은 사람이 그 신뢰에 대응하여 맡은 일의 목적을 달성하도록 일정수준의 주위를 기울여 일할 것」을 의미한다.
전체 매니지먼트	사업주체(발주자)의 프로젝트에 대한 기대나 요구를 만족하는 프로젝트로 완료될 수 있도록, 각각의 6개 매니지먼트요소를 종합적으로 파악하여 프로젝트 전체를 포괄적으로 운영 관리해 나가기 위한 요소이다.
전문가	업무의 성질이 기술적, 전문적이며 실질적인 부분은 정신적인 것이므로, 전문가 양성을 위해 학문적 이론과 실무적으로 일정한 훈련이 요구된다. 또한 일반적인 성실의무를 넘어서는 일정한 윤리에 구속받게 된다. 통상 전문가 단체가 설립되어 단체에 대한 귀속을 규제하고, 전문가의 기준 유지를 바라며, 시험을 부과해 합당한 행동이나 윤리에 관한 전문가 요강을 정한다. 본서에서는 직능과 동등한 의미로 취급하고 있다. 제1장 참조.
전문공사업자	전문적 기능을 발휘해 직접시공기능을 담당하는 자로, 건설업법상의 28개 업종 중 건축일식공사 및 토목일식공사를 제외한 업종에 종사하는 업자. 다만, 본서에서는 자재만을 공급하는 자도 전문공사업자로 포괄적으로 취급하고 있는 경우도 있다.
총액도급 방식	계약시에 도급대금을 결정하는 계약 방식.
종합가설계획도	공사를 실시할 때에 필요한 부지조건, 지하가설조건, 지상가설조건 등을 조사, 검토해 가설설비 등을 포함한 종합적인 가설계획을 나타낸 계획도.
종합공사업자	토목일식공사를 도급받은 토목종합공사업자와 건축일식공사를 도급받은 건축종합공사업자를 총칭하여 종합공사업자라고 한다. 본서에서는 일반적으로 사용되는 종합건설업자를 가리키고 있다.
종합도	건축 평면, 입면, 단면계획과 각 설비계획이 평면적, 입체적으로 정합성을 유지하고 있는지를 검증하여 필요에 따라 조정하기 위한 도면.
타행(タ行)	
턴키방식	프로젝트의 기본계획, 설계, 시공, 시험, 검사(시운전)까지를 일괄하여 실시하는 계약 방식.
대표수량	계산시 과목의 대표적인 수량과 단가를 사용하여 계산한다. 토공사의 수량을 굴착수량으로 대표하거나 내장공사의 수량을 시공바닥면적으로 대표하는 것이다. 제3장 3-1 참조.
택트기법	소요시간을 일정하게 함으로써 복수의 작업군이 차례로 반복, 실시될 수 있도록 스케줄을 작성하는 기법. 제3장 5-2 참조.

용 어	설 명
더미 애로우	Dummy Arrow 네트워크기법에 사용되는 것으로 작업기간이 0인 작업이다. 작업을 나타내는 화살표 양단의 노드번호가 같은 작업이 존재하는 경우 또는 순서관계를 올바르게 나타내기 위해 Dummy Arrow을 사용한다. 제3장 5-1 참조.
단가계약	계약시 작업량의 단가를 결정하여 완성 후에 도급대금을 산출하는 것.
조달매니지먼트	프로젝트를 완성시키기 위해서 필요한 업무나 기자재를 확보하기 위해 실시하는 매니지먼트.
기성고	건설업계에서 일반적으로 공사진척이라고 말하는 것. 토목공사에서 사용하는 기성율은 주로 시공자 내부의 공정 · 원가관리에 이용되는 것으로, 기본적으로는 기성율과 동일하지만, 시공자의 공사진척은 기성율과 관계없이 그 공사의 선행투자나 준비비 등으로 기성율에 포함되지 않은 비용 등을 포함한 것이 기성금액이다. 다만, 거래총액은 기업내부의 처리방법에 따라 각각 차이가 있어 엄밀하게 규정하는 것은 어렵다. 또한 기성금액은 기성율과 마찬가지로 매월의 기성금액과 누적기성금액의 양자를 의미하지만, 사안별로 구분하여 사용해야 한다. 출처「1999년 3월 건설공사진척율조사」국토교통성.
디자인매니지먼트	사업주체(발주자)의 프로젝트에 대한 기대나 요구를 정확하게 설계도서로 구분하고 그 내용을 공사에 실현시키기 위해서 어떻게 프로젝트를 운영할 것인가에 대한 매니지먼트이다.
듀딜리전스	Due Diligence 대상 부동산의 현실적인 총수입이익 및 총비용을 정확하게 계산하기 위해서 경제적 · 법적 · 물리적으로 물건을 정밀 조사하는 업무.
총괄안전위생 책임자	노동안전위생법 제15조에서 규정. 공사현장에서는 종합건설업자(건설업에서 공사의 일부를 도급자에게 도급하는 사업자)는 종업원 및 협력회사의 작업원이 현장의 혼재된 작업으로 인해 발생하는 노동재해를 방지하기 위해 「총괄안전위생책임자」를 선임하여 작업장소 전체를 총괄관리하여야 한다. 상시 50명 이상의 노동자가 종사하는 건설현장에서는 종합건설업자 전속의 안전위생관리자와 총괄안전위생책임자를 선임할 의무가 있다.
지명수의계약방식	이행가능한 업자가 한정되는 등의 일정한 사유가 있는 경우에 입찰방법을 따르지 않고 해당 특정업체를 계약상대방으로 하여 체결하는 계약방식.
나행(ナ行)	
내부수익률법	IRR(Internal Rate of Return) 투자에 대한 장래의 현금흐름(cash flow)의 현재가치와 투자액의 현재가치가 정확히 동일해지는 할인율이다. 즉, IRR이 높은 것이 투자효율이 좋다.
입찰시 VE방식	입찰단계에서 시공방법 등에 관한 기술제안을 제출받는 입찰방식. 공공공사에 적용된다.
네트워크도	작업간의 순서관계를 나타내는 것을 주안점으로 개발된 표현방법이다. 네트워크도에는 애로우형 네트워크도와 노드형 네트워크도가 있다.
노드형	스케줄을 표현하는 네트워크도의 기법. 작업의 표현에 노드, 작업 순서의 표시에 애로우를 이용한다. (PDM : Precedence Diagramming Method) 또는 (AON : Active-on-Node)라고도 불린다.
하행(ハ行)	
바차트 (간트차트)	횡축에 소요시간, 종축에 작업을 표현하여 프로젝트의 진척상황을 나타낸 것이다. 발명자자의 이름을 따서 간트차트(Gantt Chart)라 보른다.
배상책임보험	배상책임보험은 피보험자가 다른 사람에 대해 법률상, 계약상, 또는 일반적인 통념상의 손해보상에 대한 보험이다.
패키징	세분화된 WBS의 레벨을 하나의 그룹으로 묶어 워크패키지를 구성하는 것. 본서에서는 복수의 공종을 조합하여 발주단위를 구성하는 것을 말한다.
발주구분	분리발주시의 공사발주 단위.
발주계획서	프로젝트에 관련된 발주방침, 계획을 기술한 문서.
발주자 부보(PAI)	Principle Arranged Insurance 발주자 또는 CMr이 첨부보증에 발주자, 설계자, CMr 및 시공자도 추가적인 피보험자라고 특기할 수 있는 보험.

용 어	설 명
Pure CM	CMr이 발주자와 매니지먼트업무계약을 체결하여 발주자의 보조자 · 대행자로서 순수하게 Fee 베이스로 매니지먼트를 실시하는 프로젝트 실시방식.
빌더빌리티	Buildability 영국의 CIRIA(Construction Industry Research and Information Association)에서는 「완성될 건물에 요구되는 모든 것을 충족시킬 것을 전제로 건축물의 설계와 시공을 용이하게 하는 정도」라고 정의하고 있다.
품질관리계획서	중점품질관리항목 등을 추출하여 품질확보를 위한 방법을 나타낸 문서
품질매니지먼트	사업주체(발주자)의 프로젝트품질에 대한 기대나 요구를 만족한 상태로 프로젝트를 완료하기 위해서, 어떻게 프로젝트를 운영해 나갈 것인가에 대한 매니지먼트이다.
패스트트랙	Fast Track 기술적인 순서에 따라 실시하는 것이 일반적인 작업의 일부를, 앞 당겨 실행하여 전체스케줄을 단축하는 기법.
부동산증권화	부동산의 운용이익을 분배하는 것을 약속하는 증권(계약서) 발행을 통해, 투자자로부터 투자를 모집하는 구조.
브리핑	Briefing 발주자가 목적 등 요구조건을 명확하게 하기 위해 작성한 것을 브리프(Brief)라고 하며, 브리프를 작성하는 것을 브리핑이라고 한다.
플로우차트기법	세로축에 시간을 표시하고, 컴퓨터의 연산순서를 나타낸 플로우차트(flow chart)와 같이 작업을 표현하는 스케줄링 기법이다. 작업을 노드, 관계를 화살표(애로우)로 나타낸다. 제3장 5-2 참조.
프로젝트파이낸스	프로젝트 자금조달방법의 하나로, 특정 프로젝트의 사업현금흐름에 변제재원을 의존하는 것. 프로젝트를 운영하는 기업의 채무보증을 필요로 하지 않는다.
프로젝트단계	Project Phase 논리적으로 관련된 프로젝트 활동의 집합. 일반적으로 주요 요소성과물의 완료에 의해 종료된다. 본서에서는 크게 기본계획단계, 기본설계단계, 실시설계단계, 공사발주단계, 공사단계, 완성후 단계로 정하고 있다.
프로젝트 기본계획서	프로젝트 기본계획 내용을 기술한 문서. 본서에서는 CM업무계획서와 구별하기 위해 앞에 프로젝트를 붙였다.
프로젝트 설명서	CM업무계획서로 정리한 발주자의 요구 및 프로젝트기본계획서의 내용에서 추출하여 설계자가 프로젝트 내용을 알 수 있도록 작성한 문서를 프로젝트 설명서라 한다. 본서에서는 브리프 혹은 설계설명서 등과 같은 유사문서와 구별하지 않고, 프로젝트 설명서라 하였다.
프로젝트 조직	프로젝트를 운영하는 조직으로 요원 편성만을 의미하는 것이 아니고, 정보전달수단, 의사결정방법 등이 정의된 체제를 말한다. 기능형, 프로젝트형, 매트릭스형 등의 형태가 있지만, 프로젝트 성격에 따라 다양한 조직형태가 사용된다.
프로포잘 방식	설계자 등을 선정할 때, 업무비 견적의 다과로 결정하지 않고, 해당 프로젝트에 대한 다양한 제안에 근거하여 상대방을 선정하는 방식.
분리발주	발주자와 복수의 전문공사업자가 직접계약을 체결하는 프로젝트 실시방식
마행(ㅁ行)	
마일스톤	전체과정 중에서 의미 있는 단락이 되는 부분을 가리킨다. 스케줄상에서는 단락이 되는 액티비티(작업)를 말한다. 스케줄관리상 변경을 실시하는 계기가 되는 시점이 된다.
마스터 스케줄	프로젝트 수행 · 관리의 기본스케줄이며 설계로부터 조달, 공사, 준공, 인도에 이르는 프로젝트의 전 단계를 총괄적으로 표현한 것을 말한다.
메니페스트 시스템	배출사업자가 메니페스트(Manifest)를 교부하여, 수집 · 운반, 처분 등을 실시하고, 각 사업자가 운반차량에 건설폐기물의 명칭, 수량, 종류, 형상, 하자, 운반업자명, 처분업자명, 취급 주의사항 등을 기재하여, 처리종료 후 그 장표 사본을 배출사업자에게 반송하여 폐기물 처리의 흐름을 파악, 관리하는 구조. 제3장 4-3 참조.

용 어	설 명
메인컨트렉터	분리발주 등을 실시하여 어떤 공사현장에 복수의 도급공사가 존재할 때, 공사현장에서 각 공사의 총괄 · 조정을 담당하는 입장에 있는 시공자를 말한다. 일반적으로 건축담당 시공자가 메인컨트렉터가 되며, 총괄안전위생관리업무를 담당하는 경우가 많다.
모니터링	프로젝트의 계획과 실시상황을 파악해 분석 · 비교하는 것.
야행(ヤ行)	
예산관리표	프로젝트의 공사예산과의 차이 · 예비비 (contingency)의 운용상황 등을 관리하는 표. 예산액, 계약액, 설계변경액, 변경예측액, 최종예상액등으로 구성된다.
예비비(컨틴전시)	Contingency 목표예산 초과 리스크를 조직에서 수용할 수 있는 수준까지 줄이기 위해 공사비계산액에 추가해 계산하는 비용.
라행(ラ行)	
라이프사이클 어세스먼트	Life Cycle Assessment 제품을 구성하는 원료의 채취로부터 재료입수, 제품제조, 사용, 폐기, 재활용에 이르는 모든 라이프사이클 단계를 범위로 하여, 대상 제품이 미치는 환경부하나 환경영향을 정량적으로 평가하기 위한 기법. 제3장 4-2 참조.
라이프사이클 코스트	Life Cycle Cost 제품의 생애비용. 본서에서는 건물의 생애비용으로 한다. 제3장 3-3 참조.
리드타임	Lead Time 스케줄상에서 한 개의 작업이 종료되고 다른 작업이 개시될 때까지 필요한 기간. 제품 발주 등에 따라 발주를 실시하고 납입될 때까지의 기간을 말한다.
이행보증	발주자가 공사를 발주할 때, 어떠한 사유로 인해 시공자가 공사를 완성하지 못할 경우를 대비하여 공사의 이행을 보증하는 것.
이행보증제도	구미에서 행해지는 이행보증제도. 구미에서 공사에 대해 발주자, 시공자 및 보증회사의 3자 합의에 의해 보증회사가 계약도서에 따라 공사의 완성을 보증하는 것으로, 은행의 연대보증인부어음과 유사한 신용증이며, 반드시 증권이 발행된다.
리텐션	Retention 유보금. 시공자가 계약을 완전하게 이행하는 것을 확보하기 위해 발주자가 각 지불시점에서 합의된 비율만큼 지불을 유보하는 것. 유보된 금액은 계약완료단계에서 지불된다. 일본에서는 이러한 목적으로 지불을 보류하는 경우, 각각의 지불에 대해 보류하는 것이 아니라, 각 지불은 거래총액에 대해 전액지불하고 어느 일정 총액에 이르렀을 때, 이후 잔금의 지불을 중지하고, 완성시에 잔액을 지불하는 경우가 일반적이다. 선불금, 기성금 지급에 따라 지불방법 전체 시스템에 차이가 있다는 점에 유의해야 한다.
요율방식	설계비 등 산정방법의 하나로 총공사비에 일정한 요율을 곱해 산정하는 방식을 말한다.
윤리규정	본서에서는 일본CM협회의 윤리규정을 말한다. 부록 6 참조.
노동재해	건설물, 설비, 원재료, 가스, 증기, 분진 등에 의해, 또는 작업행동 등의 업무에 기인한 노동자의 부상, 질병, 또는 사망을 말한다.
롱리스트	설계자나 시공자의 선정에 대해, 매우 느슨한 조건에서 포함될 수 있는 다수의 후보자 리스트. 「쇼트리스트」참조.
와행(ワ行)	
워크패키지	Work Package WBS의 업무분담을 할당하는 레벨을 말하며 프로젝트를 컨트롤하기 위한 기본단위가 된다. 제3장 1-1 참조.

CM가이드북

Construction Management Guidebook

2009년 3월 11일 1판 1쇄 인쇄
2009년 3월 16일 1판 1쇄 발행

편 저 일본컨스트럭션매니지먼트협회

역 자 (주)건원엔지니어링
주 소 서울시 강남구 논현동 238 CUCKOO B/D
T : 02-3458-2800
F : 02-3458-2800
homepage www.kunwoneng.com

발행인 강 해 작
발행처 기 문 당
주 소 서울시 성동구 하왕십리동 966-22
등록번호 제1-44호
등록일자 1976. 10. 7
T : 02-2295-6171~5
F : 022-2296-8188
homepage www.kimoondang.com
ISBN 978-89-6225-127-2 93540

값 30,000원